普通高等教育农业农村部"十三五"规划教材
全国高等农林院校"十三五"规划教材

烟草科学研究方法

YANCAO KEXUE YANJIU FANGFA

黄五星 主编

中国农业出版社
北　京

内容简介

本书共分12章，内容包括烟草科学研究方法概述、烟草科学研究过程、科学研究信息获取和分析、科学理论的构建、烟草培养研究方法、烟草田间研究方法、烟草研究的生物统计方法、烟草科技论文和学位论文写作、烟草育种研究、烟草营养施肥研究、烟叶烘烤研究和卷烟原料配方设计。本教材由长期从事烟草教学、科研和生产的专业技术人员编写，知识体系完整，结构合理，内容丰富，资料翔实，可以作为烟草专业及其相关专业的本科生或研究生教材，亦可供从事烟草科学的研究人员和教师参考。

主　编　黄五星
副主编　许自成
编　者　黄五星　许自成　许嘉阳
　　　　贾　玮　韩　丹

前 言
FOREWORD

我国是烟草生产大国，烟草种植面积和产量及卷烟产量均居世界首位。因此我国高等教育特设烟草专业（专业代码：090108T），培养满足经济社会发展需求的高级专门人才。烟草学是研究烟叶和烟制品生产基本原理和技术的科学，属于农学门类作物学范畴。但作为一种嗜好性大田特种经济作物，加上吸烟与健康的争议，烟草研究与常规作物研究既有共性，又有自己的特点。鉴于此，作者结合近年烟草研究和教学实践经验，在进一步研读烟草研究相关书刊的基础上，编写了《烟草科学研究方法》。

本书共分 12 章。第一章为烟草科学研究方法概述。第二章至第八章包括烟草科学研究过程、科学研究信息获取和分析、科学理论的构建、烟草培养研究方法、烟草田间研究方法、烟草研究的生物统计方法、烟草科技论文和学位论文写作，属于烟草科学研究的共性基础板块。第九章至第十二章包括烟草育种研究、烟草营养施肥研究、烟叶烘烤研究、卷烟原料配方设计，属于烟草科学研究的个性应用板块。本书可以作为烟草专业及其相关专业的本科生教材或研究生教材，亦可供从事烟草科研人员和高等学校教师参考。

本书由河南农业大学长期从事烟草教学、科研和生产的专业技术人员编写。第一章由许自成编写，第二章、第六章、第七章和第八章由黄五星编写，第三章、第四章和第五章由许嘉阳编写，第九章和第十章由贾玮编写，第十一章和第十二章由韩丹编写。全书由黄五星和许自成统稿。

本书在编写过程中参考了许多专家、学者的研究成果，在此谨向他们表示崇高的敬意和衷心的感谢。中国农业出版社的编辑为本书出版做了大量工作，付出了辛勤劳动，谨致谢忱。

烟草研究涉及学科面极广而发展又非常迅速，加之作者水平有限，书中错误和不当之处在所难免，敬请读者批评指正。

编　者
2021 年 6 月

目 录 CONTENTS

前言

第一章 烟草科学研究方法概述 …… 1

  第一节 烟草 …… 1
    一、烟草起源 …… 1
    二、烟草类型 …… 2
    三、烟草制品 …… 2
    四、烟气主要化学成分 …… 3

  第二节 科学 …… 4
    一、科学的含义、本质和形式 …… 4
    二、科学的特点和功能 …… 5
    三、科学的分类 …… 6
    四、科学与技术的关系 …… 7
    五、科学是怎么发展的 …… 7

  第三节 研究 …… 7
    一、研究的概念和理论基础 …… 7
    二、研究的动机、过程和标准 …… 8
    三、研究的特征、类型和态度 …… 8

  第四节 方法和方法论 …… 9
    一、科学研究方法 …… 9
    二、方法论 …… 10
    三、科学研究方法的作用和意义 …… 10

  第五节 烟草科学研究的要点和特点 …… 11
  思考题 …… 11

第二章 烟草科学研究过程 …… 12

  第一节 科学研究的准备 …… 12
    一、科学问题和科学研究项目的来源 …… 12
    二、查阅资料 …… 13
    三、选题原则 …… 14
    四、选题依据 …… 15
    五、申报课题落选原因调查分析 …… 15

  第二节 科学研究方案和计划的制定 …… 15
    一、研究依据、内容和预期达到的经济技术指标 …… 15
    二、项目的执行方案 …… 16
    三、项目的执行计划 …… 16
    四、研究计划书 …… 16
    五、项目申请书写作注意事项 …… 17
    六、项目申请书写作技巧 …… 18

  第三节 研究生的开题报告 …… 20
    一、开题报告的意义和要求 …… 20
    二、开题报告封面各栏目的填写方法 …… 20
    三、综述部分的写作 …… 21
    四、研究的基本内容和拟解决的主要问题 …… 21
    五、研究步骤、方法和措施 …… 21
    六、研究工作进度和主要参考文献 …… 22
    七、系（教研室）评议意见和院领导审核意见 …… 22

  第四节 文献资料的搜集、管理和阅读 …… 22
    一、搜集和阅读资料的意义与作用 …… 22
    二、科技资料的来源 …… 22
    三、如何搜集资料 …… 23
    四、如何管理资料 …… 24

五、如何阅读资料 …………………… 24
第五节　科研总结和应用 ……………… 26
　　一、试验数据的理论分析 …………… 26
　　二、课题总结和验收 ………………… 26
　　三、成果鉴定和推广 ………………… 26
　　四、成果获奖 ………………………… 26
思考题 ……………………………………… 27

第三章　科学研究信息获取和分析 …… 28
第一节　网络信息搜索 ………………… 28
　　一、信息文献的检索 ………………… 28
　　二、谷歌 ……………………………… 29
　　三、百度 ……………………………… 30
　　四、检索技巧 ………………………… 31
　　五、网络开放资源 …………………… 33
第二节　科学研究数据库检索 ………… 35
　　一、数据库概述 ……………………… 35
　　二、中文数据库 ……………………… 35
　　三、外文数据库 ……………………… 36
第三节　EndNote 软件使用 …………… 38
　　一、数据库的建立 …………………… 39
　　二、数据库的应用 …………………… 39
思考题 ……………………………………… 40

第四章　科学理论的构建 ……………… 41
第一节　理论思维 ……………………… 41
　　一、理论思维的定义 ………………… 41
　　二、理论思维的作用和分类 ………… 41
第二节　逻辑思维方法 ………………… 42
　　一、逻辑思维方法 …………………… 42
　　二、研究思考的过程——归纳法和
　　　　演绎法 …………………………… 42
　　三、分析方法与综合方法 …………… 43
　　四、历史方法和逻辑方法 …………… 44
第三节　非逻辑思维方法 ……………… 45
　　一、创造性思维方法 ………………… 45
　　二、形象思维方法 …………………… 45
　　三、直觉思维方法 …………………… 46
第四节　科学分析方法 ………………… 46

　　一、概念分析 ………………………… 46
　　二、要素分析 ………………………… 47
　　三、矛盾分析 ………………………… 48
　　四、结构分析 ………………………… 48
　　五、系统分析 ………………………… 49
　　六、功能分析 ………………………… 50
　　七、动态平衡分析 …………………… 50
　　八、定性分析和定量分析 …………… 51
　　九、因果分析 ………………………… 52
　　十、比较分析 ………………………… 52
第五节　科学抽象和科学概念 ………… 52
　　一、科学抽象 ………………………… 52
　　二、科学概念 ………………………… 53
第六节　科学理论的构建 ……………… 54
　　一、从知识到成果再到理论 ………… 54
　　二、假说、学说和定律 ……………… 54
思考题 ……………………………………… 55

第五章　烟草培养研究方法 …………… 56
第一节　烟草培养研究的特点、种类和
　　　　发展概况 ……………………… 56
　　一、盆钵培养研究方法 ……………… 57
　　二、控制培养条件的其他生物
　　　　研究方法 ………………………… 57
第二节　土壤培养研究方法 …………… 58
　　一、土壤培养试验的任务 …………… 58
　　二、土壤培养试验的技术 …………… 58
第三节　溶液培养研究方法 …………… 62
　　一、溶液培养研究的特点和
　　　　任务 ……………………………… 62
　　二、配制营养液的原则和依据 ……… 62
　　三、常用营养液的种类 ……………… 63
　　四、营养液的配制 …………………… 66
　　五、溶液培养的准备、播种和
　　　　管理 ……………………………… 67
第四节　沙砾培养研究方法 …………… 69
　　一、沙砾培养的特点和任务 ………… 69
　　二、沙砾培养的准备工作 …………… 69
　　三、装盆和播种 ……………………… 71

四、试验期间的管理 …………… 71
第五节 培养室的建立 …………………… 72
　一、培养室的结构材料 ……………… 73
　二、培养室的组成、设计要求和
　　　类型 …………………………… 73
　三、培养室的使用和管理 …………… 75
思考题 ……………………………………… 75

第六章 烟草田间研究方法 …………… 76

第一节 田间研究方法概述 ……………… 76
　一、田间研究方法的特点 …………… 76
　二、田间研究方法的类型 …………… 77
第二节 烟草田间研究方案设计 ………… 78
　一、一些基本概念 …………………… 78
　二、试验方案设计原则 ……………… 78
　三、试验方案设计 …………………… 80
　四、试验方案的评价 ………………… 86
第三节 烟草田间研究方法设计 ………… 87
　一、试验方法设计原则 ……………… 87
　二、试验方法设计内容 ……………… 88
　三、几种常用的试验方法设计 ……… 90
　四、试验方法设计的选择和
　　　应用 …………………………… 93
第四节 烟草田间研究实施 ……………… 93
　一、试验地的选择和准备 …………… 94
　二、试验的布置 ……………………… 95
　三、施肥和播种 ……………………… 96
　四、田间管理和观察记载 …………… 96
　五、分析样本的采取 ………………… 97
思考题 ……………………………………… 98

第七章 烟草研究的生物统计方法 …… 99

第一节 误差和概率分布 ………………… 99
　一、总体和样本 ……………………… 99
　二、真值和平均值 …………………… 99
　三、误差的概念、种类和产生
　　　原因 …………………………… 100
　四、集中性和变异性的度量 ………… 101
　五、事件、概率和随机变量 ………… 104

　六、二项式分布、多项式分布和
　　　正态分布 ……………………… 106
第二节 统计假设测验 …………………… 111
　一、统计假设测验的基本原理 …… 112
　二、平均数的假设测验 …………… 118
　三、百分数假设测验 ……………… 124
第三节 方差分析 ………………………… 127
　一、方差分析的基本原理 ………… 127
　二、多重比较 ……………………… 130
　三、单向分组资料的方差分析 …… 132
第四节 直线回归和相关 ………………… 139
　一、回归和相关的概念 …………… 139
　二、直线回归 ……………………… 141
　三、相关系数和决定系数 ………… 144
思考题 …………………………………… 148

第八章 烟草科技论文和学位
　　　　论文写作 …………………… 149

第一节 科技论文写作规范 ……………… 149
　一、科技论文的意义和作用 ……… 149
　二、科技论文的结构格式和撰写
　　　内容 …………………………… 152
第二节 文献综述 ………………………… 164
　一、文献综述的作用和目的 ……… 164
　二、文献综述的格式 ……………… 165
　三、文献综述的要求 ……………… 166
　四、写作文献综述的基本方法和
　　　步骤 …………………………… 167
　五、文献综述应注意的问题 ……… 170
第三节 学位论文 ………………………… 171
　一、学位论文及其种类 …………… 171
　二、如何撰写硕士（博士）学位
　　　论文 …………………………… 172
思考题 …………………………………… 175

第九章 烟草育种研究 ………………… 176

第一节 烟草选择育种 …………………… 176
　一、选择育种的原理和程序 ……… 177
　二、提高选择效率应注意的几个

问题 ………………………………… 179
第二节 烟草杂交育种 ………… 181
　一、亲本选配 …………………… 182
　二、杂交技术和杂交方式 ……… 185
　三、杂种后代的处理方法 ……… 188
　四、杂交育种程序 ……………… 192
第三节 烟草回交育种 ………… 194
　一、回交的目的和意义 ………… 194
　二、回交后代的遗传效应 ……… 196
　三、对回交后代的选择应注意的问题 …………………………… 198
第四节 雄性不育性及其在烟草杂交制种中的应用 ……………… 200
　一、烟草利用雄性不育性制种的特点 …………………………… 200
　二、烟草雄性不育系和保持系的选育 …………………………… 201
　三、利用烟草雄性不育系的杂交制种技术 ……………………… 203
思考题 ……………………………… 205

第十章　烟草营养施肥研究　206

第一节 营养施肥模型 …………… 206
　一、烟草营养施肥模型 ………… 206
　二、建立模型的原则和一般程序 … 207
　三、建立模型的方法和步骤 …… 209
第二节 营养施肥模型的建立 … 210
　一、线性模型 …………………… 210
　二、非线性模型 ………………… 213
第三节 正交趋势模型 …………… 218
　一、平方和的正交转化 ………… 219
　二、正交多项式趋势方程的特性 … 219
　三、正交多项式的选择 ………… 220
　四、建立不同地点的综合施肥模型 ………………………………… 222
第四节 区域施肥模型 …………… 223
　一、聚类研究 …………………… 223
　二、模糊评判 …………………… 226
思考题 ……………………………… 230

第十一章　烟叶烘烤研究　231

第一节 烟叶烘烤研究基础 …… 231
　一、烟叶烘烤的干燥原理 ……… 231
　二、燃料与燃烧 ………………… 235
　三、烘烤能力设计计算 ………… 242
第二节 烘烤供热衡算和通风衡算 … 243
　一、加热设备供热衡算 ………… 243
　二、通风衡算 …………………… 247
　三、i-d 在烟叶干燥技术中的应用 …………………………… 248
思考题 ……………………………… 252

第十二章　卷烟原料配方设计　253

第一节 卷烟原料配方的任务、原理和依据 ……………………… 253
　一、卷烟原料配方的意义 ……… 253
　二、卷烟原料配方的任务 ……… 254
　三、卷烟原料配方的原理 ……… 255
　四、卷烟原料配方设计依据 …… 258
第二节 卷烟原料配方设计 …… 265
　一、卷烟原料配方设计工作程序 … 265
　二、烟叶配方单元的应用 ……… 267
　三、原料配方中膨胀烟草的利用 … 269
　四、原料配方中再造烟叶的利用 … 272
第三节 烤烟型卷烟和混合型卷烟原料配方设计 ………………… 273
　一、烤烟型卷烟原料配方设计 … 273
　二、混合型卷烟原料配方设计 … 279
第四节 计算机在卷烟研制中的应用 ………………………………… 281
　一、计算机辅助原料配方设计 … 281
　二、近红外分析和计算机辅助配方设计 ………………………… 284
　三、计算机辅助低焦油卷烟设计 … 285
思考题 ……………………………… 286

主要参考文献 ………………………… 287

第一章

烟草科学研究方法概述

第一节 烟 草

烟草原产于亚热带，现广泛栽植于北纬55°和南纬40°之间的广大区域。依据植物分类学，烟草属于植物界维管植物门被子植物纲茄目茄科（Solanaceae）烟草属（Nicotiana）。同时又进一步分为黄花烟草（Rustica）、普通烟草（Tabacum）和矮牵牛状烟草（Petunioides）3个亚属。到目前为止，共发现烟草属有66种，其中约有70%（49种）集中分布于美洲大陆，而其中多数种发现于包含安第斯山脉在内的南美洲南半部；其次是大洋洲（16种）；个别种在非洲（1种）。在烟草属的66种中，广为人类栽培的只有普通（红花）烟草种（Nicotiana tabacum L.）和黄花烟草种（Nicotiana rustica L.），称为栽培种。那些不为人类栽培的种统称为野生种，诸如作为观赏植物栽培的翼香烟草（Nicotiana alata Link et Otto）、粉蓝烟草（Nicotiana glauca Graham）和美花烟草（Nicotiana sylvestris Spegazzini et Comes）以及在抗病育种中用作抗原材料的黏毛烟草（Nicotiana glutinosa L.）、长花烟草（Nicotiana longiflora Cavanilles）和蓝茉莉叶烟草（Nicotiana plumbaginifolia Viviani）等。目前，烟草是我国重要的经济作物之一，栽培面积（1.07×10^6 hm^2）和总产量（2.25×10^9 kg）均居世界第一位。

一、烟草起源

目前人们普遍认为烟草最早源于美洲。考古发现，人类尚处于原始社会时，烟草就进入到美洲居民的生活中了。那时，人们在采集食物时，无意识地摘下一片植物叶子放在嘴里咀嚼，因其具有很强的刺激性，正好起到恢复体力和提神的作用，于是便经常采来咀嚼，次数多了，便成为一种嗜好。

考古学家认为，迄今发现人类使用烟草最早的证据是在墨西哥南部贾帕思州倍伦克的一座建于公元432年的神殿里的一幅浮雕。它是一张半浮雕画，浮雕上画着一个叼着长烟管烟袋的玛雅人，在举行祭祀典礼时以管吹烟和吸烟的情景，头部还用烟叶裹着。考古学家还在美国亚利桑那州北部印第安人居住过的洞穴中，发现了遗留的烟草和烟斗中吸剩的烟灰，据考证这些遗物的年代大约在公元650年。而有记载发现人类吸食烟草是在14世纪的萨尔瓦多。很久以前，美洲土著人就有把吸烟作为对太阳崇拜的习俗。一些考古分析还发现，3 500年前的美洲居民便有了吸烟的习惯。

烟草，现代英语称作tobacco。汉语，最初由明末博学多才的桐城学者方以智在其《物理小识》中将烟草译作"淡巴姑";与他同时的另一位学者姚旅在其《露书》中译作"淡芭菰"。英语和汉语的译音,都直接依据西班牙人对烟草的称谓"塔瓦科"。西班牙人对烟草的称呼则源自巴哈马群岛的阿拉瓦克语。然而,阿拉瓦克语称烟草为"科希巴"(cohiba),无论是与西班牙语,还是与英语或汉语的译音都相去甚远。看来,显然是西班牙人误将阿拉瓦克语的"烟斗"一词当作烟草了。因为阿拉瓦克语将"烟斗"称作"塔瓦科"(tahuaco)。不过,久而久之约定俗成,无论是"塔瓦科"、tobacco,还是"淡芭菰",大家都认为是烟草而非烟斗了。

二、烟草类型

所谓烟草类型,是人们根据生产需要或习惯对烟草栽培种的变异群体所做的进一步划分。不同类型烟草的烟叶在外观、化学成分、烟气特性以及工艺用途等方面都有所不同,烟草工业根据其品质特点的不同,进行适当调配,制成满足不同要求和风味的烟制品。烟草尤其是普通烟草的可塑性很强,当烟草的栽培由它的原产地从一个地区扩展到另一个地区时,性状的变异是很难避免的。与此同时,制烟工业在不断推出各种烟制品,也需要人们对一定地区生产的烟叶采用特定的方法进行栽培和调制,从而逐渐形成吸食特性不同的烟草类型。

烟草类型划分的主要依据是烟叶的品质特点、烟草生物学性状、栽培和调制方法等。因所侧重的依据不同,类型划分的情况在国际上尚不完全一致。例如我国将栽培烟草划分为烤烟、晒烟、晾烟、白肋烟、香料烟和黄花烟6大类型。美国烟叶(包括本土栽培烟叶和国外进口烟叶)共分为9大类型:烤烟、明火烤烟(熏烟)、晾烟(包括淡色晾烟和深色晾烟)、雪茄芯叶烟、雪茄内包叶烟、雪茄外包叶烟、国产混杂烟、外来雪茄烟和外来雪茄烟以外的烟叶。在美国,每种烟草类型下又分为若干型,同型烟叶具有更为一致的品质特征。例如烤烟大类分4型:11型、12型、13型和14型;再如,第三大类晾烟中的淡色晾烟又分为2型:31型和32型,31型指白肋烟,32型指南部马里兰烟。对栽培烟草进行分类后再分型,更便于把握和区分烟叶品质特点或风味,有利于烟叶资源的合理利用和定向生产。我国也很重视类似烟叶的分型工作,例如将烤烟分为主料烟、半主料烟和填充料烟。

三、烟草制品

(一)卷烟

1518年,西班牙探险家发现阿兹台克人和玛雅人用空芦苇吸烟草,西班牙人也学着吸起来。纸卷烟约始于1875年美国北卡罗来纳州。经多年发展,现在全部机械化大规模生产卷烟,以满足广大消费者的需要。我国的卷烟工业是在20世纪初期随着帝国主义的侵入而引进的。

纸卷烟因原料不同可分为几种类型:①烤烟型,以烤烟烟叶为主要原料;②混合型,除烤烟烟叶外掺入较多的晒晾烟叶,1913年出现于美国;③改良型,在烤烟型卷烟的基础上掺入少量的淡色晒晾烟叶。我国和英国生产的卷烟主要是烤烟型,其中中式烤烟型卷烟更符合我国人的口味。混合型卷烟使卷烟的安全性有所提高,在香气和吃味上也能为烟民广泛接受,是研制安全型卷烟、解决吸烟与健康矛盾的一条重要途径。除此之外,混合型卷烟可节约烤烟原料,降低成本,提高经济效益。

1954年过滤嘴卷烟出现。过滤嘴滤掉了一部分尼古丁和焦油,可以减少吸烟对人体健康的影响。在进行卷烟过滤嘴化的同时,各国烟草制造厂家在过滤嘴的花样、品种和材料方面也进行了不断的改进,推出了加长型过滤嘴、异型过滤嘴,还有的在过滤嘴中加入活性炭,做成复合型过滤嘴。1976年美国开始生产低焦油卷烟,这是烟草业的又一次革命。

(二) 斗烟

斗烟是专供使用烟斗进行吸食的烟草制品,我国较早应用,其主要原料是晒烟或晾烟和烤烟混合后掺入少量香料或植物油,但现在我国用烤烟制成的较多。近年来由于卷烟及雪茄的应用较为方便,我国斗烟吸用已较少,国外仍有少量应用。

(三) 水烟

通过水烟管吸用的烟叶制品称为水烟。烟气通过水可以滤去一些有害物质,是我国较早的吸用方法之一,其他国家尚未见到记载,但因携带不便而逐年减少。我国兰州生产的兰州水烟,在1785—1845年就有生产,其原料是黄花烟再加入香料、植物油及其他物质,曾销往全国,制成品为块状,便于运输,吸用时再揉碎,现在也逐渐减少,为纸烟所替代。此外,福建所生产的"皮丝"也是很有名的水烟,其主要产地为永定、上杭、武平等县,用普通烟草中的晒烟作原料,切丝后再加入少量香料、植物油等。现在福建的烤烟面积逐年扩大,多用于纸卷烟,"皮丝"烟也渐渐减少。

(四) 雪茄

雪茄属叶卷烟。16世纪古巴人首先卷制雪茄,以后传遍世界各国。雪茄所用的原料主要为晒红烟,晒红烟含糖量低而烟碱、蛋白质等含氮物质的含量较高,生理强度较大,其焦油含量少,安全性较好,应用较为普遍,但燃烧性不及卷烟。雪茄烟的生产单位为支,世界雪茄烟的总产量自20世纪60年代以来在230亿支以上。我国雪茄烟的制造自20世纪60年代初起先后在上海、广东和四川的什邡开始,现在仍以四川的什邡、新都、中江等地为主,其他地方也有些生产。目前我国的雪茄烟主要在国内销售,少量销往国外。

(五) 嚼烟

在采矿和轮船上不能燃火的地方,嚼烟可供有吸烟习惯的人应用。其主要原料是白肋烟、雪茄烟叶,也有用烤烟烟叶制成的嚼烟。其成品为烟饼或烟绞,制造时除用烟叶外再加入甘草、糖等原料。世界上生产嚼烟较多的国家有美国、阿根廷、巴基斯坦等,我国尚无这种应用习惯。

(六) 鼻烟

在哥伦布发现新大陆时,印第安人就有应用鼻烟的,现在世界上仍有应用。其原料是晒红烟,将烟叶碎成粉末,再加茉莉花或其他香花及香料制成,应用时不用烟具,可直接涂于鼻孔。我国的蒙古族、满族等少数民族有应用鼻烟的习惯。在国外,以美国、巴基斯坦、南非和阿尔及利亚应用鼻烟较多。

四、烟气主要化学成分

烟草品质的优劣最终是通过燃烧产生的烟气反映到人体的感觉器官的。烟草在燃烧过程中,通过热解、热解合成、干馏等各种反应而形成复杂的烟气。烟气成分中一部分与烟草中原有的成分相同,而大部分是燃烧过程中的分解产物。

吸烟者的吸烟习惯,对烟气气溶胶的形成有显著影响。为了避免吸烟条件的不稳定性,国际上规定了吸烟机的标准参数为:每口吸2 s,容量为35 mL,每分钟吸1次。燃烧时烟支的燃烧锥阻力很大，可通过空气的自由空间很少，据测定，抽吸时在燃烧中心的气流线速度高达 400 cm/s，燃烧区的长度不过 3~4 mm，所以，燃烧时生成的气相物质在燃烧区停留的时间在 1/1 000 s 以下。卷烟燃烧中心气体的温度约为 850 ℃，在它周围约 4 mm 的区域内，温度也高达 800 ℃。在 800 ℃以上的温度区内，由于有机物的燃烧，氧已消耗殆尽。热的气流从高温区进到温度较低的热解合成和蒸馏区，而高温区成为各种复杂反应的能源。这些反应基本是吸热反应，所以气流的温度迅速下降。降到 100 ℃ 以下的区域，挥发性较低的各种成分因温度的急剧下降而达到饱和点，开始冷凝。在气流的传输过程中，气流中悬浮着炭质燃烧时所形成的很小的炭粒和金属灰分粒子，挥发性低的蒸汽便以此为核心而凝结其上，形成了气流中包含许多粒子的气溶胶。每毫升含粒子约 $2.6×10^9$ 个，粒子直径在 0.1~1 μm，平均直径为 0.2~0.3 μm。所谓烟气湿焦油就是被收集的粒相物质。

烟气可分主流烟气和支流烟气两部分，目前所说的烟气成分主要是指主流烟气。由于被动吸烟问题的提出，于是推动了支流烟气成分的研究。

主流烟气可分为两个部分：气相部分和微粒相部分。一支卷烟的主流烟气，总质量为 400~500 mg，气相部分占 92% 左右，其中氮气（N_2）约 58%，氧气（O_2）约 12%，二氧化碳（CO_2）约 13%，一氧化碳（CO）约 3.5%，主要挥发性组分（例如水、低分子烃类、醛类、酮类、含氮化合物、杂环化合物等）的蒸气约 5%。粒相组分约占 8%，其中包括非挥发性的和半挥发性的物质，一般称为总粒相物（TPM）；因其中含有水分的，以前被称为湿焦油（WPM）或粗焦油（CPM），减去其中的水分以后称为干粒相物（DPM），再减去烟碱含量则称为干焦油（dry tar）。

烟气的成分，一部分是由烟叶中的化学成分在燃吸时被蒸馏而直接进入主流烟气中的，其余部分出自烟叶成分的分解和合成。烟草中的糖类，除微量的可溶性糖能在烟气中发现外，其余可溶性糖、淀粉、纤维素、半纤维素、果胶、木质素等大部分氧化成为二氧化碳和一氧化碳，小部分热解合成醛类、酮类、酚类、呋喃、吡喃等化合物。多酚类热解成为简单的酚类。糖类是烟气中酚类的主要来源。蛋白质和氨基酸等含氮化合物，转化为氧化氮、硝基烃、硝基苯、胺类和酰胺类，并形成氨、腈类及微量含氧杂环芳烃。植物碱类一部分进入烟气中，其余经脱氢、脱甲基以及降解等作用，大部分分解为吡咯、吡啶的衍生物和少量亚硝胺化合物。植物色素和树脂等则转化为羰基化合物和酯类、醚类、酸类、烃类、杂环化合物。挥发性较大的金属化合物，可以微量地存在于气溶胶中，成为粒相组分的一部分。

第二节 科　　学

一、科学的含义、本质和形式

（一）科学的含义

1. 科学的静态定义　科学的静态定义是反映自然、社会和人类思维活动等自然界事物的形态、结构、性质及运动规律的知识或学问，包括现有定律、知识、假设和原理，以及改造自然界事物的途径。科学是世界观、社会意识、人类经验的总结，是关于客观世界规律及其改造途径的学问。

2. 科学的动态定义　科学的动态定义不仅指知识定律本身，而是指自然系统本质联系、具有社会实践力量的客观动态知识体系；简言之就是符合"某些条件"的方法论。所谓"某些条件"是指科学的两大支柱：①言之成理，要逻辑思考；②与观察或实证研究相符。所以科学没有特定研究主题实质内容，科学本身代表着"方法"。

（二）科学的本质

科学的本质：①特殊意识形态；②不是特定经济基础的产物，即无阶级性，有较大稳定性；③不随特定经济基础而变化，即具真理性，有很强的历史继承性；④潜在生产力；⑤与实践有密切关系，即由实践提出问题，靠实践提供工具，为实践服务。

（三）科学的形式

1. 科学的基本组成成分 科学的基本组成成分为人（即从事科学研究的人，包括人的理论、思想和方法）、文献资料（例如书、报纸、杂志或其他资料）、工具（即仪器设备、各种原材料及用品等）。

2. 科学的形式 古代哲学与科学不分，即为前科学；近代的科学是以个体研究为特征的小规模的科学，即为小科学；现代的科学是以社会化研究为特征的大规模的科学，即为大科学。小科学的特点是单纯性、局部性和孤立性，大科学的特点是综合化、整体化和系统化。

3. 科学的3个层次 科学包括本体论、知识论和方法论3个层次。本体论（ontology）探讨一些现象本质的"基本假设"，它本体存在于客观世界，即事物特性的"真相"，科学方法是建立在这些"假设"之上的。知识论（epistemology）指这些现象的"知识本质"是如何知道的，即人们如何去知道它。大家熟悉的定性研究（参与、融入）与定量研究（观察收集资料）都是基于知识论来进行。方法论（methodology）指研究这些现象的"方法本质"，即研究现象的方式。

二、科学的特点和功能

（一）科学的特点

1. 客观性 科学的客观性，是指从实践出发，由实践检验。

2. 理论性 科学的理论性，是指知识的逻辑系统，反映了现象的规律性。

3. 国际性 科学无国界，知识是人类共有的，而非某些人专有。

4. 前瞻性 在科学家眼里，科学无禁区，任何现有的科学和理论、原理，都是允许怀疑和研究的，没有不允许研究的领域。但在社会上是有禁区的，例如克隆人的道德问题。

（二）科学的价值

科学的目的为发现事物间的关系，与价值无关，不提供对与错、是与非的答案。价值是指好坏、对错、善恶等规范性问题，是一个判断标准。

（三）科学的功能

1. 认识功能

（1）科学发现 科学可发现新事实、规律、方法，例如布朗运动、超导等。

（2）科学解释 科学可说明已有现象，例如日食、月食等。

（3）科学预见 科学可预报未来事件，例如地震等。

2. 生产力功能 ①科学可通过教育转化为劳动者的智力；②科学可通过技术革新生产

工具；③科学可通过管理协调人机物关系。

3. 社会功能　①科学是实现生产方式变革的主要力量；②科学是改善人物质文化生活的根本保证；③科学是促进人思想解放的精神武器。

（四）科学在人类认识中的地位

1. 哲学　科学可提供定性指导。

2. 科学　科学可研究具体规律。

3. 数学　科学可提供定量工具。

三、科学的分类

科学的分类原则（恩格斯）有：①客观性，根据客观存在的运动形式来分；②发展性，根据客观事物的演化顺序来分。

（一）科学的纵向分类

1. 基础科学　一级学科有数学、信息科学与系统学、力学、物理学、化学、天文学、地球科学、生物学、农学、林学、畜牧、兽医科学、水产学、基础医学等；二级学科有农业史、农业基础学科、农艺学、园艺学、土壤学、植物保护学、农业工程等；三级学科有作物形态学、作物生理学、作物遗传学、作物生态学、种子学、作物育种学与良种繁育学、作物栽培学、作物耕作学、作物种质资源学、农产品储藏与加工等。可参考《学科分类与代码表》（GB/T 13745—2009）。

2. 工程科学　工程科学实用性强，目标要具体。

3. 技术科学　技术科学介于基础科学和工程科学之间。

（二）科学的横向分类

1. 边缘科学　边缘科学为几门学科间的交叉，例如生物化学、量子生物等。

2. 横断科学　横断科学为不同学科中的共同性问题，例如控制论、信息论、系统论、协同论、突变论、耗散结构理论等。

3. 综合科学　综合科学为多学科的理论、方法组合起来对某一领域进行研究，例如生物科学、环境科学、空间科学、海洋科学等。

（三）科学按研究对象分类

按研究对象，科学可分为自然科学及社会科学两大类。自然科学着重研究"人与物"及"物与物"之间的关系；社会科学着重研究"人与人"及"人与物"之间的关系。

（四）科学的人为分类

科学可人为地分为自然科学、社会科学和思维科学。自然科学以自然界为对象，研究自然发展规律。社会科学以人类社会为对象，研究社会发展规律。思维科学以思维社会为对象，研究思维发展规律。

自然科学又可以人为地分为基础科学和应用科学。基础科学（basic science）是研究基础理论的科学。狭义的基础科学简称为科学，可分为生物学、数学、逻辑学、天文学、天体物理学、物理学、化学、地球科学、空间科学等。应用科学（applied science）有时称为（广义的）技术科学，简称技术，是研究基础理论转化为应用的科学，即研究基础理论如何指导生产技术的科学。应用科学研究内容很广，主要是操作技能、生产工具等物资设备及生产工艺或作业程序等，可直接转化为生产力。

四、科学与技术的关系

技术（technology）是人类在利用自然和改造自然的过程中积累起来，并在生产劳动中体现出来的经验和知识。技术也泛指其他方面的操作技巧，是可以买卖的物品和方法。

高技术是指正迅速发展、处于前沿、超越传统研究方式和工艺技术的新兴技术。高技术领域有生物技术、信息技术、航天技术、新材料技术、新能源技术、海洋技术、激光技术等。

科学与技术的关系见表1-1。

表 1-1 科学与技术的关系
（引自王继华等，2009）

特点	科学	技术
目标	理解和阐明自然界及其规律，从现象中求本质，以认识研究对象	控制和利用自然界，是认识或经验的升华，以改造研究对象为目的
任务	解决"什么"和"为什么"的问题	解决"怎样做"和"做什么"的问题
形式	知识形态、理论形态，是精神财富	物质形态（生产过程中的劳动手段、工艺流程、加工方法），是物质财富
功能	领先的，开拓的	后继的
产品	出版物知识	物质的（可买卖的物品或方法）
效益	社会效益	经济效益
评价标准	以对人类知识的贡献大小为标准，要求深	以对生产、经济的贡献大小为标准，要求新
保密性	不保密，无强烈商业性，一般得到版权所有者同意时可自由引用	最初绝对保密，可有专利，可购买或转让

五、科学是怎么发展的

1. 科学发展途径 人获得知识的途径有4个：通过权威、根据经验、演绎推理、归纳推理。

2. 科学发展史 古代哲学阶段是哲学科学不分；近代科学阶段（15世纪下半叶至19世纪末）是分科研究；当代科学阶段是相互渗透、综合。

3. 科学发展的3个特点 ①指数增长律：科学文献数量每15年1次稳定倍增。②科学中心转移规律：科学中心平均每80年转移1次，意大利（1540—1610）→英国（1660—1730）→法国（1770—1830）→德国（1830—1920）→美国（1920—）。③带头学科加速更替规律：力学（200年）→物理化学生物学（100年）→量子力学（50年）→控制论（25年）→生命科学（16年）。

第三节 研 究

一、研究的概念和理论基础

1. 研究的概念 研究（research）是指对事物真相、性质和规律进行探索性的考察。研究的实质是要解释事物本质"是什么"而不是"应该是什么"。

2. 研究的理论基础 科学研究的理论基础是马克思主义的自然辩证法。①自然界是有规律（regularity）的而非杂乱无章；②自然界可被认识，人可通过研究和验证来理解自然；③所有自然现象间是相互联系、相互影响的，科学反对宗教、唯心，认为自然事件不是由超自然力量所主导的；④没有不证自明（self-evidence）的事，事实论点都须客观验证，而非不证自明，也不能完全依赖传统、主观信念或常识来检验科学知识，相反，科学思维是要抱怀疑、批判的态度；⑤知识是来自人的经验，强调科学知识基于经验上可观察的假设之上，此即科学真理的客观性；⑥知识的暂时性，科学家用目前的证据、方法和理论提出的知识，有可能随时被修正，此即科学真理的相对性。

二、研究的动机、过程和标准

1. 研究的动机 研究的主要问题有研究目的、研究动机、研究方法、研究结果。研究的目的和价值是发掘知识、解决问题、解释事实、辩证错误、构建理论、预测未来。研究动机有追求学位、晋升、个人兴趣、工作需要等。

2. 研究的起点与结果 研究是一门关于"问题"的学术，旨在发现（而不是创造）有用知识。这些新知识就是研究结果，主要包括：建立新理论（研究方法、思想系统等）或改进旧理论；建构新的研究方法、原理或改进旧的方法、原理；说明、解释或预测事物的运动变化规律和机制；构建新模型、改进旧模型等。表现在实证，可以是搜集新数据、从一个新角度或采用新方法分析新老数据、根据分析结果提出理论建议。

3. 研究的过程 一般研究过程由发展假设、汇集实际资料来验证，企图以一组客观现象（变量）去说明另一组客观现象（变量），建立其间的一般性命题（proposition），最后发展出一个较完整的理论系统。

研究过程的灵魂是思考。研究是一种技术，亦是思考方法：批判并检验专业领域中的不同观点；探讨并形成特定程序的指导原则；发展并考验增强专业知识的新理论。

4. 研究的标准 研究必须用到一系列程序、方法、技术，此方法须具有信度（reliability）和效度（validity）；研究设计不具偏见且客观；研究并非全然是技术导向，非常复杂；现代的研究一般都使用统计学、电脑；研究可以是简单设计活动；用来形成精致理论或法则，改善或管理生活。

三、研究的特征、类型和态度

1. 研究的特征 ①批判性，即研究成果经得起批判之监督；②专门术语和程序的共享性；③研究过程的可重复性；④知识主张的可驳斥性；⑤对错误和偏见的控制；⑥良好的控制，探索变量间因果关系，影响因素减低到最小；⑦严谨性，指研究态度；⑧系统性，要有特定逻辑步骤；⑨有效性及可验证性，推论正确，可重复进行，得出相同结论；⑩实证性，即结论基于确切证据。

2. 研究的类型

（1）按研究的科学属性分类 按研究的科学属性，有纯理论研究（又称为基础研究）、应用基础研究和应用技术研究。

（2）按研究目标分类 按研究目标，有描述性研究、相关性研究、解释性研究和探索性研究。

(3) 按数据资料的性质分类 依据是研究目的、变量测量方法和数据资料的分析方法，可分为定性研究和定量研究。

3. 研究的态度 研究态度的要点是诚信、开放、广博、专深和精细。诚信为科学家第一修养，"知之为知之，不知为不知，是知也"。开放是指不限于权威而自我设限，能接纳不同意见，能反省自己的缺失。发现自己研究所得之与前人不同时，除非证实自己的资料（正、反面的相关资料）、方法、观点严重偏差外，否则决不可因任何非关学术的理由而放弃自己的观点。

理论上说，区分科学的真伪很容易，但不能提供科学证据的描述便不是科学。科学的严谨性在于它不是对现象的简单描述，而是对现象发生的原因的解析过程，这种解析结果要达到3点要求才有意义，才有可能成为新知识体系的一部分：①必须有严格的对照；②必须有统计学意义；③必须能够被他人重复。因此伪科学者即使能够捏造数据而达到前两个要求，第三个要求是不可能达到的。

第四节 方法和方法论

一、科学研究方法

方法是为达某目标或做某事的程序或过程，为知行的办法、门路和程序等。也可以说，方法是人们为认识客观世界而采取的各种手段和途径，收集资料的工具或研究技巧。在烟草科学研究中，科学方法包括观察法、调查法、试验研究法、数学法、逻辑思维法等。

(一) 科学研究方法的层次

1. 科学研究方法的层次 一般地说，科学研究方法有以下几个层次：①各学科特有的特殊方法，例如光谱方法、电泳法等；②自然科学的一般研究方法，例如观测、试验、科学抽象、假设、归纳演绎、分析综合等方法；③数理统计方法，包括试验设计、统计分析等；④哲学方法，例如一分为二、逆向思维、对立统一、历史和逻辑统一的方法等。其中，第①部分由各专业课讲授，第④部分由自然辩证法讲授，第②、③部分就是科学研究方法的研究对象。

作为课程，研究方法培养学生独立探索和独立思考能力，就是所谓素质。现代科技日新月异，有些内容会很快陈旧，例如搜索引擎google，它的功能或用法需要时常更新。其实很多现在最新的技术，很快就会变得陈旧，所以要注重素质锻炼。不仅要学会现成的知识，更重要的是要学会获取知识的知识，这正是研究法的研究核心，也是本书的主要讲授内容。

2. 本书的主要内容 从科学发展史看，任何一门科学，其发展过程都可分为初级阶段和高级阶段。初级阶段多为描述性研究，主要通过观测、调查、试验等解决一些"是什么（what）"的问题，是对研究对象的运动规律和特征的初步认识阶段。高级阶段多为逻辑推理阶段，主要根据观测、试验结果和以往知识，通过逻辑的、哲学的或数学的推理，对研究对象的运动规律、运动特征及影响这些规律和特征的因素做出理性的判断，主要解决"为什么（why）"的问题。

(二) 科学方法的分类

1. 经验认识（感性）的方法 经验认识（感性）的方法为观测、调查和试验，具体有以下几类。

(1) 工程　工程为科学与数学的某种应用。
(2) 实证　实证为依赖观察的研究。
(3) 个案研究　个案研究为对于单一系统的审查，但没有使用试验设计或控制。
(4) 调查　调查为对于几个或更多个系统的审查，有使用试验设计却没有控制。
(5) 实地测验　实地测验为对于一个多系统的审查，有使用试验设计与控制。
(6) 试验　试验不仅局限于实验室研究，有使用试验设计与控制。

2. 理论思维（理性）的方法　理论思维（理性）的方法为类比、归纳、演绎、析因、分析和综合，具体有以下几类。
(1) 定理证明　定理证明应用于各学科（诸如电脑科学等）各种应用领域的研究。
(2) 主观辩论　主观辩论是捕捉创新的信息管理研究，但是比观察更依赖专家的意见和推测。
(3) 档案研究　档案研究是针对一些记录事实的调查，其研究对象是一些历史的记录或文献的初级资料和次级资料。

（三）科学方法的发展历史
①古代自然哲学阶段：科学方法与哲学方法不分；②近代科学萌芽阶段（15世纪下半叶至18世纪中叶）：分解、分析、观察、试验、归纳、演绎；③近代科学成长阶段（18世纪下半叶至19世纪末）：联系、发展、移植、比较、假设；④当代科学发展阶段：大综合，横断科学。

二、方　法　论

方法论（methodology）是研究过程所秉持的哲学，包含对研究理论基础的假设和共同特征、研究人员所主张的明确规则与程序：选定方法论→决定题目→选定方法。科学方法论是以科学方法为研究对象的学科（理论）。

科学方法论的内容：科学研究活动本身的一般规律和一般方法；人类认识客观真理的基本程序和普遍方法。

研究科学方法论的目的：一是为寻求更有效的科学研究方法（提高效率）；二是为探索更合理的科学研究程序（少走弯路）。

科学方法论的价值：①促进自然科学发展；②经历科学研究，理解概念比较深刻；③丰富和发展哲学研究：模型方法反映了主要矛盾和主要方面决定事物本质的辩证关系；统计方法表现了必然性与偶然性的辩证关系；比较方法体现了同一性与差异性的辩证关系；系统方法显示了整体与部分的辩证关系；④克服非科学因素，避免思想僵化和形而上学。

方法论的作用：①提供沟通，透过方法的明确性、公开性来建立具有可重复性、建设性批评的研究架构；②提供论证，由逻辑推理、假设验证的科学思维来提升知识科学论证的内部一致性（信度）；③提供主观互证，因为只靠逻辑推理无法保证经验的客观性，故主观互证有其必要性。

三、科学研究方法的作用和意义

科学研究方法引导科研人员沿着正确的方向思考，提高科研效率，发展科研人员认识和辨识研究对象的能力。科研人员需要了解一些科研方法。通过研究前人的成功方法和策略，学会思考问题和解决问题的方法与策略。不仅要明白现有的、老师给予的知识，而且要了解和掌握怎样获取知识，这是通常理解的素质教育的核心。当然，本科生必须学习本专业知识、储备本专业技能，也必须学习和吸收科学的研究方法和思维方式，也就是说，不仅要能认识世界，而且要具备认识世界的科学能力和素质。

研究生学习阶段以研究和探索为目的，这时探索世界的方法和认识世界的能力无疑是最重要的素质，国内很多大学开设这门课程，其目的无疑是想让研究生学会思考问题和解决问题的方法，使研究生以最短时间进入研究角色。

研究方法常被误解为是培养研究人员素质的，其实不然，生产上解决实践中遇见的新问题的过程也是一种研究形式，科学研究多数是为了解决生产中出现的问题。科学研究不仅仅限定于离开生产现场的实验室里。实际上，科研和生产是不同形式的实践活动，实践→认识→再实践→再认识，正说明了科研和生产与研究方法的关系。

第五节 烟草科学研究的要点和特点

烟草科学研究方法的要点：①应用正确的研究设计；②选择应用标准试材；③应用正确的观察记载和统计分析方法；④利用控制条件进行研究；⑤多学科联合，综合研究；⑥应用现代技术和设备进行研究，改进研究方法；⑦对试验观测结果采用正确的分析方法进行分析。

烟草科学研究的程序：科学研究既是实践过程又是认知过程，其最大特点在于创新，不拘泥于固定不变的程序。但科学研究往往包括相互衔接的环节，构成科学研究程序，也就是科学研究的最基本和最普通的步骤。烟草科学研究一般包括如下几个基本环节：确立科学研究课题→获取科学事实→提出科学假设→理论或实验检验→建立科学体系。需要强调，每完成一项科研课题后，都要及时总结和检讨研究过程中的成败得失。这是提高研究人员素质的最好方法。

烟草科学研究的特点：①时间长，烟草一生有生命周期和生产周期变化规律，并有连续性；②季节性强；③大田研究占地面积大，条件一致性较难保证；④烟株个体间差异大，试材一致性较难保证；⑤试验干扰因素多，遗传、环境、营养状况、病虫害等都影响烟草试验观测数据。

思考题

1. 什么是科学？科学的实质是什么？
2. 烟草科学研究方法主要研究哪些内容？为什么要学习这门课程？
3. 自然科学是怎么分类的？
4. 科学与技术有哪些区别？
5. 烟草科学研究有哪些特点？

第二章

烟草科学研究过程

烟草科学研究过程可概括如下：选题或提出问题→收集事实和文献资料→查新论证→制订研究计划→试验材料的选择→观察、试验、记录数据资料→结果整理与理论分析、建立模型→项目总结（验证结论）→成果形成与处理（鉴定、推广应用）。

第一节　科学研究的准备

首先要建立科学研究的知识结构，包括系统的科学理论、学科理论、科学研究常识和科学研究方法（包括统计学方法），并批判性阅读学术期刊。其次是培养科学研究兴趣、开阔视野，例如阅读科学家传记、阅读有关问题的原文、参加学术会议、与同行交流等。

一、科学问题和科学研究项目的来源

（一）科学问题的来源

令人困惑的主要问题是研究什么？最好选自己感兴趣的课题。另外，你的研究必须有一定目的和应用价值，为研究而研究是不正确的。研究课题主要来源有：科学连续性发展的需求、技术对科学的需求、生产对科学的需求、引进技术（包括从其他领域或其他国家引进新技术）、科学融合（交叉学科）。文献研究要查文字材料，这项研究常出现在图书馆里可阅读到的有限几本书或文章里。在准备硕士论文或博士论文时，应把研究重心放在查阅原始资料、所有背景知识信息，试验研究的论文集中于试验与观察。

（二）科学研究项目的来源

科学研究课题的选择是整个研究工作的第一步。一般来说，试验课题来自3个方面：①政府行为，即政府计划（例如863计划、973计划、自然科学基金项目）；②企业行为，由企业出具委托合同；③科技工作自身的延伸行为。国家或企业指定的试验课题不仅确定了科学研究选题的方向，而且也为研究人员选题提供了依据，并以此为基础提出最终的目标和题目。自选课题时，主要应明确为什么要进行这项研究，也就是要明确研究目的，要解决哪些问题，有哪些创新点，在科学研究和生产中的作用、效果如何等。

从实用角度看，选择科研课题要考虑3个问题：课题投标能投中吗？申报成果奖能批准吗？向期刊投学术论文能发表吗？为达上述目的，就要注意课题的科学性、先进性、可行性和可应用推广性。

要充分了解背景和已有的工作基础，确定要解决的对象目标，然后文献检索（图书、网络、期刊等资料），充分读懂30~50篇经典文献（科学思路、创新点、结构、结论等）。

目标具备可行性与必要性，即具有可解性，不悖于更上一层的知识；目标要有限，备好相关知识；要有必要的价值理性。

课题是为达到某个特定目标所需研究的一个或一组科学问题。科学研究选题就是形成、选择和确定所要研究和解决的课题。科学研究选题的步骤一般是：文献调研和实际考察→提出选题→初步论证→评议和确定课题。

选题前查询很重要。目的是：①该科学研究课题的源头及各个历史阶段特点及代表性单位；②该科学研究课题的主要内容，了解哪些问题已解决或解决到什么程度，哪些问题尚未解决，解决这些问题需要什么条件，为何这些问题尚未解决（是技术、是经费、还是条件），这些问题目前争论的焦点、主流和趋向；③了解新方法、新发现、新技术、新产品、新工艺，前人是否研究过；④明确该课题的关键技术。

首先，如果找到一本书或一个资料与你要研究的课题在同一范围，那就不应继续这项研究，因为充其量你只能把别人的一些观点进行批评性综述。其次，如果查阅资料时发现你的课题信息资料不够，就需拓宽课题。最后，如果你的课题有过多资料可以利用，那就需要进一步缩小课题范围。

二、查阅资料

做研究前必须熟悉你能查阅的数据库和图书馆，完全熟悉其结构和藏书。了解数据库和图书馆的使用方法对查阅藏书特别有用。目前用的图书分类方法主要有两种：杜威十进分类法和国会图书馆分类法。大多数普通图书馆使用杜威十进分类法，较大的图书馆使用国会图书馆分类法。

1. 目录卡 图书馆藏书通常按字母顺序用索引编排在目录卡中，每张卡都以作者的姓名、书目和主题分类 3 种不同的方法进行编排，每张卡都有一个索书号。大部分书有 3 张卡：作者卡、书名卡、分类卡（至少有这张卡）。书名卡上除了将书名打印在作者名字上方外，其他与作者卡一模一样。分类卡也和作者卡相似，差别在于分类用大写字母打印在作者名字前面。做研究时完全了解卡片目录内容并仔细阅读卡片很节省时间。卡上的分类题目可为你的课题寻找更多信息提供线索。

2. 普通索引 目录卡只收录图书馆藏书的书名。在使用索引前，明智的方法是先花几分钟阅读索引简介，这样你可通过索引看到书的详细说明。最新一期的杂志通常放在开放书架上，一般情况下，杂志和报纸不外借，只能在图书馆阅读。

3. 利用电脑进行搜索 大部分图书馆都可通过电脑进入不同数据库，可使寻找文献变得更加便捷。但你首先必须熟悉这个数据库、进入的步骤以及各种限制。在网络上搜索文件的方法将在第三章详细介绍。

4. 参考书 做研究前就必须清楚哪些资料是必不可少的，要熟悉所用参考书的种类和它们的基本结构，记下出版日期。如果研究一个发展中的新课题，应该立刻标出它是否有价值。另外，应该查阅并非常熟悉与你课题特别贴切的参考书。

5. 藏书 按惯例，大学图书馆有许多藏书。图书可从目录卡中查到，只能在图书馆内使用或只允许在有限范围内流通。

6. 正确评估资料 印刷出来的资料并非都可靠，图书馆收藏的资料也并非都可靠。在查阅任何资料前，有必要评估信息的可靠性。使用百科全书前，应核对一下它所面对读者的年龄群、最近修订版日期、出版是否合格、可靠等。可用以下几方面核对所用资料是否可靠：①作者，作者的名誉是判断资料是否可靠的最好标准；②出版社，出版社越有名，它出版不可信作品的可能性就越小；③出版日期，出版日期越近，内容越新；④期刊，杂志类型以及它面对的读者群是评估的一个重要标准，一般情况下，杂志的技术性或学术性越强，文章可信度就越强；⑤内容，粗略地翻阅这本书可了解本书是否值得阅读。

三、选题原则

确定选题的 4 个主要原则是：需要性、创新性、科学性和可行性。

1. 需要性 根据科技发展和生产实践需要，选最急需、最重要的问题。不仅对国家重要，而且也易申请成功。需要性也可认为是实用性，具有社会价值或经济价值，或带动一个学科发展，或形成一个产业，或促进一个产业发展。

2. 创新性 创新性原则指选出的课题是前人没解决或没完全解决的疑难问题，并预期能从中产生创新性科技成果。比较重要的是：概念或理论上的创新、方法上的创新、应用上的创新。包括新发现、新结论、新见解、新技术、新品种（系）、新工艺、新产品、新方法等。

创新性实质上是要求做到：在选题时熟悉别人已做工作，避免重复；课题论证时恰当估计课题的意义和可能包含的创新点。尤其是国家自然科学基金，重点资助基础研究和应用基础研究，对课题的要求注重科学价值和创新性、科学性、先进性，特别是创新性。所以在申报项目前要进行文献检索和查新。科学研究是探索性工作，其本质在于创新。

3. 科学性 科学性是指有科学理论或事实依据。科学研究选题是科学研究的起始步骤。选题的重要性在于，它关系到科学研究的方向、目标和内容，直接影响科学研究途径和方法，决定科学研究成果水平、价值和发展前途。因此科学研究中最重要的就是选题。

选题时首先要了解前人工作和现实需要，进行文献调研和实际考察。文献调研目的，一是考察前人对有关课题已做的工作及经验教训；二是查明有关专著和论文，并尽可能追溯其发展史，以继承前人已有成果，在新起点上选题，减少重复。

4. 可行性 初步选题后，还要对课题进行可行性研究或论证。例如建立模型进行初步计算，或围绕课题设计一些必要试验。在初步论证的基础上提出开题报告，然后经同行专家评议结合国家认定查新部门出具的查新结论，选出最佳课题。

可行性一般是指人力、财力、物力、条件的可行性，但是需要强调，课题还需要具有科学意义上的可行性，项目应能解决或经努力能解决；无论条件多好也解决不了的课题一般很难立项，尽管基础研究、前瞻性研究或探索性研究对国家未来发展有重大意义，这类项目一般科技工作者难以申请到立项。

技术上的可行性包括现有工作基础，技术难点、技术路线是否清楚，课题承担人的学术水平、协作单位的技术力量等。

时间上的可行性是指能否在规定时间内完成。

财力、物力的可行性的重点是设备、条件、人力。

综上所述，选题的过程是一个不断反馈调整的过程，常需反复文献调研和多次论证。因为科学研究选题既要尊重所依据的科学理论和科学事实，同时还要随基础事实和背景理论的改变而对选择的课题进行调整（科学性原则）。

四、选题依据

要详细阐述本项目的社会意义、经济意义、国内外进展情况，要提出本项目解决的目标，强调本项目的必要性和重要性。

具体选题依据：依据各级政府下达的科学研究任务选题，国家、部委、省、地等部门都有发布；要围绕某确定的研究方向选题；要从当前生产中急需解决的问题中选题；从烟草科学研究急需的问题中选题，通过阅读文献收集资料，掌握研究现状和进展，从中了解和选择研究课题；从科学研究过程中发现的新问题、新苗头确定研究课题。引进和推广国内外先进科学研究成果也可作为研究课题，例如新品种、新工艺、新技术和新方法的引进、鉴定、改进和推广。

政府资助的科学研究项目一般可在网上搜索各级政府的科学技术委员会网站，那里都有详细介绍。农业农村部等有关部委管理的科技项目计划可以向有关部门咨询。

五、申报课题落选原因调查分析

立项未被批准或未得到资助原因（从高到低排列）：①需进一步完善研究技术路线；②需突出特色，避免与别人重复；③需进一步调查国内外动态；④工作积累不够；⑤项目意义和目标不明确，研究内容需突出重点；⑥研究力量需进一步加强；⑦申请经费过多；⑧工作条件或时间缺乏保证；⑨资助项目超过限额；⑩选题偏离资助范围；⑪申请手续不完备。

第二节 科学研究方案和计划的制定

科学研究方案就是课题确定后，研究人员在正式开展研究前制定的整个课题研究的工作计划，初步规定课题研究各方面的具体内容和步骤。研究方案对整个研究工作的顺利开展起关键作用，尤其对科研经验较少的人，一个好方案，可避免无从下手，避免进行一段时间后不知道下一步干什么，保证整个研究工作有条不紊。可以说，研究方案水平高低，是一个课题质量与水平的重要反映。

进行任何一项科学试验，在试验前必须制定一个科学、全面的研究方案，以便使该项研究工作能顺利开展，从而保证研究任务的完成。研究方案是全部研究工作的核心部分。试验研究计划的内容一般应包括：研究目标、研究内容、拟解决的关键问题、充分反映特色及创新点、预期成果。核心问题是研究因素、水平的确定。研究方案确定后，结合试验条件选择合适的试验设计方法。

主要内容是：①研究背景（课题的提出），即根据什么、受什么启发而搞这项研究；②通过分析本地的科研生产实践，指出为什么要研究该课题、研究的价值、要解决的问题。

一、研究依据、内容和预期达到的经济技术指标

课题确定后，通过查阅国内外有关文献，明确项目的研究意义和应用前景，国内外在该领域的研究概况、水平和发展趋势，理论依据、特色与创新之处；明确项目的具体研究内容和重点解决的问题，以及取得成果后的应用推广计划，预期达到的经济技术指标及预期技术水平等。这里，举一个例子。①研究目标：研制一种新型肥料；②研究内容：对烟株整体生

长发育的作用；对产品品质的作用；对相关物质代谢、生理生化过程的作用；与常规肥料的比较（用量/成本）；③关键问题：确定作用机制；④特色及创新点：尚无相应肥料；效果更高，成本更低等。

二、项目的执行方案

①要分析已具备的条件，安排好研究进度。已具备条件主要包括过去的研究工作基础或预试情况、现有仪器设备、研究技术人员及协作条件、从其他渠道已得到的经费情况等。研究进度安排可根据试验的不同内容按日期、分阶段安排，定期写出总结报告。

②明确试验所需的条件。除已具备的条件外，本试验尚需的条件，例如经费、农田、仪器设备的数量和要求等。

③分解总体目标，设计科学路线（科学思路推理过程的框图）和技术路线（数据来源、设备、试验方法、计算方法、精度评估）等。

三、项目的执行计划

1. 项目过程的分解　要注意过程、人员、资源的配置。

2. 试验的时间、地点和工作人员安排　工作人员要固定，并参加一定培训，以保证试验正常进行。研究人员分工，一般分为主持人、主研人和参加人。在有条件的情况下，应以学历、职称较高并有丰富专业知识和实践经验的人员担任主持人或主研人，高、中、初级专业人员相结合，老、中、青相结合，使年限较长的研究项目后继有人，保持试验的连续性、稳定性和完整性。

3. 阶段验收，向下一阶段前进　主要是成果鉴定及撰写学术论文。这是整个研究工作的最后阶段，凡属国家课题均应召开鉴定会议，由同行专家做出评价。个人选择课题可撰写学术论文发表自己的研究成果，根据试验结果做出理论分析，阐明事物的内在规律，并提出自己的新见解。一些重要的个人研究成果，也可申请相关部门鉴定和国家专利。

四、研究计划书

1. 封面　即试验计划书封面。

2. 研究内容和意义　研究内容和意义包括学术思想、立论根据、具体内容、对国家建设的作用、科学意义等。

3. 预期成果和提供成果的形式　预期成果和提供成果的形式包括总目标、申请资助期限内预计达到的目标和分阶段目标。如系理论成果，应写明在理论上解决哪些问题；如系应用成果，应写明推广的可能性及经济效益。

4. 拟采取的研究技术路线　拟采取的研究技术路线包括研究工作的总体安排、理论计算、试验设计、试验方法和步骤及其可行性论证，预计可能遇到的问题及其解决办法。明确研究中所采用的具体方法、步骤及其观察指标的基本框架，要指出技术关键。技术路线要清晰，试验设计周密合理，符合统计及专业要求。研究方法尽量采用新方法、新技术或对所用技术有改进。

5. 国内外研究概况、水平及趋势　指出有哪些国家、哪些单位曾经或正在从事类似研究、已达到的水平和存在的问题，本课题的主攻关键以及特色和创新之处。

6. 实现本课题目标已具备的条件 实现本课题目标已具备的条件包括过去的研究工作基础；已有的主要实验设备；已经或可能进行的理论分析、计算、试验；现有的研究技术力量。

7. 经费 即本课题其他经费来源。

8. 课题经费预算表 课题经费预算表包括仪器设备、材料、试剂及其他费用。科研经费要符合合理性原则，一般是指投入合理（人、财、物）、时间合理。

9. 与其他任务的关系 列出申请者和主要合作者已承担的其他研究任务及经费来源、申请者与主要合作者能用于本课题的时间。

10. 参考文献目录 注明文献出处。

11. 附件 应附有下述材料。

①申请者和主要合作者的简历、近期发表的与本课题有关的主要论文、著作和科研成果的名称。

②申请者和合作者姓名、年龄、职称、专业、本课题中分工、工作单位。

③推荐者姓名、职称、专业、工作单位、推荐意见。高级科技人员申请不需推荐，其他科技人员申请须有两名高级科技人员推荐。课题组中有高级科技人员的，也不需推荐人。

其中最主要的事项是：①题目、内容摘要、主题词；②投送学科的选择；③研究组组成；④年度计划及预期进展；⑤申请经费的额度和预算；⑥专家和单位的推荐意见。

五、项目申请书写作注意事项

1. 突出重点 项目的重点应突出，切忌平铺直叙，显示不出项目特色。

（1）在立论依据中 立论依据要重点突出项目的重要性、创新性和必要性，而且要在叙述背景时巧妙地穿插进去。

（2）对社会、经济发展有价值的领域 提出一个有创新的合理目标；达到这个目标做哪些具体工作（内容）；能用先进、系统、可行的技术完成这一目标；有相应研究基础支持目标的实现。

（3）对应用性研究（例如产品开发） 要重点突出有人要（有价值和应用前景）、没人做（或没人做得好）、我能做（或我能做得好）。

（4）在研究内容中 研究内容要重点突出研究目标，目标应与立论依据直接相关，并用研究内容加以细化，要注意目标与背景、内容一致，这样才能相互印证，起到突出本项目的特色和水平的作用。

（5）在技术和方法中 一定要证明目标实现的技术保证，要轮廓清晰，不要叙述与目标无关的内容，也不要大量描述技术细节冲淡主题；同时要充分论证这些技术及方法确实可行。

（6）在研究基础与条件中 要提供足够的客观证明本项目是建立在可靠和可行的基础上，有把握完成。主要说明与本课题有关的、前期研究工作积累和已获得的研究工作成绩、已具备试验条件、尚缺少试验条件和拟解决的途径、近期已发表与本课题有关的主要论著目录。

（7）在其他内容中 尽可能紧紧围绕项目的目标写。

与研究目标相关的内容，在立论依据中一定要重点介绍；在研究内容中一定要具体化；

在技术和方法中一定要有解决办法；研究基础及条件中一定要提供相关的客观证明。树立一个明确的研究目标，从背景、研究内容、技术和方法、研究基础和条件等方面支持这个目标，这样，项目特色就会突出。

2. 前后一致 申请书书写过程中，各种说法和叙述要始终保持一致，特别在反复修改后，更要注意前后说法一致。如果前后不一致，例如研究内容中提到的事项，没有相应试验方法、研究基础及条件，评审专家就有理由认为本项目不可行。

3. 功夫在诗外 写好研究方案一方面要了解它们的基本结构与写法，但"汝果欲学诗，功夫在诗外"，写好开题报告和研究方案还需要做好很多基础性工作。①要了解别人在这个领域研究的基本情况。研究的根本特点就是创新，熟悉别人在这方面的研究情况才不会重复，而是在别人研究的基础上，从更高层次、更有价值地研究；②要掌握与自己课题相关的基础理论。没理论基础就很难深入研究，很难有真正创新。因此一定要多方收集资料，加强理论学习，这样写报告和方案时才更有把握，编制出的报告和方案才更科学、更完善。

4. 注意 3 点 ①要学会搜集和获取信息，处处留心皆学问（积累）；②要多学习，多借鉴，集思广益开眼界（学习与借鉴）；③创新，登高望远多创意（创新）。

六、项目申请书写作技巧

1. 表述清楚 如同其他写作一样，申请书的文字应通俗流畅，容易理解，否则好内容也得不到好评。

2. 申请书篇幅长短应适当 过短的，往往反映申请者没充分思考、构想和研究积累，其创新性、重要性及可行性等特征往往得不到充分表述，也就难以获得批准。

3. 课题名称 课题名称就是课题的名字。这看起来是个小问题，但实际上很多人写课题名称时，往往写得不准确，从而影响整个课题的形象与质量。如何给课题起名称呢？①名称要准确、规范。准确就是课题的名称要把课题研究的问题是什么、研究的对象是什么交代清楚，课题的名称一定要和研究内容一致，不能大也不能小，要准确地把研究对象、问题概括出来。规范就是所用词语、句型要规范、科学，似是而非的词不能用，口号式、结论式的句型不要用。课题就是要解决的问题，这个问题正在探讨，正开始研究，不能有结论性的口气。②名称要简洁。不管是论文还是课题，名称都不能太长，能不要的字尽量不要，一般不要超过 20 个字。

4. 课题研究的目的和意义 也就是为什么研究，即研究的价值。一般可先从现实需要论述，指出现实中存在这个问题，需要研究，本课题有什么实际作用，然后，再写课题的理论和学术价值。这些都要写得具体，有针对性，不能空喊口号。

5. 国内外研究的历史和现状（文献综述） 规范的该有这个部分，小课题可省略。一般包括：掌握其研究的广度、深度、已取得的成果；寻找有待进一步研究的问题，从而确定本课题研究的平台（起点）、研究特色或突破点。

6. 课题研究的指导思想 就是在宏观上应坚持什么方向，符合什么要求，这个方向或要求可以是有关研究问题的指导性意见等。对于范围大、时间长的课题，有个比较明确的指导思想，就可避免出现理论研究中的一些方向性错误。

7. 课题研究目标 课题研究目标也就是课题最后要达到的具体目的，要解决哪些具体问题，就是要达到的预定目标，即本课题研究的目标定位。确定目标时要紧扣课题，用词要准确、精炼、明了。相对于目的和指导思想而言,研究目标是比较具体的,不能笼统地讲,必须清楚地写出来。只有目标明确而具体,才能知道工作的具体方向是什么,才知道研究的重点是什么,思路就不会被各种因素干扰。

常见问题是不写研究目标;目标扣题不紧;目标用词不准确;目标定得过高,对预定目标未进行研究或无法进行研究。

确定课题研究目标时,一方面要考虑课题本身的要求,另一方面要考虑课题组实际的工作条件与工作水平。

8. 课题研究的基本内容 有了课题研究目标,就要根据目标来确定这个课题具体要研究的内容。相对研究目标来说,研究内容要更具体、明确。并且一个目标可能要通过几个方面的研究内容来实现,它们不一定一一对应。有人在确定研究内容时,往往考虑得不是很具体,写出来的研究内容特别笼统、模糊,把研究目的、意义当作研究内容,这对整个课题研究十分不利。因此要学会把课题进行分解,一点一点地去做。

基本内容一般包括:①课题名称的解释,应尽可能明确3点:研究对象、研究问题、研究方法;②课题研究有关的理论、名词、术语、概念的解释。

9. 课题研究的方法 本课题研究是否要设定子课题。若要设子课题,各子课题既要相对独立,又要形成课题系统。作为省、市级课题,最好设定子课题,形成全面的课题研究系统。具体研究方法可选观察法、调查法、试验法、经验总结法、个案法、比较研究法、文献资料法等。

确定研究方法时要说清楚"做什么"和"怎样做"。如要用调查法,则要讲清调查目的、任务、对象、范围、方法、问卷的设计或来源等,最好能把调查方案附上。提倡使用综合研究方法。一个大课题往往需要多种方法,小课题可能主要是一种方法,但也要利用其他方法。

在应用各种方法时,一定要严格按照方法要求,不能含混不清,凭经验、常识去做。比如要通过调查了解情况,确定如何编制调查表、如何进行分析,不是随便发张表,搞些百分数、平均数就行了。

10. 课题研究步骤 课题研究步骤就是研究在时间和顺序上的安排。研究步骤要充分考虑研究内容的相互关系和难易程度,一般情况下,都是从基础问题开始,分阶段进行,每个阶段从什么时间开始,至什么时间结束都要有规定。课题研究的主要步骤和时间安排包括:整个研究拟分为哪几个阶段、各阶段起止时间、各阶段要完成的研究目标和任务、各阶段的主要研究步骤、本学期研究工作的日程安排等。

11. 课题研究的成果形式 即本课题拟取得什么形式的阶段成果和终结成果。形式很多,例如调查报告、试验报告、研究报告、论文、经验总结、调查量表、测试量表、计算机软件、教学设计、视频等,其中调查报告、研究报告、论文是课题研究成果最主要的表现形式。课题不同,研究成果的内容、形式也不一样,但不管什么形式,课题研究必须有成果,否则就是这个课题未完成。

12. 课题研究的组织机构和人员分工 在方案中,要写出课题组长、副组长、课题组成员以及分工。课题组组长就是本课题的负责人。课题组的分工必须明确合理,争取让每个人了解自己的工作和责任,不能吃大锅饭。但是在分工的基础上,也要注意全体人员的合作,大家共同商讨,克服研究中的各种困难和问题。

13. 其他有关问题或保障机制 例如课题组活动时间；学习什么有关理论和知识，如何学习，要进行或参加哪些培训；如何保证研究工作的正常进行；课题经费的来源和筹集；如何争取有关领导支持和专家指导；如何与校外同行交流等。

第三节 研究生的开题报告

一、开题报告的意义和要求

开题报告是指为阐述、审核和确定学位论文选题而举行的报告会所准备的书面材料，它是监督和保证研究生学位论文质量的重要措施，同时可使更多人了解、关心和帮助研究生的有关科学研究工作，所以开题报告是研究生学位论文工作的重要环节。

做开题报告前，研究生经调查研究、查阅文献资料等选题过程，写出开题报告，供参加开题报告会的有关专家审阅。审定开题报告的专家小组一般由研究室或导师出面聘请同学术领域3～5名高级科研人员组成。导师和课题组人员参加开题报告会。经集体评议并填写相应学位的论文开题报告书。对于三年制研究生，开题报告一般在学位课结束后，硕士生于第三学期最后3周内完成；博士生于第二学期最后3周完成，不得迟于第三学期的倒数第二周。开题报告是对研究生学位论文选题工作的总结和考核，凡未获通过者，必须在1个月内重新选题、开题。开题报告后，研究生一般应根据专家小组的评议意见，修正、补充和提高选题方案。按规定程序审批备案和存档，正式进入论文工作，如因特殊情况需变动论文题目的基本内容时，需重新进行开题报告并按程序重新审批。

开题报告的内容有：课题来源及研究目的和意义、国内外在该方向的研究现状及分析、主要研究内容及创新点、研究方案及进度安排、预期达到的目标、为完成课题已具备和所需的条件和经费、预计研究过程中可能遇到的困难和问题及其解决措施、主要参考文献等，主要是选题、立论依据、研究方案、研究基础等内容，核心是提出问题与解决问题的方案。这里要注意选题原则：创新性与先进性、科学性、实用性与必要性、可行性。

开题前要与导师交流，查阅文献，撰写综述，进行预试验。与导师交流主要是了解导师的要求、选题范围。查阅文献的目的是迅速了解本专题国内外最新进展，借鉴前人经验，时间上可以从近年向前查，了解问题的深度、广度。文献综述是作者将某个专题有价值的文献中有关内容及其结论加以综合加工，使之条理化，然后根据作者自己的思考进行综述和讨论，写成文章。开题报告中综述的价值可以理解为汇总信息、指导科研、选题参考。进行预试验主要是为了探讨课题的试验规模、关键技术、样本大小。

开题报告一般为表格式，它把要报告的每项内容转换成相应的栏目，这样做既便于开题报告按栏目填写，避免遗漏。又便于评审者一目了然，把握要点。

二、开题报告封面各栏目的填写方法

封面各栏目由开题者（学生）填写。其中" 年 月 日"栏目在开题报告封面下方，应填写开题报告实际完成的日期。实际完成日期一般应在学校规定的时间内，不得逾期，否则，将被视为未按时完成开题报告。这里的关键是题目，要注意前面介绍的确定题目的技巧。

三、综述部分的写作

综述（review）包括"综"与"述"两方面。所谓"综"，是指作者对大量素材进行归纳整理、综合分析。所谓"述"，就是对各家学说、观点进行评述，提出自己的见解和观点。填写本栏目实际上是要求研究生写一篇短小的、有关本课题国内外研究动态的综述，以说明本课题的依据和学术价值。要点是：①国内外研究现状；②立论依据，包括定论、未定论、研究空白、本课题研究意义和创新之处。

四、研究的基本内容和拟解决的主要问题

"研究的基本内容"和"拟解决的主要问题"在内容上虽然紧密相关，但角度不同，在填写时，可以分别表述。

"研究的基本内容"就是论文（设计）正文部分的内容，是研究内容的核心。正文内容又分为若干部分和层级。填写此栏目实际上是编写论文基本内容的写作提纲。

"拟解决的主要问题"就是论文的主攻方向、研究目的。具体是指开题者预先设想的、将要在论文中证明的某个新的理论、技术或方法问题，以及开题者对这个问题的基本观点（赞成什么，反对什么）。填写此栏目，就是要求开题者用明确、具体的文字（力求用一两句话）把论文题目中的上述信息传达出来。"拟解决的主要问题"是在综述本课题国内外研究动态的基础上提出的，论文正文的各个部分都是为了论述这个主要问题，而主要问题的解决，将得出研究成果。

五、研究步骤、方法和措施

要求回答本课题怎样研究，可分3个层次表述：研究步骤、研究方法和研究措施。

1. 研究步骤　具体指从提出问题到撰写成文的各个阶段。填写时可以如下表述。

（1）第一步，选题　选题有导师命题分配和学生自拟自定两种方法。题目选择恰当，等于论文成功了一半。

（2）第二步，搜集与阅读整理资料　论文题目选好以后，就要搜集资料，进行知识积累。"巧妇难为无米之炊"，没有资料就无法进行科学研究。

（3）第三步，论证与组织　要用科学方法对资料进行研究，确立论点，包括中心论点（或总论点）与分论点。然后选择材料，拟写提纲，对全文内容做通盘安排，布局文章结构格式，规划论文轮廓，显示出论文的条理层次。论证与组织的过程，也是撰写开题报告的过程。

2. 研究方法　研究方法是指分析论证课题时的思维方法，属于认识论范畴。科学研究方法很多，按照人的活动区分，可分为两类：实践（经验）性方法和理论性方法，实践性方法有观察方法、试验方法、调查方法等，理论性方法有抽象方法、假说方法等。各种科学研究方法按照适用范围区分，可以分为3类：①适用于一切学科领域的哲学方法；②适用于众多学科领域的一般方法；③适用于某些具体学科领域的特殊方法或专门方法。

3. 研究措施　研究措施侧重于完成论文（设计）工作的条件方面，涉及范围广，应结合自己的各种现实需要及困难来写。

研究方案的要点是：研究目标、研究内容及方法、拟解决之关键问题、技术路线、研究

计划和预期结果。

六、研究工作进度和主要参考文献

研究工作进度与任务书的"计划进度"栏目基本相同，其填写内容也包括各阶段工作内容和时间安排，填法也相同，此处不须赘述。如有调整，则按调整的内容填写。

主要参考文献是指在撰写综述时阅读并直接引用过的参考文献。至于篇数，应比任务书中导师规定的主要参考文献略多，因为还要包括自选文献中的主要文献。在填写开题报告主要参考文献时，可以在抄转导师规定的主要参考文献篇数基础上，再列出2～4篇自选的中外文主要的参考文献。

七、系（教研室）评议意见和院领导审核意见

"系（教研室）评议意见"栏目由系（教研室）主任审核后填写。系（教研室）评议意见不能千篇一律写"通过"或"同意开题"等字样，应根据开题报告的质量分别用不同评语填写。

例一：该生对本课题有深入认识，准备充分，开题报告的内容和形式完全符合要求。

例二：该生对课题认识有一定深度，准备工作较充分，需进一步修改完善。开题报告的内容和形式基本符合要求。

例三：该生对课题认识不深，准备工作不充分，未达到开题要求。开题报告的内容、形式不符合要求。

"院领导审核意见"栏目由院（系）教学主管填写。院（系）负责人根据对开题报告内容和形式的审阅并参照系（教研室）主任评议意见决定其审核意见。在"1. 通过""2. 完善后通过""3. 未通过"3个备选项上选取，并打上√号。

第四节　文献资料的搜集、管理和阅读

一、搜集和阅读资料的意义与作用

搜集和阅读资料的意义，一是认识掌握学科发展水平和动向（成就、问题、发展趋势），以现代科学为起点进行研究；二是全面了解前人对所研究的课题已做过哪些工作、成功或失败的经验、存在的问题、应从哪些方面入手或突破；三是避免重复。

搜集资料的情况大致有两种：一是选题前，还没论文方向，想找个合适的方向做，此时可在网上搜索"review""survey"等，阅读一些文献综述，在其中找自己感兴趣的方向；另一种是已确定了大致方向，希望了解本研究领域的进展，此时应请教这一领域的专家，搞清哪些人是这一领域的名人，搜索他们的文章。国外传统，很多杂志要介绍某个领域的成就和进展，都会邀请名人来写综述。只有知道哪些人是这一领域的杰出代表，才可能从这些人的著作中了解这个领域的发展。

二、科技资料的来源

科技资料的来源，主要是科技图书（教科书、百科全书、字典、手册、专著、论文集、会议记录、年鉴、书目、目录等）、科技期刊（杂志、学报、通报、公报、快报、会讯、记

录、文摘、索引、评论等）、特种文献（图书、期刊以外的非书非刊文献资料，例如学位论文、专利文献、科技报告、会议文献、政府出版物、技术标准、产品样本、科技档案）和网络资料。目前科学研究中参考资料的获取渠道主要是网络文献。

1. 教科书 教科书是专门为学生学习该门学科而编写的书籍。一般而言，教科学具有严格的科学性、系统性和逻辑性。我国的教科书是按教学大纲编写的，其内容是最基本的，论点比较成熟且为多数人所承认的，论据是在实践中反复验证而且可靠的，叙述方法多为综合总结式的，是经过编者选择、核对、鉴别和融会贯通而写成的。要对范围较广的问题获得一般性基本知识，或对某个问题获得初步了解，教科书是最佳选择。但由于编写、出版等需要的时间长，因而教科书有陈旧、过时问题。

2. 期刊 期刊也称为定期刊物，是连续出版物的一种。期刊与图书比，有以下特点：①品种多、数量大、及时，有实用价值；②学科广、内容丰富、流通影响面广；③文种多、内容杂、形式多样。主要阅读本学科的权威刊物，例如 *Plant Physiology*、*Plant Cell*、《中国烟草学报》《烟草科技》等。

3. 网络 这是目前信息量最大、最易获取并被使用最广的科技资料来源。信息的新颖性是其价值的关键。新颖性顺序为：专题报告＞会议摘要＞在线预览＞最新期刊＞过期期刊＞综述文章＞专著书籍＞教科书＞教师讲义。

三、如何搜集资料

一般是经过网络搜索文献，这里先介绍基本思路，具体技术将在第三章介绍。搜集资料的开始阶段，目标是尽量找到最老、最原始的那些经典文献。根据自己对专业的了解，使用最贴近课题的关键词、权威的名字或经典文献的题目，用 google.com 等搜索引擎搜到一些 paper，通过这些 paper 的 introduction 会得到一些参考文献，这些参考文献的 introduction 又会提供更多的参考文献。这样不断地搜寻会使得到的文献数量剧增。研究生对这个领域还很模糊，如何"取舍"文献？下述知识也许会有助于你。

任何一篇文章的 introduction 都可分成两部分：第一部分是拉大旗，第二部分是具体到本文的方法、材料和要点。"拉大旗"部分所引用文献一般都是比较重要、比较主流的文献，第二部分引用的文献就要看情况了。如果这篇文章所用的方法、材料等是本领域经常用到的主流，那么这部分所引用的文献也需要看；如果这篇文章所用的方法、材料等在本领域是很次要的，是补充性的，那你就不用管这些参考文献。不过，也许在一开始你连这个问题都判断不了，那就只能照单全收。

为尽量找到最经典文献，还要减轻负担，可在年份上跳跃一下。比如，如果找到了 10 年前的一篇 paper，那么这 10 年间的 paper 的 introduction 就可以不看，直接从 10 年前的那篇 paper 的 introduction 开始，重新向更早扩展。

下述搜集文献资料的途径也很有用：①查阅文献，查阅杂志、专著、论文集等原始的一次文献资料，查阅文摘、索引、目录、题录书目二次文献资料；②参观访问、会议交流、私人通信等搜集资料；③进行专题搜集、整理；④系统学习书本，精读一本教材，全面系统掌握学科基本知识；⑤经常阅读定期刊物，了解学科发展概况、动态，掌握新理论、新技术、新品种、新成果。

四、如何管理资料

搜集的文献资料多了怎么管理？为便于将来使用，就要按专业分类一步步细分，分别建立文件夹，这样将来再使用时就可方便地找出这些文献。

不一定下载所有搜到的文献，有时只要把文献按信息分类，建立一个 excel 文档记录其出处就行。因为到阅读文献时，随着你对有关课题的认识加深，很多你当初搜到的文献可能觉得没必要看。真有什么好文献没下载，到用时再下载也不迟。

学术界常用文献管理软件。这类软件基本功能都差不多，以 EndNote 为例。安装 EndNote 事实上就是建一个数据库。可网上搜索"EndNote 免费下载"并搜到使用教程。安装成功后会出现相应工具条并在工具菜单下出现 EndNote 菜单。本软件帮助你轻松管理文献，不仅可汇集一般文献资料，并且可添加你对文献的评论，文献下载地址，以及作者、出版商、作者单位等详细信息。可按专业分类为你的资料排序，这样找文献方便。用数据库的另一个好处是，当你已有很多文献，遇到一个新文献，你怎么知道这篇文章你有了没有？通过数据库一查就行。在 EndNote 中，同一数据库下还可建立群组（group），你可按需要建一些群组。要在数据库中录入文献，可通过导入功能。现在各大文献数据库中，查到的 paper 页面都支持导出成 RIS 或 EndNote 的格式，EndNote、reference manager、note express 等软件也都兼容多种格式；查到 paper 单击一下导出，在 EndNote 里单击一下导入，文献标题、作者之类的信息都不用自己输入，很多时候连 abstract 也自动导入。只有少数文献数据库不支持导入功能，那就要自己输入。

EndNote 还有两个功能，一是在线搜索文献，直接从网络搜索相关文献并导入到 EndNote 的文献库内；二是定制文稿，直接在 Word 中格式化引文和图形，利用文稿模板直接书写合乎杂志社要求的文章。

五、如何阅读资料

搜到成百上千的文献不可能全读。需要确定对不同文章精读、略读和不读。怎么确定？就是根据你的研究课题，确定一个资料是否主流和贴切。

①选工作实践中的疑点、热点，由一个小枝节，检索较全的文献。先不在意 3 年前的文献，因知识更新快，且网上能查到的多为近年的。一般可选择关键词或综述的参考文献，搜出近期相关文献 30~40 篇，略读其摘要和引言，考察其相关性与派别——目前对这个问题的共同看法和分歧。然后用搜索引擎［例如谷歌学术（google scholar）］搜索，可知道该领域谁的文章被引用次数多、最有启发性，可注意他的文章全文。

②在查阅文献看了大量导言（introduction）后，经多次反复，你就会对"主流文献"有宏观认识：本领域最初是要解决哪些基本问题？后来随着认识的深入，原问题又转化出什么新问题？目前大家想解决什么问题？对于各个问题，理论方面提出过哪些模型？主要有哪些试验方法？由此就可判断哪篇文章有利于回答上述问题，哪些文章是主流，哪些文章不是主流。主流文章要读，不主流的文章不读。

阅读文献前要先具体回答上面的宏观问题，将来写综述时也要站在那样的高度去写。与此同时，研究生还要完成知识积累，就是本领域涉及的具体知识、基本概念、基本原理等，要在阅读文献的过程中建立起来。这些具体知识包括一些专门提出的名词概念、本领域经常用到的理论方法（包括数学）、试验方法等。因此凡包含这些知识的文献都要看。

③什么文献略读？在你的文献数据库列表里只能看到文章标题，要打开文件后浏览一下摘要（abstract）。有些文章的摘要只写做了什么，没写结果或结论，那就直接找结论（conclusion）。如果是 communication，既没有 abstract 又没有 conclusion，可在正文第一自然段或第二自然段找类似"Here, …""In this paper, …""In the following, …"之类的句子，起码看看这篇文章的意图。如果浏览发现这篇文章"有点意思"，那就浏览一下结果讨论部分，再决定是否精读。

④要注意先读综述、后读专题研究文章。因为综述文章一般由本领域的专家或权威撰写、对该领域研究工作的较全面总结，其中既会体现综述者的研究思想，又会为读者指出过去研究者们的不足，指出一些带有方向性的新研究课题。初入科研人员阅读综述很有益处。

⑤注意文章的参考价值。刊物的影响因子、文章的被引次数能反映文章的参考价值。但要注意引用这篇文章的其他文章是如何评价这篇文章的：支持还是反对，补充还是纠错。对于下载的文献，要以其内容建立以专题杂志按时间先后的专门分类。确定哪些需要仔细阅读并保存，哪些用处不大而删除，哪些需要阅读却尚未阅读。

⑥初读文献主体，标定论文之主要假设、优点（创意）、应用模式与流程、局限性与可能的缺点，标定最有价值的创意与论文。好记性不如烂笔头，包括工作中的点滴发现、思想火花，都应写下来。看文献的时间越分散，浪费时间越多。集中时间看更容易联系起来，形成整体印象。

⑦做笔记的技巧。做笔记也要按学科分类，做一个课题，可能要阅读不止一个领域的文献。分类做笔记便于今后查找。如果你使用了文献管理软件，对于"不读"的文章，或没什么需要记笔记的文章，一定要在你的软件数据库相应的记录上做点记号。一般文献数据库的记录都有一些用户自定义属性，要利用一个属性来作为自己的"备注"，专门用来表示该篇文章的阅读情况。"不读"的文章，就在"备注"里打个"×"。这个"备注"属性很有用。

如果一篇文章需做笔记，而且根据备注得知该文章没看过（备注栏是空白），那就先在笔记本（或你在电脑上建立的 excel 文档）上写上本文的期刊名缩写、卷、页、年份，然后粘贴复制或写下你关心的内容。研究生一般资料不多，用 excel 建读书笔记较好，便于资料粘贴、复制、整理和查找。

做笔记时，如果有些论断是文章作者引用别人的，那就记下它的参考文献。每篇文章只记本文原创的。将来你写论文时，要以笔记为蓝本，你的笔记上记的最好全是原始论断，这样你将来写论文时对某个论断的引述，所引用的文献就是原始的，不会出现"转引""转述"等很不专业的情况。

每篇文章的笔记做完后，要记得在文献数据库相应记录的"备注"栏中记上这篇文章的笔记开头所处的地址或页码，将来你在文献数据库上找到这条记录时，就会知道这篇文章已读，做过笔记，记在哪里，马上就能翻到你当初的笔记。

⑧锁定相关文献，重复⑤～⑦的工作。

⑨读完 30～40 篇主要文献后，综合归纳该领域的主要问题，选用更加贴切的关键词重新搜索更加贴切的、全部的文献资料。

⑩重复⑦～⑨的过程。

⑪综合整理主流论文的优缺点、主要创意和关键论文，分析问题关键与突破的可能性，

锁定关键论文,进行以下工作。

针对最关键论文,深入分析其优点成立的前提,研究这个前提是否可以再拓宽。再深入研究其缺点的起因,探讨在什么条件下可以避免这些缺点。

整理前述分析结果,试图提出自己的方法或观点,结合前人的优点,避免前人的缺点,以突破或改善问题的瓶颈(效率、可靠性、稳定性等)。

在阅读过程中你会遇到一些自己不怎么理解的概念或名词,这就要学会利用网络在线词典。没有知识,要有常识;没有常识,要学会用维基百科、google、百度知道等。

对研究生而言,阅读文献资料时要先读导师的文献,再看学长的论文。这是了解本课题组研究方向的根本途径。阅读学长的论文可以了解他们的研究内容和现状,哪些已研究过,哪些研究还不够深入,还存在哪些有待解决的问题,现在的研究方法和思路是否适合后续课题的研究,从中吸取有益的方法和经验,这对研究生迅速进入研究领域很有帮助。

第五节 科研总结和应用

一、试验数据的理论分析

根据观察和试验结果并参阅文献资料,经归纳、推理,以说明事物内在联系和规律,找出事物现象与本质的关系。一般应用统计分析方法,例如 t 测验、方差分析、回归与相关分析等。

怎样进行理论分析?①以事实为依据,围绕材料进行分析,言之有物;②应用正确的思想方法,抓住事物的内在联系,用全面发展的观点看试验结果;③既要用旧的理论作指导,又不受旧权威约束;④要勇于探索未知,要有创新精神;⑤如果试验效果显著,应同时计算经济效益。

二、课题总结和验收

整理好文字总结材料,请有关专家及上级部门验收,看现场、看材料、看资料、下结论。

三、成果鉴定和推广

理论研究,在有本专业的专家和生产部门代表参加的学术会上宣读报告,经过讨论、置疑、答辩,以确定成果高低。应用研究应该应用于生产实践进行鉴定,即生产试验鉴定。只有通过鉴定后的成果才能推广。

四、成果获奖

据调查,成果未获奖原因(可能性由高到低排列)有:①科学研究创新性不足,研究项目重复;②科学研究设计不合理,科学性不强;③研究样本数不足,研究个体未达到随机要求;④研究成果未推广或未投产;⑤论文未发表或发表后未满1年等。根据经验,科技成果创新不足或研究项目重复占落选因素首位。说明许多科技成果对本领域国内外研究动态与发展水平掌握不够,学习交流不足,造成信息不灵,成果创新不足,重复别人研究过的项目,造成人力、资金浪费。

科学研究过程的 3 个阶段 10 个步骤可概括于图 2-1。

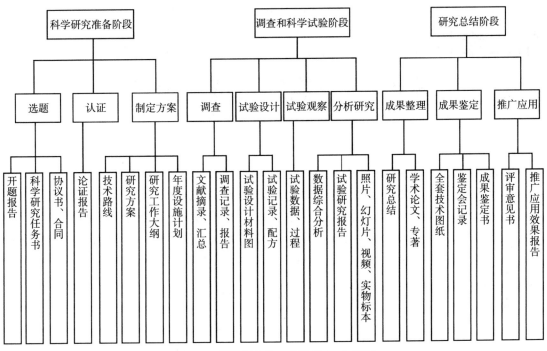

图 2-1　科学研究的 3 个阶段 10 个步骤

思考题

1. 简述烟草科学研究过程，也就是科学研究工作的一般程序。
2. 怎样发现科学研究课题？
3. 选择科学研究课题要遵循哪些一般原则？注意哪些事项？
4. 科学研究计划书有哪些主要内容？
5. 制定试验方案要注意哪些问题？
6. 如何搜集文献资料？
7. 如何阅读文献资料？
8. 如何管理文献资料？
9. 根据你的专业知识，模拟设计一个开题报告。

第三章

科学研究信息获取和分析

知识分两种,一种是传统认识上关于专业的科学和技术,另一种是获得专业科学技术知识的知识,就是鱼与渔两个问题。科学研究信息获取技术就是"钓鱼"技术。就具体一项科学研究看,科学研究信息获取是科学研究的先决条件,从科学研究选题、立项查新、成果鉴定,到科学研究报告、论文撰写,每一步都需要科学研究信息,所以科研信息获取技术在科学研究方法中有重要地位。本章讲的具体技术多,要边看边练。

第一节 网络信息搜索

一、信息文献的检索

信息文献的检索主要包括 3 种类型:事实型信息检索、数据型信息检索和文献型信息检索。文献型信息检索简称文献检索。根据检出内容的详略,文献检索又可分为书目检索和全文检索。

进行文献检索主要借助各种检索工具和文献型数据库。信息检索的技术手段有 3 种:①手工检索,检索过程主要是利用各种印刷型检索工具;②计算机检索,利用计算机从相关数据库中识别并提取所需信息;③网络信息检索,通过互联网上的信息查询工具,从网上获取电子信息。经典检索工具现在都可用计算机上网检索。

(一)信息资源的种类

1. 按载体形式分 按载体形式,信息文献有纸张文献、缩微文献、电子文献、音像文献等。

2. 按加工层次分 按加工层次,信息文献分为一次文献、二次文献(例如目录、题录、文摘、索引、各种书目数据库)、三次文献(例如综述、述评、词典、百科全书、年鉴、指南、数据库、书目之书目等)。

3. 按出版形式分 按出版形式,信息文献分为图书、期刊、科技报告、会议文献、专利文献、学位论文、政府出版物、产品资料、科技档案等。

4. 按所采用的网络传输协议分

(1) www 网络资源 这是信息资源的主流,使用 http 协议。

(2) ftp 资源 使用 ftp 协议,该协议主要用于联网计算机间传输文件。ftp 相当于网络上两个主机间复制文件。目前仍是发布、传递软件和长文件的主要方法。

(3) telnet 资源 telent 是远程登录协议,许多机构提供远程登录信息系统,例如图书馆的公共目录系统、信息服务机构的综合信息系统等。

（4）用户服务组资源　这些资源包括新闻组、电子邮件组等。

(二) 文献信息分类规则

我国有"中国图书馆分类法"（中图法）、"中国科学院图书馆图书分类法"（科图法）、"中国人民大学图书馆图书分类法"（人大法）、"中国图书分类法"（台湾省赖永祥编订）。国外有"杜威十进分类法"（DDC）、"国会图书馆分类法"（LCC）。有时不很清楚自己的信息需求，或无法清楚表达信息需要，可通过类目浏览。各网站都有自己的信息类目，例如 google 网页目录、搜狗目录。

二、谷　　歌

谷歌 http：//www.google.com 是用户较多的搜索引擎，支持中文、英文搜索。为方便使用，google 提供工具条，集成于浏览器中，用户无须打开 google 主页就可在工具条内输入关键字搜索。要安装谷歌工具条可访问 http：//toolbar.google.corn，按页面提示可自动下载并安装。

谷歌检索界面简练，只需输入查询关键词或查询关键式并按回车键（或点击其主页的"google 搜索"按钮）即可得到相关资料。google 对网页关键字的接近度进行分析，按照关键字的接近度区分搜索结果的优先次序，筛选与关键字较为接近的结果，这样可为查询者节省时间。google 规则（语法）如下：

①google 允许一次搜索最多 32 个关键词。

②双引号可用减号代替，搜索 "like this" 与搜索 "like-this" 是一个效果。

③在单词前加 "～" 符号可搜索同义词，比如你想搜索 "house"，同时也想找 "home"，你就可以搜索 "～house"。

④如果想得到 google 索引页面的总数，可以搜索 "＊＊"。

⑤搜索 "define：CSS" 相当于搜索 CSS 的定义，这对想学知识的人很有效；也可用 "what is CSS" 搜索；对中文来说，也可用 "什么是 CSS" 之类的。

⑥google 有一定人工智能，可识别一些简单短语如 "when was Einstein born?" 或 "Einstein birthday"。

⑦如果在搜索的关键词最后输入 "why?"，就会搜出链接到 google answers 的链接 http：//answers.google.com，可在里面进行有偿提问。

⑧在 google 中输入一组关键词时，默认是"与"搜索，就是搜索包含有所有关键词的网页。如要"或"搜索，可使用大写字母 "OR" 或 "｜"，使用时要与关键词间留有空格。比如搜索关键词 "HamLet（pizza ｜ coke）"，是让 google 搜索页面中或页面链接描述中含有 HamLet，并含有 pizza 与 coke 两个关键词中任意一个的网页。可用双引号（""）表示精确对应。

⑨并非所有 google 服务都支持相同语法，比如在 google group 中支持 "insubject：test" 之类的主题搜索。可通过高级搜索来摸索这些关键词的用法；进入高级搜索后设置搜索选项，然后观察关键字输入窗口中的关键字的变化。

⑩有时候 google 懂得一些自然语言，比如搜索关键词 "goog"、"weather new york, ny"、"new york ny" 或 "war of the worlds"，此时 google 会在搜索结果前显示出一个被业内称为 "onebox" 的结果。

⑪并非所有 google 都相同，它因国家版本（或语言版本）而异。在 US 版下，搜索"site：stormfront.org"会有成千上万个结果，而在德语版下搜索"site：stormfront.org"看看是什么结果？google 与各国政府有内容审查协议，比如德国版、法国版、中国版 google 新闻。

⑫可在搜索时使用通配符"*"，这在搜索诗词时特别有效。比如你可以搜一下"love you twice as much * oh love * *"试试。

⑬通常 google 忽略"http"和"com"等字符，以及数字和单字母等过于频繁出现的字词，这些字词一般作为禁用词处理，因为它们不仅无助于查询，而且会大大降低搜索速度。

⑭列出相似页面。如果你喜欢"informit"上的文章，你可输入"related：http：//www.informit.com"来寻找类似页面。

⑮通过"link："可找含某链接的网页，比如"link：blog.outercourt.com"将搜到包括指向"blog.outercourt.com"超级链接的网页（新的 google blog search 也支持这个语法），但是 google 并不会给出所有的包含此链接的网页。"link：www.henau.edu.cn"可搜出所有链接到河南农业大学主页的网页。但这种方法不能与关键字查询联合使用。

⑯搜索站点，可指定查询国家和查询特定网站类型。例如搜索中国关于证券的网站，可这样查询："site：cn 证券"，然后点击回车。又如要查关于中国烟草的网站，可在 google 里输入"site：com china tobacco"；要查询澳大利亚关于烟草的站点，可以在 google 里输入"site：au tobacco"。

⑰如果只想搜索大学网站，可用"site：.edu"关键词，比如"c-tutorial site：.edu"，这样可只搜索以 edu 结尾的网站。也可用 google scholar 来达到这个目的。也可用"site：.de"或"site：.it"来搜索特定国家的网站。

⑱用"allinurl：neruda"可搜索所有 URL 中含有 neruda 的网页。如果想限制结果，可用"allinurl：neruda-com-net-org"这种形式，得到所有 URL 中含 neruda 而不含 com、net、org 的网页。

⑲查询某一类文件（往往带同一扩展名）。"filetype："是 google 的特色查询，可做很多意想不到的事情。例如检索关于 K326 的 PDF 文档，搜索"K326 filetype：pdf"即可。

三、百　　度

百度与谷歌的技术几乎一样。语法符号全是半角符号（也就是英文或大写状态下输入）。搜索结果优先显示网页中含搜索词的内容。

①字母大小写不敏感，BOOK 和 book 的搜索结果一样。

②空格表示逻辑"与"，or 表示逻辑"或"，减号"－"表示"非"；空格和减号常会用到，or 不常用。当结果中明显有不需要的信息时，用减号"－"去掉相关信息。

③默认为模糊检索，并会自动拆分搜索的词组和句子；精确检索用双引号""。可搜索词组或句子，例如"检索技术"和"关于 google 使用的文章网"。

④出现频率极高的词（主要是英文单词），如"i""com"，以及一些符号如"〔""."等，做忽略处理，如果用户必须要求关键字中包含这些常用词，就要用强制检索用加号（＋）。但是英文符号（例如问号、句号、逗号等）无法成为搜索关键字，加强制也不行。

⑤in-\allin-系列搜索语法为位置检索语法。in-系列搜索指令往往最为简洁，能够大幅

简化搜索结果，提高搜索精确度。一般情况下 allin 的结果多一些。

⑥intitle 即标题搜索，为搜索热门话题的撒手锏，具有一定关注度的搜索词组最适合进行标题搜索，这些热门词的使用频率高，搜索结果误差较大，直接通过标题搜索往往能够获得最佳效果。

⑦intext 即正文内容搜索，与标题搜索相比，正文内容搜索的搜索目标更明确，而且适合于一次性搜索某一网页内容包含多个方面细节的网页。

⑧inurl 为直接搜索网址（例如 http://lib.nit.net.cn 中的字符）。只要略微了解普通网站的 URL 格式，就可极具针对性地找到你所需要的资源，甚至隐藏内容。例如［网络搜索大赛 inurl：lib］，搜索和图书馆有关的网络搜索大赛的网页。

⑨allinanchor 搜索网页内部链接，即在页面的链接点进行搜索。

⑩link 搜索与该网页存在链接的网页，例如"link：lib.nit.net.cn"。

⑪related 搜索类似网页的网页，例如"related：www.edu.cn"。

⑫site 针对特定网站的搜索，例如"site：lib.nit.net.cn"。

⑬info 用来显示与某链接相关的一系列搜索，提供 cache、link、related 和完全包含该链接的网页的功能。

⑭搜索定义 define：blog。

⑮特定文档搜索 filetype：pdf、filetype：doc。

百度与谷歌比较。搜索英文文献可用谷歌，搜索中文文献可用百度。更新速度：中文谷歌一般一月一更新，而且仅搜索到三级链接，三级以下便不再搜索，英文谷歌每天更新，而且可搜索到四级链接，而很多密码就出现在四级链接。百度更新半月 1 次，最快 1 周。

四、检索技巧

（一）直接检索

1. 关键词 找你所需文章的题目或文摘中最怪的词（专业词汇），这样找比较准，而不是找出很多相关资料。变换关键词组合可以搜索出新东西。这样搜出的文献常不是主流文献，但先打开看看，通过这些文献你会：①知道更准确的关键词，然后回到搜索引擎搜出更贴切需要的论文（paper）；②通过导言（introduction）的讲述和引用，知道一些局部研究历史，并得到主流文献。

先尽量找到最贴近你需要的关键词，这类关键词其实就几个，穷尽搜索引擎所能来搜索。直到你无法获得新文献时，由于你已浏览了几篇文章（paper）的导言（introduction），就对本领域的研究有些初步印象，并且至少你可找到与你的需要最贴切的几个关键词，然后用这几个关键词变换组合搜索，就可找到你需要的主流文献。

2. 作者 人们往往了解自己领域里的一些权威人士，知道他们名字后，可 google 搜一下，也可以上 wikipedia.org 搜一下，看看他们的传记和发表的重要文章。

3. 期刊 人们常知道一些自己领域里的著名期刊，这些期刊的网站上常有期刊内的搜索引擎，查找本刊发表的文献极方便。如果要详细地了解一个期刊，可用搜索引擎快速查找所需期刊的主页或数据库连接。如果期刊只一个单词，那么在搜索栏输入："inanchor："，后面加上期刊名。如果期刊有好几个单词，那就输入："allinanchor："再加上期刊名即可。

注意，在":"后没空格，直接写期刊名称。

除一般搜索引擎搜索，例如通过谷歌，可搜索外，还可在下面的网站查看该期刊的信息：journalseek http：//journalseek.net/，在 journalseek 上搜索期刊全名，就能直接看到该期刊的信息，尤其是它归属哪个数据库、它的网址等。如果该期刊没有网络电子版，journalseek 也会告诉你。journalseek 上不能直接输入期刊缩写来搜索。此时可在一般搜索引擎搜索，例如通过谷歌，可输入期刊缩写，将缩写输入查询框内，按"search"就可以了。注意不需把缩写后的"."号输入，但每个缩写单词间要有空格。

4. 文章标题　对自然科学，英文文献检索首推 elsevier、springer 等。虽然这些数据库里文献不少，但有时还会碰到查不到的文献，基本通过以下几个途径来得到文献。

先用谷歌学术搜索搜，里面一般会搜出要找的文献，在谷歌学术搜索里通常会出现"每组几个"等字样，然后进入，分别点击，其中一个也许可下全文，可碰碰运气。

如果上面的方法找不到全文，就把作者或文章名（title）在 www.google.com 或 http：//scholar.google.com/（不是中文的"谷歌学术搜索"）搜索。用作者名搜，是因为很多国外作者喜欢把自己的文章全文 PDF 直接挂在自己的个人主页（home page）上，在这里你甚至可搜到作者相近内容的其他文章。如果文献是多个作者，第一作者查不到个人主页，就按上面的方法查第二作者，依此类推。用文章名（title）来搜索，是因为在国外有的网站上，例如有的国外大学图书馆可能会把本校一年或近几年的学术成果出版物（publication）的 PDF 全文献挂在网上，或者在这个大学的 ftp 上也有可能会有全文。

大学图书馆是寻找重点，但其他地方，例如一些高中图书馆，特别是美国的，还有一些大公司的网站、国外的一些民间机构也许有帮助。不少文章是 HTML 格式，所以，如果只以 PDF 来找，可能会漏检。

（二）求助

①如果上面几个方法都没有查到你要的文献，那就直接写邮件向作者要。善于利用文章后面的 E-mail。下面是向外国的作者要文献的一个常用的模板。

Dear Professor×××

I am in×××Institute of×××，Chinese Academy of Sciences. I am writing to request your assistance. I search one of your papers：

……（你要的文献题目）

but I can not read full-text content，do you mind sending your papers by E-mail? Thank you for your assistance.

Best wishes！（或 Best regards!）

×××

讲英语的国家的作者给文章的机会大，一般要就给，其他非英语国家，例如德国、法国、日本等国家的作者可能不给。如果你要的文献作者给你了，千万别忘记回信致谢。

②目前国内的很多专业网站都有论坛，设有"求助"栏目，在那里可以得到你所需要的文献。不同论坛的求助规则不同。目前得到回应较快的是"博研联盟"的求助栏目，"小木虫"上回应也不错。

③直接让你所在研究所图书馆的管理员帮你从外面的图书馆文献传递。不过有的文献可

能要钱。

五、网络开放资源

开放获取（open access）数字资源是网络上重要的共享学术信息资源，提供期刊论文全文的免费阅读。

（一）开放获取期刊

开放获取期刊（open access journal）是一种论文经同行评审、网络化的免费期刊，全世界所有读者从此类期刊上获取学术信息将没有价格及权限限制，编辑评审、出版及资源维护费用不由用户，而由作者本人或其他机构承担。

①中国科技论文在线（http://www.paper.edu.cn/），由教育部科技发展中心创建，每日更新，可为在本网站发表论文的作者提供该论文发表时间的证明，允许作者同时向其他刊物投稿。

②中国国家图书馆开放获取地址 http://zz.nstl.gov.cn/index.html。

③cnpLINKer（中图链接服务），由中国图书进出口（集团）总公司开发并提供的国外期刊网络检索系统。目前包括7 000多种 open access journals 供用户免费下载全文。电子全文链接及期刊国内馆藏查询功能为用户迅速获取国外期刊的全文内容提供了便利。

④http://www.openj-gate.com/可免费检索和获取近4 000种期刊的全文，包含学校、研究机构和行业期刊，其中超过1 500种学术期刊经过同行评议。

⑤公共科学图书馆 PLoS 免费获取在线期刊 http://www.plosone.org。

⑥HighWire Press（http://www.highwire.org/lists/freeart.dtl）为全球最大提供免费全文的学术文献出版商，由美国斯坦福大学图书馆创立。其中超过181万篇文章可免费获得全文，且每年增加。通过该界面还可检索 Medline 收录的4 500种期刊1 200多万篇文章的文摘题录，覆盖生命科学、医学、物理学、社会科学。部分全文可免费访问。

⑦生物医学中心开放获取期刊［BMC The Open Access Publisher（BioMed Central），http://www.biomedcentral.com/browse/journals］涵盖生物学和医学的57个分支学科。

⑧Directory of Open Access Journals（http://www.doaj.org）是由瑞典兰德大学图书馆整理的一份开放期刊目录，涵盖免费、可获取全文、高质量的学术期刊2 900种。

⑨PMC Open Access List（http://www.pubmedcentral.com）由美国国家卫生研究院（NIH）下属美国国立图书馆（NLM）的国家生物技术信息中心（NCBI）创建的生命科学期刊文献（由 NIH 收藏）存档库，其中有153种是开放存取。

（二）电子预印本

电子预印本（eprint）是开放获取的另一种方式，是没正式在刊物上发表的论文。一般电子预印本比印刷版论文及时。

1. 奇迹文库预印本（http://www.qiji.cn/eprint） 这是由一群中国年轻科学工作者、教育工作者与技术工作者创办、非营利性质的网络服务项目。其目的是为中国研究者提供免费、方便、稳定的电子预印本平台，并宣传提倡开放获取（open access）理念。可用分类浏览的方法或用关键词查找所需资料。

2. 中国预印本服务系统（http://prep.istic.ac.cn/eprint） 本系统以提供电子预印本文献资源服务为主要目的，是国家科学技术部科技条件基础平台面上项目的研究成果。该系统由国内电子预印本服务子系统和国外电子预印本门户（SINDAP）子系统构成。国内电子预印本服务子系统主要收藏国内科技工作者自由提交的电子预印本文章，可实现二次文献检索、浏览全文、发表评论等。

3. 国外预印本门户（SINDAP）（http：//sindap.istic.ac.on） 这是由中国科学技术信息研究所与丹麦技术知识中心合作开发完成的子系统，实现了全球电子预印本文献的一站式检索。通过 SINDAP 子系统，用户只需输入检索式一次即可对全球知名的 16 个电子预印本系统进行检索，并可获得相应系统提供的预印本全文。

4. e-Prim arXiv 预印本文献库（http：//arxiv.org） 这是由美国国家科学基金会和美国能源部资助的美国主站点，站点的全文文献有多种格式（例如 PS、PDF、DVI 等），需要安装相应的全文浏览器才能阅读。

（三）开放获取仓储（OA 仓储）

开放获取仓储有两种类型，一是由机构创建的机构资料库（也称为机构 OA 仓储），另一种是按学科创建的学科资料库（也称为学科 OA 仓储）。

①DSpace 系统（http：//www.dspace.org），由麻省理工学院和美国惠普公司联合开发。此系统处理该校教师和研究人员每年完成的总计 1 万多份数字化科研成果，包括期刊论文、技术报告、会议论文等，囊括了文本、音频、视频和图片等各类媒体格式。

②加利福尼亚大学免费全文数据仓库 http：//repositories.cdlib.org/escholarship。

③澳大利亚国立大学科研成果库 http：//eprints.anu.edu.au。

④开放获取仓储注册系统（registry of open access repositories，ROAR）（http：//roar.eprints.org）现有 1 000 多个开放获取资源，每个开放资源列有资源数量。

（四）开放获取教学信息资源

1. 开放课程 在线课程（开放课程）、课件资源、学习资料等，可用如下关键词搜索到大量资源：OCW/Open Course Ware 或开放课件/开放课程或 Course Resources 或 Reserves materials 或 course-related instruction 或 CoURse Resources 或 Course Resources and Reserves 或 electronic reserves 或 electronic reservesystem 可获得大量资源。慕课（MOOC），英文直译大规模开放的在线课程（massive open online course），是新近涌现出来的一种在线课程开发模式。

2. 开放课程计划 有很多课程资源，例如 Johns Hopkins 大学 http：//www.myoops.org/cocw/jhsph/index.htm、TUFTS 大学 http：//www.myoops.org/eocw/tufts/index.htm、日本的网页 http：//www.myoops/org/cocw/bhadeshia/about.htm、巴黎的 http：//www.myoops.org/cocw/paristech/index.htm、科学图书馆 http：//www.myoops.org/cocw/plos/index.htm 以及台湾的 http：//www2.myoops.org/main.php。

3. 麻省理工学院开放课件（http：//www.myoops.org/cocw/mit/index.htm） 免费、开放 900 多门在线课程，有些提供双语对照。介绍形式一般包括：课程重点、测验、课程描述、师资、讲义、上课时数、作业、授课对象（级别）等。

查找文献的目的是阅读利用。查到一定文献，可先阅读。阅读时按年份从早到晚的顺序进行。阅读中你会对本领域基本问题更加清晰，发现本领域内一些贡献较大的名人，发现很多之前没找到的文献。这时你会再次搜集文献，走回前面所讲的搜索技术。一直到最后，你就会发现这个领域从最开始一直到现在的整个脉络的文献你基本上都有了。不要成为"下载狂"，只下载不阅读，白白浪费磁盘空间和下载时间。

第二节　科学研究数据库检索

科学研究数据库检索是科学研究工作者获取文献信息最常用的手段，信息量大、操作技能容易掌握、方便快捷、耗费低。这里只介绍一些重要数据库的概况，至于怎么检索，读者可去相应数据库找到，也可在网络上搜索出详细介绍。

一、数据库概述

（一）数据库定义

计算机信息检索系统中的数据库是指一定专业范围内的信息记录及其索引的集合体，是计算机信息检索系统的重要组成部分，是信息资源。数据库是文献信息检索的主要工具，有各种数据库，例如期刊全文、电子书、产品资料库、公司名录、标准、法规等。数据库一般由数据库商提供，常限在一定范围内使用，一般可在图书馆网站上看到有使用权的大量数据库。

（二）数据库的类型

1. 书目数据库　书目数据库存储的是二次文献，包括文献的外部特征、题录、文摘、主题词等，检索结果是所需文献的线索而非原文。许多书目数据库是印刷型文献检索工具（索引、文摘）的机读版本，例如 MEDLINE、CBMDISC 等。

2. 全文数据库　全文数据库存储原始资料的全文。全文检索可直接获取原始资料，而不是书目检索时的线索，提高了检索效率。

3. 数值数据库　数值数据库主要包含数字数据，例如各种统计数据、科学试验数据、测量数据等，其检索结果可供直接参考。美国国立医学图书馆编制的化学物质毒性数据库（registry of toxic effects of chemical substances，RTECS）包含了10万多种化学物质的急性中毒、慢性毒理的试验数据。

4. 事实数据库　事实数据库存储的是用来描述人物、机构、事物等信息的情况、过程、现象的事实数据，例如名人录、机构指南、大事记等。用户可通过人名、机构名、事物名称查到他们的介绍和相关信息。

二、中文数据库

1. 中国国家科技图书文献中心（http：//zz.nstl.gov.cn/index.htmL）　该数据库报道国家科技图书文献中心（NSTL）订购的国外网络版期刊和中文电子图书、网上免费获取期刊、中国科技资源共享网（NSTI）。拟订购的网络版期刊试用和国家科技图书文献中心研究报告。国家科技图书文献中心订购的国外网络版期刊，面向我国学术界用户开放。用户为科研、教学和学习目的，可少量下载和临时保存这些网络版期刊文章的书目、文摘或全文数据。

2. 中国知网系列数据库（http：//www.cnki.net/index.htm）　中国知网（CNKI）系列数据库包括①文献类型，有学术期刊、博士学位论文、优秀硕士学位论文、重要会议论文、年鉴、专著、报纸、专利、标准、科技成果、工具书、知识元、哈佛商业评论数据库、古籍等；还可与外文资源统一搜索；②时间覆盖，收录1912年至今我国产出的各类文献，每日更新；③出版与信息服务提供方式，中心网站版题录摘要与"知网节"免费使用；④使用全文收费，一般按下载量计费；订购包库服务的会员单位，个人可免费使用。

3. 维普全文期刊数据库（http：//www.cqvip.com） 该数据库收录中文期刊较全，涵盖各学科。其特色是：在中国期刊论文全文数据库中部分不提供全文下载的论文，但该库可下载。

4. 数字图书馆 ①"书生之家"数字图书，有文学及哲学图书有2 000多种；②"超星"数字图书，有计算机、通信与互联网类、自然科学类、医药卫生类图书。

5. 数字图书搜索 数字图书搜索引擎搜到的图书大部分可浏览其中一定页数，通常约占全书的20%，但对于公版书（属于公众领域并且已不受版权法保护）则可阅读全文。谷歌图书搜索中文版国学书籍能全文预览。谷歌已与20多家出版社达成合作协议。百度图书搜索服务，首批10家合作伙伴中，有图书馆（例如北京大学图书馆、中国科学院图书馆、中山图书馆）、电子书数据库（超星、方正等）和网上书店（例如卓越、蔚蓝等）。

三、外文数据库

（一）Ovid农业电子信息数据库

Ovid Technologies是全球著名的数据库提供商，属于Wolters Kluwer子公司之一。Ovid将资源集中在单一平台上，并透过资源间链接为用户提供一个综合信息方案、数据库、期刊电子参考书及其他资源，均可在同一平台上检索及浏览。在这平台下提供300个数据库、1 000种权威期刊及其他资源。有资源间的无限链接，由文献中的参考索引连接到该文献全文（full text），Ovid用户可在单一环境下获得所需资料。与农学相关的多个数据库，Ovid采用cernet专线，国内用户不需付国际流量费。包括如下几个大型数据库：Biosis Preview（生物学文摘）、AGRICOLA、AGRIS、CABI。可直接检索所有Ovid数据库与全文期刊、IP地址段内自动登入。

1. Biosis Preview数据库（http：//www.biosis.ovg） Biosis Preview数据库（简称BP）是由美国生物科学信息服务社（Biosis）生产的世界上最大的有关生命科学的文摘和索引数据库。该数据库对应的出版物是《生物学文摘》(*Biological Abstracts*，1969年至今)、《生物学文摘：综述、报告、会议》(*Biological Abstracts/RRM*，1980年至今) 和《生物研究索引》(*Bioresearchindex*，1969—1979年)。该数据库收录世界上100多个国家和地区的5 500多种期刊和1 650多个会议的会议记录和报告，每年大约增加50万条记录。报道的学科范围涵盖所有生命科学内容，其中包括（不局限这些学科）：空间生物学、农林牧医、解剖学、行为科学、生物化学、生物工程、生物物理、生物技术、植物学、细胞生物学、临床医学、环境生物学、实验医学、遗传学、免疫学、微生物学、营养学、职业健康、寄生虫学、病理学、药理学、生理学、公共健康、放射生物学、系统生物学、毒理学、兽医学、病毒学、动物学。内容偏重于基础和理论。

2. AGRICOLA数据库（http：//agricola.nal.usda.gov） AGRICOLA数据库是美国农业部（USDA）提供的国家农业图书馆，其内容涉及1979年至今的美国农业和生命科学等领域信息，涵盖与农业相关的370万个期刊文章、专题文章、专论、专利、软件、视听材料和技术报告的引文。该数据库中的记录描述了各种出版物和信息源，而这些信息来源包含农业和相关科学的所有方面,例如动物科学、昆虫学、植物科学、林学、水产养殖和渔业、耕作和耕种系统、农业经济学以及土地和环境科学。AGRICOLA 数据库的集中性文档材料带来了综合性内容,涵盖了世界范围内农业和相关领域中新出版的出版物。

3. 国际农业科学和技术信息系数数据库(http://www.fao.org/AGRIS) 国际农业科学和技术信息系统(AGRIS)数据库简称 AGRIS 数据库,由联合国粮食及农业组织(Food and Agriculture Organization of the United Nations,FAO)下属的国际农业科技信息系统(International Information System for the Agricultural Sciences and Technology,AGRIS)收集制作,提供全世界涉及农业的所有方面和人类营养学。该数据库收入的专著均来自独特的原始资料,例如未出版的科学和技术报告、专论、学会论文、政府出版物以及更多出处。国际农业科学和技术信息系统是一项合作系统,参加国提供该国内制作的文献参考,又利用其他参加国提供的信息;200 个国家、国际和政府间中心参加,每月提交大约 14 000 条新记录,配有英文、法文和西班牙文的关键词。

4. CABI 数据库(http://www.cabi.org/home.asp) 国际农业和生物科学中心(Centre for Agriculture and Bioscience International,CABI)前身为英联邦农业局(Commonwealth Agricultural Bureau,CAB),中国于 1995 年 8 月份正式加盟 CABI,目前加入该组织的成员已达 130 多个。

CABI 数据库内容覆盖国际上有关农业、林业和生命科学的相关学科。该数据库收录 350 万个记录,来自 11 000 种期刊、图书、学会、报告、专著,主题涉及动物和农作物管理、动物饲养和植物种植、农作物保护、遗传学、林业工程、经济学、牲畜医药学、人类营养学和贫瘠地区发展。该数据库内容年限为 1973 年至今,并配有源自 75 种语言出版的原始论文的英文文摘。

(二)Elsevier Science Direct 电子期刊

荷兰 Elsevier 公司是世界著名的学术期刊出版商,出版有 1 800 多种学术期刊,包括数学、物理、生命科学、化学、计算机、临床医学、环境科学、材料科学、航空航天、工程与能源技术、地球科学、天文学及经济、商业管理、社会科学等学科。Science Direct (http://www.sciencedirect.com)是 Elsevier 的网络全文期刊数据库平台系统。

(三)3 大科技文献检索系统

1.《科学引文索引》(http://www.isiwebofknowledge.com) 《科学引文索引》(*Science Citation Index*,SCI)是由设在美国费城的科学情报所(ISI)编辑出版的一种国际性多学科索引。《科学引文索引》是覆盖生命科学、临床医学、物理化学、农业、生物、兽医学、工程技术等方面的综合性检索刊物,尤其能反映自然科学研究的学术水平,是目前国际上 3 大检索系统中最著名的一种,其中以生命科学及医学、化学、物理所占比例最大,收录范围是当年国际上的重要期刊。《科学引文索引》主要摘录科技期刊论文和专利文献,但也摘录正式出版的会议录、论文集、专著丛书、通讯、摘要、评论等,尤其是它的引文索引表现出独特的科学参考价值,在学术界占有重要地位。目前自然科学数据库有 5 600 多种期刊(网络版 SCI Expanded)每周更新。

2. 美国《工程索引》(http://www.ei.org) 《工程索引》(*The Engineering Index*,EI)是一种大型、综合性文献检索工具,由美国工程索引公司编辑出版。《工程索引》概括报道工程技术各领域的文献,还穿插一些市场销售、企业管理、行为科学、财会、贸易等学科内容的文献，但不收录专利文献。

3.《科学技术会议录索引》　《科学技术会议录索引》(Index to Scientific & Technical Proceedings，ISTP) 有 Web 版（http：//wosproceedings.com），由美国科技信息所编辑出版。《科学技术会议录索引》汇集了世界上最新出版的科技领域会议录资料，包括专著、丛书、电子预印本以及来源于期刊的会议论文，内容涉及农业、环境科学、生物化学与分子生物学、生物技术、医学、工程、计算机科学、化学、物理学等，每周更新。

(四) 其他几个著名数据库

1. 剑桥科学文摘　剑桥科学文摘（Cambridge Scientific Abstracts，CSA）涵盖学科领域有生命科学、水科学与海洋学、环境科学、计算机科学、材料科学以及社会科学，载体结果为网络版文摘数据库（http：//csa.tsinghua.edu.cn），揭示层次为文摘，获取途径为限定 IP。该系统上有 60 多种数据库，该系统每日更新，可同时检索多个数据库及相关的因特网资源（所以又称为网际数据库）；可保存、打印、e-mail 检索结果。

2. 施普林格　德国施普林格（Springer-Verlag）是世界著名的科技出版集团，通过 Springer LINK 系统提供学术期刊及电子图书的在线服务。Springer 公司和 EBSCO/Metapress 公司现已开通 Springer LINK 电子期刊服务（http：//springer.metapress.com）。目前大部分期刊可阅读全文，但有些尚不能阅读全文，一般规律是：显示 pdf 字样的，可打开全文，显示 remote pdf 字样的不能打开全文。

3. EBSCO 数据库　EBSCO 数据库是 EBSCO 公司的数据库，既有大众性的也有专业性的，数据每日更新，既适宜于公共、学术、生物、医疗等机构和部门使用，也适宜于公司和学校使用。EBSCO 共有 6 个数据库：Academic Search Elite、Business Source Premier、Business Wire News、EBSCO Online Citations、ERIC、Newspaper Source。购买了数据库使用权的大学，凡 IP 地址在校园网之内的用户都可全天检索。EBSCO 学术、商业信息数据库网址为 http：//search.epnet.com。

4. John Wiley（http：//www.interscience.wiley.com）　目前 John Wiley 共有 363 种电子刊，学科范围涉及生命科学与医学、数学统计学、物理、化学、地球科学、计算机科学、工程学、商业管理金融学、教育学、法律、心理学。

5. Blackwell 数据库（http：//www.blackwell-synergy.corn）　Blackwell 出版公司是世界上最大期刊出版商之一，以出版国际性期刊为主，含很多非英美地区出版的英文期刊。

第三节　EndNote 软件使用

EndNote 是 Thomson 公司推出的最受欢迎的一款产品，是文献管理软件中的佼佼者。不管是和其他公司的产品相比，还是与 Thomson 公司的另外两款软件 Reference Manager、Procite 相比，EndNote 显然更受人喜爱。中文文献管理软件中 NoteExpress 和 Notefirst 是目前较好的中文文献管理软件。

EndNote 通过将不同来源的文献信息资料下载到本地，建立本地数据库，可以方便地实现对文献信息的管理和使用。通过将不同来源的数据整合到一起，自动剔除重复的信息，从而避免重复阅读来自不同数据库的相同信息。同时可以非常方便地进行数据库检索，进行一定的统计分析等。另一个重要的功能是，在撰写论文、报告或书籍时，EndNote 可以非常方便地编排参考文献格式。还可以非常方便地做笔记，以及进行某一篇文献相关资料的管理，例如全文、网页、图片和表格等。整个软件的架构主要包括数据库的建立、数据库的管理和数据库的应用3个方面。这里介绍数据库的建立和数据库的应用。

一、数据库的建立

数据库建立是文献管理及应用的基础。建立数据库就是将不同来源的相关资料放到一个文件中，汇聚成一个数据库文件，同时剔除来源不同的重复文献信息，便于分析、管理和应用。

EndNote软件中建立数据库的方式有3种：手动输入、数据库输出和格式转换。

（一）手动输入建立数据库

手动输入主要针对少数几篇文献，无法直接从网上下载；还可记录一时的想法等。手动由于工作量较大，无法应付大量的文献工作。手动输入文献信息方式比较简单，首先选择适当的文献类型，按照已经设好的字段填入相应的信息即可。并不是所有的字段都需要填写，可以只填写必要的信息，也可以填写得详细些。注意，人名的位置必须一个人名填一行，否则软件无法区分是一个人还是多个人，因为各个国家人名的表示差异较大。关键词的位置也一样，一个关键词一行。

（二）网上数据库输出

目前有很多网上的数据库都提供直接输出文献到文献管理软件的功能，例如Scopus、web of science等。web of science可以直接输出到EndNote，而Scopus则需要通过格式转换才能正确地导入到EndNote中。

（三）格式转换

格式转换相对来说是种比较麻烦的方式，不是迫不得已，一般不会采用。格式转换一般把资料保存为文本文件，然后导入到EndNote中。要选择正确的filter，否则无法正确转换。对于中文的文献资料信息，可以先保存为文本，按照EndNote程序的要求进行一定的替换，然后再导入。

二、数据库的应用

（一）利用数据库来撰写论文

EndNote功能之一是在你撰写论文或书籍时，可以自动为你编排文献格式，如果手动修改。要完成这项任务，需要你的电脑已经安装EndNote和文字处理软件如Word等。打开Word和EndNote。

1. 第一种方式 在Word中将鼠标指在要插入文献的位置，然后切换到EndNote程序中，选择要引用的参考文献，点击工具条上的Insert selected citation（s），即可将选定的文献插入到该指定位置。其他文献插入同此。待全部文献插入完毕，点击Update Citations and Bibliography，Word文档中的参考文献就会按照设定的杂志格式编排好。

2. 第二种插入文献的方式 Copy-paste 在EndNote数据库中，选择要插入的文献，右键单击，选择copy，回到Word中，右键单击要插入文献的位置，然后粘贴即可。

3. 第三种方式查找方式 利用Find citation快捷键，这种方式既可以插入一篇文献，也可以同时插入多篇文献。

4. 第四种方式利用 EndNote 中的 CWYW/Add in 快捷工具条来实现插入　　在 Word 中将鼠标指在待插入文献的位置，选定要插入的文献，在 EndNote 中点击上面的 Insert citation (s) 快捷键，即可将文献插入在相应的位置。待全部文献插入完毕，按第一种方式中所述的方式，选择特定的期刊，即可将参考文献排列成该期刊指定的格式。

（二）利用论文模板撰写论文

EndNote 中除了提供 2 000 多种杂志的参考文献以外，还提供了 200 多种杂志的全文模板。如果你投稿的是这些杂志，只需要按模板填入信息即可。

思 考 题

1. 上网检索并下载下列论文，说明检索步骤。

左建儒，漆小泉，林荣呈，等，2020.2019 年中国植物科学若干领域重要研究进展. 植物学报，55（3）：257-269.

2. 上网检索并下载下列论文，说明检索步骤。

Wang L，Wang B，Yu H，et al，2020. Transcriptional regulation of strigolactone signalling in *Arabidopsis*. Nature 583，277-281.

第四章

科学理论的构建

科学研究主要是一种探索未知的过程，是一种认识自然和社会的过程，而分析则是认识过程的主导方法论。毛泽东说过："我们看事情必须要看它的实质，而把它的现象只看作入门的向导，一进了门就要抓住它的实质，这才是可靠的科学的分析方法。"将相关的分析方法依照一定逻辑顺序组织起来，形成一种科学分析的"方法链"，可以有效地解决这个问题。

通过科学分析建立科学理论是科学研究的最终目的和最高境界。

第一节 理论思维

一、理论思维的定义

理论思维（又称为科学思维或抽象思维）是在感性认识的基础上，在人们的头脑中通过思维活动，对科学事实进行整理和加工，是整理和加工科学事实的基本方法。

哲学方法是最为概括、最具有普遍性的方法，适用于各类学科、各个专业。研究生开设自然辩证法课程就是要培养学生的思维方法。

一般思维方法是哲学方法与专门分析方法的中介，是取得经验性知识及发展理论性知识的一般方法。思维方法又分为归纳与演绎方法、分析与综合方法、历史与逻辑分析法、矛盾分析法、系统分析法、因果分析法、比较分析法、定性与定量分析方法等。

二、理论思维的作用和分类

1. 理论思维的作用 理论思维的作用是使认识发生质的飞跃，深入到理论层次，揭示出客观事物现象的本质和规律。

2. 理论思维的分类 理论思维分为逻辑思维和直接思维（非逻辑思维）。逻辑思维方法，是人们在科学认识过程中借助于概念、判断、推理等思维形式，遵循一定逻辑规则而揭示事物本质或规律的理论思维或抽象思维方法，是最普遍、最基本的科学思维方法。非逻辑思维方法是指不受固定逻辑规则等制约的间断与跳跃式、突发与创造性思维方式。

逻辑思维包括普通逻辑思维和专门逻辑思维两种。普通逻辑思维的方法有比较、分类、类比、归纳、演绎、分析、综合。专门逻辑思维科学抽象，其方法有理想化方法、数学方法、假说方法。

直接思维（非逻辑思维）包括必要的价值理性、想象、灵感和直觉。

第二节 逻辑思维方法

一、逻辑思维方法

从历史发展看，逻辑思维方法经历了从形式逻辑到辩证逻辑、数理逻辑、模态逻辑等几个阶段的表现形式。其具体类型主要包括：类比、归纳、演绎、分析、综合等。其在科学认识论和方法论中都有极重要的地位和作用。

1. 哲学方法是从世界观上详细研究课题成果的出发点 哲学方法对其他研究方法具有指导作用，从这个意义上说，哲学方法又是其他研究方法的方法。哲学方法分唯物主义哲学方法和唯心主义哲学方法。人类认识的历史表明，最科学的哲学方法，是马克思主义的唯物辩证法。唯物辩证法的作用在于它揭示了认识的最普遍规律，使研究者立足于客观现实，在选择和解释事实时，坚持唯物主义观点，坚持事物是发展的观点，坚持一分为二即全面看问题的观点，避免主观武断和片面性，遵循客观规律从事科学研究工作。总之，应以辩证唯物主义和历史唯物主义作为科学研究方法论的指导思想，运用马克思主义的观点、立场和方法去研究课题，才能得出正确的符合客观规律的结论。

2. 哲学属于理论范畴，科学属于研究范畴 哲学是通过严格而合理的逻辑思维推断，得出对世界万物的理论解释，而这种解释是否正确，需要科学的证明。对科学家而言，任何未经科学实验证明的哲学理论都只能算作假说。

3. 形式逻辑和辩证逻辑是两种最主要的逻辑思维形式 系统的形式逻辑由亚里士多德首创，由培根、穆勒发展归纳法，由笛卡儿等发展演绎法，至19世纪发展出其现代形式数理逻辑或符号逻辑。辩证逻辑由黑格尔创立，经马克思、恩格斯、列宁等得到发展。

4. 逻辑思维方法的功能 逻辑思维也是一类创造性思维形式，它具有以下基本功能：①扩大已有知识、获得新知的工具；②因规则严密确切而成为判断依据，并为科学知识的合理性提供逻辑证明；③预见科学事实，提出和测验假说的工具；④既是使认识由现象到本质，并通向科学发现的重要条件，又是建构科学理论体系的重要工具。

5. 逻辑思维方法类型及其特点 作为整理加工科学事实的基本方法，逻辑思维方法的特点通过其各类型方法特点体现出来。类比法的特点是由某些相似或相同推出其他方面的相似；归纳法的特点是由个别到一般；演绎法的特点是由一般到个别；分析法的特点是将整体分解成部分、方面、特性和因素；综合法的特点是将各部分、各因素有机联系成一整体考察其本质规律。

二、研究思考的过程——归纳法和演绎法

归纳法（induction）是由个别事实（资料）中找出一般性法则、结论或原理。演绎法（deduction）是由已知事实或理论来推导出新理论或个案。

（一）归纳法

先由观察搜集资料及记录若干个事例，探求其间之共同特征或特征之间的关系，进而将研究结果推广至其他未经观察之类似事例，而且获得一项（通规性）的陈述（强调个别→通则）。归纳法推论程序：理论→假设→接受或驳斥假设。

门捷列夫使用归纳法，在认识大量个别元素的基础上，概括出化学元素周期律。后来他

又从元素周期律预言当时尚未发现的若干个元素的化学性质,使用了演绎法(参见下文)。

归纳是从经验事实中找出普遍特征的认识方法,是各门学科在积累经验材料的基础上,总结出科学原理的一种重要方法。归纳必须建立在大量个别事实的基础上,事实不可靠和不充分,都不能通过归纳得出科学结论和原理。归纳是从个别到一般的推理,因而是一种扩大知识的方法,但它又总是不完全和不严密的。因为人们永远只能观察到部分事物,不可能穷尽个别。通过归纳只能知道"是什么",不能知道"为什么"。

(二) 演绎法

演绎法是从一般性原理、概念引出个别结论。从一项通则的陈述出发,再根据逻辑推论的法则,获得一项个别性的陈述(强调通则→个别)。演绎法推论程序:观察→寻找模式→达成结论→结论解释事实→事实支持结论。

演绎的主要形式是三段式,就是以大前提和小前提推出结论来。推出的结论是否正确,取决于推理的前提是否正确,推理的形式是否合乎逻辑规则。因此进行演绎推理的前提必须真实,演绎过程必须遵守严格的逻辑规则。

(三) 归纳与演绎的关系

归纳与演绎是辩证统一的关系,是两种相反的推理方法,是科学研究工作都必须应用的逻辑方法。

三、分析方法和综合方法

(一) 分析方法

1. 分析的定义　分析就是把客观对象的整体分为各个部分、方面、特征和因素而加以认识。它是把整体分为部分、把复杂的事物分解为简单的要素分别加以研究的一种思维方法。分析是达到对事物本质认识的一个必经步骤和必要手段。分析的任务不仅仅是把整体分解为它的组成部分,而且更重要的是透过现象,抓住本质,通过偶然性把握必然性。分析的过程是要着重弄清事物在运动变化中各方面各占何种地位,各起何种作用,又以何种方式与其他方面发生制约和转化。简言之,分析过程就是揭露矛盾和认识矛盾的过程。因此科学的分析必须从实际出发,对所分析的对象进行实事求是的、系统周密的调查研究。分析方法最基本的职能就是深入事物内部了解它的细节,搞清它的内部结构、内部联系,抓住事物基本的东西。

2. 科学分析的条件　要科学地、正确地分析事物,必须做到以下几个方面。

(1) 对事物做全面分析　要分析客观事物矛盾的多方面,既要看到正面,又要看到反面;既要把握肯定方向,也要理解否定方向;既要分析主要方面,又不能忽视次要方面,否则就会出现片面性。

(2) 对事物做历史分析　考察事物,应该分析它们的过去、现在和将来的状态。从事物的发生、发展和灭亡过程中,揭示事物的本质,预见未来发展。

(3) 对事物做具体分析　这就要求对不同研究对象采取不同分析方法,也就是具体问题具体分析。

(4) 坚持从实际出发的原则　即要进行调查研究、试验、观察。

任何科学研究都离不开分析方法,但是分析方法有它的局限性,由于它着眼的是事物的局部,就可能出现以偏概全。为克服这些缺点,就必须用综合的方法把分析与综合结合起来。

（二）综合方法

综合是同分析相反的一种思维方法。它是在分析基础上，把客观对象的各个部分、方面、特性和因素的认识联结起来，形成对客观对象的统一认识，从而达到把握事物的有机联系及其规律性。综合不是把各个部分、各方面简单地相加和随便地凑合，也不是任意、主观地臆造，而是按照对象各部分间的内在的有机联系，从整体上把握事物本质和整体的特征。

（三）分析与综合的关系

总之，分析与综合是辩证统一的关系，它们既相互对立，又相互统一。只有把两者结合一起，才能成为一个完整、科学的思维方法。

（四）分析和综合与归纳和演绎的关系

在理论思维中，分析与综合是更为深刻的认识方法，它能帮助人们更加深入地认识事物的本质和规律。它们同归纳和演绎密切相连。归纳是演绎的出发点，但要为演绎提供可靠的前提，还必须运用分析方法。在归纳推理中要能揭示事物本质，必须借助于分析法。马克思指出"我们用世界上一切归纳法都永远不能把归纳过程弄清楚。只有对这个过程的分析才能做到这一点"。分析可弥补归纳的不足。然而，单靠分析还不能为演绎提供确实可靠的前提。只有借助综合法，把各方面的本质联系起来，才能比较全面地把握个别和特殊的具体真实的联系。因此在分析与综合中，离不开归纳与演绎。

四、历史方法和逻辑方法

为更准确、更深刻地在思维中把握事物本质，不仅要考察事物现状，还要考察事物发展历史。如果不了解客观事物过去，就不能深刻地了解它的现在，科学地预见它的未来。在科学研究中除了运用归纳方法和演绎方法、分析方法与综合方法，还要运用历史与逻辑相统一的方法。它是形成科学认识和建立理论体系所遵循的基本原则和方法。

历史既指客观现实的历史发展过程，又指作为对客观现实反映的人类认识的历史发展过程。逻辑是指人的思想对上述历史过程的概括和反映。逻辑和历史的相互关系，归根到底是哲学基本问题在科学认识中的具体体现。历史是第一性的，逻辑是第二性的。历史的东西是逻辑的东西的客观基础。逻辑的东西是由历史的东西所派生的，是对历史的东西的理论反映和概括。

历史方法和逻辑方法在不同学科领域中是有侧重的。有的主要采用逻辑方法，有的主要采用历史方法。但它们不是互相排斥，而是互相补充。历史的方法绝不能只限于对历史自然进程的描述，而是要揭示其发展规律，这就不能离开逻辑分析。逻辑分析必须以历史发展为基础，历史的描述必须以逻辑为依据。离开逻辑来描述历史，就分不清主流和支流、现象和本质，把历史看成是一些偶尔事件的堆积。同样，逻辑分析必须以历史的实际发展为依据。逻辑离开历史，也就会使人的认识失去了客观依据，达不到对事物的系统的历史分析。因此任何科学理论体系的建立，都必须采用逻辑和历史相一致的方法。一个系统化的理论体系，应该既能反映客观对象的历史过程，又符合人们逻辑思维的规律。只有遵循历史线索，才能建立具有内在联系而不是主观结构的逻辑系统；只有严密的逻辑结构，才能抓住历史的根本，具有令人信服的论证力量。科学的认识和方法论要求把历史与逻辑辩证地结合起来，只有这样，才能使得理论科学永远立足于历史和现实的坚实基础之上，才能使历史科学具有雄辩的逻辑力量。因此在科学研究中，既要按照科学本身的逻辑体系，努力掌握前人长期积累下来的知识，又要在掌握逻辑体系的同时，学习本学科发展的历史，吸收前人的经验教训，作为自己进行研究的借鉴。

古典科学重思维而轻实验，现代科学则更重实验。任何结论都要有实验基础，不能想当然，没经过实验的结论就有风险。然而科学的起点和归宿都不是实验，而是实践，实践是检验真理的唯一标准，这说起来容易做起来难。因为实践条件远比实验条件复杂，所以我们看待任何在实验条件下得到的结论，也都只能视为相对真理，只有经过实践检验的结论才可以认为是这种实践环境下的真理。需要强调实践的运动变化，当实践条件发生变化时，相应的真理也会发生变化，所以真理也要与时俱进，才能保持真理的本色。

第三节　非逻辑思维方法

一、创造性思维方法

从广义上看，下文介绍的形象思维方法和直觉思维方法同样隶属于创造性思维方法，将它们单独介绍，旨在更好地理解和把握其各自的本质和作用。其他创造性思维方法主要包括逆向思维法、综摄法、移植法、试错法、强制联想法、偶然联想链法、智力激励法、发散与聚敛思维法等。

二、形象思维方法

此处所说的形象思维方法是指在形象地反映客体具体形状或姿态的感性认识基础上，主体通过意象、联想、想象等方式揭示对象本质和规律的思维形式。与逻辑思维方法的抽象性相比，形象思维方法具有形象性、意象性（经形象地分析综合把握事物形象的一般特征）等特征，并具有直观形象揭示对象本质规律、极度简化、纯化对象和意象性地创造对象（人工自然物等）等功能。其具体表现形式为联想和想象。

（一）联想

广义的联想系指由一事物想到另一事物的思维活动，它包括属于感性认识范畴的由知觉形象触发的印象联想以及属于理性认识范畴的意象和概念的联想。后者又有形象联想和非形象联想之分，形象联想是从一个意象想到另一个意象的思维活动，非形象联想则指概念联想。

形象联想具有如下特点：①通过反映意象间的关系以把握其内容；②是对意象有所断定的思维形式；③通过类比揭示意象间差别、相似或接近。例如在育种上，前人提出了"综合育种值"的概念，定义为"各目标性状的育种值用其相对经济价值加权后求和"，实际上就是由加性遗传效应决定的净价值；由此我们提出了"综合杂种优势"的概念，定义为"各目标性状的杂种优势值用其相对经济价值加权后求和"，实际上就是由非加性遗传效应决定的净价值。

（二）想象

想象是指主体在某些科学事实和已知知识基础上，让思维自由神驰，对头脑中的各种观念或思维元素进行整理、加工、改造和组合，从而领悟事物本质和规律的过程。其功能是使主体在没有逻辑思维所必需的充分知识的情况下采取决定和得出结论，从已知对象联想到未知对象，从而构思出未知对象的鲜明形象。例如爱因斯坦（Albert Einstein）在创立狭义相对论过程中想象过人以光速运行，在创建广义相对论时设想光线穿过升降机发生弯曲。汤普森（Thompson）、玻尔（Niels Bohr）根据实验事实，运用想象建立了各种原子模型。

三、直觉思维方法

直觉思维方法是指不受某种固定逻辑规则约束而直接领悟事物本质的思维形式。这种直接领悟事物本质的思维能力亦称直觉力或思维洞察力。这种思维方法具有（间断与跳跃的）非逻辑性、突发性和独创性等基本特征；而且有寻找事物联系、优选和预见事实以及构建科学理论的功能。直觉思维方法主要包括直觉判断（最基本形式）和灵感。

（一）直觉判断

直觉判断指对客观事物及其相互关系的一种迅捷识别、敏锐觉察、直接理解和综合判断。由此所形成的能力即思维的洞察力。直觉判断不是按部就班的逻辑推理，而是从整体上直接把握客体。例如美国化学家鲍林正是运用量子力学等知识，在对大量事实总和的思索中，借助于直觉创立了关于化学键的共振论，他说"我怀着一种好奇心——一种直觉，感到可以用化学键来解释物质的性质。"此外，爱因斯坦创立狭义相对论时，也有直觉判断。

（二）灵感

灵感是指主体（人）对于曾经反复进行探索而尚未解决的问题，由于受到某种偶然因素的激发而产生顿悟，从而使问题得以解决的思维过程。在科学史（与文学艺术相通处）上，许多伟大的科学家在作出杰出科学发现时，都曾冥思苦想、穷竭智力和心力反而未得，却在不经意间灵光乍闪而实现质的飞跃。例如在创立狭义相对论时，爱因斯坦曾深受难以解决间断的质点（Newton）力学与连续的电磁场（Maxwell）理论之间矛盾的困惑，虽冥思苦想而不得其解，但突然灵感显现，领悟到"同时性的相对性"问题。在短短的5~6周内就完成了科学史上的不朽篇章《论动体的电动力学》。

第四节　科学分析方法

方法论就是要求学会用联系的观点看问题，就是系统论的原理和方法。专门分析方法又称为特殊研究方法。专门方法很多，不胜枚举，各个学院、系甚至专业可以结合院、系、专业的研究特点，介绍其专门的研究方法，例如农学类各专业的常见专门研究方法有：试验法、观察法、调查法、数学法等。

在同一研究课题中，各个部分可以分别采用不同的研究方法。各种方法互相补充、互相协调，才能揭示研究对象各个侧面或各个层次的规律，进而证明总论点。

研究生或本科生，凡是要进行研究，都要首先学习研究方法；在分析总结研究结果（论文写作）时应该具体问题具体分析，灵活使用各种方法，才能收到事半功倍的效果。

一、概念分析

选题最终要落实为若干个概念或术语所共同决定的研究方向和研究范围，例如"数理统计""遗传学""信息资源原理"等。对选题所涉及的概念和术语进行分析，就构成了科学分析的第一个环节。概念一般是对事物本质特征的概括。特定时期的概念反映了当时人们对某事物本质特征的认识程度。主要目的是通过研究概念产生和发展的历史来揭示特定概念的实质和含义、概念的相互作用、每个概念在特定研究领域的位置等。

概念分析一般包括4个相互联系的阶段：①对那些与选题有关的概念进行有目的的研究；②通过词源分析搞清特定术语的来龙去脉；③将选题所涉及的一组概念联系起来进行研究；④依据前几个阶段所获得的资料，对照有关假设和推测，给每个概念以准确的具体的表述。概念分析的结果基本上明确了研究课题的内容、实质范围，理清有关概念和术语的关系，为进一步研究奠定基础。

需要指出，概念分析必然涉及文献分析，因为作为人类认识结晶的概念与理论通常是通过各种文献载体发表的，这是一次文献，原汁原味没有修改或误解，而那些二次文献常常是夹杂了转述者的理解成分，未必准确。一门科学，一般地说，就是由一组相关概念作基石，在此基础上，经过合适的逻辑推理和实验验证，建立起本门学科。所以准确完整地理解基本概念，对于深刻理解一门科学，具有最基础最有价值的作用。要真正理解一个专业概念或专业术语，就要去读原著，也就是原论文，只有读原论文才可以系统而深刻地理解原作者对这个概念所定义的内涵和外延。

二、要素分析

任何一个具体的概念总是对应着特定的事物，概念分析只是科学研究的"入门向导"。在此基础上，必须对概念所对应的事物进行分析。

要素分析是科学分析的第二个环节。要素分析方法最本质的特征就是还原性，即要将所认识的复杂对象还原为简单的可以把握的对象加以认识，以发现事物多样性中所隐藏的事物的主要的、本质的东西。

从系统论的角度来认识，任何事物都是一个系统，都是由具有一定质量和数量的要素组成的有机整体，对系统的分析首先可还原为对其组成要素的分析。当然，系统和要素或整体与部分之间关系的性质不一样，还原时要区别对待。

整体与部分的关系具有两种不同性质，一是加和性，二是非加和性。加和性是指一个复合体能通过把原先分离的要素集聚起来的办法，一步一步地建立起来；反之，复合体的特征能完全分解为各个分离要素的特征。如果一个系统内部的各个要素间的相互作用比较弱，对于某种研究可忽略不计，那么各部分间的关系具有线性关系，这时，整体和部分的关系具有加和性，系统是部分之和。

非加和性是指要素之间都存在着相互作用，每个部分的性质与行为，都依赖于其他部分，各部分间相互影响，这种相互作用对某种研究成为不可忽略的部分。系统内部各要素的性质和行为，就不同于孤立状态下的性质和行为。这种相互作用使系统形成一定的结构，共同地规定整体的性质和行为，从而使系统出现了它的组成部分所不具有的新性质和新行为，出现了整体性。这就使整体和部分之间产生了一种新的关系，即非加和性，说明系统内部各要素之间相互作用具有非线性的特征。

侧重内容有：每个要素在系统中心地位与作用如何？某个具体的事物是由哪些要素组成的？每个要素的质的规定性是什么？每个要素的量的规定性是什么？每个要素在系统中心地位与作用如何？诸如此类。即暂时撇开了系统要素之间复杂的多样化联系，将每个要素作为一个独立的子系统加以研究，从而展开了研究对象具体而丰富的多样性，这种多样性正是事物本质联系的外在表现形式。

对一个系统的要素和结构进行科学完整的剖析，是研究这个系统的又一基石。在我国烟草研究中，近30年来进行了大量的通径分析，对不同的系统、系统变量（影响因素）进行了大量分析。但是纵观多数研究报告，可以看出不少研究对目标系统的要素或结构认识不清，具体表现在对目标变量系统的分辨，变量的重复和丢失非常普遍，变量间的关系也常是把非线性的关系当作线性关系来处理，导致了不科学的结论。

三、矛盾分析

矛盾分析法就是运用对立统一的观点进行认识的辩证思维方法。任何事物（系统）都是由两个或两个以上相互作用和相互联系的要素组成的有机整体。对于科学研究对象的若干要素而言，它们在系统中的作用及重要性都不一样，其中必有两个起主导作用的要素。这两个要素的关系就构成了事物发展的主要矛盾，这两个要素与其他要素以及其他要素之间则形成了科学分析的第三个环节。

不同事物的矛盾又是具体、特殊的，科学研究往往在于揭示特定事物的特殊矛盾。譬如数学中的正和负、微分与积分，物理学中的作用力与反作用力、阳电与阴电，化学中的分解与化合等，都是矛盾的表现形式。

矛盾的对立统一原理的普遍性告诉人们，世界上一切事物都处于普遍联系与矛盾之中，没有任何一个事物是孤立存在的，整个世界就是一个普遍联系的统一整体。

矛盾分析的主要内容包括：①事物的根本矛盾，主要矛盾和非主要矛盾；②矛盾的主要方面和非主要方面；③构成一事物的所有矛盾所形成的统一体；④由矛盾及其运动所决定的事物的因果关系；⑤矛盾的转化及发展等。

矛盾分析有助于科研人员抓住问题的实质，以及事物的本质联系，有助于认识的深化。运用这种方法，一是必须坚持一分为二的观点，即研究认识任何事物或矛盾，不能孤立地只看到一个方面，还要看到和它相互联系、互相影响的其他方面，切忌"顾此失彼"；二是必须坚持重点论的观点，没有重点就没有策略，因此在研究自然科学各种问题时，一定抓住主要矛盾，要认清主流和突出重点，切忌绝对肯定和绝对否定；三是必须坚持矛盾的普遍性和矛盾的特殊性相结合的观点，既要分析具体情况，也要注意不能把具体事物从普遍联系中割裂开来。

四、结构分析

事物所具有的全部联系的总和称之为事物的结构，对结构的分析有助于全面了解事物的性质和行为，更完整把握事物的特征和规律。结构分析主要分析要素之间的联系、事物要素之间的时空联系、加和性联系、非加和性联系以及各种非矛盾关系。结构分析是科学分析的第四个环节。系统的结构是要素之间的相互联系和相互作用的形式、要素的相互联系和相互作用，必须通过交换信息来实现。因此在形式上，要素之间就要发生加和性和非加和性、正反馈和负反馈、因果等联系和作用，这种联系和作用可称为形式结构。

形式结构包括系统的空间结构（要素在空间上的排列秩序）和系统的时间结构（要素在时间上前后相继的顺序）。结构分析方法包括形式结构分析、空间结构分析和时间结构分析。

（一）形式结构分析

对系统结构的研究，应撇开具体系统的特殊内容，即特殊要求的特殊联系和作用。从一般共性上研究这种相互联系和相互作用共同形式。

形式结构分析内容包括：①加和性和非加和性分析。②正反馈和负反馈分析。对于一个系统来说，如果通过反馈活动，使系统的状态越来越偏离目标，这种反馈就是正反馈。如果通过反馈活动，使系统的状态越来越接近目标，这个反馈就是负反馈。要使系统处于稳定状态，必须保持系统的稳定结构，负反馈是保持系统稳定结构的重要机制。③因果关系。

（二）空间结构分析

空间结构分析主要研究系统要素在空间上相互结合时的排列次序，其分析范围大到宇宙的结构，小到原子内部的原子结构，内容非常丰富。系统的空间结构有3种类型：等级层次结构、并列结构、等级-并列结构。

1. 等级层次结构　等级层次结构是指系统从纵向上由若干等级层次组成的结构。各等级层次之间，存在着高级和低级的区分。它们以特定的关系，构成一个整体。例如"基本粒子→原子核、电子→原子→分子→物质"就是一种空间等级层次结构。就一个特定研究对象而言，其基本的等级层次结构是由要素与要素间的相互联系、要素与系统间的相互联系、系统与环境的相互联系3个等级层次构成的。

2. 并列结构　并列结构是指系统在横向上由若干平行的子系统所组成的横向结构。例如人体的神经系统、血液循环系统、呼吸系统、消化系统、泌尿系统等就属于并列结构。

3. 等级-并列结构　等级-并列结构是指在一个复杂系统中，既存在着等级层次结构，又存在着并列结构，是等级层次结构和并列结构的统一。例如我国行政组织结构就是一种等级-并列结构，既包括中央各部委所形成的并列结构，又包括各级地方政府所形成的等级层次结构。

空间结构分析的重点是研究系统要素在空间中所展示的不平衡性，并进而寻找增长点，通过增长点的发展带动全局发展。

（三）时间结构分析

时间结构分析是指把系统中心结构按时间上延续的顺序，划分为若干独立的部分，以揭示系统的进化进程和各相继延续的稳态结构之间的相互联系和相互作用。稳定状态时，只经历着量的变化；当量变达到一个临界点时，系统就处于失衡状态，这时量变转化为质变，系统将进入一个新的稳定状态。有先后顺序的各种稳态结构，它们反映了系统进化的周期性或节律性，反映了系统发展的规律。

结构分析方法是探求系统的性质和行为、预测系统的发展方向、宏观结构设计的一种主导方法。由于结构决定功能，所以结构分析也是功能分析的先导。

五、系统分析

系统分析法就是按事物的系统性把对象放在系统形式中加以考察的一种思维方法。就是从系统的观点出发，始终从整体与部分、整体与外部的相互联系、相互作用、相互制约的关系中综合、精确地考察对象，以达最佳化目的的一种方法。

系统分析方法有以下基本原则。

1. 整体性原则　它要求把研究对象作为由各个组成部分构成的整体，研究整体的构成及其发展规律。

2. 综合性原则 它要求对任何系统的研究，必须从它的成分、结构、功能、相互联系方式、历史发展等方向进行综合的、系统的考察。

3. 相互联系的原则 它是辩证唯物主义普遍联系的具体体现。质量和能量的相互转换及守恒定律揭示了各种运动物质状态之间的普遍联系；元素周期表揭示了化学元素之间的联系；控制论揭示了各种系统之间的普遍联系；信息论揭示了各种截然不同物质形态之间的信息联系。

4. 有秩序原则 任何一个系统，都和周围环境组成一个较大的系统，又是较低一级系统的总系统。系统都是有序的。系统的发展一般是从低级的有序状态走向较高级的有序状态的变化。

5. 动态性原则 它反映了辩证法的发展原则。任何系统内部都存在着矛盾，解决了原有矛盾，又出现新的矛盾来推动系统发展和变化。因此系统是动态的。

6. 结构性原则 系统实现联系是以结构形式来实现的。系统的整体决定有什么样的结构，就相应有什么样的功能。好的功能系统使人力、物力、结构合理，经济效益高。

7. 最佳化原则 这是系统方法的根本目的。它从多种可能途径中，选择出系统的最优方案，取得最好效果。

8. 模型化原则 要对系统进行定量描述，必须根据研究目的，设计出相应的系统模型，据此进行模拟实验，再不断检验和修正。

六、功能分析

系统的功能是系统整体在与外部环境相互作用中表现出来的适应环境、改变环境的能力和行为，或者说，一个系统的功能是从外界对系统的输入到系统向外界输出的变换。系统的功能是以系统的结构为基础的，为此，功能分析也就构成了科学分析的第六个环节。

系统不仅有结构，同时还有功能。结构反映系统内部要素之间的关系，功能则反映系统与外部环境之间的关系，表达系统的活动和行为。功能不是一个独立的概念，它只有在系统与要素、结构和环境的关系中，才能得到表现。功能分析方法3种类型：要素-功能分析、结构-功能分析和环境-功能分析，结构-功能分析是核心。

要素-功能分析主要研究系统要素的数量和质量对系统功能的影响。结构-功能分析依据结构决定功能的原理，通过分析系统的结构及其变化来研究系统的功能，一是同构同功或异构异功，二是异构同功，三是同构异功。环境-功能分析主要研究环境变化对系统功能的影响以及系统功能随环境而变化的问题，一是功能适应环境，二是环境选择功能。

依据系统的要素、结构来研究系统的功能，要以已知系统要素和结构为前提，当系统内部要素的结构都是未知数而且系统不能打开时，黑箱方法是一种有效的功能分析方法。黑箱就是内部要素和结构不知晓的系统，人们只能获得输入值和输出值，而不知其内部要素和结构，在黑箱和观察者之间建立一个耦合系统。联系输入、输出的对应和变化关系，判定系统状态的性质，推出标准表达式，并进而推导出黑箱的内部联系，明确其行为和功能。

七、动态平衡分析

功能分析要求将系统置于环境中，在系统与环境不断的物质、能量和信息的交换过程中实施研究。根据系统与环境的关系，可将系统分为3类：独立系统（指与外部环境不发生物质、能量和信息交换的系统)、封闭系统（指与外部环境只发生信息交换而不发生物质和能量交换的系统）和开放系统（指与外部环境发生物质、能量和信息交换的系统）。

一般来说，独立系统和封闭系统不是绝对的，它只具有相对意义，是一种理想状态，是出于研究目的的一种简化。绝对孤立和绝对封闭的系统，在现实世界中是不存在的。现实的系统都是开放系统。开放系统绝不是静止的，开放系统都是一动态系统，是一个不断地趋向新平衡的系统。为此，对系统的动态平衡分析就构成了科学分析的第七个环节。

(一) 干扰

干扰是外界对系统的偶然作用。干扰消除后，系统仍回到原来状态，也就说这个系统是稳定的，反之，就是不稳定的。

稳定状态有两种，一种是静止的稳定状态，另一种是动态的稳定状态（即动态平衡）。任何一个系统，当它处于非稳定状态时，总是要发展到稳定状态去，这种从非稳定状态到稳定状态的演化，就是系统进化的规律。系统进化的出发点和目的地都是稳定状态（稳态）。系统的进化就是"稳态→失稳→稳态"的不断循环。每经过一次循环，有序程度就提高一步。

系统的有序结构是从无序结构中产生的。一个系统，它可以与外界进行物质、能量和信息的交换，但不需要外界的命令和组织模式，内部各要素可以自动协调，自发构成某种有序结构。这样的系统，称为自组织系统。所谓自组织，就是系统自己从无序走向有序结构的行为。系统的进化，主要就是自组织系统的进化。这种进化的特点，就是它的自控制、自调节和自适应。

(二) 自适应的能力

不断按照外界环境条件的变化，自动调整系统自身的结构和行为，从而使系统在适应环境的过程中获得进化。这种进化过程，就是自适应过程。这种系统，就是自适应系统。

系统的进化，既是对外部环境的适应过程，又是对内部要素和结构的调整过程。这种适应和调整都是自动实现的，因而是自组织过程。动态平衡分析最终给研究者展示了事物发展的动态、整体的联系画卷，揭示某个领域事物之间的各种联系，从而使研究者能从较高水平上返回原有概念，以修改、充实和发展研究的概念和理论，并启动新一轮的研究过程。

八、定性分析和定量分析

(一) 定性分析和定量分析

定性分析与定量分析就是通过确定事物的质的关系和数量关系来认识问题和分析问题的辩证思维方法。任何事物或任何问题都是质和量的统一，事物既表现为一定的量，又表现为一定的质。因此在研究中，只有既弄清质的方面、又弄清量的方面，才能找出其中规律性的问题。在研究中，定性分析就是据事论理，划清事物质的界限。定量分析就是对问题的规模、范围、数目等数量关系的情况及变化，进行精确统计、计算、分析、对比，就是弄清事物发展中量的变化关系。

定性分析与定量分析是对同一问题从不同方面进行研究，二者必须结合，才能得出比较科学、完整的结论。

(二) 统计方法

统计方法是从整体上研究大数现象的规律的方法，并用统计数字语言来表述。大数现象指大量物质微粒的运动（分子、原子、电子的运动）、生物群体的运动、社会的人口变化过程和经济过程等现象。它们是由为数众多的元素构成的大量集合，这些元素并非完全相同，并各自以不同的行为方式表现自身的属性。但这些元素在整体上表现出一定规律性，即统一规律性。这种规律可用统计方法揭示。统计方法可分为统计调查、统计分组和统计分析。

1. 统计调查 统计调查又称为统计观察。统计与大数、大量现象是不可分的。统计调查是对大数现象的调查，是一种大量观察法，故必须着眼于总体。例如抽样调查法，就是以概率论的大数定律为理论基础，按照随机原则，从总体中抽取部分样本进行。普查法、统计报表法等也都是分析过程中经常使用的方法。

2. 统计分组 统计分组是整理大量统计资料的方法。分组可以按资料的品质特征和数量特征两种标志进行。先确定分组界限，然后将数据分别按组列成分配数列。在分组基础上进行统计汇总，使统计资料从原始形态转化为可供综合分析的形态。

3. 统计分析 统计分析是揭示大数现象规律性的方法。统计分析的基本方法有指标法、动态法、平衡分析法、相关分析法、抽样分析法等。

九、因果分析

因果分析法就是分析现象之间的因果关系，认识问题的产生原因和引起结果的辩证思维方法。使用这种方法一定要注意到真正的内因与结果，而不是似是而非的因果关系。要注意结果与原因的逆关系，一方面包括"用原因来证明结果"，同时也包括"用结果来推论原因"。不同事物，一般都既是原因、又是结果，而且一个结果往往有不同层次的几个原因。因此在研究过程中，对所分析的问题必须寻根究底。

在科学研究实践中，常有不明因果关系的情况。在这种情况下，研究人员常试图通过统计分析（例如回归和相关分析等手段）来进行分析，辨别因果。但这只能作为参考，要始终牢记，数学只是分析变量间量关系的工具，而不是分析变量间质关系的工具。

十、比较分析

比较分析法又称为类推或类比法。它是对事物或问题进行区分，以认识其差别、特点和本质的一种辩证逻辑方法。在资料不多，不足以进行归纳和演绎推理时，比较分析法更有价值。

比较有多种形式，例如纵向比较、横向比较、经验教训比较、正反比较、各种异同的比较。采取哪种形式，可根据需要进行选择。

第五节　科学抽象和科学概念

一、科学抽象

抽象就是从事物各种现象中，舍弃非本质的东西，把本质的东西抽取出来，例如导电性。概括是从许多事物中，舍弃个别的特点，把共同的特点归结在一起，例如导体。任何事物都表现为现象和本质的对立统一，本质存在于现象之中，不能为人直接感知，只有通过科学抽象这种理性思维的过程，才能认识。

1. 科学抽象的意义 科学抽象是科学研究的初步目的，是走向深入的前提。

2. 科学抽象的基础 科学抽象的基础是科学实践，是充分占有资料。科学抽象必须从普遍存在的事实出发，从事物的全部总和出发，在对偶然现象进行大量概括的基础上，揭示事物的规律。

3. 科学抽象的分类 科学抽象分为表征性抽象和原理性抽象。

（1）表征性抽象 表征性抽象以事物的现象为起点，把握的是事物的特征，是浅层抽象。

（2）原理性抽象 原理性抽象以表征性抽象为基础，把握的是因果性和规律性。

4. 科学抽象的原则 科学抽象的原则有：①实践第一；②材料充分；③逻辑思维，辩证看待；④综合分析，高度概括；⑤去粗取精，去伪存真，由现象到本质，由实践到理论。

5. 科学抽象的作用 科学抽象的作用有：①可帮助人们区分事物真象和假象，撇开事物外部的非本质的联系，揭示事物内部的本质联系和过程（例如口蜜腹剑、阳奉阴违）；②可帮助人们区分主次，撇开与当前考察无关的内容，抛开次要过程和干扰因素，从纯粹的形态上考察事物的运动过程（例如点线面体、质点、简谐运动）；③可帮助人们区分基础和派生的东西，深入到事物里层，把决定事物性质的隐蔽的基础抽象出来（例如核电荷与电子的相互作用是基础，化合价及光谱是派生）；④可帮助人们从基础的东西出发，将事物的各种属性和关系综合起来，从而把事物的本质作为一个总体完整地抽象出来（例如人、动物、金属）。

二、科学概念

科学概念是反映事物本质属性的思维形式，是思维的基本单位，并能够用语言、符号表述其本质特征。

1. 科学概念的地位 科学概念与判断和推理共同组成理性思维的基本形式，是判断和推理的基础。

2. 科学概念的形成 科学概念不仅是实践的产物，也是理论思维的结果，要经过反复科学抽象才能形成。科学概念反映的内容，是同类研究对象中的共性、本质和必然性。

3. 科学概念的特点（二重性） 科学概念在形式上是抽象的、主观的，在内容上是具体的、客观的，是具体与抽象的统一。科学概念具有抽象性和可变性特征，可变性是指科学概念的内涵和外延是动态变化和发展的，随着认识的深入和发展，原有科学概念也会与时俱进，或修正其内涵和外延，或被新的概念取代。生物学上关于基因的概念就是很好的一个实例（一个基因一个性状→一个基因一个酶→一个基因一个 mRNA→一个基因多个碱基对）。

4. 科学概念的意义（转折点） 科学概念的形成是认识过程的一次飞跃，标志着认识从感性阶段深入到了理性阶段。科学概念是形成新理论体系的基石，科学概念构成判断，根据概念和判断才可以进行推理，形成科学定理、定律，进而创建科学理论体系。科学本身，就是用最少的原始概念和原始关系来建立知识体系。

5. 科学概念的作用 科学概念的作用有：①区分混淆不清的认识，使科学得到迅速发展，例如速度与加速度、质量与重量、热量与温度、动量和能量的提出；②纠正错误认识，促进科学研究发展，例如燃素→氧化、热质→热量；③概括新事实，使理论获得重大进展，例如位移电流、量子、基因；④通过移植促进学科渗透，科学横向发展，例如量子化学、量子生物学、信息熵、生物熵；⑤指导实践，有时还能导致科学技术重大突破。

第六节　科学理论的构建

依据性质、特点等不同，构建科学理论的方法主要包括：逻辑与非逻辑思维、科学假说与理想实验、系统分析控制与理论系统化方法等类型。

一、从知识到成果再到理论

1. 新知识的形成　新知识的形成包括新规律的发现和实例验证（普遍性验证、数学验证），形成严密的结论，产生新知识。

2. 从知识到成果　从新知识到新成果的过程为：创新点、新知识在知识系统中的位置→社会认同程度→形成公认的成果→产生新学说、新技术、新材料、新软件、新系统→进入应用，进入产业链。

3. 科学理论的构成要素　科学理论的构成要素为概念、变量、定义、分类体系、逻辑。

4. 科学理论的特点　科学理论的特点有：①具有普适性；②至少在某些条件下是放之四海而皆准的；③研究者的任务之一就是寻找理论的界限；④"科学家的任务就是寻找例外"。

5. 科学研究的主要阶段　发现和提出问题→课题选择和决策→获取科学事实→概括科学事实→形成或发展科学理论。

二、假说、学说和定律

在没有深入认识研究对象的运动规律之前，往往先以一定经验和科学事实为基础，根据已掌握的事实材料和科学原理（就是知识和经验），对未知研究对象的运动变化规律做出某种程度的猜测和推断，这种猜测和推断就是假说，是人们对尚未被认识的事物做出一种假定性的说明。假说具有两个显著的特点，一是有一定的科学事实作根据，二是有一定的推测性质。科学假说的内容主要包括科学假说的特征与作用、评价与选择，以及科学假说的命运等。

假说比感性认识具有更好的条理性和逻辑性，所以具有一定科学性。又因为它能解释已知事实、对新的现象和规律具有一定预见性，而其体系的正确性和严密性又有待更多实验和事实验证，所以具有一定的推测性和待证性。提出假说的过程一般是：提出基础假说→初步形成假说→筛选假说→建立比较完整的假说体系。

提出一个科学的假说相对来说较易，但是能通过严格实验来证明一个假说常需要几年、几十年，甚至几百年。诸如"细胞是从非细胞有机物质进化而来"和"劳动创造了人"等理论，到目前为止，仍有待科学的验证，所以还是假说。在假说没有被最后证明之前，只能算作哲学，而不属于科学。假说是通往真理的第一个阶梯，自然科学发展的历史一再证明了这一点。

所谓学说，常比假说有更广泛的实验和事实的验证，在更大范围被同行所认可，但是在理论和实践上没有被充分、科学地证实。只有从理论和实践两方面证实，能够概括现有知识而无一例外，并且能够预测实践活动的结果，才可改称为定律。

思考题

1. 科学分析有哪些主要环节？
2. 概念分析过程可以划分为哪些阶段？
3. 要素分析法的本质特征是什么？
4. 整体与部分的关系有哪些性质？
5. 矛盾分析的主要内容有哪些？
6. 对事物结构的形式分析有哪些主要方面？
7. 系统的空间结构有哪些主要类型？
8. 系统的功能分析法有哪些主要类型？
9. 科学概念在形成科学理论中的作用有哪些？
10. 逻辑思维方式包括哪些基本类型？

第五章

烟草培养研究方法

第一节　烟草培养研究的特点、种类和发展概况

烟草培养研究又称为培养试验或盆栽（钵）试验，它是在人为控制的条件下，用特制的容器（例如盆钵、玻璃缸、塑料桶、水泥池等）栽培烟草，并进行各种科学试验的方法。因此培养试验泛指采用人工模拟、人工控制进行的各类烟草栽培试验。培养试验可以严格地控制各种环境条件，例如土壤、肥料、光照、水分、温度等，有利于开展各种析因试验，进而弄清烟草营养与施肥中各个因子的作用。如果说田间试验是在大田条件下估计烟草对肥料的反应，那么培养试验即在于进一步揭示烟草对肥料反应的实质和阐明各个因子的意义。烟草培养试验是在特别修建的培养室或人工气候室中进行的，这样可以根据试验的目的和烟草的要求，创造对烟草生长最适宜的环境条件，研究各种因素对烟草生长发育的影响。

烟草培养试验实质上是一个模拟试验，与烟草的田间试验方法显然有较大的区别，表现在以下几个方面。

1. 局限性　烟草培养试验的土壤一般只取自耕作层，烟草只能从耕作层土壤中吸收养分。田间试验烟草可以从土壤的全层即表层、中层甚至底层以及根系能生长到的其他地方吸收养分，二者是有明显区别的。

2. 可控性　烟草培养试验通过不同营养液来控制营养元素的有与无，进行不同营养元素机制的研究。这在田间试验中难以实现。

3. 模拟性　烟草培养试验可以采用营养液分根隔离技术，模拟养分在烟草体内的移动，进行更深入的机制研究。

4. 最大性　烟草培养试验的施肥量最大，特别是土培试验都大于田间施肥量的一倍至数倍，以每千克土壤施氮（N）0.15～0.3 g 计算，折合每公顷施硫酸铵 1 687.5～3 375.0 kg。

5. 复现性　烟草培养试验装盆前要调整空盆的质量一致，再装入等量的土壤或营养液，每天称量补充失去的水分，保持试验结果的复现性。

6. 差异性　烟草培养试验几乎没有氮肥的淋失，因此对氮肥的形态、肥料利用量的测试研究，显然与田间试验的评价是有差异的。

基于以上的特点，烟草培养试验也有一定的局限性。它必须与田间试验相互配合，才能得出正确的结论。

烟草培养试验的种类，由于盆钵、环境、材料和研究目的不同而各有不同，一般可以分成以下 2 类。

一、盆钵培养研究方法

它是利用各种特制的盆钵进行烟草的栽培试验,由于烟草在盆钵中生长的介质不同,又可分成土壤培养试验、沙培养试验、溶液培养试验和从以上3种培养试验演变而成的隔离培养试验、流动培养试验、更换培养试验、灭菌培养试验等。

烟草短期模拟培养试验又称为幼苗试验。它根据烟草生长发育初期(通常只生长几片叶)对土壤中养分形态的反应和利用情况做出评价。幼苗试验是介于实验室与盆栽试验之间的研究方法。

二、控制培养条件的其他生物研究方法

本法的特点是利用特制的木框、水泥池、塑料板框为容器控制烟草生长的土壤、水分、养分等进行烟草栽培试验,也称为框栽试验。一般框的面积均小于 1 m^2。框栽试验可以固定在培养室的网室中进行,20 世纪 30 年代发展起来的渗滤水研究,所采用的土壤溶液渗滤研究系统也是框栽试验的一种。框栽试验是介于盆栽试验与大田试验之间的研究方法。

培养试验是在植物营养科学发展过程中逐步形成与完善的。早期(19 世纪前)对植物营养与施肥问题的研究,大都借助于培养试验与实验室的化学分析方法,它比田间试验的历史更为悠久。西欧早在 300 多年以前已开始应用盆栽方法对植物营养的机制进行探索研究,通常认为第一个培养试验是比利时的万·海利门特于 1629 年进行的柳条试验。他在装满土壤的盆钵中插上柳树枝条,只供给水分,经过 5 年之后,柳树得到茂盛生长,生长量几乎增大 34 倍。因此他认为植物营养最重要的因素是水,柳条只靠水就能生长。显然这个结论是错误的,但他开创了植物营养的盆栽研究方法。1699 年乌特渥尔特用溶液培养试验方法证实了海利门特试验的错误,他是溶液培养试验方法的奠基人。后来,1804 年索秀尔、1857 年萨克斯和克诺普将溶液培养试验应用于植物营养研究,1837 年法国布森高第一个应用沙培试验进行植物吸收氮素的研究。虽然海利门特、乌特渥尔特、索秀尔、萨克斯、克诺普、布森高都应用了培养试验方法来研究植物营养问题,但当时的培养技术是简单的,培养室的设备也是不完善的,试验的精度仍是较低的。

近代的培养试验方法与技术是在 19 世纪中叶后期由萨克斯、克诺普、格里利格尔、瓦格涅尔奠定的基础。1859 年萨克斯、1865 年克诺普拟定了溶液培养营养混合液,并共同制定了溶液培养试验方法。19 世纪 60 年代格里利格尔系统地完善了沙培养试验方法,并提出了适用于沙培研究用的营养混合液,他应用这个方法成功地进行了灭菌培养,并证实了根瘤菌的固氮作用。

近代的土壤培养试验是在 19 世纪 70 年代开始应用的,当时采用框栽试验,用无底的水泥框栽培农作物,由于底土的差异和干扰,对农作物的产量有一定影响。瓦格涅尔是采用隔离底土进行土壤培养试验的第一个人,1880 年他设计了 25 cm×30 cm 的盆钵进行土壤培养试验,通常人们称之为瓦氏盆(瓦格涅尔盆),它已广泛应用于植物营养研究。

现代的培养试验采用电子计算机控制的自动化装置,培养室可以自动移动,盆钵的灌水全部自动化,不仅管理工效高,而且准确、精确度高。例如日本的无影温室、德国 BASF 公司林伯格霍夫农业试验站的全自动化温室、美国 TVA 的全自动化土壤溶液渗滤研究系统,均是 20 世纪 70 年代以来建立的现代化模拟培养试验室。

我国应用培养试验方法研究植物营养问题，开始于20世纪30年代上海植物生理研究所罗宗洛教授。他应用溶液培养试验方法对农作物根系吸收硝态氮或铵态氮的研究做出了卓越的贡献。但盆栽技术在我国已有悠久的历史，居世界领先地位。据考证，早在公元317—420年的东晋时期，我国已开始将盆栽技术应用于花卉栽培，以后在唐、宋两代又得到进一步发展，明代（1368—1644年）已有盆栽技术的专门文献记载，1708年我国已开始了温室栽培。

第二节 土壤培养研究方法

一、土壤培养试验的任务

土壤培养试验以土壤为栽培烟草的介质，它是盆栽试验中应用较广泛的一种方法。土壤培养试验是一种更接近于自然条件的生物试验方法。一般在溶液培养或沙培养研究中取得的初步结果，在转向田间研究之前，常常先用土壤培养方法设置预备试验或检验。土壤培养试验也不能代替溶液培养或沙养培试验，因为在土壤培养条件下很难单独研究某个对烟草生长发育起作用的因子，例如我国南方的红壤，降低土壤的pH，会减小其中磷的有效性，土壤培养试验中则很难控制好这些条件。在烟草营养研究中，土壤培养试验的主要任务是研究烟草对土壤中有效养分的吸收利用问题、不同土壤中化肥效果的初步评价、环境条件（特别是土壤水分）对烟草根系吸收养分的影响、烟草对肥料（包括化肥与有机肥）的利用率等。以上这些研究课题若在田间则无法排除外界环境条件的差异和干扰，导致研究结果的复杂化。对于各种新型化肥，往往先在土壤培养试验中进行探索性的研究，以取得初步结果，再扩大到田间研究，可以少走弯路。总之，土壤培养试验的应用范围是很广的，但若环境条件控制不严，试验的精度就很低，也难以得到理想的结果。

二、土壤培养试验的技术

（一）土壤的准备

1. 土壤的采集和整理 土壤的选择是土壤培养试验成败的关键之一。通常根据试验要求，选择有代表性的土壤，例如对钾肥肥效比较试验，必须选择缺钾土壤，否则就不能得到预期的结果。在取土之前，必须开展土壤调查和农业化学分析，并确定土类的名称、性质、耕作历史等。为了使所采土壤符合科学研究的需要，也可以在专门取土的地段上，采取消耗某种土壤养分的措施，例如欲消耗土壤中的磷，可以在施用氮钾肥的基础上，播种喜磷作物（豆科作物）等，连续种植几年；欲消耗土壤中的氮，可以在施用磷钾肥的基础上，播种禾谷类作物；欲消耗土壤中的钾，可以在施用氮磷肥的基础上，播种薯类作物或甜菜。经过农作物的吸收消耗，达到耗竭土壤中某种养分的目的。当确定取土地点后，一般只采耕作层土壤，特殊要求可以例外。取土、装土、运土的工具要干净，防止肥料和其他养分污染而影响试验结果的准确性；取土的数量应比实际数量多50%。若远距离采土，应在当地过筛后再装箱运输，取土量应比需要量多10%～20%。取回的土壤通常用3 mm孔径的筛子过筛，并挑出石子、根茬残体以及各种杂物。过筛剩下的大土块，必须捣碎后全部过筛，不能扔掉。

2. 土壤的储存 过筛的土壤应充分混匀，储存备用。一般烟草营养培养室应建立专门的土壤储存库，存放从各地采集供试验用的土壤，并标明土壤名称、采集地点、采集时间、采集人姓名、含水量（即吸湿水）及主要农业化学性状，例如pH、有机质含量、碳酸钙（$CaCO_3$）含量、阳离子交换量、主要养分含量等。一次储存的土壤数量应保证供应全部培养室研究工作1年至数年的需用量，不能随取随用，以致前后有土壤差异而影响试验的复现性。

（二）盆钵的选择和准备

1. 盆钵的种类

（1）按盆钵的原料分类

①玻璃盆：其规格一般是20 cm×20 cm（前者为盆内径，后者为盆高），用4～5 mm的厚质玻璃制成，可用于土壤培养及沙培养试验。玻璃盆的优点是容易洗净，试验过程中容易观察根系生长状况和土壤湿度状况；一般玻璃不易受腐蚀，也不会影响营养液的成分及改变pH。但由于玻璃组成复杂，玻璃盆不能用于微量元素试验。玻璃盆的缺点是价格昂贵，容易损坏；试验过程中必须加套，防止阳光对作物根系的不良影响，从而给试验工作增添麻烦，目前已不常使用。

②搪瓷盆：搪瓷盆用厚铁皮（或白铁皮）制成，盆里盆外均烧上一层搪瓷釉，以保护盆壁不被土壤溶液侵蚀。此盆的优点是经久耐用，质量较小，使用方便，容易洗净，目前为国外某些大型自动化培养室所喜用，如能大批工业生产，价格并不昂贵。此盆一般只用于土壤培养试验，在我国可以推广应用。

③陶瓷盆：陶瓷盆由白陶土或瓷土烧制而成，盆里盆外均涂釉子。此盆坚固耐用。目前国内土壤培养试验均用此盆，但价格昂贵，笨重，不易称量灌水，在国际上已有淘汰趋势。

④陶土盆：陶土盆用陶土制成，盆里盆外涂上一层釉子。此盆价格低廉，适用于各种微量元素研究。

⑤塑料盆：塑料盆在国外主要用于沙培养和溶液培养，土壤培养试验使用不多。

（2）按盆钵的构造分类

①瓦氏盆：瓦氏盆又称为瓦格涅尔盆，1880年由德国农业化学家瓦格涅尔设计。盆钵的规格是25 cm×30 cm，小型瓦氏盆的规格是20 cm×20 cm，其构造如图5-1所示。

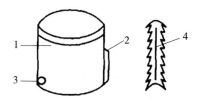

图5-1 瓦氏盆及其排水装置
1. 瓦氏盆 2. 浇水管
3. 排水孔 4. 锯齿状排水管

瓦氏盆模拟大田土壤水分的自然运动方向，使盆栽试验的土壤水分条件更加符合自然状况。瓦氏盆的一侧外壁有浇水管，管的底部有一个孔洞通入盆内，与此进水孔对称的另一侧有一排水孔。使用前将锯齿状排水片放入盆底，其两端对准进水孔和排水孔，其四周铺放洗净的小砾石、河沙或石英砂，再装土，并塞住排水孔。使用时灌溉水由浇水管、进水孔流入盆内，透过沙砾进入底部土中，然后沿毛管上升。当水分过多时，可打开排水孔。用瓦氏盆必须称量浇水。此种盆在国外已少使用，在我国仍很普遍。

②米氏盆：米氏盆又称为米切里希盆，1909年由德国土壤学家米切里希设计，1930年正式用于土壤有效性养分与农作物生长的相关性研究工作中。米切里希还提出一整套技术规范，称为米氏盆栽技术。此盆在西欧、东欧均广泛应用于植物营养的土壤培养研究中。米氏盆的构造如图5-2所示。米氏盆的下部有一个底座，可以平稳地放置在盆架或盆车（一种特制的能活动的小车）上，盆底呈锥形，底座中央有一个圆孔，以使盆内土壤的非毛管水渗入

底盆中。每次灌水时，用灌溉水冲洗底盆，使渗入其中的营养物质回到米氏盆内，防止由于灌溉渗滤而产生土壤中养分的流失。米氏盆的优点是，每次浇水可以不称量，浇到盆底刚渗出水即可，这时已达土壤的最大持水量。米氏盆可以保持各盆之间土壤水分的一致性。我国在20世纪50年代后才开始使用米氏盆。常用的有两种规格，一种是20 cm×20 cm，另一种是25 cm×30 cm，以前者居多。

③阿尔盆：阿尔盆是用铁皮制成的方形盆。盆内涂锌，盆外涂油漆。此盆长为25 cm，宽为20 cm，高为20 cm。盆两侧有两个支架，可以固定在盆车上，便于手工称量浇水，可提高工效。阿尔盆每盆装土10～20 kg，盆的两侧插入两根塑料管，灌水时可把水分引入盆底，使土壤水从盆下部向上部运动。20世纪40年代以来，西欧已广泛使用阿尔盆。

④普通盆：普通盆原是我国古代栽培花卉的盆钵，其规格不一，盆底设排水孔或不设排水孔，一般盆内外均涂上彩色釉子。土壤培养试验装盆时，常在盆底一侧放入小砾石、玻璃碎片等作为排水物（图5-3）。排水物应盖住盆底2/3，呈30°角。在小砾石中再插入一支供浇水用的玻璃管或塑料管，浇水管直径为1.2～1.7 cm，管高出盆沿2～4 cm，浇水管下端呈斜面，上端呈平面。在排水物上盖一块尼龙纱布或盖一层石英砂，防止土壤混入小砾石中堵塞浇水管。也可用搪瓷烧成圆锥体，作固定排水物。

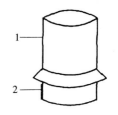

图5-2 米氏盆及其盆底
1. 米氏盆 2. 盆地

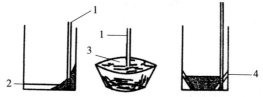

图5-3 碎玻璃及其圆锥体的排水装置
1. 浇水管 2. 碎玻璃 3. 圆锥体排水器 4. 圆锥体排水装置

2. 盆钵的准备 选择盆钵首先应考虑试验期限的长短。短期试验可以选择小型盆钵，全生育期试验可以选择大型盆钵。选择的盆钵大小要一致，其高度和直径均不应相差大于0.5 cm，每个盆的质量相差不应超过100 g。装盆前把浇水管、小砾石、尼龙纱布等全部放入盆内，以确定"皮重"。若各盆质量不相等，可用小砾石调整"皮重"，使各盆质量相等，这样可以保证各盆的总质量完全一致，便于生长过程中称量计算灌水量。

（三）肥料的准备

在土壤培养试验中，为了保证烟草的正常生长，除了所研究的肥料外，还应配合其他肥料的施用，例如研究氮肥时必须配合施用磷钾肥，并保证磷钾肥料的充足供应。氮肥可以施用尿素、硝酸铵，在酸性土壤上最好施用2/3硝酸铵与1/3硝酸钙的混合物。氮钾肥可以选用硝酸铵和硝酸钾的混合物。硝酸钾的用量按钾素计算，不足的氮素再用硝酸铵补充。在石灰性土壤上，氮磷肥可以施用硝酸铵、磷酸二氢铵和磷酸氢二铵的混合物。在酸性土壤上，最好施用硝酸钙和磷酸二氢铵的混合物。磷钾肥可以施用磷酸二氢钾和磷酸氢二钾的混合物。如果钾量不足，可以用硫酸钾补充。如果磷量不足，可以补加磷酸一钙或磷酸二钙。磷肥可以施用磷酸一钙和磷酸二钙的混合物，或者选用其中的一种。

土壤培养试验的施肥量,一般都高于大田2~3倍。盆栽的肥料可以用粉状、粒状或溶液施入土壤中。目前国外土壤都采用机械搅拌,肥料都配成溶液施用。固体化肥事先称好并用不同颜色纸包好,标明化肥种类。

(四) 装盆、播种和定植

正式装盆前应试装1~2盆,以确定每盆装土的数量,同时根据试验计划表,把肥料包对号放入盆中,经核对无误再开始称土混肥,一般称好后的土壤放入大塑料盆(或大瓷盆)中,再加入肥料,充分混匀。若施用肥料溶液,在对照盆应补加等量的水,保持各处理间土壤湿度完全相同。

瓦氏盆在装盆前应先把盆中排水物装好,米氏盆用瓷碟把盆底的孔盖好,上面加盖细砾石和粗沙。沙砾上覆一层尼龙纱布,以防止土壤颗粒塞满沙砾空隙,然后装土。装土时要注意分层压紧,并使各盆的紧实度保持一致。土壤紧实度不能太大也不能太小,土面应距盆口2~4 cm,以便铺沙和浇水。装盆至出苗前,要保持盆内有足够的水分。

土壤培养试验播种前应对供试种子进行精选,提前催芽,当种子刚萌动时即可播种。不催芽直接播种时,由于种子发芽势、出苗率都可能不一致,容易造成每盆苗数不一致,因而产生盆间的误差。土壤培养试验的播种方式一般有两种,一是用播种板进行,二是直接把催芽的种子点放在土面,然后再盖干土,以上两种方式可以根据不同条件和习惯灵活选用。通常播种深度为0.5~1.5 cm。播种后每盆在土面铺盖一层500 g左右的石英砂。播种后一般不再浇水,当出苗1~2周后开始间苗。

(五) 试验期间的管理

1. 保护幼苗 土壤培养试验的盆钵一般放在特制的盆车上,白天从培养室中推到室外,以接受正常的光照和通风。晚上或遇不良气候时,随时转移到培养室中,以保护幼苗令其正常生长。

2. 随机排列 盆钵在盆车上应采用区组排列,以达到局部控制的目的。区组内各盆必须随机排列,并定期调换。

3. 灌溉 土壤培养试验的灌水是试验成败的关键之一,在烟草生长期间,必须保持各盆之间土壤水分的一致性。灌水方式有米切里希法和质量法两种。

(1) 米切里希法 即使用米氏盆,以容器灌水,当盆底开始流出水时,即停止灌水,以保持土壤水分在最大田间持水量上。近来国外使用渗灌计(德国商品名称为Blumat)灌水,也是使土壤保持最大田间持水量的水分。

(2) 质量法 每次灌水时都进行称量,使土壤湿度达到田间持水量的$60\%\sim70\%$。在应用上,称量工作可用人工称量、自动磅秤人工称量和电脑控制的自动灌水车、自动传送台等措施。其中自动磅秤人工称量尚需人推,自动灌水车和自动传送台是全自动装置,已开始在欧美使用。

上述两种方法各有优缺点。米切里希法简便易行,但它对土壤湿度的控制能力较差,对有些烟草品种的缺肥处理,会因烟株耗水极少而致水多淹苗。质量法比较麻烦,但可以根据烟株的长势估计烟株质量,调整灌水量,虽然这种方法还是很粗略的,但还能起作用。

用质量法时,应先测定土壤最大吸湿水量、土壤最大持水量和装盆前的土壤水分含量。

第三节　溶液培养研究方法

溶液培养是指在某种营养液中进行生物试验，通过控制营养液的养分组成和浓度，研究生物效应的方法。由于营养液通常是水溶液，溶液培养试验也称为水培养试验。近代的溶液培养已发展成无土培养或无土栽培，它是泛指利用除土壤以外的各种植物生长介质进行的生物试验，例如溶液、沙砾、泥炭、空气、塑料颗粒等。国外的雾培养或气培养也是从溶液培养发展起来的一种新的无土栽培技术。

一、溶液培养研究的特点和任务

溶液培养研究有以下几个特点。

①植物生长的环境是液相的，植物生长所需的全部营养物质都靠人工供给，营养液中养分的形态、种类、浓度、供应时间均由人工控制，这在土壤培养试验或田间试验中是难以做到的。

②盆钵中养分分布是均匀的。由于水溶液中盐类离子扩散平衡，使得盆内养分能均匀分布。

③液相环境缺乏空气，必须定期向溶液中补充空气。

④营养液的浓度是变化的。营养液中有些可溶性盐类的浓度随溶液 pH 而改变，其中某些盐类会因溶解度降低而沉淀在盆底。随着植物生长过程中对养分的吸收利用，沉在盆底的难溶性养分也可能又逐渐溶解，使植物能全部吸收利用，所以在溶液培养试验中植物可以充分利用环境中的养分。但铁盐例外，它的再溶解度较低，故须经常补充铁，以预防植物缺铁症。欲保持植物生长过程中营养液具有稳定的浓度，可采用流动营养液。

⑤营养液缓冲性能小。由于植物对溶液中养分的不平衡吸收，溶液 pH 会发生剧烈的变化，因此溶液培养试验必须每天测定并调整溶液的 pH。

烟草溶液培养试验的主要任务是研究烟草的矿质营养问题，例如根对养分的吸收、营养元素丰缺的形态特征（包括潜在缺乏症状）、各种大量元素与微量元素对烟株生长发育的作用、离子间的相助与拮抗、养分在烟株体内的运输、烟草的产量生理学等。目前溶液培养试验已广泛应用于烟草营养研究的各个方向，成为进一步揭示烟株营养规律的重要手段。

二、配制营养液的原则和依据

（一）营养液的基本要求

营养液必须满足以下 4 个要求：①含有植物生长必需的全部营养元素；②营养物质应是有效养分，而且养分的数量与比例均能满足植物生长的需要；③在植物生育期内能维持适于植物生长的 pH；④营养液应是生理平衡溶液。

世界各国溶液培养试验的营养液都应满足以上 4 个要求。目前所采用不同种类的营养液，是在植物营养科学发展的不同历史时期内，根据不同研究目的拟定出来的，每种营养液都有它一定的适用范围，使用时不能任意改变其成分，否则就不能保持应有的生理平衡性，若研究工作需要修改时，可以通过试验验证后改变。

（二）配制营养液的原则和依据

确定各种营养液时，应以植物的需要为依据，模拟土壤溶液浓度或植物体内营养物质的组成设计而成。目前采用的营养液有以下3种。

①选用3种或4种可溶性盐类组成混合溶液，在一定的全盐浓度下，改变各种盐类浓度比例，从而组成生理平衡的营养液。例如克诺普等营养液都是采用这个方法制定的。

②以植物收获物组成中的营养元素成分为依据，确定营养液组成。

③模拟植物根际土壤溶液浓度配制成不同种类营养液。例如霍格兰根据肥沃土壤溶液的组成，配制的营养液的组成见表5-1。

表5-1　以土壤溶液为基准而配成的霍格兰营养液

使用时期	用量（mg/L）						气压（atm）	pH
	NO_3^-	PO_4^{3-}	K^+	Ca^{2+}	Mg^{2+}	SO_4^{2-}		
生长发育前期	700	136	284	200	99	368	0.78	6.8
生长发育后期	80	10.6	20.3	22.9	9.4	31.6	0.1	6.5

注：1atm=101.325 kPa。

在不同营养液的组成中，氮、磷形态有较大的差别。通常氮素有两种盐类，一是硝酸盐，二是铵盐。硝酸盐呈生理碱性反应，使营养液pH升高。铵盐呈生理酸性反应，使营养液pH下降，因此适当调节 NH_4^+-N/NO_3^--N 的比率，可以保持pH的稳定性。

营养液中磷酸盐不仅是植物生长的主要营养元素之一，而且还可以缓冲营养液的酸碱反应，一般常用一代磷酸盐与二代磷酸盐配合调节，也可以添加 $Ca_3(PO_4)_2$、$Fe_3(PO_4)_2$ 等难溶性盐类提高营养液的缓冲性。

三、常用营养液的种类

（一）完全营养液

1. 克诺普营养液　1865年克诺普为溶液培养试验提出的营养液，其成分如表5-2所示。

表5-2　克诺普营养液的成分（g/L）

盐类	用量
KNO_3	0.2
$Ca(NO_3)_2$	0.8
KH_2PO_4	0.2
$MgSO_4 \cdot 7H_2O$	0.2
$FePO_4$	0.1

克诺普营养液以4种盐类为基础配制而成。为了供应植物的铁素营养，另加少量难溶性 $FePO_4$，它的最初pH为5.7。以不耐酸植物进行试验时，可用 K_2HPO_4 代替 KH_2PO_4。

2. 普良尼施尼柯夫营养液　20世纪初期普良尼施尼柯夫为沙培试验提出的普良尼施尼柯夫营养液，其成分如表5-3所示。

表 5-3　普良尼施尼柯夫营养液的成分（g/L）

盐类	用量
NH_4NO_3	0.24
$CaHPO_4 \cdot 2H_2O$	0.172
$MgSO_4$	0.06
KCl	0.16
$FeCl_3$	0.025
$CaSO_4 \cdot 2H_2O$	0.344

普良尼施尼柯夫营养液的主要特点是分别用 NH_4NO_3 和 $CaHPO_4$ 作为氮和磷的来源。它的最初 pH 为 6.5，由于 NH_4NO_3 的生理酸性，在植物栽培过程中会使环境反应变酸，在沙培条件下 pH 降低到 5.5～5.0，在溶液培养试验中变酸作用更强。这是因为溶液培养营养液中，一部分 $CaHPO_4$ 沉积在盆底，不能发挥缓冲酸性的作用，而沙培试验则不然，水不溶性的 $CaHPO_4$ 同石英砂拌混，分布比较均匀，对酸的缓冲作用较强。栽培对酸性敏感的作物时，可用缓冲作用较大的 $Ca_3(PO_4)_2$ 代替营养液成分的 $CaHPO_4$。

3. 霍格兰营养液　霍格兰在不同时期曾提出多种营养液的配方，主要有两种，如表 5-4 所示。

表 5-4　霍格兰营养液的成分

盐类	营养液一		营养液二	
	g/L	mol/L	g/L	mol/L
$Ca(NO_3)_2 \cdot 4H_2O$	1.18	0.005	0.95	0.004
KNO_3	0.51	0.005	0.61	0.006
$MgSO_4 \cdot 7H_2O$	0.49	0.002	0.49	0.002
KH_2PO_4	0.14	0.001	—	—
$NH_4H_2PO_4$	—	—	0.12	0.001
酒石酸铁	0.005		0.005	—

霍格兰营养液 pH 较为稳定，对大多数植物都很适合，是目前应用较广泛的一种。

4. 休伊特营养液　1963 年由休伊特提出的休伊特营养液，其成分见表 5-5。

表 5-5　休伊特营养液的成分

盐类	盐类含量 (mg/L)	主要元素	元素含量	
			mg/L	mmol/L
KNO_3	505	K	195	5.0
		N	70	5.0
$Ca(NO_3)_2$	820	Ca	200	5.0
		N	140	5.0
$NaH_2PO_4 \cdot 2H_2O$	208	P	41	1.33
$MgSO_4 \cdot 7H_2O$	369	Mg	36	1.5

(续)

盐类	盐类含量 (mg/L)	主要元素	元素含量 mg/L	mmol/L
柠檬酸铁	24.5	Fe	5.6	0.1
$MnSO_4$	1.510	Mn	0.550	0.01
$CuSO_4 \cdot 5H_2O$	0.250	Cu	0.064	0.001
$ZnSO_4 \cdot 7H_2O$	0.290	Zn	0.065	0.001
H_3BO_3	2.040	B	0.356	0.033
$(NH_4)_6Mo_7O_{24} \cdot 4H_2O$	0.035	Mo	0.019	0.000 2
$CoSO_4 \cdot 7H_2O$	0.028	Co	0.006	0.000 1
NaCl	5.850	Cl	3.550	0.1

早期提出的各种营养液配方中，多数只有 7 种常量元素，微量元素不包括在内，取用纯净的盐类时，对不含微量元素的各种营养液，都必须另行补充。所需微量元素的种类与浓度，可参考休伊特营养液的微量元素成分，也可用阿农的微量元素混合液（表 5-6）。

表 5-6　阿农微量元素混合液的成分（g/L）

盐类	用量
H_3BO_3	2.86
$MnCl_2 \cdot 4H_2O$	1.81
$ZnSO_4 \cdot 7H_2O$	0.22
$CuSO_4 \cdot 5H_2O$	0.08
$H_2MoO_4 \cdot 4H_2O$（85% Mo_2O）	0.09

（二）不完全营养液

在溶液培养和沙培养试验中，除了采用上述完全营养液之外，有时为了研究某种营养元素对植物的生理效应，往往必须采用不完全营养液。在这种情况下，必须改变完全营养液的成分，欠缺元素可用非必需元素的化合物代替，除去必需元素化合物。一般欠缺阳离子元素时，常用钠盐代替；欠缺阴离子元素时，常用氯化物代替，如果氯化物浓度过高、对植物生长不利时，可用一部分硫酸盐代替。例如缺钾营养液把 KH_2PO_4 改为 NaH_2PO_4，KNO_3 改为 $NaNO_3$；缺磷营养液，把 KH_2PO_4 改为 KCl 等。下面列举不完全的克劳聂营养液和霍格兰营养液（表 5-7 和表 5-8），供参考。

表 5-7　不完全的克劳聂营养液（g/L）

完全		缺氮		缺磷		缺钾		缺钙	
盐类	用量	盐类	用量	盐类	用量	盐类	用量	盐类	用量
KNO_3	1.0	KCl	0.75	KNO_3	1.0	$NaNO_3$	1.0	KNO_3	1.0
$MgSO_4$	0.5	$MgSO_4$	0.5	$MgSO_4$	0.5	$MgSO_4$	0.5	$MgSO_4$	0.7
$CaSO_4$	0.5	$CaSO_4$	0.5	$CaSO_4$	0.5	$CaSO_4$	0.5	K_2SO_4	0.4
$Ca_3(PO_4)_2$	0.25	$Ca_3(PO_4)_2$	0.25	$CaCl_2$	0.35	$Ca_3(PO_4)_2$	0.25	KH_2PO_4	0.5

(续)

完全		缺氮		缺磷		缺钾		缺钙	
盐类	用量	盐类	用量	盐类	用量	盐类	用量	盐类	用量
$Fe_3(PO_4)_2$	0.25	$Fe_3(PO_4)_2$	0.25	$FeSO_4$	0.04	$Fe_3(PO_4)_2$	0.25	$Fe_3(PO_4)_2$	0.25

表5-8 不完全的霍格兰营养液

母液	完全	缺氮	缺磷	缺钾	缺铁	缺硫	缺钙
$1mol/L\ KNO_3$	5	—	6	—	6	6	5
$1mol/L\ Ca(NO_3)_2$	5	—	4	5	4	4	—
$1mol/L\ MgSO_4$	2	2	2	2	—	—	2
$1mol/L\ KH_2PO_4$	1	—	—	—	1	1	1
$0.5mol/L\ K_2SO_4$	—	5	—	—	3	—	—
$0.5mol/L\ Ca(H_2PO_4)_2$	—	10	—	10	—	—	—
$0.01mol/L\ CaSO_4$	—	20	—	—	—	—	—
$1mol/L\ Mg(NO_3)_2$	—	—	—	—	2	—	—

应用上述不完全营养液时，也应该加铁和其他微量元素，其用量同上。为了探明某种元素在各个时期对植物生长发育的作用，就必须在某个时期内采用不完全营养液以便同完全营养液进行比较。当研究某种废弃物中磷的有效性时，就用这种废弃物施入缺磷营养液中，作为磷营养的来源，进而研究其对植物生长发育的影响。

四、营养液的配制

配制营养液首先应考虑水源的问题。蒸馏水是溶液培养试验中最纯净的水源。对常量营养的研究，应用蒸馏水即可获得满意的结果。对微量元素营养的研究，不能用金属蒸馏器取得蒸馏水，必须用特种玻璃或石英蒸馏器取得的蒸馏水或重蒸馏水，才能获得满意的结果。也可应用离子交换树脂制得去离子水，但在大规模的溶液培养中，必须考虑有充足水源的供给。

在南方或北方的雨季，收集雨水也是解决大量廉价水源的一个途径。雨水的纯度常因收集时间、方法而异，例如初雨和小雨收集的雨水，比大雨和久雨含有更多的杂质，夏季雷阵雨应注意雨水中的 $NO_3^- $-N 含量。一般而言，最好收集大雨下过一阵后的雨水，雨水可以收集在密封的大缸里，盛水器应加盖，防止浮游生物滋生。雨水不能用于铜、锌、钼等营养元素缺乏症状的研究工作。井水和自来水来源方便，但含有杂质，在对钙、镁、磷和其他元素没有严格要求时方可使用。北方冬季也可收集降雪融化后的水，但降雪收集到的水量少，一般不常使用。

配制营养液必须注意的另一个重要问题是供试盐类的纯度。一般常规研究使用化学纯试剂，而微量元素研究至少应使用分析纯试剂，必要时对试剂尚须进一步纯化。配制营养液时还应注意供试盐类所含结晶水是否与配方一致，若有差别必须换算。配制营养液首先将可溶性盐类配成储备液，其浓度最好是该种盐类浓度的倍数，使用时便于稀释。储备瓶可用黑色塑料瓶，稀释前先在容器中加80%的水，再加入某种盐类溶液，经过充分混匀后，再加入另一种，这样可以避免很快发生沉淀。难溶性盐类也应配成悬浊液。盐类溶液加完后，测定并调节营养液的 pH，加水到所要求的体积。

五、溶液培养的准备、播种和管理

（一）容器的准备

溶液培养常用黑色塑料盆，容器大小因栽培时间长短而有不同，小容器为 0.5～1.0 L，大容器为 4～10 L。前者只能做短期幼苗试验，而后者可做全生长发育期试验。容器上的盖板，目前通用硬质塑料板或泡沫聚苯乙烯板，有大小不同的孔径，可以固定烟株（图 5-4）。在烟株与孔洞之间，用微孔泡沫塑料固定，并插入孔洞，最后盖上盖板。溶液培养试验的容器必须用洗涤剂冲洗，再用蒸馏水冲洗干净。溶液培养试验盆内必须保持黑暗，以保证根系正常生长。盆内见光后藻类可在营养液中滋生而影响试验的正常进行。

（二）幼苗的培育和定植

供试烟草的种子经过消毒浸种后在沙盘上播种，沙面用滤纸或纱布浸水后覆盖，以保持适宜的湿度，促进种子萌发。当幼苗刚长出时移去滤纸，待幼苗根长到 2～4 cm 时，应移植到尼龙纱布上，纱布固定在盛水的培养器或小烧杯上，每天换水 1 次，经过 8～12 d，根系伸长达 5～7 cm 时，可作溶液培养定植用。定植时应选择生长均一的

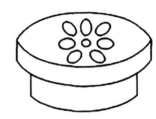

图 5-4 溶液培养容器的盖板

幼苗，每孔定植 2～3 株幼苗，待幼苗生长正常时再间苗，每孔留苗 1 株。

（三）试验期间的管理

溶液培养试验的盆钵放在培养室的固定栽培台或盆车上，也可放在人工气候室中，溶液培养试验的管理如下。

1. 通气 营养液中充足的氧气，可促进根系的生长和根对养分的吸收，因而有利于烟株的生长发育；反之，氧气不足会影响烟株的生长发育，甚至发生根腐现象。所以在溶液培养试验中，通气是一项重要的管理措施。通气效果因品种而异。现代溶液培养试验，通气和更换营养液都自动化，并附有自动测定和记录营养液 pH 的装置。自动通气装置调节气泡进入盆内的速度，以每秒 2～3 个气泡为宜，烟株生长初期每天或隔天通气 5 min，以后通气的时间则加倍。

最简单的通气方法是液面下降法，用图 5-5 所示的装置自动降低营养液的液面，使部分根系同空气接触，可起到通气的效果。

采用液面下降法必须是烟株幼苗期以后，幼苗期根系不发达且根系需氧量少，根系机能旺盛，不容易产生根腐现象，因此幼苗期最好不采用此法。

在营养液中加入少量过氧化氢（H_2O_2），也可达到供氧目的，通常每 10 L 营养液中加入 3% 过氧化氢溶液 1～3 mL，每隔 1～3 d 加 1 次。

2. 调节 pH 溶液培养营养液的缓冲性能小，pH 易改变，应经常测定营养液的 pH。一般营养液 pH 低于 4 时烟株生长不良，根系钝化，支根多；当 pH 超过 6.5 时，又易产生缺铁失绿病；营养液的 pH 以 5.0～6.5 较好。当用酸、碱调节营养液 pH 时，要注意随酸、碱进入营养液中的副成分（例如硫酸中的 SO_4^{2-}、氢氧化钠中的 Na^+）的影响，因此要在未加酸、碱的对照处理中也加入相应的离子。

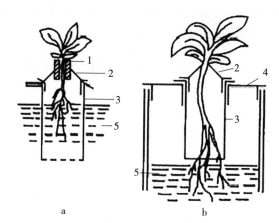

图 5-5 液面下降的通气装置
a. 充满营养液的容器　b. 液面下降后的容器
1. 固定幼苗的泡沫塑料　2. 锥形烟株支架　3. 溶液培养容器　4. 盖板　5. 营养液

3. 铁的补充　营养液的铁源主要有氯化亚铁、硫酸亚铁、磷酸亚铁、柠檬酸铁、酒石酸铁、腐殖酸铁、乙二胺四乙酸铁等各种铁盐，其中以螯合态铁效果更好，在 pH 为 7~8 时柠檬酸铁和酒石酸铁也能保持溶解状态，腐殖酸铁在 pH 为 10 以下时一般都不沉淀。当营养液 pH 大于 6 时，无机铁盐就形成不溶性氢氧化铁，使烟株产生缺铁症。除营养液中铁盐外，在烟株生长期内，应经常加入少量柠檬酸铁，一般 5 L 营养液中每隔 2~3 d 应加 0.1% 柠檬酸铁 1~2 mL，如不能阻止失绿病发展，必须调节营养液 pH，同时加入铁盐溶液，甚至把植物移到专门装有稀铁的溶液中［每升水中加 0.1~0.2 g $Fe_2(SO_4)_3 \cdot 7H_2O$ 或 $FeCl_2 \cdot 6H_2O$］，每天放 3~6 h，连续几天，直到失绿症消失为止。

4. 营养液的更换　烟株生长过程中不断消耗盆中的水分和养分，当烟株长大后由于根系的伸长，营养液液面逐渐下降，必须经常补充水分以保持原有的液面，使各盆液面保持相同的高度。在烟株生长发育期间，必须经常更换营养液，以保持营养液的稳定浓度，10 L 的培养盆在夏季每周更换营养液 1 次，冬季 2~3 周更换 1 次。5 L 的培养盆，夏季每周更换 1~2 次，冬季 1~2 周更换 1 次。目前国外均采用自动化流动营养液装置，保持营养液不停地循环连续流动，实现营养液的自动化更换（图 5-6）。

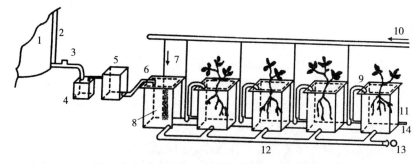

图 5-6 烟草营养研究中的自动连续营养液装置
1. 储液罐　2. 液面检查表　3. 活塞　4. 过滤装置　5. 营养液储存池　6. 喷头　7. 空气输入
8. 混合罐　9. 空气分配管　10. 空气入口　11. 溢洪装置　12. 连通管　13. 营养液出口　14. 营养液分配臂

夏季气温高，营养液温度也会增高，特别是水溶液温度变化剧烈时，烟株生长受到阻碍，可把培养盆放入流动水槽中，水深为盆高的 1/2～2/3，以达到降温目的。如果在人工气候室中，则不必采取这种降温措施。溶液培养的其他管理，如调盆、设立固定烟株支架、防治病虫害、收获等均与土壤培养试验的管理相同。

第四节　沙砾培养研究方法

一、沙砾培养的特点和任务

沙砾培养以沙子或砾石作为植物根系生长的固体介质，使植物能稳固地生长在沙砾的环境中。沙砾培养应用营养液作为植物养分的能源，所以它是介于溶液培养与土壤培养试验之间的模拟研究方法。沙砾培养需要间歇性浇水，所以水分管理工作比溶液培养要多，但沙砾培养通气较好，不需另加通气设备，可以减少强烈通气对烟株造成的伤害。许多研究证明，沙砾培养的烟株生长旺盛，产量较高，这与通气状况的改善有密切关系。在沙砾培养中，烟株较少发生缺铁失绿症，这是因为铁化合物经常沉淀在沙砾的表面，当它同烟株根系接触时仍可被利用，因此沙砾培养只需在装盆时施用一次铁元素即可。而溶液培养中铁元素常以难溶性化合物沉淀于盆底，由于烟株根系接触不到而造成缺铁失绿症，所以必须经常补充铁化合物，以矫正营养液中铁的不足。沙砾培养比溶液培养更能耐铜、锌、铅、镍等金属离子的浓度，一般沙砾培养的浓度可以超过溶液培养浓度的几十倍甚至几百倍，这种差异可能与沙的吸附作用以及沙对扩散作用的限制有关。

沙砾培养方法的使用效果与溶液培养相近似。多数在溶液培养中进行的研究工作，也可在沙砾培养中进行。沙砾培养也存在一些缺点，例如沙砾培养不易严格控制植物根系附近营养物质的浓度和 pH、营养液的更换比溶液培养麻烦、沙砾中含有少量微量元素、试验的前处理工作比较繁杂。

二、沙砾培养的准备工作

（一）沙砾的准备

沙砾培养可用石英砂或河沙（即黄沙），砾石可用普通中粒、小粒河卵石。沙子粒径大小影响培养环境的湿度和通气状况。粒径大的通气好、保水力小，粒径小的保水力大、通气差，二者均会影响植物的正常生长发育。究竟沙子以多大为合适，这主要决定于沙砾培养的方法和供试植物的种类。一般而言，滴灌法和流动培养法，可用 0.5～2.0 mm 的沙粒；普通盆钵沙砾培养试验，沙子粒径要小些才能保持沙子表面有足够的水分，可用 0.2～1.0 mm 的沙粒。沙砾培养一般用于无土栽培中，砾石用于固定植物幼苗或植株（图5-7）。也可在水泥池中用砾石铺 10 cm 的砾石层，再注入营养液，水泥池随地形由高向低顺次排列，以便营养液可由上而下自由流动。

沙子或砾石先用水浸泡，除去黏土和有机质，直到洗涤的水呈无色透明为止。再往沙子或砾石中加入 3% 盐酸溶液，浸泡 1 周，除去沙子或砾石中的碳酸钙，1 周后用水冲洗，直到洗涤水中没有氯离子为止。再用营养液每天浸泡两次，约浸泡 24 h，浸泡至营养液 pH 稳定为止，以消除沙砾表面吸附的氢离子，保证烟株正常生长。

若采用沙砾培养进行微量元素研究时，所用的沙子一定要经过非常严格的纯化处理，首先要用 24 目的铜筛或不锈钢筛（缺锌、铜试验一定要用不锈钢筛，以防污染）消除大块夹

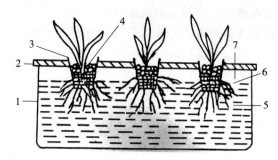

图 5-7 沙砾培养
1. 盛营养液的容器 2. 泡沫聚苯乙烯板盖 3. 塑料多孔钵
4. 惰性砾石 5. 溶液 6. 液面 7. 空间

杂物，筛选出大小合乎试验要求的沙子，再用水冲洗干净，然后用 15%～18% 盐酸、1% 草酸以及 82.7～103.4 kPa（12～15 lb）的蒸汽进行纯化处理。

（二）培养盆的准备

沙砾培养试验所用的容器，底部都带有排水孔，使盆中过多的液体从孔中排出，以便保持适当湿度和通气状况。但是也有一些沙砾培养试验是在无孔盆中进行的，这时盆中湿度的调节与土壤培养试验相同。

沙砾培养试验对容器质量的要求比土壤培养试验严格，最好使用上釉的白瓷盆、玻璃盆或搪瓷盆。如果应用未上釉的陶土盆，盆壁要涂蜡，否则营养液中的氮、磷等养分很容易被盆壁吸收而减少，而陶土盆中的钾和钙又会混入营养液中。进行微量元素试验时，对容器材料和涂料的选择和处理可参照溶液培养试验，培养盆的洗涤工作与沙砾培养相同。

（三）营养液的准备

沙砾培养所用营养液与溶液培养基本相同，各种溶液培养营养液配方都可在沙砾培养中应用。但由于沙粒的吸附作用及其对养分扩散的限制，为使烟株获得良好的生长环境，沙砾培养营养液的适宜浓度常比溶液培养高。例如柑橘试验证明，在溶液培养中应用低浓度的硝酸盐营养液植株就能正常生长，但在沙砾培养中却感到氮素不足。在沙砾培养营养液中使用一些较难溶解的营养物质，植物能够正常生长，但在溶液培养中这些不溶于水的养分沉积于盆底，不易被烟株吸收利用，或难于发挥应有的作用，例如普良尼施尼柯夫营养液以水不溶性磷酸氢钙为磷源，用于沙砾培养试验比溶液培养好。沙砾培养营养液中，水溶性盐类可先制成储备液，以溶液状态施入沙子中，非水溶性盐类则以固体状态施入沙子中。

（四）其他材料的准备

为了进行某些特殊的研究任务，往往需要在沙子中加入某种离子吸附剂，例如合成树脂、沸石、黏土等，这些物质需经特殊处理后才能应用。

合成树脂和沸石都是良好的离子吸附剂，其交换量比黏土大。使用前将这些吸附剂放在含有相应离子的溶液中振荡，或置于漏斗上，用该溶液持续淋洗，使其被相应的离子所饱和。采用后一种方法时，吸附作用进行得比较完全。经过处理后的树脂和沸石，就可以加入沙子中，一般用量为沙子量的 0.20%～0.45%。

用黏土作离子吸附剂时，处理程序较繁。先制取黏土悬浊液，再经电透析，除去各种盐类离子，然后与相应的离子溶液一起振荡，或将黏土用氢离子饱和，再用相应的离子溶液滴定，使其达到所需的吸收量。处理后的黏土即可使用，用量是沙子量的 1.0%～7.0%。

此外，泥炭、硅胶、活性炭等都可用作离子吸附剂，提高沙砾培养的缓冲性，保持沙子中营养液 pH 的稳定。

三、装盆和播种

沙砾培养试验装盆时，盆底排水孔周围应先放置一些石英砂，或用玻璃棉填塞排水孔，然后装沙子，这样可防止沙粒流失。盆底先装一层粒径 2～5 mm 的粗沙，上面再装普通沙，多余的液体就可从排水孔流出。装盆时沙子应压紧，盆上沿空出 2～3 cm，以便浇灌营养液。如用无孔盆沙砾培养则装盆工作与土壤培养试验相似，即先在盆底安装排水物，并按处理要求，将营养物质拌入沙子中，先加固体盐类，再分别加入各种营养液。每加一种营养物质都应拌混均匀。各盆加水量（包括营养液的水分）必须相同，不足水分可用蒸馏水补充，使各盆湿度完全一致。沙子和营养物质拌匀后，即可装入盆中。

沙砾培养播种工作与土壤培养试验相同，可用经催芽或未催芽的种子。用经催芽的种子播种时，每盆播种量应比定苗数多 2～3 倍；用未催芽的种子播种时，播种量还要增加 50%。播种后用塑料薄膜包盖，以保证沙子表层有足够湿度而利种子发芽。出苗 12～18 d 后开始间苗。习惯上先育苗再移栽，以保证成活。育苗工作可在另一个沙盆中进行，将种子播在沙盆上，浇上相同的营养液，待幼苗长到一定程度后直接移栽。

四、试验期间的管理

沙砾培养试验期间主要的管理工作是水分和养分的调节。由于沙粒间隙有持水能力，沙砾培养多采用间歇性灌溉来补充水分和营养液。

沙砾培养浇灌方法有沙面浇灌法和底部浇灌法。沙面浇灌法即营养液从沙面灌入，多余的溶液从排液管流入储液槽中。如用空气压缩机，装配时间开关和运转阀门，可以定时控制进气和放气，自动浇灌营养溶液。如图 5-8 所示，每套装置由储液槽、输液瓶、塑料喷管等组成。

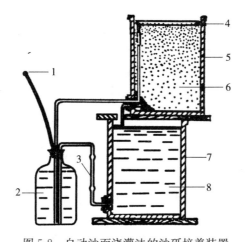

图 5-8 自动沙面浇灌法的沙砾培养装置
1. 空气导管 2. 输液瓶 3. 止回阀 4. 塑料喷管 5. 沙砾培养容器 6. 石英砂
7. 储液槽 8. 营养液

一台空气压缩机，通过导管可以连接 10 套这样的装置。每隔一定时间压缩空气进入输液瓶，由空气压力的作用，止回阀中的玻璃珠往下压，防止溶液流进储液槽，营养液就从输液瓶压至塑料喷管，从沙面浇灌。溶液自上而下渗透，多余的溶液就从排液管流回储液槽。每次浇灌溶液的数量由输液瓶大小控制，当输液瓶变空时，阀门切断空气压力，输液瓶中压力降低，止回阀中的玻璃珠向上压，因为止回阀上端是锯齿状，溶液可以通过，所以储液槽中的营养液就灌进输液瓶。这样可以做到定时定量自动化浇灌。

底部浇灌法如图 5-9 所示，升降储液槽的位置可使营养液从培养盆底部流入和排出，每天反复几次，即可保持适当湿度和养分。

营养液浇灌次数因气候条件、烟株大小和培养盆体积等而异，通常每天浇灌一至数次，在高温和强光照的条件下，灌溉次数应增加，每天浇灌 4~5 次，以免凋萎。储液槽中营养液每天消耗的水分要进行补充，每隔 2~3 d 应调节 pH 1 次。在沙砾培养试验中，由于水分蒸发，盐类会在沙面析出，每隔 3~7 d 要从沙面浇水淋洗 1 次。

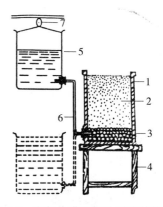

图 5-9 底部浇灌法的沙砾培养装置
1. 沙砾培养容器 2. 石英砂 3. 石英砾
4. 台架 5. 储液槽 6. 橡皮管 7. 滑轮

沙砾培养的营养液经过烟株的吸收和利用，养分浓度不断下降，并且根系的脱落物和分泌的有机物质不断进入营养液中，都会影响烟株生长。为了恢复被消耗的养分浓度，维持营养平衡，以及避免不良废物的积累，必须定期更换营养液。更换的时间视营养液的浓度和烟株对养分吸收的速度而定，通常 1~3 周更换 1 次。

如果沙砾培养用的是无孔盆，则按质量法灌水，浇水前盆质量的计算方法与土壤培养试验相同。出苗初期可按容积浇水，保持沙面湿润状态。出苗后 5~6 d 浇水量为沙质量的 12%~13%，以后每隔 1 d 称量 1 次。出苗后 12~15 d，浇水量应达沙质量的 15%，以后每天称量 1 次，由上边和下边同时浇水，但大部分水应从上边浇下。烟株生长发育旺盛时，每天应浇水 2 次，使沙中水分达到沙质量的 16%~17%，达到沙子最大持水量的 75%。成熟期沙子湿度应保持在最大持水量的 55%~60%（粒径 0.5 mm 的沙粒，其最大持水量为 23%~26%），隔天浇水 1 次即可。收获前 3~5 d 应停止浇水。沙砾培养试验的其他管理工作与溶液培养试验相同。

第五节 培养室的建立

培养室是进行培养试验的主要场地和专门设施。培养室必须给试验研究创造最适宜和最均衡的环境条件，保证试验因子的单一差异性。同时还要保护试验，使不受自然灾害的危害，从而获得完整的试验资料。烟草培养室基本可分两种类型：普通培养室和人工气候室。

普通培养室又可分为加温和不加温两种类型。与加温培养室和人工气候室相比，不加温培养室有造价低廉的优点，也容易建造。

人工气候室是现代化培养室，它的温度、光照以及培养室的管理全部都是自动化的。人工气候室可以根据试验要求,按照温度控制分割成若干个房间。由于人工气候室的空间较小,主要用于溶液培养试验、沙砾培养试验和某些特殊要求的土壤培养试验。我国第一个人工气候室在20世纪50年代末建于上海植物生理研究所。由于人工气候室造价昂贵,耗电量大,近年来国外设计了人工气候箱(又称为植物生长箱),实际上它是一种微型人工气候室。由于人工气候箱的容积比较小,只能进行小型盆钵试验。

一、培养室的结构材料

普通培养室按其结构材料分类,可分成木结构和金属结构两种。木结构培养室造价便宜,取材方便,建造容易,木材导热系数小,室内温度较稳定。在维护良好的情况下,木结构培养室可以使用30年左右。金属结构培养室,由于金属材料强度大,整体性好,构件遮阴少,对建造大容量培养室特别有利。一般金属材料常常采用角钢。目前我国金属材料可分成轻型角钢与重型角钢两种,前者造价较低,使用年限略少于后者,重型角钢建造的培养室通常可使用50年以上。

二、培养室的组成、设计要求和类型

(一)培养室的组成

经典的普通培养室由玻璃房、露天场地、网室和工作室4部分组成(图5-10)。在玻璃房、露天场地和网室之间,用铁轨盆车或轮式盆车相连接。白天盆车推出室外,使盆钵接近自然条件。供试材料成熟之前,盆车可放在露天场地,减少网室的阴影,保证充足的光照。试验材料成熟期,盆车推入网室,以防止鸟害。为了节省土地,缩短盆车进入玻璃房的距离和时间,使在天气突然变化时,可以尽快把盆车转移至室内。现代培养室的布局一般都取消露天场地,把网室与玻璃房直接相连。工作室应包括样本处理室、土壤仓库、蒸馏水室、简易实验室等。植物营养培养室各组成部分的面积参考比例为网室:露天场地:玻璃房:工作室=1:2:1:0.5~1。

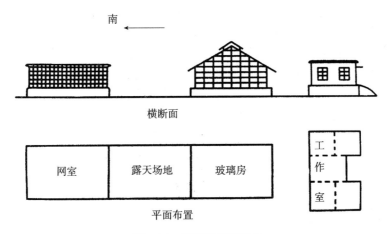

图5-10 烟草培养室组合

(二)培养室的设计要求

培养室的设计要求是,保证有充足和全天最长的日照,室内各部位温度均衡分布,环境幽静,保证培养试验结果的准确和可靠性。

1. 建筑物方位和地段的选择 整个建筑群的方位必须是正南方，偏转角度在12°～15°或以下。

露天场地和网室分别安排在玻璃房以南，工作室建在玻璃房以北，与玻璃房保持数米的距离。

建筑群坐落的地段要求排水良好，不能设在风口，如无选择余地，则应在建筑群上风口50～100 m处营造防风林。培养室周围不能有工厂、堆肥场、河流，应离公路、铁路、高层建筑物50～100 m或以上。建筑群应有足够的电力和水源。

2. 玻璃房的设计要求

(1) 建筑面积 建筑面积决定于玻璃房盆钵总数，称为培养室的设计容量。以米氏盆（20 cm×20 cm）为例，560盆的设计容量需玻璃房建筑面积约130 m², 1 000盆的设计容量则需210 m²。

(2) 门的高度 门的高度决定于盆车、盆钵和烟株3者的总高度。若盆车台面高为70 cm，盆钵高度为35 cm，烟株高为100 cm，再放高25 cm，则门的高度约为230 cm。门宽要求在盆车台面幅宽70 cm的基础上，再加宽1倍，同时可以通过两列盆车，因此门宽应为150 cm，以保证盆车出入不受门框影响，供试材料也避免遭受折断、碰撞的可能。特殊品种则另行考虑。一般玻璃房的檐高为门高再加50 cm，檐高约为280 cm。

(3) 屋面倾斜度 应考虑降水、室内水滴、风力、积雪等因素。玻璃房屋面必须有倾斜度。倾斜度太大时温室增高，既费材料又不利于保温，倾斜度太小时不利于屋面排水。各地应参考当地气象情况来确定。一般而言，强风地区倾斜度小，通常为1.0 m（3.0 m长），积雪地带倾斜度稍大，约为2.1 m，普通则为1.2～1.8 m（图5-11）。根据图5-11计算，强风地区屋面倾斜度约72°，标准型为62°；积雪型为55°，通常以35°～41°最佳，屋面倾斜度不宜超过72°。

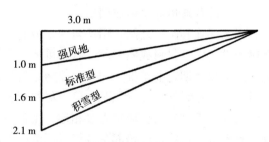

图5-11 不同地区培养室屋面的倾斜度

(4) 换气装置 为了给烟株生长创造最适宜的温度条件，做到保温、通风，还可调节室内温度和湿度，玻璃房必须建有专用的换气装置。不同部位窗户的换气效果以天窗换气最理想。天窗可用手动装置或自动装置开闭。天窗的大小和个数，根据温室的总面积确定，通常100 m²以上的玻璃房（跨度5 m），每1.8～2.0 m应有90 cm×75 cm的天窗1个。根据换气效果的测定，天窗面积以约占屋顶总面积的1/6效果最佳。除天窗自然换气外，还有强制换气，可用换气风扇调节，据估算，150 m²的玻璃房需装备换气量450 m³/min的换气扇1台。强制换气对烟株生长有利，因为可使室内温度均匀，自然换气室内南北方向温度相差6.5℃，而强制换气则相差2℃。普通培养室有天窗和侧窗换气即可，不必采用强制换气。

(三) 培养室的类型

培养室通常有以下3种类型。

1. 固定式培养室 固定式培养室的玻璃房和网室都是固定的，玻璃房内可以自动调节温度、光照。盆车可采用有轨或无轨两种。盆钵均由人工管理。

2. 移动式培养室 移动式培养室的玻璃房建筑在固定的铁轨上，根据试验的需要，白天可以自动移动玻璃房，盆车上栽培的植株可以获得充足的光照。遇天气变化，随时可以盖上玻璃房，使烟株免遭灾害性天气的侵袭。玻璃房的移动可用电动机械绳索牵引。

3. 自动式培养室　盆钵固定在可转动的台上，台上固定有灌溉喷头、磅秤，灌水全部用电脑控制，全部盆钵罩在网室中，网室上面有玻璃房，房顶可以自动开闭移动。筛土、施肥、装盆都在自动化作业线上工作。

三、培养室的使用和管理

（一）培养室的使用

培养室通常周年使用，周年记录培养室内的温度、湿度、光照等，根据烟株生长的需要做适当调整。在一个大型培养室内，可容纳几百盆甚至几千盆，栽培各种不同的品种，必须有合理布局，以防止互相干扰，尽量减少环境系统误差。合理布局时可以参考以下几个原则。

①同一类型和同一课题的盆钵，应放在同一盆车或台上。

②高茎品种的盆钵应放在培养室的北部，防止互相遮阴。

③有特殊附加设备的盆钵，可以放在道边，便于操作。

④对环境有特殊要求或对环境可能带来污染的试验，应专设一间予以隔离。

（二）培养室的管理

一个完善的试验设施、周密的试验方案和良好的试验条件，务必有科学的管理才能保证试验顺利地进行。培养室的管理有以下两方面的工作。

1. 试验过程中的管理　试验过程中的管理工作包括：①严格定量灌水，经常随机调换盆钵的位置；②预防降雨的影响；③室内温度的调控；④夏季遮阴，防止高温；⑤防治病虫害；⑥施肥和其他栽培管理；⑦门窗玻璃和培养室的净化。

2. 保养和维修　保养和维修包括：检查门窗关闭是否严密、网室网片腐蚀损坏后的更换、温度控制和电路调控设备的检查和维护。总之，培养室内各种设备的维修，应有专人管理，保证培养室处于正常的工作状态。

思考题

1. 在烟草研究中为什么要使用模拟研究方法？哪些研究课题可以使用模拟研究方法？
2. 模拟研究方法与田间研究方法相比有哪些特点？处于何种地位？
3. 什么是土壤培养模拟研究方法？哪些研究课题可以使用这种研究方法？
4. 准确地使用溶液培养的模拟研究方法应掌握哪些条件？
5. 完全营养液应具备哪些条件？在科研工作中如何选择营养液？
6. 沙砾培养模拟研究方法与溶液培养方法有哪些不同？

第六章

烟草田间研究方法

第一节 田间研究方法概述

田间试验方法的产生和发展与农业生产和土壤、植物营养学科的进步以及数理统计方法、电子计算机技术、植物营养测试技术等多种学科和技术的进展密切相关。西欧从文艺复兴时代起就开始探索植物营养理论,但19世纪以前,多偏重于室内方法。1843年,法国布森高在自己的庄园里建立了世界上第一个农业试验站,这是田间试验的开端。他通过田间试验和定量分析完成了许多植物营养的研究工作,发现豆科植物能利用空气中的氮素,使土壤含氮量增加,而禾谷类作物只能吸取土壤中化合态氮,使土壤含氮量减少。

在研究方法上,早期的田间试验处理较少,不设重复,因而无法消除土壤系统误差的影响和估计试验随机误差,只能对处理效应做直观比较。真正在田间通过设置重复控制试验误差是从20世纪初开始的。t分布理论的提出使人们可以用较少的重复布置田间试验,并对试验结果进行统计测验。在试验设计方面,用于方差分析的析因试验设计使得人们可以在一个因素的不同水平去研究另一个因素试验效应的变化,即研究复因素试验的主效应及其交互作用。

一、田间研究方法的特点

田间研究一般是在近于生产和自然条件下进行的,因而具有试验条件复杂和贴近生产实际等两个主要特点。

(一)试验条件复杂

田间试验条件复杂主要表现在植物生长所处的农业生态和生产条件的多样性和变异性。植物生长除了受土壤的养分、结构、pH和病虫害等至少35个可控变量影响外,还与许多不可控或未知因素的影响有关。气候变化在短期内的随机性及我国农户经营的分散性更增加了田间试验条件的复杂性和变异性。此点在山区、丘陵和受盐碱、渍涝等危害的地区表现尤为突出。由于这些特点,一个或一次试验结果所能代表的时空范围相当有限,因此烟草田间研究应特别注意以下几点:①注意试验材料的代表性,供试品种、试验地及田间管理等在同一试验中应力求一致。②适当增加试验重复,试验重复包括时、空两个方面。在空间方面,一个地点的田间试验应至少重复3次;在时间方面,一个试验周期一般在3~5年或以上。③对试验条件进行局部控制,因为试验材料和试验条件,特别是土壤肥力的变异较大,故一般要对试验地设区组,进行局部控制。④说明试验条件,因为试验条件具有一定的时空变异特点,在报告研究结果时必须给出试验条件,以便他人对你的研究结果能进行科学分析和合理应用。

（二）贴近生产实际

在烟草各种研究方法中，以田间试验最贴近生产实际。特别是那些在农户田进行的试验，自然条件与大田生产一致，田间管理也更贴近生产实际。因此盆栽试验及其他生物模拟试验结果在用于指导生产实践之前，一般都要通过田间试验进行检验。

二、田间研究方法的类型

了解不同类型田间试验的特点之后，就可以根据研究目的和试验条件合理地选用。与烟草研究有关的田间试验可划分为以下几种类型。

（一）按研究因素划分

1. 单因素田间试验 只有1个试验因素或只能分析出1个因素效应的田间试验称为单因素田间试验，例如只研究某1种养分的施用量或某种研究方法的田间试验。

2. 复因素田间试验 在1个试验中可以分析出2个或更多因素效应的田间试验称为复因素田间试验，例如氮磷肥施用量田间试验、施氮量与灌水量田间试验等。

3. 综合田间试验 涉及的试验因素虽然较多，但却不能被单独分析出来的田间试验称为综合田间试验，例如丰产田间试验、施肥与其他栽培措施配合的示范推广试验等。

（二）按试验小区面积划分

1. 小区试验 小区试验的小区面积一般为 $60\sim100\ m^2$，这是最常采用的田间小区试验面积，具体大小因烟草类型、地形情况和土壤肥力的均匀程度而异。

2. 微区试验 微区试验的小区面积一般为 $4\ m^2$ 左右，适于示踪元素、新型肥料、药肥综合效应等试验。由于边际效应较大，小区多取正方形，并在小区间加隔离板。

3. 大区试验 大区试验的小区面积多在 $300\ m^2$ 以上，一般不小于 $60\ m^2$。由于小区面积较大，便于机具操作，常用于生产性试验或示范推广试验。

（三）按试验点划分

1. 单点试验 单点试验是指在1个地点单独进行的试验，其研究结论主要用于附近地区。某些典型试验或应用基础理论的研究也属于单点试验。

2. 多点试验 多点试验是指统一组织、统一计划、同时在多个地点进行的试验。其试验资料能统一汇总，试验规模可以是一个县、一个省、一个国家，甚至是若干国家或地区的协作研究。

（四）按试验周期划分

1. 短期试验 试验周期或时间重复一般只有3～4年或3～4季的试验称为短期试验。其目的是消除短期气候变化对试验结果的影响。只进行1季即在时间上无重复的试验一般是不被采用的。

2. 中长期试验 中长期试验的试验周期一般不短于5年，多用于定位试验。各种肥料养分的残效或累积效应研究以及不施磷钾肥的土壤养分耗竭效应的研究，一般也需要进行中长期试验。

3. 长期定位试验 在同一试验点，按照相对稳定的试验方案，长期进行的试验称为长期试验。其试验期长达几十年或上百年。例如世界最著名的长期定位试验英国洛桑试验站的田间定位试验，自1843年至今已有170多年的历史，对长期连续施用化肥、有机肥条件下，土壤肥力、环境影响及气候变化与施肥之间关系等的研究做出了重要贡献。

第二节 烟草田间研究方案设计

田间试验设计的实质，是制定能够通过统计分析揭示试验效应的措施。它包括试验的方案设计和方法设计。方案设计的主要内容是根据研究目的和试验条件确定试验因素和试验处理，并构成试验方案。

一、一些基本概念

（一）因素和水平

对某事物的存在状况能够产生影响的其他事物，通常称为某事物的影响因素。例如水分、肥料、气温等能影响烟草的产量状况，就称水分、肥料、气温等为烟草产量的影响因素。为了要考察某些影响因素对某事物的影响程度，可人为地控制该影响因素的变化状态，使其影响程度能够得到准确的测量或判断，通常称这种要考察的因素为试验因素。例如要考察氮肥施用量对烟草产量的影响，可将烟草氮肥施用量人为地控制在几种状态下（例如 0 kg/hm²、75 kg/hm²、150 kg/hm² 3 种状态），以观察其对烟草产量的影响。这里氮肥用量就是试验因素，而氮肥用量的 3 种状态就称为该试验因素的 3 个水平。不同施肥方法、不同肥料品种等质的状态也称为水平。在试验设计中，只允许对试验因素设不同水平，因此可以通过是否具有不同水平，判断它是否为试验因素。

（二）处理和方案

为研究试验效应而人为设置的因素不同水平或不同水平的组合称为试验处理，同一试验所有处理的总和称为试验方案。例如某氮肥用量试验共设 4 个施肥水平：N_0、N_1、N_2 和 N_3，则这 4 个水平就是 4 个试验处理，并构成氮肥试验方案。再如某氮磷肥料配合试验，对氮和磷各设 3 个水平：N_0、N_1、N_2 和 P_0、P_1、P_2。它们相互搭配可得到 9 个试验处理：N_0P_0、N_1P_0、N_2P_0、N_0P_1、N_1P_1、N_2P_1、N_0P_2、N_1P_2 和 N_2P_2，则这 9 个处理就构成氮磷肥料配合试验方案。

（三）肥底

对影响试验效应而又不作为试验因素的肥料，为消除其影响而在各处理中被适量、等量施用，则该肥料就称为肥底。例如在上述 9 个处理的氮磷配合肥料试验中，钾肥不是试验因素，但它是产量限制因子，为消除其对试验效应的影响，可对每个处理都适量施用相同数量的钾肥，则该钾肥就是肥底。设肥底的原则和方法也适用于消除其他可控非试验因素对试验效应的影响。

二、试验方案设计原则

一个好的试验设计方案应具有较高的试验效率并能达到预期的研究目的。为此，试验方案设计时必须遵循一定的设计原则。

（一）有明确的目的

烟草田间研究属于生物效应试验，往往涉及许多方面。但一个试验的因素不可过多，因为因素越多，处理数也就越多。处理数过多，不但增加试验成本，而且难以找到面积适当、土壤肥力均匀的试验地块。因此要明确研究目的，分析土壤中哪些养分是产量限制因子，抓住限制因子做试验。如果同时存在几个限制因子而又无力都研究时，可通过"设肥底"等措施，将其中一个或几个因子控制起来，逐步扩大研究领域。切不可不分主次，不顾试验条件，将设计方案搞得过于庞大，将事倍功半，反而达不到预期的试验目的。

（二）能消除非试验因素的影响

要想分析一个试验处理或试验因素的试验效应，必须消除非试验因素的影响，使处理之间具有可比性。为此，必须遵循单一差异的原则，即试验中，除了要比较的因素以外，其他因素均保持不变或一致。为此在设计时要注意以下 3 点。

1. 设肥底　设置肥底的实质，是使非试验因素处于相对一致和适宜的状态，使试验因素的效应能充分发挥并且具有可比性。例如烟草磷肥用量试验，可以氮肥作肥底。肥底除用量一致外，还必须注意用量的适宜性。肥底过高或过低于此用量都将构成新的限制因子，干扰效应的发挥。此外，还要将影响试验结果的品种、种植密度、灌水、整地等非试验因素也都控制在适宜、一致的状态。

2. 设对照　通过设对照处理可以对试验因素效应做出正确评价，在烟草营养的田间试验中，通常可以看到 3 种对照。

（1）空白对照　空白对照（CK_1）以不施肥处理作对照，它可以用于确定肥料效应的绝对值，评价土壤自然生产力和计算肥料利用率等。

（2）肥底对照　肥底对照（CK_2）以肥底作对照，它可以用来估计施肥处理的肥底效应。例如磷肥用量（P_1、P_2、P_3）试验，除了空白对照外，因试验采用氮钾肥作肥底，还要设氮钾肥底对照，于是得到 5 个处理的试验方案：(a) 不施肥（CK_1）；(b) NK（CK_2）；(c) NK+P_1；(d) NK+P_2；(e) NK+P_3。

（3）标准对照　标准对照（CK_3）指以标准肥料、某常规或习惯施肥措施等作对照。例如在示范试验中，农民的习惯施肥措施就属于标准对照。如果要评价磷矿粉的效应，就需用过磷酸钙作标准对照，以消除土壤供磷能力对磷矿粉效应评价的干扰，于是得到下面设计方案：(a) 不施肥（CK_1）；(b) NK（CK_2）；(c) NK+过磷酸钙（CK_3）；(d) NK+磷矿粉。

一个试验方案，不一定要同时设置 3 种对照，究竟设置什么样的对照，依试验目的和试验材料（例如土壤养分状况等）而定。要具体问题具体分析，不可生搬硬套。

3. 方案具有均衡性　一个复因素试验，如果需要用方差分析方法分析因素主效应和交互作用，试验方案必须具有均衡性，其原因将在方案设计时做进一步阐述。

（三）注意试验设计与统计分析的对应关系

对试验结果必须进行统计分析和统计测验。不同的试验方案要求采用不同的统计分析方法，而不同的统计分析方法又对试验设计有不同的要求，这二者是对应的、互为前提的关系。此点必须在试验设计时就考虑到，不能在试验结束时才提出用什么统计方法。例如配对数据和成组数据虽然都可以用 t 测验进行统计分析，但二者对试验设计（或取样方法）和统计方法的要求是不同的。配对数据在设计上要求将两个处理组合在同一试验条件下，相当于只有两个处理的区组设计，因而在统计上可以消除不同处理在试验条件上的局部差异；而成组数据，在取样方法上，是从两个处理中分别随机抽样，得到两个平均数，因而在统计上不能消除这两个平均数间试验条件的差异，误差较大。再例如同为二因素试验，若采用方差分析方法，就必须进行析因设计，使方案具有均衡可比性并设置试验重复，其因素的水平数可多可少，视需要而定，这样的试验结果才可以用方差分析和多重比较的方法分析出各因素的主效应、交互作用及优化处理。但如果采用回归分析方法，则要求其处理数不少于回归方程的回归系数个数；若为曲面效应，每个因素水平不能小于 3。至于试验重复，若有足够自由度，且不对模型本身做出评价，也可以不设重复。若不了解方差分析和回归分析对设计的不同要求，其试验结果就不能采用适宜的统计分析方法，因而使试验事倍功半，甚至完全失败。

（四）提高试验效率

试验效率是指单位人力物力的投入所获得试验信息的多少，复因素试验处理较多，尤其要注意提高试验效率。

适当减少试验因素是提高试验效率的有效途径。此外，应注意因素水平的设计，对重点研究的因素，其水平数可适当增加。例如某土壤的氮磷有效养分水平较低，钾养分水平中等，交换性钾含量为 95 mg/kg，如要确定烟草氮、磷、钾肥的合理用量，应将过量施用易造成贪青晚熟的氮肥作为主要试验因素，设 4 个水平；磷肥次之，设 2 个水平；钾肥只作为辅加处理做探索试验，于是提出了一个 4×2+2 设计方案：以氮磷完全实施方案为基础，加一个施钾处理和不施肥处理。这个方案与同时考虑氮、磷、钾 3 个因素的完全实施方案相比，试验效率大为提高。此外，采用正交设计也是提高复因素试验效率的有效方法之一。

三、试验方案设计

（一）单因素试验方案设计

单因素试验只研究 1 个因素的效应，其设计要点是确定因素的水平范围和水平间距。水平范围是指试验因素水平的上限与下限的区间，其大小取决于研究目的。以施肥量试验为例，如果研究烟草产量随施肥量增加而变化的全过程，水平范围较大，可分别以不施肥和超过最高产量的施肥量分别作为因素水平的下限和上限。如果在以前试验的基础上，进一步探索有限施肥量范围的产量效应，水平范围可适当小些。

水平间距指试验因素不同水平的间隔大小。水平间距要适宜，过大时没有什么实际意义，过小时易于被试验误差所掩盖。水平间距的具体大小因烟草品种、土壤肥力水平、试验条件和营养元素不同而异。需肥量大的品种、肥力水平低的土壤或试验条件不易控制时，水平间距可适当大些。就不同品种对各种肥料的效应差异而言，我国各地土壤的肥料增产效应不同，而且随土壤肥力水平和产量水平的不断提高，肥料效应有不断下降的趋势。在这种情况下，试验设计时应根据具体情况适当加大施肥水平间距。具体的水平间距设计还取决于试验地土壤肥力变异、重复次数和统计测验的置信度。

（二）复因素试验方案设计

至少有 2 个试验因素的试验称为复因素试验。复因素试验的主要目的是考察因素的主效应及其交互作用，确定不同因素不同水平的优化组合。

1. 基本概念 现以表 6-1 氮磷二因素二水平的 2×2 设计为例说明下列一些基本概念。

表 6-1 烟草氮磷肥试验的产量效应 （kg/hm²）

氮肥	磷肥		
	P_0	P_1	P_1-P_0
N_0	1 747.5	2 070	322.5

(续)

氮肥	磷肥		
	P_0	P_1	P_1-P_0
N_1	2 347.5	3 015	667.5
N_1-N_0	600	945	345

（1）**因素的简单效应** 在复因素试验中，一个试验因素在另一试验因素的某一水平上的试验效应，称为这一因素的简单效应。

在表 6-1 中，氮在 P_0、P_1 条件下的简单效应分别为

$$N_1P_0 - N_0P_0 = 2\ 347.5 - 1\ 747.5 = 600\ (kg/hm^2)$$

$$N_1P_1 - N_0P_1 = 3\ 015 - 2\ 070 = 945\ (kg/hm^2)$$

磷在 N_0、N_1 条件下的简单效应分别为

$$N_0P_1 - N_0P_0 = 2\ 070 - 1\ 747.5 = 322.5\ (kg/hm^2)$$

$$N_1P_1 - N_1P_0 = 3\ 015 - 2\ 347.5 = 667.5\ (kg/hm^2)$$

（2）**因素的主效应** 同一因素各简单效应的平均值称为该因素的主效应或平均效应。在表 6-1 中，有

$$氮的主效应 = \frac{(N_1P_0 - N_0P_0) + (N_1P_1 - N_0P_1)}{2} = \frac{600 + 945}{2} = 772.5\ (kg/hm^2)$$

$$磷的主效应 = \frac{(N_0P_1 - N_0P_0) + (N_1P_1 - N_1P_0)}{2} = \frac{322.5 + 667.5}{2} = 495\ (kg/hm^2)$$

（3）**因素的交互作用** 不同因素相互作用产生的新效应称为这些因素的交互作用。所谓新效应是指不同因素综合效应与各因素单独效应的差值，也就是 A 因素与 B 因素相互作用产生的 A、B 以外的 C 效应。在表 6-1 中，$N_1P_1 - N_0P_0$ 为氮和磷的综合效应，$N_1P_0 - N_0P_0$ 和 $N_0P_1 - N_0P_0$ 分别为氮和磷的单独效应。所以有

$$氮磷交互作用 = \frac{(N_1P_1 - N_0P_0) - (N_1P_0 - N_0P_0) - (N_0P_1 - N_0P_0)}{2}$$

$$= \frac{1\ 267.5 - 600 - 322.5}{2} = 172.5\ (kg/hm^2)$$

这种交互作用涉及多个因素。两个因素之间的交互作用称为一级交互作用，三个因素之间的交互作用称为二级交互作用，依此类推。

交互作用可能为正值，也可能为负值或零值。它们分别表示正交互作用、负交互作用和无交互作用。图 6-1 对此做了形象说明。图 6-1 a 说明，磷肥的效应（两条直线间距）随氮肥施用量增加而增加，氮磷之间为正交互作用。图 6-1 b 说明，磷肥效应随氮肥施用量增加而减小，氮磷之间为负交互作用。图 6-1 c 说明，磷肥效应与氮肥施用量无关，两者无交互作用。图 6-1 只用于形象说明交互作用的概念，在生物效应的研究中，交互作用几乎不可能为零值，是正值和负值也并不表明一定存在正交互作用和负交互作用，其交互作用存在与否还需通过统计测验确认。

2. 设计方法 下面以氮（N）、磷（P）、钾（K）三因素肥料试验为例说明复因素肥料试验类型和设计方法。复因素试验方案可分为完全实施方案和不完全实施方案。

（1）**完全实施方案** 将各试验因素不同水平一切可能的组合均作为试验处理的设计方案

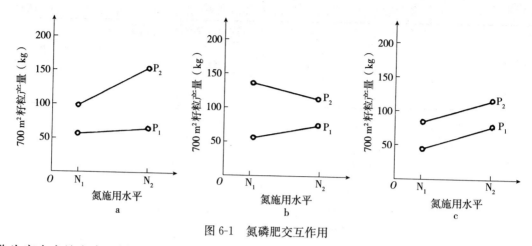

图 6-1 氮磷肥交互作用

称为完全实施方案。例如 N、P、K 三因素二水平构成的 $2\times2\times2$ 设计完全实施方案的各因素和水平搭配关系为

$$N_1\begin{cases}P_1\begin{cases}K_1\to N_1P_1K_1\\K_2\to N_1P_1K_2\end{cases}\\P_2\begin{cases}K_1\to N_1P_2K_1\\K_2\to N_1P_2K_2\end{cases}\end{cases}\quad N_2\begin{cases}P_1\begin{cases}K_1\to N_2P_1K_1\\K_2\to N_2P_1K_2\end{cases}\\P_2\begin{cases}K_1\to N_2P_2K_1\\K_2\to N_2P_2K_2\end{cases}\end{cases}$$

于是得到 8 个处理的完全实施方案。在具体设计时，按表 6-2 的方法进行更为方便。设 1 水平为不施肥，2 水平为施肥，可得到表 6-2 的 8 个施肥处理。

表 6-2　氮、磷、钾肥效试验完全实施方案

处理号	N	P	K	处理
1	1	1	1	CK
2	1	1	2	K
3	1	2	1	P
4	1	2	2	PK
5	2	1	1	N
6	2	1	2	NK
7	2	2	1	NP
8	2	2	2	NPK

完全实施方案是最常见、最简单的复因素试验设计。该设计主要有两个优点：①每个因素和水平都有机会相互搭配，方案具有均衡可比性和正交性。所谓均衡可比性，是指各因素不同水平进行比较时，与这些不同水平搭配的其他因素和水平是相同的，因而便于试验效应的直观分析。②因素间不产生效应混杂，提供的试验信息较多。例如从表 6-2 方案可以分析出 7 个试验效应：N、P、K 的主效应，N、P、K 的一级交互作用 $N\times P$、$N\times K$、$P\times K$；N、P、K 的二级交互作用 $N\times P\times K$。推而广之，m 个因素两水平完全实施方案可以分析出 $2m-1$ 个试验效应。完全实施方案能分析出因素的主效应及其交互作用，并具有直观可比性，因而被广泛应用于基础性研究和应用研究。

设水平数为 r，因素数为 m，则完全实施方案的处理数为 r^m，因此处理数随试验因素和因素水平的增加而增加。处理数过多会给田间试验的实施带来很大的困难，所以完全实施方案一般只适于因素和水平不太多的试验。这是该设计的主要缺点。为克服这个缺点，在试验因素较多的情况下，往往需要采用不完全实施方案。

（2）不完全实施方案　用完全实施方案的一部分处理构成试验方案就得到不完全实施方案。不完全实施方案可以是均衡方案（表 6-3），也可以是不均衡方案（表 6-4），它们都是由表 6-2 的部分处理构成的。

表 6-3　氮磷钾肥效试验均衡不完全实施方案

处理号	N	P	K	处理
1	N_1	P_1	K_1	CK
2	N_1	P_2	K_2	PK
3	N_2	P_1	K_2	NK
4	N_2	P_2	K_1	NP

表 6-4　氮磷钾肥效试验不均衡不完全实施方案

处理号	N	P	K	处理
1	N_1	P_1	K_1	CK
2	N_2	P_1	K_1	N
3	N_1	P_2	K_1	P
4	N_2	P_2	K_1	NP
5	N_2	P_2	K_2	NPK

这两个方案的共同点是处理数较少。其中表 6-3 方案，由于具有均衡性，可以分析出氮、磷、钾的主效应，但由于处理数太少且只有 3 列，难以分析出各因素之间的交互作用。表 6-4 方案在总体上是不均衡的，无法分析出各营养元素主效应及其交互作用，但它突出了氮、磷效应的研究，其中 1、2、3、4 号处理构成氮、磷二因素均衡方案，可以分析出氮、磷主效应及交互作用；通过 4、5 号处理的比较还可以分析出钾的作用。类似于表 6-4 那种在总体上不均衡但部分是均衡的设计方案，在烟草研究的田间试验中是颇为常见的。表 6-3 是比较简单的均衡不完全实施方案，要得到比较复杂的均衡不完全实施方案，常需要借助于正交表进行正交设计。

（三）正交设计

按正交表制定试验方案称为正交设计。当试验因素较多时，采用正交设计既可减少试验处理数，又可保持方案的均衡可比性。

1. 正交表的特点　正交表可用一定的符号表示，例如 $L_8(2^7)$ 表示该表为 8 行 7 列，有 2 个水平，可安排 8 个处理 2 个水平的试验，最多能分析出 7 个试验效应，即 7 个研究因素（包括交互作用）（表 6-5）。而正交表 $L_8(4\times 2^4)$，可以设置 8 个处理，最多可进行 5 个因素的研究，其中一个因素为 4 水平，其余因素为 2 水平。

表 6-5　$L_8(2^7)$ 正交表

处理号	列号						
	1	2	3	4	5	6	7
1	1	1	1	1	1	1	1
2	1	1	1	2	2	2	2
3	1	2	2	1	1	2	2
4	1	2	2	2	2	1	1
5	2	1	2	1	2	1	2
6	2	1	2	2	1	2	1
7	2	2	1	1	2	2	1
8	2	2	1	2	1	1	2

正交表在构造上有两个特点：①每一列不同数字出现次数相同，例如正交表 $L_8(2^7)$，每列的 1 和 2 都各出现 4 次；②任何 2 列构成的有序数出现次数相同，例如正交表 $L_8(2^7)$ 中，3、4 两列组合的有序数 11、12、21、22 都各出现 2 次。正交表的上述特点使得正交设计方案具有均衡性，即可以从任何一列单独分析出一个研究因素（包括交互作用）的效应。

2. 表头设计　表头设计是正交设计的关键。表头设计的实质是确定试验因素的列号位置。正交设计多为不完全实施方案，因为列数有限，往往不足以安排完全实施方案所能研究的全部试验因素（包括交互作用），因而会发生效应混杂，即试验效应不能用统计分析方法分析出来。例如表 6-6 的正交表 $L_4(2^3)$ 共有 3 列，对二因素试验，它是完全实施方案，可以分析出 $2^2-1=3$ 个研究因素的试验效应：N、P 主效应及其交互作用，没有效应混杂问题。而对三因素试验，它就是一个不完全实施方案，必然出现效应混杂。因为如要不发生混杂，就必须采用具有 $2^3-1=7$ 列的正交表 $L_8(2^7)$。而表 $L_4(2^3)$ 只有 3 列，如果在左起第 1、2 列分别安排 N、P 因素，则第 3 列就是 N、P 的交互作用列，如果将 K 因素也安排在第 3 列，则 K 效应就必然与 N、P 的交互作用发生混杂。

表 6-6　$L_4(2^3)$ 正交表安排氮、磷、钾三因素试验时效应混杂情况

氮肥	列号		
	N (N)	P (P)	NP (K)
1	1	1	1
2	1	−1	−1
3	−1	1	−1
4	−1	−1	1

由于效应混杂而给试验带来的误差称为模型误差。既然混杂不可避免，为减少模型误差，表头设计时应尽可能使研究因素与高级交互作用混杂。因为在一般情况下，交互作用级别越高，其交互效应越小。正交表各因素之间混杂情况可由交互作用表查出。例如由表 6-7 知，$L_8(2^7)$ 表的 1、2 两列交互作用在第 3 列，2、4 两列交互作用在第 6 列，其余类推。

表 6-7　$L_8(2^7)$ 交互作用表

处理号	列号						
	1	2	3	4	5	6	7
1	(1)	3	2	5	4	7	6

(续)

处理号	列号						
	1	2	3	4	5	6	7
2		(2)	1	6	7	4	5
3			(3)	7	6	5	4
4				(4)	1	2	3
5					(5)	3	2
6						(6)	1
7							(7)

3. 实施方案的建立　将正交表中作为试验因素列的水平赋予具体实施内容就得到了实施方案。有以下几点需要进一步说明。

①由于正交表的效应混杂是客观存在的,正交设计仅在交互作用不明显的情况下适用。试验因素越多,水平越多,混杂越严重;选用的正交表越简化,混杂也越严重。所以对因素和水平较多的试验,不要图省事,轻易选择处理数较少的正交表。

②这里对四因素试验选用 $L_8(2^7)$ 表,只是用以说明正交设计的原则和方法。在实际试验中,当因素间交互作用不清楚时应选用更为复杂的正交表。

③如要对试验效应进行统计测验,就必须设置试验重复,以便对非试验因素列是否存在显著的交互作用进行统计测验,并在作用显著时从剩余误差中剔除。

(四) 回归设计

上述各种设计适于用 t 测验或用方差分析方法分析不同试验处理或试验因素的效应。在烟草营养和施肥研究中,常需要研究产量等试验效应与施肥量等试验因素之间的定量关系。这类试验需要用回归分析方法进行分析,因而需要制定能够和有利于进行回归分析的设计方案,这就是回归设计。

1. 设计原则　回归设计除要遵守上述试验设计的一般原则外,还必须满足以下回归分析对试验设计的一些特定要求。

(1) **处理数**　回归分析的目的是要建立试验因素的效应方程。因此试验处理数不能少于效应方程待估参数的个数,并要为统计测验留有足够大的剩余自由度。例如有 p 元二次多项式回归方程

$$y = b_0 + \sum_{j=1}^{p} b_j x_j + \sum_{i<j} b_{ij} x_i x_j + \sum_{j=1}^{p} b_{jj} x_j^2 \qquad (j=1, 2, \cdots, p)$$

共有回归系数(包括 b_0) $m=(p+1)(p+2)/2$ 个,为建立上式,应使试验处理数 $N \geqslant m$。$N=m$ 的试验设计称为饱和设计。饱和设计具有最高试验效率,但如果不设重复,虽然能建立回归方程却无法进行统计测验。

(2) **水平数**　米切里希 1909 年的培养试验证明,植物产量和营养投入量之间的关系遵从报酬递减律。因此每个试验因素至少 3 水平才能建立生物效应的回归方程。设水平数为 r,必须使 $r \geqslant 3$。试验表明,植物营养水平及其生物效应的线性关系只是曲线关系的近似描述,而且只适于低肥力土壤、低量肥料投入等少数情况。

(3) **信息矩阵**　线性或线性化回归方程回归系数求解矩阵公式为 $b = A^{-1}B$ 其中,b 为

回归系数矩阵，B 为常数项矩阵，A 为信息矩阵。数学证明，只有当 A 的行列式 $|A|\neq 0$（$|A|=0$ 时 A 为退化矩阵）回归系数才有解，而且 $|A|$ 越大，设计方案越优良。在农业研究中应用数学家给定的最优回归设计方案时，允许据专业知识增加若干处理，但这时一定要通过 $|A|$ 值判别派生回归设计的信息矩阵是否为退化矩阵，并将 $|A|$ 值与相应优良设计 $|A|$ 值相比较，评价方案的优劣。一些自行设计的等间距多因素回归设计方案，其信息矩阵 A 往往为退化矩阵，方案实施前更应该注意数学判别。

2. 设计方法 凡是符合上述设计要求的试验方案，不管均衡还是不均衡，都可以作为回归设计方案。在应用于植物营养和施肥研究时还需注意以下几点。

①回归分析和方差分析的试验设计都要消除非试验因素的影响。例如表 6-8 设计方案，虽然就试验因素 N、P 配合的处理数而言符合回归设计要求，但不施钾处理只有 5 个，因此不能用于建立不施钾条件下的 NP 二元二次肥料效应方程，因为要建立此方程至少需要 6 个处理。更不能建立 NPK 三元二次肥料效应方程，因为它至少需要 15 个处理，钾至少要 3 水平。

表 6-8 某氮、磷、钾肥料试验方案

水平	N_0P_0	$N_{0.5}P_1$	$N_1P_{0.5}$	N_1P_2	$N_{1.5}P_1$	$N_2P_{1.5}K_1$	$N_2P_2K_1$
N 水平	0	0.5	1	1	1.5	2	2
P 水平	0	1	0.5	2	1	1.5	2
K 水平						1	1

②施肥量一般以养分（如 N、P_2O_5、K_2O 等）表示和计算。为便于实施和统计，施肥量宜取整数，因此水平间距也往往取相等间距。

③某些随时间变化的试验效应，例如铵态氮肥的氨挥发损失等，试验之初，单位时间的挥发量变化很大，以后逐渐趋向稳定。在这种情况下，试验因素（时间）的水平设计不必取等间距，开始时水平间距宜小，以后可适当加大。

④在定量研究方面，方差分析的目的是比较有限处理的效应差异，回归分析的目的是从有限处理的效应差异上寻求试验因素与试验效应的定量关系。因此回归设计对试验条件，特别是土壤肥力均匀性的要求较一般试验设计更为严格。

上述回归设计主要以复因素完全实施方案为基础，凭专业知识和经验，直观、被动地制定试验方案，设计方案的优良性在试验后才能估计到，这种设计称为古典回归设计。20 世纪 50 年代，在试验因素不断增加的情况下，随着数理统计学的发展，出现了现代回归设计。该设计以提高试验效率、减少模型误差、改善回归分析统计质量等为设计的优良性判据，积极主动地安排试验，适于田间条件下多因素生物效应的定量研究。不论是进行古典回归设计，还是现代回归设计，都不要忘记，鉴于农业试验，特别是田间试验的特点，决不能盲目增加试验因素。

四、试验方案的评价

建立一个能有效控制试验误差，用统计分析方法做出科学结论并具有较高试验效率的设计方案非常重要，也很不容易。错误的设计方案一旦实施，后果难以挽救，因此在实施之前，应该对给定的试验设计方案进行评价。

首先要了解试验方案的研究目的和试验条件，看它能否达到研究目标，然后再找出它的试验因素和水平，据前述试验设计的基本原则及析因设计和回归设计的不同要求，看一看由这个方案能够得出哪些科学结论，这些结论是从哪几个处理得到的，采用什么统计分析方法，最后对方案的科学性和可行性做出评价。

例如有一个烟草氮（N）、磷（P）、钾（K）肥料试验方案，为研究河南烟区某土壤肥料效应，共设6个处理：$N_1P_1K_0$、$N_1P_1K_1$、$N_1P_2K_1$、$N_2P_1K_1$、$N_2P_2K_1$和$N_3P_1K_1$，采用完全随机区组设计，重复4次。试评价这个方案的合理性和可行性。

为做出科学评价，先将6个处理的试验因素和水平按表6-9所示进行分解。

表6-9　烟草肥料试验方案的处理和因素水平

处理号	1	2	3	4	5	6
处理	$N_1P_1K_0$	$N_1P_1K_1$	$N_1P_2K_1$	$N_2P_1K_1$	$N_2P_2K_1$	$N_3P_1K_1$
N水平	1	1	1	2	2	3
P水平	1	1	2	1	2	1
K水平	0	1	1	1	1	1

据前述试验设计原则可以看出，由表6-9至少可以得出以下试验信息。

①第2、3、4和5这4个处理构成一个2×2设计，可以用方差分析方法分析出施钾肥基础上氮肥、磷肥的主效，氮肥与磷肥交互作用及氮、磷肥优化组合。

②第2、4和6这3个处理的处理数等于一元二次回归方程$y=a+bx+cx^2$的参数个数，水平数为3，且是一个有重复的试验。因此可以通过回归分析，建立以磷、钾肥为基础的氮肥效应方程，提出氮的最佳施肥量。

③第1和2两个处理构成简单对比试验，可以通过t测验，对氮、磷肥基础上钾肥的效应进行探索。

④可以将全部6个处理视为一个单因素试验，通过方差分析，对6个处理的试验效应进行综合比较。

综上所述，这个设计针对河南烟区土壤养分特点，试验效率较高，信息量较大，试验结果能够进行统计分析，因而是一个较好的肥料试验设计方案。

第三节　烟草田间研究方法设计

方法设计的实质是针对既定的设计方案和试验条件，制定能够剔除试验系统误差（例如土壤肥力变异等），减少和估计出试验随机误差的实施方法。

一、试验方法设计原则

在进行试验方法设计时，必须遵循下述3项基本原则。

（一）设置重复

同一处理在试验中出现的次数称为重复。只重复1次的试验称为无重复试验。有时表现为方案中的水平重复，称为隐重复，例如正交设计中同一水平多次出现等。任何田间生物试验都是抽样试验，由样本估计总体性质。设总体标准差 δ 的估值为 s，处理平均数标准差为 $s_{\bar{x}}$，重复次数即样本大小为 n，则 $s_{\bar{x}} = \dfrac{s}{\sqrt{n}}$。$s$ 和 $s_{\bar{x}}$ 分别是对抽样总体变异及抽样样本变异即试验误差的量度。s 对既定试验条件来说是一定的，因此重复次数（n）越大，$s_{\bar{x}}$ 越小。这是因为适当增加试验重复次数使每个处理都有机会遇到土壤的各种变异，因而扩大了试验结果的代表性，所以增加试验重复能减少试验误差。当 $n=1$ 时，$s_{\bar{x}}=s$，所以只有设置试验重复，即 $n>1$ 时才能估计试验误差。由此可见，任何生物试验，不管是方差分析还是回归分析，都必须设置重复才能估计随机误差，进而对试验效应、试验条件系统误差、模型误差（例如正交设计的效应混杂、回归分析的失拟误差等）做出统计测验。

（二）随机排列

误差理论以概率论即随机事件发生的规律为基础，因此各处理只有随机排列，才能对试验结果进行统计测验。随机排列的实质就是使各试验处理占有不同试验材料或试验条件的机会相等，即每个处理都有同等机会分配给任何一个田间试验小区。为此，必须通过查随机表或抽签等手段，使处理对小区的分配随机化。与此相反，顺序排列可能使某处理总是处于偏畸的试验条件下而产生系统误差，因而不符合误差理论的统计测验条件。

（三）局部控制

一般来说，试验条件越一致，试验误差越小，处理之间的可比性越强。但在田间试验中，特别是处理较多时，很难找到大面积肥力均匀的地块，因此要对试验条件进行局部控制。局部控制的实质就是将试验条件划分为若干个相对一致的组分，称为区组，将要比较的全部或部分处理安排在同一区组中，从而增加区组内处理间的可比性。至于区组间的差异，可以作为试验系统误差用统计分析方法测验，并在显著性测验时予以剔除。

在试验条件差异较大的情况下，局部控制就更为重要。例如在坡地做试验，坡顶、坡腰、坡底可作为 3 个区组；在多点试验中，每个试验点可作为 1 个区组；当处理较多时，例如正交设计，可以将高级交互作用的不同水平作为不同区组；在机械化耕作条件下，可以将一定面积的 1 个或几个播幅作为 1 个区组等。

设置重复、随机排列和局部控制各有自己的独立意义且又相互联系。只有在设计时对这 3 项基本原则的应用统筹考虑，使其相互配合，才能起到减少误差和正确估计误差的作用。

二、试验方法设计内容

试验方法设计的主要内容是确定试验小区形状、小区面积、重复次数、小排列及其与区组的组合关系。

（一）小区形状

小区形状指方形小区的长宽比例。试验误差的大小与小区形状有关，空白试验结果表明，在小区面积相等的情况下，沿着土壤肥力变异较大的方向增加小区面积能更为有效地降低试验误差。中国农业大学统计资料表明，在小区面积不变情况下，长宽比例由 1∶1 增加到 3∶1 时，小区间土壤变异系数由 20.35% 降到 3.46%。对土壤肥力局部差异，长方形小区有利于均分它，而正方形小区可能独占它，例如图 6-2 所示的某试验地下面有暗沟，它对长方形各小区各处理影响相同，处理间具有可比性；但对正方形各小区影响不同，处理间的可比性就被破坏。因此在一般情况下，小区的理想形状为长方形。

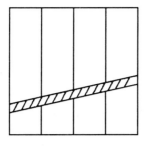 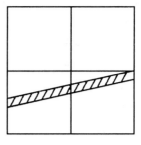

图 6-2 不同形状小区控制土壤变异效果比较

小区长宽比例并非越大越好,小区过长时,边际效应增加。所谓边际效应,是指小区周围的边行或行端与小区内部植物生长状况的差异。如果小区面积较小,或在施用氮肥、灌水和机械耕翻条件下更应注意边际效应对试验结果的影响。在微型小区试验中,应缩短小区长宽比例,甚至采用正方形小区,以减少边际效应的影响。

(二) 小区面积

适当扩大小区面积能概括土壤复杂性,减少小区间土壤肥力差异,降低试验误差。当小区面积沿着土壤肥力变异大的方向增加时,效果更为显著。表 6-10 是某空白试验的统计结果。从表 6-10 中可以看出:①土壤肥力变异系数随小区面积增大而减小;②沿土壤肥力变异大的方向较沿土壤肥力变异小的方向增大小区面积更为有效;③随小区面积增大,变异系数减小的幅度越来越小。因此不适当地扩大小区面积不仅增加了试验地复杂性,而且难以管理,反而降低了试验精度。

表 6-10 不同方向扩大小区面积对土壤肥力变异系数的影响

沿肥力变异大的方向扩大		沿肥力变异小的方向扩大	
小区面积(m²)	变异系数(%)	小区面积(m²)	变异系数(%)
6.7	7.70	6.7	7.70
13.3	6.26	13.3	6.97
20.0	5.60	20.0	6.92
26.7	4.87	26.7	6.50
33.3	4.62	33.3	6.22
46.7	3.95	46.7	6.73
80.0	3.20	80.0	5.83

一般来说,我国试验小区面积在 35～140 m² 范围内。小区面积的确定应考虑到多种因素,主要有以下几个方面。

1. 试验性质 长期定位肥料试验、田间校验试验、灌水试验、涉及机具耕作的施肥技术和耕作方法试验以及有机肥料试验等,小区面积较大;而肥料品种、土壤供肥力、肥料利用率等试验面积可适当小些。

2. 处理数目 处理不多时,可采用较大小区;而处理较多时,应适当减小小区面积,否则将使整个试验地面积过大。

3. 地形和土壤 在丘陵、山地、坡地做试验时,因难以选到大面积土壤肥力均匀的地块,小区面积宜小;而在平原和其他平地做试验时,小区面积可大些。土壤肥力变异系数大时,小区面积宜大;土壤肥力变异小时,小区面积可适当小些。

(三)重复次数

已如前述,增加重复次数能减少试验误差,但这是有条件的。图6-3说明,虽然增加试验重复次数较扩大小区面积对降低小区间土壤变异系数更为有效,但随着重复次数增加,变异系数降低的幅度逐渐减小。田间小区试验的重复次数一般为3~4次。对长期定位试验或科学研究单位的专用试验地,需经过匀地播种,分区收获决定重复次数。匀地播种是在将要进行试验的地块上,在不施肥条件下播种同一种密植品种,据土壤肥力越高植物长势越好、吸收养分也越多的原理,通过生物吸收均匀土壤肥力。分区收获是在匀地播种的基础上,分区收获产量,测定不同面积小区和小区组合的土壤肥力变异系数,以确定试验小区的适宜面积、重复次数和排列方式。

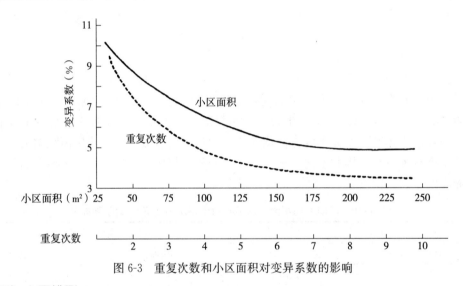

图6-3 重复次数和小区面积对变异系数的影响

(四)小区排列

只有对试验小区进行合理的排列组合才能降低试验误差和估计试验误差。排列是指在同一区组内对各处理小区进行排列,小区排列的基本原则是随机化。小区组合是指各小区组合成区组的方式,随机区组是试验小区排列组合的基本形式。排列组合的基本原则是:尽可能减小同一区组内小区之间土壤肥力(或试验条件)的差异和有利于揭示区组之间的土壤肥力(或试验条件)差异。因此小区应采用长方形,不同处理小区尽可能排列在同一肥力水平的地块,使小区的排列方向与土壤肥力递变方向垂直;而区组形状应尽可能取正方形,使区组的排列方向与土壤肥力递变方向相一致。这样的排列组合减少了小区之间土壤变异。至于扩大的区组之间差异,可以通过统计分析予以测验或剔除。

了解土壤变异规律对试验方法设计至关重要。它可以通过土壤调查资料、前茬种植情况和当季长势来了解。对于专用试验地往往需要通过匀地播种和探索试验进行调查。

三、几种常用的试验方法设计

(一)随机区组设计

随机区组设计的基本原则是将试验地划分成若干区组,并使不同处理小区在区组内随机排列。如果同一区组包括了全部处理,则1个区组就是1次重复,这种区组设计称为完全随机区组设计。图 6-4 是一种具有 5 个处理 3 次重复的完全随机区组设计，它有助于说明随机区组设计的基本原则和方法。据小区的排列组合原则，图 6-4 a 的设计是正确的，因为它将不同处理小区尽可能安排在同一肥力水平的地块内，有效地控制了土壤肥力变异，使处理之间具有可比性。而图 6-4 b 的设计是错误的，因为它将不同处理小区安排在不同肥力的地块，没有成功地控制土壤肥力变异，造成处理间的效应差异与土壤肥力的系统误差相混杂，不能用统计测验的方法分析出来。

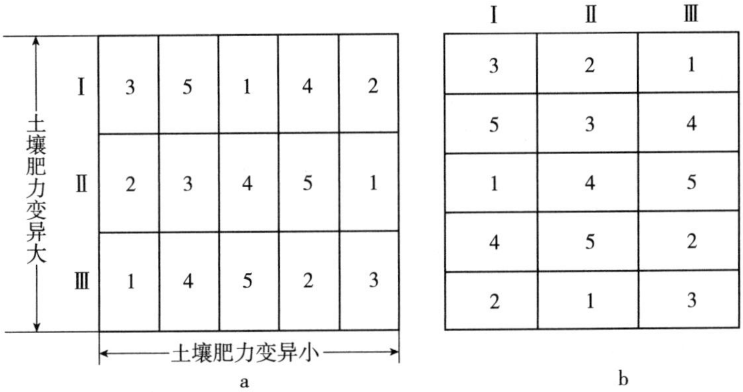

图 6-4 两种随机区组设计和理性的比较

区组方位确定后，可用抽签或查随机表的方法实现区组内不同处理小区排列的随机化。随机表的特点是数字在纵横两个方向上都是随机排列的，因而可以从表中任何一行或一列起，顺序抽取 2 位或 3 位随机数字，依数字大小顺序编号，并与处理号相对应，确定各处理在区组的位置。例如图 6-4 有 3 个重复，5 个处理，可在随机表任意选定 25～27 列，15～19 行 3 组 3 位随机数，以大小序数作为处理号，于是得出下列各处理随机排列数组。

$$
\begin{array}{lll}
509\,(3) & 348\,(2) & 149\,(1) \\
750\,(5) & 663\,(3) & 186\,(2) \\
364\,(1) & 673\,(4) & 782\,(5) \\
703\,(4) & 847\,(5) & 767\,(4) \\
417\,(2) & 127\,(1) & 702\,(3)
\end{array}
$$

该数组第 4 行有 2 个（4）号处理，为避免可能造成的土壤系统误差，可将第 2 行第 3 列的（2）与第 4 行第 3 列的（4）对调，于是得图 6-4 a 的小区排列设计方案。

完全随机区组设计在烟草研究的田间试验中应用最为广泛。其主要优点是设计简单，重复数与区组数相同。据土壤变异情况，不同区组可以组合在一起，也可彼此分开，相当灵活。处理数的多少也比较灵活，但一般不超过 10 个，处理太多时难以局部控制。由于该设计只能控制一个方向的土壤系统误差，所以需要对土壤变化规律事先有初步了解，以便在设计时确定小区和区组的组合方式。在处理数偏多的特殊情况下，为避免区组内首尾小区相距太远，土壤肥力差异加大，也可将一个区组内各处理小区排成两行。但这时要注意试验地东西向与南北向土壤肥力差异不可过大，并且适当缩小小区的长宽比例。

（二）拉丁方设计

拉丁方是行数与列数相等且在行、列两个方向上完全随机化的字母方阵。用拉丁方安排试验称为拉丁方设计。拉丁方设计的处理数＝重复数＝区组数，行、列均作为区组。因为能在两个方向上估计和剔除土壤系统误差，所以具有很高的试验精度。其不足之处是对试验条件要求比较苛刻，它要求试验地方整。处理数一般为4～8个，太小时无意义，太大时难以实施。该设计一般用于两个方向上土壤变异较大或土壤变异规律不清楚或精度要求较高的试验。

拉丁方设计的第一步是根据处理数选择标准方，即首行、首列均为顺序排列的拉丁方。然后按一定随机数字对标准方进行行、列两个方向字母的随机变换即可得到各种拉丁方设计方案。

（三）裂区设计

裂区设计是随机区组设计的一种特殊形式，是把试验小区进一步划分为裂区的设计方法。被分裂的原小区称为主区，分裂后的新小区称为副区。主区和副区可分别安排不同试验因素，因此裂区设计适于复因素试验。试验设计时应将要求小区面积较大的试验因素（例如耕作、灌水等）作为主区处理安排在主区。有机肥和磷肥往往需要机具耕翻入土，因此也应作为主区处理。而肥料品种、氮肥等因素，或其他便于手工操作的试验因素，应作为副处理安排在副区。此外，主区和副区试验精度不同，副区处理因重复次数较多，小区面积较小，便于局部控制和精耕细作，因而比主区处理有更高的试验精度，应安排试验精度要求高的因素。在长期肥料定位试验中，随时间的推移，往往需要在以前试验的基础上对某课题继续做更深入的研究，因此也多采用裂区设计。这时作为副处理的往往是微量元素肥料、不同肥料用量或不同作物品种等。例如某氮（N）、磷（P）、钾（K）和微量元素肥料效应试验，微量元素要求试验精度较大量元素高，所以放在副区作为副区处理，大量元素则放在主区，作为主区处理。其试验设计如图6-5所示。

Ⅰ	N 1　2	CK 2　1	PK 2　1	NP 1　2	K 1　2	NPK 2　1	P 2　1	NK 1　2
Ⅱ	NPK 2　1	P 1　2	N 1　2	PK 1　2	NP 2　1	K 1　2	NK 1　2	CK 2　1
Ⅲ	P 1　2	NPK 2　1	NP 2　1	N 1　2	NK 2　1	CK 2　1	K 2　1	PK 1　2

图6-5　氮、磷、钾及微量元素肥料效应试验
1. 不施微量元素　2. 施用微量元素

（四）正交设计

正交设计是用给定的正交表确定试验方案的一种设计方法，其方法设计的主要目的是解决复因素试验中由于处理数过多而产生的试验因素与区组效应的混杂问题。如果处理数较少，例如$L_4(2^2)$、$L_5(2^7)$、$L_8(4\times2^4)$、$L_9(3^4)$等，可以按完全随机区组设计等要求布置试验。如果处理较多，难以将所有处理安排在一个区组里，可以将其分裂成几部分，分别安排在不同区组里。分裂的原则是使区组效应与因素的高级交互作用混杂，以高级交互作用那一列的不同水平作为不同区组。这样做虽然牺牲了高级交互作用这个不重要的试验信息，却提高了其他研究因素的试验精度，并解决了试验处理多难以实施的困难。

（五）多点分散试验设计

多点分散试验是根据一定研究目的而统一设计和布置的群体试验。该试验将每个试验点作为一个重复或区组，旨在综合多点试验信息，因此要特别强调选择适当的试验点和具有足

够的试验点数。据联合国粮食及农业组织（FAO）的经验，一次试验的试验点数不应少于12个，保证获得可用试验结果的点数不少于10个。此外，由于试验量大，试验设计不能过于复杂。

四、试验方法设计的选择和应用

试验方法设计的主要目的是减少和消除试验条件（包括试验材料和试验环境变异等）对试验结果的影响，其主要手段是通过设区组对试验条件进行局部控制。在了解各种方法设计的特点之后（表6-11），试验者可根据自己的方案设计特点和试验条件变异情况，选择适宜的方法设计。

表6-11 不同方法设计的比较

	非区组	随机区组	拉丁方	裂区
区组设置情况	不设区组	单向设区组，各区组可分可合	行、列双向设区组，各区组排在一起	设区组，再对原小区设裂区
试验条件控制和试验精度	没有局部控制，精度低	能测验和剔除一个方向的试验条件误差，精度较高	能测验和剔除行、列两个方向的试验条件误差，精度更高	主处理和副处理为不同试验因素，副处理精度高于主处理
应用范围	适用于试验条件较为一致、试验误差易于控制的理化试验和盆栽试验	适用于一个方向条件变异较大的试验，处理数和区组排列灵活，应用广泛	处理数受限，试验布置构成方阵，对条件要求苛刻，主要用于试验条件双向变异较大或精度要求高的试验	适于对试验精度、管理等方面有不同要求的复因素试验

如果试验条件变异不大，例如短期即可完成的化学分析、在宽大网室进行的盆栽试验等，可只设重复而不设区组，即采用非区组设计方法。

如果试验条件的单向变异较大，可沿着变异大的方向设不同区组，采用区组设计。例如肥力单向变异较大的田块、不同高度的梯田、同一类型土壤的不同农户田等均可以作为不同区组。在理化分析等试验中，上午与下午、今天和明天等因气温等条件造成的差异，也可以作为时间区组。随机区组设计的重复数、处理数较为灵活，各区组也不要求必须安排在一起，所以应用最为广泛。

如果对试验的精度要求较高，试验条件的双向变异较大，或其变异规律尚不清楚，可采用拉丁方设计，但拉丁方设计的处理数不宜太多，而且在田间试验中，应有能安排这些处理的较方正的地块。有些精度要求较高的盆钵或根箱试验往往采用拉丁方设计。

裂区设计主要用于在试验精度、管理措施、边际效应等方面有不同要求的复因素试验。例如灌水量和施肥量配合的试验，可以将边际效应较大的灌水量作为主区，将施肥量作为副区。

第四节 烟草田间研究实施

烟草田间研究的实施就是将已经制定的试验设计方案落实到田间并获得试验结果，其内容主要包括试验地的选择和准备、试验的田间设置、观测、管理和采收等环节。

一、试验地的选择和准备

（一）试验地的选择

良好的试验地是完成研究任务的物质基础。烟草研究的试验地，除了要有满足设计要求的土地面积和形状外，还必须具备下列条件。

1. 代表性　试验地土壤特性，特别是养分肥力性状，应在推广和应用地区内具有广泛的代表性，这样，试验结果才有较大的推广和应用价值。就土壤肥力水平而言，肥料品种试验应在偏瘦或对土壤肥力有特定要求的试验地上进行。探索地力的氮、磷、钾肥料三要素试验以及确定合理施肥量的试验，可以在各种肥力水平的土壤上进行。微量元素效应和用量的试验，一般只在施肥水平较高而又长期不施有机肥或有缺素征兆的土壤上进行。研究抗病性及其他抗逆能力之间关系的试验，一般也只在某些典型或特定的土壤上进行。肥料试验地常采用匀地播种、分区收获的方法调查土壤肥力水平和变异情况，而在农户地里做试验，主要凭调查访问和直观看作物长势评价土壤肥力水平和变异规律。

2. 地势平坦　试验地的地形应该规则、平坦。地面崎岖不平或坡度过陡，将影响栽培质量和灌溉质量，从而增加试验误差。在山地或坡地的试验，还要注意试验地坡向选择，背阴或坡向变化过大造成的小气候差异也将干扰试验效应。

3. 广泛的一致性　广泛的一致性是指表土、底土、水文地质条件和前茬耕种历史的一致性。专用试验地在最近 2~3 年或以上的耕种历史应是一致的。目前，我国特别是南方地区，农民承包的地块较小，如果在农户地里布置试验，尤其要注意前茬施肥和耕作情况的调查。如果地块前茬不同，或虽前茬作物一致但由不同农户管理，而且又无别的合适地块时，可将不同茬口或不同农户地块作为不同区组对待。对长期定位肥料试验地，要特别注意水文地质条件及深层土壤构造的调查。如果底土含有黏重不透水层或沙砾层而且分布又不均匀，就不能作为试验地。涉及轮作、套种等种植制度的试验，还要考虑试验地能否满足不同茬口作物的生长要求。

4. 不受特殊条件的影响　试验地要避开树木、建筑物、池塘、坑道、坟地、沟谷、粪池等地物的影响。一般来说，距树木 30~50 m 或以内，距高大建筑物 10 m 以内，特别是在树木或建筑物的投影范围内不宜设置试验地。如无法避免也要通过小区排列，尽量使其影响一致。

此外，为防止家禽、家畜危害，试验地应设在离居民或畜舍较远的地方。对一些示范试验还要注意有方便的交通，以便于人们参观和交流。

（二）试验地的准备

试验地选好后，要做好以下准备工作。

1. 土地平整　长期试验地或专用试验地如果局部不平整，应在选地后，匀地播种前及时平整。一次平整后，在灌水或下雨后发现不平时还要再次平整。平整时尽量勿移表土。

2. 匀地播种　对专用试验地，如果土壤肥力不匀，特别是氮肥量不同造成的不匀，可经过 2~3 年或更长时期的无肥种植，均匀土壤养分肥力。匀地后要单区收获，判定土壤肥力变异规律，以作为试验方法设计和田间区划的依据。

3. 基础土样分析　正式布置试验前，要用多点混合取样法采取基础土样，或按将要布置的小区，分区采样，然后用常规方法测定土壤肥力性状。不同研究目的的测定项目不同，一般需分析土壤 pH、阳离子交换量、土壤有机质含量、全氮含量、有效性氮磷钾含量等。

对长期定位肥料试验,每 3~5 年还应测定 1 次土壤容重或对有关养分状况进行定期监测,以便了解土壤养分收支平衡状况和土壤肥力等的持续变化。

二、试验的布置

田间试验布置的主要内容是种植计划书的拟定和试验地的区划。

(一) 种植计划书的拟定

拟定种植计划书就是写出实施试验方案的具体步骤。肥料、栽培、品种、植物保护比较等试验的种植计划书一般比较简单,内容只包括处理种类(或代号)、种植区号(或行号)、田间记载项目等;育种工作各阶段(除品种比较)的试验,由于材料较多,而且试验是多年连续的,一般应包括今年种植区号(或行号)、去年种植区号(或行号)、品种或品系名称(或组合代号)、来源(原产地或原材料)以及田间记载项目等。不论哪种试验,都应按其应包括的项目依上述次序画出表格。材料较多时,为了避免编写区号发生遗漏或重复,可用打号机顺次登记今年区号。种植计划书的内容可以根据需要灵活拟定,应遵守便于查清试验材料的来龙去脉和历年表现的原则,以利于对试验材料的评定和总结。随着计算机的普遍使用,许多研究工作者已使用计算机来编制并打印种植计划书。

(二) 试验地的区划

在准备好的试验地上,首先定好基线,以控制小区的方位不发生偏差。基线一般是沿着较长方向的固定渠道或道路设置的,并在两端埋下角桩。在长期定位试验中,角桩应选用坚固材料。可用长 65~85 cm、横截面 10~15 cm 见方的木桩、铁管或水泥桩埋在田埂旁或耕层以下,仅在地面露出软钢绳,以免影响耕作。并以附近固定地物为标志,准确标定和记录角桩位置。

基线定好后,按照试验地区划平面图,在基线两端作垂线,画出试验地轮廓。四角必须垂直,闭合差在 0.1%~0.2% 或以内,然后进一步画出小区并用粗绳踏迹或枝条标定。修筑沟渠时要注意宽度、深浅一致。图 6-6 是某烟草品种比较试验的田间种植图,注明 4 个重复区(区组)以及各小区的排列位置,G 为保护行,可供参考。

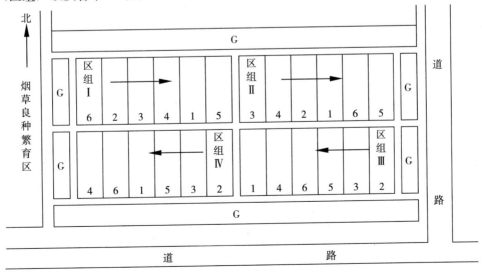

图 6-6 烟草品种比较试验田间种植

三、施肥和播种

（一）施肥

施肥工作非常重要，要保证施肥质量，做到准确无误。首先要确定试验肥料品种，对有机肥、过磷酸钙等成分不确定的肥料要亲自分析其养分含量。以播种小区面积为单位计算小区实物肥料施用量，并反复核算，确认无错后再行称量。

肥料称量工作一般要事先做好，称量精确到克，微量元素肥料要精确到 0.01 g。称好的肥料最好装入不同颜色的塑料袋或牛皮纸袋中，写明肥料和处理名称。施肥前将称好肥料的小袋放在小区一端，复查无误后再施用。肥料要施匀，防止发生小区未施遍而肥料已用完的错误。当小区面积较大时，例如生产示范试验、长期定位试验等，可将小区进一步划分成若干面积相等的亚区，按亚区计算施肥量和施肥，以保证施肥质量。水田试验在施肥前要先灌好水，拔除杂草后再施，并防止小区串灌。有机肥不易施均匀，要尽量做到肥料腐熟程度一致，施前充分捣匀、施时撒匀。不要将有机肥堆在试验小区里，以免留下不易消除的粪堆残效。

（二）播种

播种质量对试验结果有重要的影响。为此，要选择纯净种子，发芽率在 90% 以上。播前要进行消毒和选种工作。采取机器播种时，要调好播种量，做到播种机匀速前进。播种后要及时覆土。确定播种期必须和良好的土壤墒情结合，以保证耕作质量。为消除物资质量变异给试验带来的误差，应在试验前将种子、肥料一次性备好。特别是有机肥、过磷酸钙等成分变异较大的肥料，绝不能等实施中发现种子、肥料不够时现找现补救。

在施肥、播种工作完成后，用油漆在木板或竹片上写出各种处理名称，插在小区的一端作为标志。

四、田间管理和观察记载

田间管理和观察记载要根据研究目的和试验条件，确定管理项目和调查重点。

（一）田间管理

田间管理的目的，一是发挥肥效，二是控制非试验因素。因此在灌水、喷药、耕作等田间管理作业中，要遵循"最适"和"一致"的原则。"最适"就是基肥的肥料施用量、灌水量和喷药量等一定要满足或无害于烟株正常生长的要求，用量过高或过低都会成为肥料效应的限制因子。"一致"就是非试验因素的各种措施要尽可能做到各处理一致，如果不一致就会破坏不同处理效应的可比性。因此施肥、播种、灌水、中耕除草等都要在一天之内完成，实在不可能也要保证一个区组的管理措施当天完成。

所有管理措施都要认真进行，至于用手工、畜力还是机械管理，视生产条件和试验要求而定。微区试验几乎全用手工操作，田间校验或示范推广试验则与大田生产要求相一致，否则试验结论的推广和应用价值不大。

（二）观察记载

观察记载的项目要根据研究目的确定，使其有助于分析试验结果和说明试验结论。由于试验效应受多种因素影响，试验在进行之中可能会出现预想不到的新情况，甚至可能发生错误。因此还要记载试验条件等背景情况，以判别异常试验结果产生的原因。虽然如此，观测项目也不能面面俱到，不同试验应有所侧重。例如施肥量的研究，对生长情况、产量构成因素及土壤养分状况必须调查；土壤养分平衡的研究，还必须测定土壤容重、采样面积，以计算经济产量和建立土壤养分平衡账。

一般田间观察记载内容大致包括以下几个方面。

1. 田间环境条件 田间环境条件包括土壤墒情、旱涝情况、淹水栽培的土层深度、烟株对气候突变及灾害性天气的反应、田间操作后的烟株变化等。

2. 试验地背景资料 试验地背景资料包括土壤种类、前茬作物及其施肥情况、水源和灌水情况、机械耕作条件等。

3. 生长发育情况 生长发育情况包括还苗、旺长、现蕾、打顶、采收等不同生长发育阶段及其相关的生物学变化。

4. 抗逆情况 抗逆情况包括冻害、旱害、涝害、病虫危害等，要记载发生时间和危害程度。

5. 意外情况或损害 意外情况有发生灌水、施肥、用药错误或试验地受车压、禽畜危害等情况。

田间调查数据的测定和记载需由试验者亲自去做或经现场指导由协作者去做。一般要用铅笔记录，如果写错可用铅笔将原数据划去重写，而不允许涂抹，以备复查。

田间观测结果应按预制的表格填写并作为田间档案保存，特别是长期定位试验，建立档案就更为重要。对产量和其他测定结果等重要资料要准备副本，有条件时可建立计算机数据库保存。

五、分析样本的采取

烟草田间试验常常需要采取土壤、植物和肥料样本。具体采样方法因研究对象和研究目的不同而异。

（一）土壤取样

土壤取样量和取样方法取决于研究目的和分析项目的多少。田间试验基础土样用于多种项目分析，采样量应不少于 1 kg。为了使样品能充分代表整个试验地情况，应有足够取样点，一个试验地不能少于 10 个取样点。布点方法可采用棋盘式散点法、之字法等。长期定位试验土样因为要长期保存，供以后研究，所以采样量也要大些，一般每个处理区至少 1 kg 土样。特殊目的的取样，例如研究微量元素缺乏、土壤污染等，只在出现征兆或准备研究的土壤取样，取样量可以少些。为研究丰产新技术的土壤与植物营养理论根据的取样，应在固定的地方采取土样，以便寻求作物生长和植物营养之间的相关性。土壤剖面取样时，要按土壤剖面层次采取。对选择试验地的土壤构造调查可分土层采样并放在有方格的土样盒中，以便于直观对比分析。

各层土样以耕层土壤最为重要。为使土样具有代表性，不管用什么采样工具都要保证取到上下大小一致的垂直土样并充分混合均匀。不同层次取样还要严格防止不同土层土壤混淆，特别是用于养分和盐分分析的样本，每取一钻都要小心清除层间混杂的土壤，以消除上层高浓度养分或盐分对下层土样的影响。

（二）植物取样

植物取样具有毁灭性，故取样较多时应另设取样区并做记录，以不影响以后收获产量。取样时要兼顾不同苗情随机取样。以速测为目的的取样要在适宜时间及一定的生育时期和取样部位取样。蛋白质等品质分析样本要从收获物大堆抽取,以增加分析结果的代表性。测定植株养分含量并用以估算养分吸收量的取样,应记载取样面积。

(三) 肥料取样

对单种氮钾肥和化学合成复合肥一般不必分析养分含量,可按包装说明计算施肥量。磷肥及其他复混肥一般应测定其具体养分含量。如需分析测定,由于成分均一,取样也较简单,取出一部分肥料粉碎后混匀即可。对商品化肥的质量检验,取样量和取样方法应按有关规定进行并送到国家指定单位检测。

有机肥取样较为复杂,要注意其腐熟程度和质量均匀程度及取样时间。取样前要充分混匀,在不同部位取样,并注明腐熟程度。对研究养分施用量的有机肥样本,一定要在施用前采取。分析绿肥有效成分的样本一定要在翻压时采取。对于还田秸秆样本,可取翻压前整株,也可取切碎后秸秆,但要注意茎秆和叶等不同部分的比例。所有有机肥样品在采取后都要及时称量、测定水分并妥善处理。

最后需要强调,由于生物试验的条件变异性较大,土壤、植物、肥料取样误差可能远远大于分析测定误差,而且取样不合理或不合乎要求造成的损失是任何精确的测定都无法弥补的。因此一定要高度重视取样问题,认真、科学地采取所需要的样本。

思考题

1. 举例说明方差分析和回归分析的试验方案设计原则有哪些异同点。
2. 举例说明什么是完全实施方案和均衡不完全实施方案。各有什么主要优缺点?
3. 以高产施肥为例说明交互作用的概念,并指出怎样通过复因素试验揭示交互作用。
4. 以完全随机区组设计为例说明方法设计三原则和它们之间的关系。
5. 比较完全随机区组设计、拉丁方设计和裂区设计的主要特点和应用范围。
6. 举例说明决定小区的形状和大小时应考虑哪些因素。小区和区组的理想形状是什么?
7. 举例说明试验地选择对田间肥料试验的意义。一个理想的肥料小区试验地应满足哪些基本要求?
8. 试验管理的基本原则是什么?
9. 长期定位试验资料整理有哪些特点?怎样采取和保存长期定位试验的样本?

第七章

烟草研究的生物统计方法

首先,任何试验研究,误差总是难免的,烟草研究中所得到的数据也必然存在误差。误差往往会掩盖以至歪曲客观事物的本来面目。生物统计可以帮助人们对试验数据进行科学的处理,去伪存真,从中引出符合客观实际的正确结论。其次,烟草研究是一个复杂的过程,同时受到各种因素的影响,其中不可控制的因素又较多,因此试验的科学设计和正确实施在其研究中就显得非常重要。运用生物统计,既能使试验设计得当,减少工作量,增大信息量,又能使实施方法正确,减小误差,提高精度,收到事半功倍之效。总之,生物统计是烟草研究中不可缺少的有力工具,任何一个烟草问题的研究,自始至终都不应离开生物统计。

第一节 误差和概率分布

一、总体和样本

总体就是同质事物的全体,也称为母体、全群或集团。构成总体的每一个成员称为个体或总体单元。所谓同质,不是绝对的,而是相对的,是随着研究目的而变的。比如要研究烟叶中烟碱的含量,所有烟叶的烟碱含量就构成1个总体,每个品种烟叶的烟碱含量就是1个总体单元。如果仅研究某品种烟叶的烟碱含量,则其总体只包括该品种所有烟叶的烟碱含量,而该品种在不同栽培条件下的烟碱含量就是各个总体单元。因此总体的大小,也就是总体所包含个体数目的多少,可能是有限的,也可能是无限的,前者称为有限型,后者称为无限型。

人们对事物的研究,在于找出其总体的客观规律性。总体的性质决定于其中个体的性质,要对总体做出合乎实际的估计,最好是对总体中的全部个体都进行观察和测定。但是由于一个总体所包含的个体往往很多,甚至无穷,以致在研究时不能对其一一加以考察;有时测定是破坏性的,就是总体所包含的个体有限,也不允许全部加以考察。因此只能从总体中取出一部分个体进行研究,这部分个体的总和称为样本或抽样总体。几乎所有的研究工作,都是通过样本来了解总体。根据包含个体数目的多少,样本也有大小之分,一般包含个体30个以上者为大样本,30个或30个以下者为小样本。

二、真值和平均值

在一定条件下,事物所具有的真实数值就是真值。由于偶然因素不可避免地存在和影响,实际上真值是无法测得的。例如测定某个土样的含氮量,由于测定仪器、测定方法、环境条件、测定过程、测定者的技术等因素的影响，测定 10 次就可能得到 10 个不同的结果。显然，土样含氮量的真值只有 1 个，在 10 个结果中就无法肯定哪个是真值。偶然因素对事物的影响有正有负，有大有小，根据误差分布规律，偶然因素对事物的影响，大小相等的正负作用的概率相同。因此如果将土样含氮量测定的次数无限增多，求出其平均值，则偶然因素的正负作用相抵消，在无系统误差的情况下，这个平均值就极接近于真值，一般就把这个平均值当作真值看待。在实际中，人们的测定次数总是有限的，故其平均值只能是近似真值或称为最佳值。

三、误差的概念、种类和产生原因

误差就是观察结果与真值之间的差异。由于偶然因素无法消除，任何试验研究中误差总是难免的。试验结果都具有误差，误差自始至终存在于一切科学试验的过程之中，这就是所谓的误差公理。根据误差的性质和产生原因，可以将其分为系统误差和随机误差两大类。

（一）系统误差

系统误差是由某个或某些固定因素引起的。在整个试验过程中，误差的符号和数值是恒定不变的，或者是遵循着一定规律变化的。例如在田间试验中，土壤肥力朝一个方向或周期性地递增或递减，试验地朝一个方向或周期性地有利或不利于烟株生长；又如测量中仪器不良、个人的习惯与偏向等都会引起系统误差。系统误差的出现一般是有规律的，其产生的原因往往是可知的或能掌握的。因而这种误差可以根据其产生的原因加以校正和消除。系统误差表征着试验结果的准确度，一般地说，在试验中应尽可能设法预见到各种系统误差的具体来源，并极力设法消除其影响。如果存在某种系统误差而不被知道，这是危险的。因为对试验结果的统计处理，不一定能发现它和消除它。

（二）随机误差

当在同一条件下对同一对象反复进行测定时，在无系统误差存在的情况下，每次测定结果出现的误差时大时小，时正时负，没有确定的规律。这种误差称为随机误差，亦称为偶然误差，它是由偶然因素引起的，具有偶然性，是不能预知的，也是不可避免的，只能减小，不能消除。随机误差和其他随机事件一样，服从一定的概率分布，其发生受概率的大小所支配。也就是说，随机误差就其个体看是偶然的，而就其总体来说，却具有其必然的内在规律。根据研究，随机误差服从正态分布。随着重复次数的增加，随机误差由于正负相抵消，其平均值不断减小，逐步趋于零。因此多次测定的平均值比单个测定值的随机误差小，这种性质称为抵偿性。

（三）准确性和精确性

系统误差使数据偏离了其理论真值；随机误差使数据相互分散。因而系统误差影响了数据的准确性，准确性是指观测值与其理论真值间的符合程度；而偶然误差影响了数据的精确性，精确性是指观测值间的符合程度。图 7-1 以打靶的情况来比喻准确性和精确性。以中心为理论真值，a 表示 5 枪集中在中心，准而集中，具有最佳的准确性和精确性；b 表示 5 枪偏离中心有系统偏差但很集中，准确性差，而精确性甚佳；c 表示 5 枪既打不到中心，又很分散，准确性和精确性均很差；d 表示 5 枪很分散，但能围绕中心打，平均起来有一定准确性，但精确性很差。

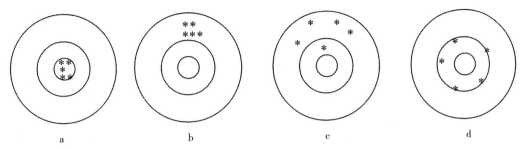

图 7-1　由打靶图示试验的准确性和精确性

(四) 系统误差与随机误差的关系

系统误差与随机误差的区分不是绝对的，而是相对的，它们之间并不存在不可逾越的鸿沟，是可以相互转化的。当人们对误差来源及其变化认识不足时，往往把某些系统误差归于随机误差。反之，随着认识的加深，可能把原来认识不到而归为随机误差的某项误差予以澄清而明确为系统误差。通常在试验中所说的误差均指随机误差。随机误差是在整个过程中形成的，试验的科学设计和正确实施均能降低试验误差，提高试验精确性。对于试验结果中随机误差的处理，主要是依靠概率统计方法。

四、集中性和变异性的度量

任何事物的存在总是和它周围的环境条件联系在一起的。同一总体中的个体不可能都处在绝对相同的条件之中，由于受偶然因素影响的不同，个体间的变异是必然的。例如在同一品种的烟田中，不同植株的高度、叶长、留叶数等总是有差异的。同一总体中，个体间具有变异的每种性状或特性，在量的方面可以表现为不同的数值。这种因个体不同而变异的量，在统计上称为变量，而不同个体在某个性状上具体表现的数值称为观察值。例如烟草株高就是一个变量，某株高 102 cm 就是一个观察值。变量有连续和不连续之分。总体中相邻两个观察值之差可达无穷小者为连续变量，相邻两个观察值之差最小为 1 者为不连续变量，或称为非连续变量。

人们对事物的研究，既要说明其总体的集中性，又要说明其总体的变异性。凡能说明不同总体集中性和变异性特征的数值称为总体特征数，亦称为参数。样本特征数是总体特征数的估计值，称为统计数或统计值。平均值反映了总体的典型水平，反映了总体集中性的特征。

(一) 平均值

平均值亦称为平均数或均数，种类较多，主要有算术平均数、中数、众数、几何平均数等。以算术平均数最常应用，中数、众数和几何平均数等几种应用较少。

1. 算术平均数　一个数量资料中各个观察值的总和除以观察值个数所得的商数，称为算术平均数，记作 $\bar{y}$。因其应用广泛，常简称为平均数或均数。算术平均数的大小决定于样本的各观察值。

算术平均数的计算可视样本大小及分组情况而采用不同的方法。如样本较小，即资料包含的观察值个数不多，可直接计算平均数。设一个含有 n 个观察值的样本，其各个观察值为 y_1、y_2、y_3、$\cdots$、y_n，则算术平均数 $\bar{y}$ 由下式算得。

$$\bar{y} = \frac{y_1 + y_2 + y_3 + \cdots + y_n}{n} = \frac{\sum_{i=1}^{n} y_i}{n} \tag{7-1}$$

式中，y_i 代表各个观察值，$\sum$ 为累加符号，$\sum_{i=1}^{n} y_i$ 表示从第一个观察值 y_1 一直加到第 n 个观察值 y_n，也可简写成：$\bar{y} = \frac{\sum y}{n}$。

2. 中数 将资料内所有观察值从大到小排序，居中间位置的观察值称为中数，记作 M_d。如观察值个数为偶数，则以中间 2 个观察值的算术平均数为中数。

3. 众数 资料中最常见的一数，或次数最多一组的中点值，称为众数，计作 M_0。

4. 几何平均数 如有 n 个观察值，其相乘积开 n 次方，即为几何平均数，用 G 代表。

$$G = \sqrt[n]{y_1 y_2 y_3 \cdots y_n} = (y_1 y_2 y_3 \cdots y_n)^{1/n} \tag{7-2}$$

（二）变异数

每个样本有一批观察值，除以平均数作为样本的平均表现外，还应该考虑样本内各个观察值的变异情况，才能通过样本的观察数据更好地描述样本，乃至描述样本所代表的总体，为此必须有度量变异的统计数。常用的变异程度指标有：极差、方差、标准差和变异系数。

1. 极差 极差又称为全距，记作 R，是资料中最大观察值与最小观察值的差数。例如调查两个烟草品种的留叶数，每品种计数 10 棵烟株，经整理后的数字列于表 7-1。

表 7-1 两个烟草品种的留叶数

品种名称	每株留叶数										总和	平均
甲	13	14	15	17	18	18	19	21	22	23	180	18
乙	16	16	17	18	18	18	19	20	20	20	180	18

表 7-1 中，甲品种每株留叶数最少为 13 片，最多为 23 片，$R = 23 - 13 = 10$ 片；乙品种每株留叶数最少为 16 片，最多为 20 片，$R = 20 - 16 = 4$ 片。可以看出，两品种的平均留叶数虽同为 18 片，但甲品种的极差较大，其变异范围较大，平均数的代表性较差；乙品种的极差较小，其变异幅度较小，其平均数代表性较好。极差虽可以对资料的变异有所说明，但它只是两个极端数据决定的，没有充分利用资料的全部信息，而且易于受到资料中不正常的极端值的影响。所以用它来代表整个样本的变异度是有缺陷的。

2. 方差 为了正确反映资料的变异度，较合理的方法是根据样本全部观察值来度量资料的变异度。这时要选定一个数值作为共同比较的标准。平均数既作为样本的代表值，则以平均数作为比较的标准较为合理，但同时应该考虑各样本观察值偏离平均数的情况，为此这里给出一个各观察值偏离平均数的度量方法。

每一个观察值均有一个偏离平均数的度量指标——离均差，但各个离均差的总和为 0，不能用来度量变异，那么可将各个离均差平方后加起来，求得离均差平方和（简称平方和）SS。样本平方和（$SS_{样本}$）和总体平方和（$SS_{总体}$）分别为

$$SS_{样本} = \sum (y_i - \bar{y})^2 \tag{7-3}$$

$$SS_{总体} = \sum (y_i - \mu)^2 \tag{7-4}$$

式中，$\overline{y}$ 为样本平均数，μ 为总体平均数。由于各个样本所包含的观察值数目不同，为便于比较起见，用观察值数目来除平方和，得到平均平方和，简称为均方或方差。样本方差用 s^2 表示，定义为

$$s^2 = \frac{\sum_{1}^{n}(y_i - \overline{y})^2}{n-1} \tag{7-5}$$

样本方差是总体方差（σ^2）的无偏估计值。此处除数为自由度（$n-1$）而不用 n。

$$\sigma^2 = \frac{\sum_{1}^{N}(y_i - \mu)^2}{N} \tag{7-6}$$

式中，N 为有限总体所含个体数。均方和方差这两个名称常常通用，但习惯上称样本的 s^2 为均方，总体的 σ^2 为方差。

3. 标准差

（1）标准差的定义　标准差为方差的正平方根值，用于表示资料的变异度，其单位与观察值的度量单位相同。从样本资料计算标准差的公式为

$$s = \sqrt{\frac{\sum(y - \overline{y})^2}{n-1}} \tag{7-7}$$

同样，样本标准差是总体标准差的估计值。总体标准差用 σ 表示，即

$$\sigma = \sqrt{\frac{\sum(y - \mu)^2}{N}} \tag{7-8}$$

式（7-7）和式（7-8）中，s 为样本标准差，$\overline{y}$ 为样本平均数，$n-1$ 为自由度（可记为 $\nu = n-1$），σ 为总体标准差，μ 为总体平均数，N 为有限总体所包含的个体数。

（2）自由度的意义　比较式（7-7）和式（7-8），样本标准差不以样本容量 n 为除数，而以自由度 $n-1$ 作为除数，这是因为通常所掌握的是样本资料，不知 μ 的数值，不得不用样本平均数 $\overline{y}$ 代替 μ。$\overline{y}$ 与 μ 有差异，由算术平均数的性质可知，$\sum(y-\overline{y})^2$ 比 $\sum(y-\mu)^2$ 小。因此由 $\sqrt{\sum(y-\overline{y})^2/n}$ 算出的标准差将偏小。如分母 n 用 $n-1$ 代替，则可免除偏小的弊病。数理统计上可以证明用自由度作除数计算标准差的无偏性。

自由度记作 DF，其具体数值则常用 ν 表示。它的统计意义是指样本内独立而能自由变动的离均差个数。例如一个有5个观察值的样本，因为受统计数 $\overline{y}$ 的约束，在5个离均差中，只有4个数值可以在一定范围之内自由变动取值，而第5个离均差必须满足 $\sum(y-\overline{y})=0$。例如一个样本为3、4、5、6、7，平均数为5，前4个离差为 -2、-1、0 和 1，则第5个离均差为前4个离均差之和的变号数，即 $-(-2)=2$。一般地，样本自由度等于观察值的个数（n）减去约束条件的个数（k），即 $\nu = n-k$。

在应用上，小样本一定要用自由度来估计标准差；如为大样本，因 n 和 $n-1$ 相差微小，也可不用自由度，而直接用 n 作除数。但样本大小的界限没有统一规定，所以一般样本资料在估计标准差时，皆用自由度。

（3）标准差的计算方法　标准差的计算分4个步骤：①求出 $\overline{y}$；②求出各个 $y-\overline{y}$ 和各个 $(y-\overline{y})^2$；③求和得 $\sum(y-\overline{y})^2$；④代入式（7-7）算得标准差。

【例 7-1】 设某烟草单叶质量的样本有 5 个观察值,以 g 为单位,其数为 2、8、7、5、4(用 y 代表),按照上述步骤,由表 7-2 可算得平方和为 22.80,把它代入式(7-7),即可得到

$$s = \sqrt{\frac{\sum(y-\bar{y})^2}{n-1}} = \sqrt{\frac{22.80}{5-1}} = 2.39(g)$$

即该烟草单叶质量的标准差为 2.39 g。

表 7-2 烟草单叶重的平方和的计算

计算项目	y	$y-\bar{y}$	$(y-\bar{y})^2$	y^2
	2	−3.2	10.24	4
	8	2.8	7.84	64
	7	1.8	3.24	49
	5	−0.2	0.04	25
	4	−1.2	1.44	16
总和	26	0	22.80	158
平均	5.2			

4. 变异系数 标准差和观察值的单位相同,表示一个样本的变异度。若比较两个样本的变异度,则因单位不同或平均数不同,不能用标准差进行直接比较。这时可计算样本的标准差对平均数的百分数,称为变异系数(CV),即

$$CV = \frac{s}{\bar{y}} \times 100\% \tag{7-9}$$

由于变异系数是一个不带单位的纯数,故可用以比较任意两个事物的变异度大小。例如表 7-3 为两个烟草品种株高的平均数($\bar{y}$)、标准差(s^2)和变异系数(CV)。如只从标准差看,品种甲比乙的变异大些;但因两者的平均数不同,标准差间不宜直接比较。如果算出变异系数,就可以相互比较,这里乙品种的变异系数为 11.3%,甲品种为 9.5%,可见乙品种的相对变异程度较大。

表 7-3 两个烟草品种株高的测量结果

品种	$\bar{y}$(cm)	s(cm)	CV(%)
甲	95.0	9.02	9.5
乙	75.0	8.50	11.3

变异系数在田间试验设计中有重要用途。例如在空白试验时,可作为土壤差异的指标;而且可以作为确定试验小区的面积、形状和重复次数等的依据。但是在使用变异系数时,应该认识到它是由标准差和平均数构成的比数,既受标准差的影响,又受平均数的影响。因此在使用变异系数表示样本变异程度时,宜同时列举平均数和标准差,否则可能会引起误解。

五、事件、概率和随机变量

(一)事件和事件发生的概率

自然界的一种事物,常存在几种可能出现的情况,每种可能出现的情况称为事件,而每

个事件出现的可能性称为该事件的概率。例如种子可能发芽，也可能不发芽，这就是两种事件，而发芽的可能性和不发芽的可能性就是对应于两种事件的概率。若某特定事件只是可能发生的几种事件中的1种，这种事件称为随机事件，例如抽取1粒种子，它可能发芽也可能不发芽，这决定于发芽与不发芽的机会（概率），发芽与不发芽这两种可能性均存在，出现的是这两种可能性中的1种。

事件发生的可能性（概率）是在大量的试验中观察得到的，例如烟草发生花叶病危害的情况，并不是所有的烟株都受害，随着观察的次数增多，对烟株受害可能性程度大小的把握就越准确、越稳定。这里将一个调查结果列于表7-4。调查5株时，有2株受害，受害株的频率为40%，调查25株时受害频率为48%，调查100株时受害频率为33%。可以看出3次调查结果有差异，说明受害频率有波动、不稳定。而当进一步扩大调查的单株数时，发现频率比较稳定了，调查500～2 000株的结果是受害烟株稳定在35%左右。

表7-4　在相同条件下花叶病在某烟田危害程度的调查结果

调查株数（n）	5	25	50	100	200	500	1 000	1 500	2 000
受害株数（a）	2	12	15	33	72	177	351	525	704
烟株受害频率（a/n）	0.40	0.48	0.30	0.33	0.36	0.354	0.351	0.350	0.352

现以n代表调查株数，以a代表受害株数，那么可以计算出受害频率$p=a/n$。从烟株受害情况调查结果看，频率在n取不同的值时，尽管调查田块是相同的，频率p却不同，只有在n很大时频率才比较稳定一致。因而调查株数n较多时的稳定频率才能较好地代表烟株受害的可能性。统计学上用n较大时稳定的频率（p）近似代表概率。然而，正如此试验中出现的情况，尽管频率比较稳定，但仍有较小的数值波动，说明观察的频率只是对烟株受害这个事件的概率的估计。统计学上通过大量试验而估计的概率称为试验概率或统计概率，以$P(A)\underset{n\to\infty}{=}a/n$表示。此处$P$代表概率，$P(A)$代表事件A的概率，$P(A)$变化的范围为0～1，即$0\leqslant P(A)\leqslant 1$。

随机事件的概率表现了事件的客观统计规律性，它反映了事件在一次试验中发生可能性的大小，概率大表示事件发生的可能性大，概率小表示事件发生的可能性小。若事件A发生的概率较小，例如小于0.05或0.01，则认为事件A在一次试验中不太可能发生，这称为小概率事件实际不可能性原理，简称小概率原理。这里的0.05或0.01称为小概率标准，烟草试验研究中通常使用这两个小概率标准。

除了随机事件外，还有必然事件和不可能事件，它们是随机事件的特例。对于一类事件来说，如果在同一组条件的实现之下必然要发生的，则称为必然事件，例如水在标准大气压下加热到100 ℃必然沸腾。相反，如果在同一组条件的实现之下必然不发生的，则称为不可能事件，例如水在标准大气压下温度低于100 ℃时，不可能沸腾。必然事件和不可能事件发生的概率分别为1和0。

（二）随机变量

随机变量是指随机变数所取的某个实数值。用抛硬币试验做例子，硬币落地后只有两种可能结果：币值面向上和国徽面向上，用数"1"表示"币值面向上"，用数"0"表示"国徽面向上"。把0、1作为变量y的取值。在讨论试验结果时，就可以简单地把抛硬币试验

用取值为 0、1 的变量来表示，即有

$$P(y=1)=0.5 \quad P(y=0)=0.5$$

同理，用"1"表示"能发芽种子"，其概率为 p；用"0"表示"不能发芽种子"，其概率为 q。显然 $p+q=1$，则 $P(y=1)=p$，$P(y=0)=q=1-p$。

用变量 y 表示烟草产量，若 y 大于 250 kg 的概率为 0.25，大于 150 kg 且等于小于 250 kg 的概率为 0.65，等于小于 150 kg 的概率为 0.1。则用变量 y 的取值范围来表示的试验结果为 $P(y\leqslant 150)=0.10$，$P(150<y\leqslant 250)=0.65$，$P(y>250)=0.25$。

对于前两个例子，当试验只有几个确定的结果，并可一一列出，变量 y 的取值可用实数表示，且 y 取某一值时，其概率是确定的，这种类型的变量称为离散型随机变量。将这种变量的所有可能取值及其对应概率一一列出所形成的分布称为离散型随机变量的概率分布，即

| 变量 (y_i) | y_1 y_2 y_3 … y_n |
| 概率 $[P(y=y_i)]$ | P_1 P_2 P_3 … P_n |

$P(y=y_i)$ 也可用函数 $f(y)$ 表述，称为概率函数。

对于上面烟草产量的例子，变量 y 的取值仅为一个范围，且 y 在该范围内取值时，其概率是确定的。此时取 y 为一固定值是无意义的，因为在连续尺度上一点的概率几乎为 0。这种类型的变量称为连续型随机变量。对于随机变量，若存在非负可积函数 $f(y)$（$-\infty<y<+\infty$），对任意 a 和 b（$a<b$）都有 $P(a\leqslant y<b)=\int_a^b f(y)\mathrm{d}y$，则称 y 为连续型随机变量，$f(y)$ 称为 y 的概率密度函数或分布密度。因此它的分布由密度函数确定。若已知密度函数，则通过定积分可求得连续型随机变量在某区间的概率。

总之，随机变量可能取得的每个实数值或某个范围的实数值是有一个相应概率的，这就是所要研究和掌握的规律，这种规律称为随机变量的概率分布。随机变量完整地描述了一个随机试验，它不仅告诉人们随机试验的所有可能结果，而且告诉人们随机试验各种结果出现的可能性大小。这样，对随机试验概率分布的研究，就转变成了对随机变量的概率分布的研究了。这里须注意事件发生的可能性与试验结果是不同的，前者是指事件可能发生的概率，后者是指特定试验结果，这种结果可能是概率大的事件发生了，也可能概率小的事件发生了。概率分布指明了不同事件发生的可能性。随机变量是用来代表总体的任意数值的，随机变数是随机变量的一组数据，代表总体的随机样本资料，它可用来估计总体的参数。

六、二项式分布、多项式分布和正态分布

（一）二项总体及二项式分布

试验或调查中最常见的一类随机变数是整个总体的各组或单位可以根据某种性状的出现与否而分为两组，例如烟草种子发芽和不发芽、烟草子叶色为黄色和青色、调查烟田花叶病危害分为受害株和不受害株等。这类变数均属间断性随机变数，其总体中包含两项，即非此即彼的两项，它们构成的总体称为二项总体。

为便于研究，通常将二项总体中的"此"事件以变量"1"表示，具概率 p；将"彼"事件以变量"0"表示，具概率 q。因而二项总体又称为 0、1 总体，其概率则显然有：$p+q=1$ 或 $q=1-p$。如果从二项总体抽取 n 个个体，可能得到 y 个个体属于"此"，而属于"彼"的个体为 $n-y$。由于是随机独立地从总体中抽取个体的，每次抽取的个体均有可能属

于"此",也可能属于"彼",那么得到的 y 个"此"个体的数目可能为 0、1、2、…、n 个。此处将 y 作为间断性资料的变量,y 共有 $n+1$ 种取值,这 $n+1$ 种取值各有其概率,因而由变量及其概率就构成了一个分布,这个分布称为二项式概率分布,简称二项式分布或二项分布。例如观察施用某种农药后供试 5 头蚜虫的死亡数目,记"死"为 0,记"活"为 1,观察结果将出现 6 种事件,它们是 5 头全死、4 死 1 活、3 死 2 活、2 死 3 活、1 死 4 活、5 头全活,这 6 种事件构成了一个完全事件系,但 6 个事件的概率不同,将完全事件系的总概率 1 分布到 6 个事件中去,就是所谓的概率分布。如果将活的虫数 y 来代表相应的事件,便得到了关于变量 y 的概率分布。

(二) 多项总体和多项式分布

若总体内包含几种特性或分类标志,可以将总体中的个体分为几类,例如给烟草喷施一种新型农药,可能有的疗效好,有的没有疗效,而另有疗效为副作用的,像这种将变数资料分为 3 类或多类的总体称为多项总体,研究其随机变量的概率分布可使用多项式分布。

设总体中共包含有 k 项事件,它们的概率分别为 p_1、p_2、p_3、…、p_k,显然 $p_1+p_2+p_3+\cdots+p_k=1$。若从这种总体随机抽取 n 个个体,那么可能得到这 k 项的个数分别为 y_1、y_2、y_3、…、y_k,显然 $y_1+y_2+y_3+\cdots+y_k=n$。那么得到这样一个事件的概率应该是什么呢?根据数学推导,这样一个事件的概率理论上应为

$$P(y_1, y_2, y_3, \cdots, y_k) = \frac{n!}{y_1! \; y_2! \; y_3! \cdots y_k!} p_1^{y_1} p_2^{y_2} p_3^{y_3} \cdots p_k^{y_k}$$

这是多项式展开式中任意项(k 项)的概率函数,这种概率分布称为多项式分布。如果是三项式的概率分布,则有 $P(y_1, y_2, y_3) = \dfrac{n!}{y_1! \; y_2! \; y_3!} p_1^{y_1} p_2^{y_2} p_3^{y_3}$。

(三) 正态分布

正态分布,是连续性变数的理论分布。在理论和实践问题上都具有非常重要的意义。首先,客观世界确有许多现象的数据是服从正态分布的,因之正态分布可以用来配合这些现象的样本分布,从而发现这些现象的理论分布。例如人们在日常生活中发现许多数量指标总是在正常范围内有差异,偏离正常,表现过高或过低的情况总是比较少,而且越不正常的可能性越小,这就是所谓的常态或称为正态,可以用正态分布的理论及由正态分布衍生出来的方法来研究。一般烟草产量和许多经济性状的数据表现属正态分布。其次,在适当条件下,它可用来作二项式分布及其他间断性或连续性变数分布的近似分布,这样就能用正态分布代替其他分布以计算概率和进行统计推论。第三,虽然有些总体并不呈正态分布,但从总体中抽出的样本平均数及其他一些统计数的分布,在样本容量适当大时仍然趋近正态分布,因此可用它来研究这些统计数的抽样分布。

1. 二项式分布的极限——正态分布 现以二项式分布导出正态分布,因为后者是前者的极限分布。以二项式分布烟株受害率为例,假定受害概率 $p=1/2$,那么,$p=q=1/2$。现假定每个抽样单位包括 20 株,这样将有 21 组,其受害株的概率函数 $P(y)=C_{20}^{y} 0.5^y 0.5^{(20-y)}$,于是概率分布计算为

$$\left(\frac{1}{2}+\frac{1}{2}\right)^{20} = 1\left(\frac{1}{2}\right)^{20} + 20\left(\frac{1}{2}\right)^{20} + 190\left(\frac{1}{2}\right)^{20} + \cdots + 20\left(\frac{1}{2}\right)^{20} + 1\left(\frac{1}{2}\right)^{20}$$

$$= 0.000\,00 + 0.000\,02 + 0.000\,18 + \cdots + 0.000\,02 + 0.000\,00$$

现将这概率分布绘于图 7-2。从图 7-2 看出它是对称的，分布的平均数（μ）和方差（σ^2）为

$$\mu = np = 20 \,(1/2) = 10 \,（株）$$
$$\sigma^2 = npq = 20\,(1/2)(1/2) = 5 \,（株）^2$$

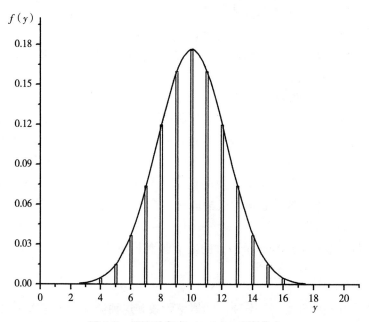

图 7-2　烟株受害率 $(0.5+0.5)^{20}$ 分布
（柱线表示二项式概率分布，曲线表示接近的正态分布）

如果 $p=q$，不论 n 值是大还是小，二项式分布的多边形图必形成对称；如果 $p\neq q$，而 n 很大时，这多边形仍趋对称。多边形是许多直线连接相邻组组中值次数的点形成的，倘 n 很大时，组数为 $n+1$ 组，组距变为非常小，连接邻组的各个直线于是变得很短，而多边形的边数也相应加多了。倘 n 或组数增加到无穷多时（$n \to \infty$），每个组的直方形都一一变为纵轴线，连接的直线也一一变为点了。这时多边形的折线就表现为一条光滑曲线。这条光滑曲线在数学上的意义是一个二项分布的极限曲线。二项式分布的极限曲线属于连续性变数分布曲线。这条曲线一般称为正态分布曲线或正态概率密度曲线。可以推导出正态分布的概率密度函数为

$$f_N(y) = \frac{1}{\sigma\sqrt{2\pi}} e^{-\frac{1}{2}\left(\frac{y-\mu}{\sigma}\right)^2} \tag{7-10}$$

y 是所研究的变数；$f_N(y)$ 是某一定值 y 出现的函数值，一般称为概率密度函数，相当于曲线 y 值的纵轴高度［这里 $f_N(y)$ 中的 N 是指正态曲线］；$\pi = 3.14159\cdots$；$e = 2.71828\cdots$；μ 为总体参数，表示所研究总体平均数，不同正态分布可以有不同的 μ，但某一定总体的 μ 是一常数。σ 为总体参数，表示所研究总体标准差，不同正态分布可以有不同的 σ，但某一定总体的 σ 是一常数。

这里 y 是从负无穷大到正无穷大的数值区间中的一个点，讨论变量处在这个点的概率是没有意义的，而且从正态总体抽取的变数资料的每个观察值均是从具有一定概率的数值区间中抽取的，所以讨论正态变数在某取值区间的概率才有意义，故这里将式（7-10）称为概

率密度函数,而非概率函数,以示区别于离散型分布的概率函数。式(7-10)的函数图见图 7-3。

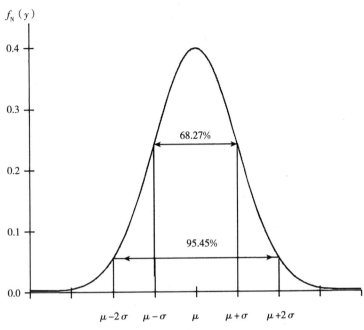

图 7-3 正态分布曲线(平均数为 μ,标准差为 σ)

参数 μ 和 σ^2 的数学表述为

$$\left.\begin{array}{l}\mu=\int_{-\infty}^{+\infty}yf_N(y)dy\\ \sigma^2=\int_{-\infty}^{+\infty}(y-\mu)^2f_N(y)dy\end{array}\right\} \quad (7\text{-}11)$$

为简化起见,一般以一个新变数 u 替代 y 变数,即将 y 离其平均数的差数,以 σ 为单位进行转换,于是 $u=\dfrac{y-\mu}{\sigma}$ 或 $u\sigma=y-\mu$。u 称为正态离差,由之可将式(7-10)标准化为

$$\varphi(u)=\dfrac{1}{\sqrt{2\pi}}e^{-\frac{1}{2}u^2} \quad (7\text{-}12)$$

式(7-12)称为标准化正态分布方程,它是参数 $\mu=0$、$\sigma^2=1$ 时的正态分布(图 7-4),记作 N(0,1)。由于它具有最简单形式,各种不同平均数和标准差的正态分布均可以经过适当转换用标准化分布表示出来。

2. 正态分布曲线的特性

①正态分布曲线是以 $y=\mu$ 为对称轴,向左右两侧做对称分布,所以它是一个对称曲线。从 μ 所竖立的纵轴 $f_N(y=\mu)$ 是最大值,所以正态分布曲线的算术平均数、中数和众数是相等的,三者均合一位于 μ 点上。

②正态分布曲线以参数 μ 和 σ 的不同而表现为一系列曲线,所以它是一个曲线簇而不仅是一条曲线。μ 确定它在横轴上的位置,而 σ 确定它的变异度,不同 μ 和 σ 的正态总体具有不同的曲线和变异度,所以任何一条特定正态曲线必须在其 μ 和 σ 确定后才能确定。图 7-5

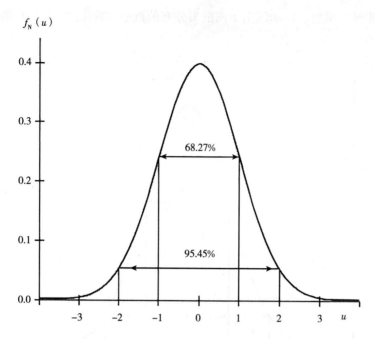

图 7-4　标准正态分布曲线（平均数 μ 为 0，标准差 σ 为 1）

和图 7-6 表示这个区别。

③正态分布资料的次数分布表现为多数次数集中于算术平均数 μ 附近，离平均数越远，其相应的次数越少；且在 μ 左右相等 $|y-\mu|$ 范围内具有相等次数；在 $|y-\mu| \geqslant 3\sigma$ 以上其次数极少。

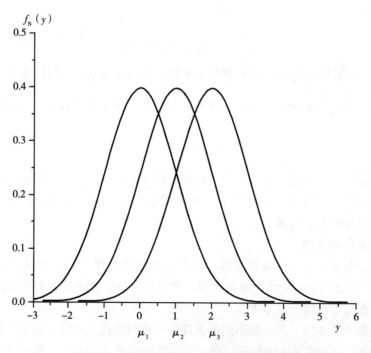

图 7-5　标准差相同（$\sigma=1$）而平均数不同
（$\mu_1=0$、$\mu_2=1$、$\mu_3=2$）的 3 个正态分布曲线

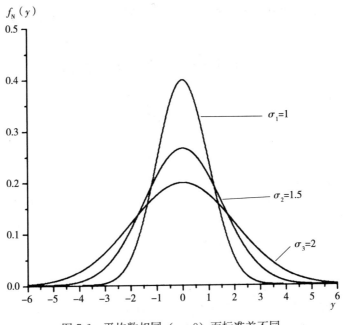

图 7-6 平均数相同（$\mu=0$）而标准差不同
（$\sigma_1=1$、$\sigma_2=1.5$、$\sigma_3=2$）的 3 个正态分布曲线

④正态曲线在$|y-\mu|=1\sigma$处有拐点。曲线两尾向左右伸展，永不接触横轴，所以当$y\to\pm\infty$，分布曲线以 y 轴为渐近线，因之曲线全距从$-\infty$到$+\infty$。

⑤正态曲线与横轴之间的总面积等于 1，因此在曲线下横轴的任何定值，例如从$y=y_1$到$y=y_2$之间的面积，等于介于这两个定值间面积占总面积的成数，或者说等于 y 落于这个区间内的概率。正态曲线的任何两个 y 定值y_a与y_b之间的面积或概率乃完全以曲线的 μ 和 σ 而确定的。

第二节 统计假设测验

一个试验相当于一个样本，由一个样本平均数可以对总体平均数做出估计，但样本平均数是因不同样本而变化的，即样本平均数有抽样误差。用存在误差的样本平均数来推断总体，其结论并不是绝对正确的。例如某地区当地烟草良种的常年平均产量为 2 250 kg/hm²（总体），若一个新品种的多点试验结果为 3 000kg/hm²（样本），试问这一新品种是否有应用价值？该新品种的平均产量比当地良种产量看起来高，即 3 000－2 250＝750 kg/hm² 是试验的表面效应，造成这种差异可能有两种原因，一种可能是新品种潜力高，另一种可能是试验误差。如何权衡并判断造成这种差异是哪种原因？方法是将表面效应与误差做比较，若表面效应并不大于误差，则无充分证据说新品种优越；相反，若表面效应大于误差，则推断表面效应不是误差，新品种确实优于当地良种。但是这个尺度如何掌握呢？只要设定一概率标准，例如表面效应属于误差的概率不大于 5% 便可推论表面效应不大可能属误差所致，而是新品种优越。这里把试验的表面效应与误差大小相比较并由表面效应可能属误差的概率而做出推论的方法称为统计推断。此时计算表面效应由误差造成的概率。首先必须假设表面效应是由误差造成，也就是假设新品种并不优于常规品种。有了这事先的假设，才能计算概率，这种先做处理无效的假设（无效假设）再依据该假设概率大小来判断接受或否定该假设的过程称为统计假设测验。

一、统计假设测验的基本原理

（一）统计假设

两个总体间的差异如何比较？一种方法是测验整个总体材料，获得全部结果。例如可在许多年份都播种这个新品种于无数田块，以比较它的产量是否优于旧地方品种。这种研究全部总体的方法是很准确的，但往往是不可能进行的，因为总体往往是无限总体，或者是包含个体很多的有限总体。因此不得不采用另一种方法，即研究样本，通过样本研究其所代表的总体。例如将新旧品种共同种植1~2年，每年种植若干个小区，取得其平均产量，然后由此推断"新旧品种无差异"的假设是否正确。如果发现假设和试验结果相符的可能性大，该假设就被接受；反之，假设符合试验结果的可能性很小，该假设就被否定。因此往往首先需要提出一个有关某一总体参数的假设。这种假设称为统计假设（statistical hypothesis）。以下列举一些适于统计测验的假设。

1. 单个平均数的假设　一个样本是从一个具有平均数 μ_0 的总体中随机抽出的，记作 $H_0: \mu = \mu_0$。例如：①某个烤烟品种的产量具有原地方品种的产量，这指新品种的产量表现乃原地方品种产量表现的一个随机样本，其平均产量（μ）等于某一指定值（μ_0），故记为 $H_0: \mu = \mu_0$。②某一烤烟品种的含梗率（μ）具有工业上某一指定的标准（C），这可记为 $H_0: \mu = C$。

2. 两个平均数相比较的假设　两个样本乃从两个具有相等参数的总体中随机抽出的，记为 $H_0: \mu_1 = \mu_2$ 或 $H_0: \mu_1 - \mu_2 = 0$。例如：①两个烤烟品种的产量是相同的；②两种杀虫药剂对于某种害虫的药效是相等的。

上述假设称为无效假设。因为假设总体参数（平均数）与某一指定值相等或假设两个总体参数相等，即假设其没有效应差异，或者说实得差异是由误差造成的。一般和无效假设相对应的应有一个统计假设，称为对应假设或备择假设，记作 $H_A: \mu \neq \mu_0$ 或 $H_A: \mu_1 \neq \mu_2$。意思是说，如果否定了无效假设，则必接受备择假设；同理，如果接受了无效假设，当然也就否定了备择假设。

以上仅是平均数的统计假设。百分数、变异数以及多个平均数的假设，亦均应在试验前按研究目的提出。试验前，提出上述无效假设的目的在于：可从假设的总体里推论其随机抽样平均数的分布，从而可以算出某个样本平均数指定值出现的概率；这样就可以研究样本和总体的关系，从而进行假设测验。

（二）统计假设测验的基本方法

假设测验方法是先按研究目的提出一个假设；然后通过试验或调查，取得样本资料；最后检查这些资料结果，看看是否与无效假设所提出的有关总体参数的约束相符合。如果二者之间符合的可能性不是很小，则接受这个无效假设；如果符合的可能性很小，则否定它，从而接受其备择假设。具体地讲，通过总体的分布确定总体参数的表现应该在某个范围内，如果超过了这个范围界限，那么就认为无效假设是错误的，应接受备择假设。

下面以一个例子说明假设测验方法的具体内容。设某地区的当地烤烟品种一般每公顷产量为 4 500 kg，即当地品种这个总体的平均数 $\mu_0=4\ 500$ kg，并从多年种植结果获得其标准差=1 125 kg，而现有某新品种通过 25 个小区的试验，计得其样本平均产量为每公顷为 4 950 kg，即 $\bar{y}=4\ 950$ kg，那么新品种样本所属总体与 $\mu_0=4\ 500$ kg 的当地品种这个总体是否有显著差异呢？以下将说明对此假设进行统计测验的方法。

1. 对所研究的总体首先提出一个无效假设 通常所做的无效假设常为所比较的两个总体间无差异。无效假设的意义在于以无效假设为前提，可以计算试验结果出现的概率。测验单个平均数，则假设该样本是从一已知总体（总体平均数为指定值 μ_0）中随机抽出的，即 $H_0: \mu=\mu_0$。如上例，即假定新品种的总体平均数 μ 等于原品种的总体平均数 $\mu_0=4\ 500$ kg，而样本平均数 $\bar{y}$ 和 μ_0 之间的差数：$4\ 950-4\ 500=450$（kg）属随机误差；对应假设则为 $H_A: \mu\neq\mu_0$。如果测验两个平均数，则假设两个样本的总体平均数相等，即 $H_0: \mu_1=\mu_2$，也就是假设两个样本平均数的差数 $\bar{y}_1-\bar{y}_2$ 属随机误差，而非真实差异；其对应假设则为 $H_A: \mu_1\neq\mu_2$。

2. 测验 在承认上述无效假设的前提下，获得平均数的抽样分布，计算假设正确的概率。仍以上述烤烟新品种的问题为例子。无效假设为 $H_0: \mu=\mu_0$，即新品种产量与原当地品种产量总体无显著差异。先承认无效假设，那么在此前提下，就可以得到从已知总体中抽取样本容量为 $n=25$ 的样本，该样本平均数的抽样分布是可以推知的，属于正态分布，平均数 $\mu_{\bar{y}}=\mu=4\ 500$ kg，标准误 $\sigma_{\bar{y}}=\sigma/\sqrt{n}=1\ 125/\sqrt{25}=225$ （kg）。通过试验，如果新品种的平均产量很接近 4 500 kg，例如 4 501 kg 或 4 499 kg 等，则试验结果当然与假设相符，于是应接受无效假设 H_0。如果新品种的平均产量为 7 500 kg，与总体假设相差很大，那当然应否定无效假设 H_0。但如果试验结果与总体假设并不相差悬殊，例如上例那样 $\bar{y}-\mu_0=450$ kg，那应如何判断呢？这就要借助于概率原理，具体做法有以下两种。

（1）计算概率 在假设 H_0 为正确的条件下，根据 $\bar{y}$ 的抽样分布算出获得 $\bar{y}=4\ 950$ kg 的概率，或者说算得出现随机误差 $\bar{y}-\mu=450$ kg 的概率。在此，根据 u 测验公式可算得

$$u=\frac{\bar{y}-\mu}{\sigma_{\bar{y}}}=\frac{4\ 950-4\ 500}{225}=2$$

因为假设是新品种产量有大于或小于当地品种产量的可能性，所以需用两尾测验。查概率附表当 $u=2$ 时，P（概率）界于 0.04 和 0.05 之间，即这一试验结果：$\bar{y}-\mu_0=450$ kg，属于抽样误差的概率小于 5%。于是可做出供选择的两种推论：或者这一差数是随机误差，但其出现概率小于 5%；或者这一差数不是随机误差，则这一样本（$\bar{y}=4\ 950$ kg）不是假设总体（$\mu_0=4\ 500$ kg）中的一个随机样本，其概率大于 95%。

（2）计算接受区和否定区 在假设 H_0 为正确的条件下，根据 $\bar{y}$ 的抽样分布划出一个区间，如 $\bar{y}$ 在这一区间内则接受 H_0，如 $\bar{y}$ 在这一区间外则否定 H_0。其意思是，若 $\bar{y}$ 落在这一区间内，则可解释为随机误差；若 $\bar{y}$ 落在这一区间外，该差数应解释为真实差数。如何确定这一区间呢？根据上文所述 $\bar{y}$ 和 $u=\dfrac{\bar{y}-\mu}{\sigma_{\bar{y}}}$ 的分布，可知

$$P\{\mu-1.96\sigma_{\bar{y}}<\bar{y}<\mu+1.96\sigma_{\bar{y}}\}=0.95$$

$$P\{\frac{\bar{y}-\mu}{\sigma_{\bar{y}}}>1.96\}=0.025 \qquad P\{\frac{\bar{y}-\mu}{\sigma_{\bar{y}}}<-1.96\}=0.025$$

因之可写为

$$P\{\overline{y}>(\mu+1.96\sigma_{\overline{y}})\}=0.025 \quad P\{\overline{y}<(\mu-1.96\sigma_{\overline{y}})\}=0.025$$

因此在 $\overline{y}$ 的抽样分布中，落在 $(\mu-1.96\sigma_{\overline{y}}, \mu+1.96\sigma_{\overline{y}})$ 区间内的 $\overline{y}$ 有 95%，落在这一区间外（即 $\overline{y}\leqslant\mu-1.96\sigma_{\overline{y}}$ 和 $\overline{y}\geqslant\mu+1.96\sigma_{\overline{y}}$）的 $\overline{y}$ 只有 5%。如果以 5% 概率作为接受或否定 H_0 的界限，则前者为接受假设的区域，简称为接受区；后者为否定假设的区域，简称否定区。在 u 测验时，一般将否定区域和接受区域的两个临界值写作 $\mu\pm1.96\sigma_{\overline{y}}$，即 $\overline{y}$ 在 $(\mu-1.96\sigma_{\overline{y}}, \mu+1.96\sigma_{\overline{y}})$ 区间内为接受 H_0 区域；而 $\overline{y}\leqslant\mu-1.96\sigma_{\overline{y}}$ 和 $\overline{y}\geqslant\mu+1.96\sigma_{\overline{y}}$ 为两个否定 H_0 区域。所以在测验时需先计算 $1.96\sigma_{\overline{y}}$，然后从 μ 加上和减去 $1.96\sigma_{\overline{y}}$，即得两个否定区域的临界值。同理，从平均数 $\overline{y}$ 离 μ 为 $2.58\sigma_{\overline{y}}$ 的区间，即从 $\mu-2.58\sigma_{\overline{y}}$ 到 $\mu+2.58\sigma_{\overline{y}}$ 的区间为 99% 接受区域，任一样本平均数出现于这区间外的概率仅有 0.01，它的两个否定区域则为 $\overline{y}\leqslant\mu-2.58\sigma_{\overline{y}}$ 和 $\overline{y}\geqslant\mu+2.58\sigma_{\overline{y}}$。如上述烤烟新品种例，$\mu_0=4\,500$ kg，$\sigma_{\overline{y}}=225$ kg，$1.96\sigma_{\overline{y}}=441$ kg。因此它的两个 2.5% 概率的否定区域为 $\overline{y}\leqslant 4\,500-441$ 和 $\overline{y}\geqslant 4\,500+441$，即 $\overline{y}$ 大于 4 941 kg 和小于 4 059 kg 的概率只有 5%（图 7-7）。

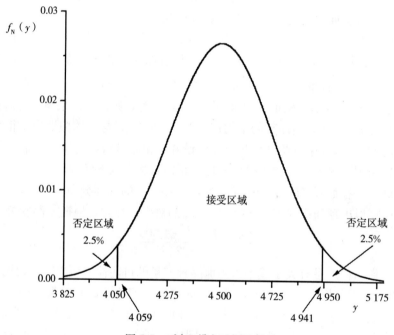

图 7-7　5% 显著水平假设测验
（表示接受区域和否定区域）

（3）根据"小概率事件不可能发生"原理接受或否定假设　当一事件的概率很小时可认为该事件在一次试验中几乎是不可能事件。故当 $\overline{y}-\mu$ 由随机误差造成的概率小于 5% 或 1% 时，人们就可认为它不可能属于抽样误差，从而否定假设。如上述烤烟品种例子，$\overline{y}-\mu_0=450$ kg 时，前已算得，因随机误差而得到该差数的概率 $P<0.05$，因而可以否定 H_0，称这个差数是显著的。如果因随机误差而得到某差数的概率 $P<0.01$，则称这个差数是极显著的。所以这种假设测验也称为显著性测验。

用来测验假设的概率标准 5% 或 1% 等，称为显著水平，一般以 α 表示，如 $\alpha=0.05$ 或 $\alpha=0.01$。上例算得 u 值的概率小于 5%，即说明差数 450 kg 已达 $\alpha=0.05$ 显著水平。

假设测验时选用的显著水平,除 $\alpha=0.05$ 和 $\alpha=0.01$ 为常用外,也可以选 $\alpha=0.10$ 或 $\alpha=0.001$ 等。到底选那种显著水平,应根据试验的要求或试验结论的重要性而定。如果试验中难以控制的因素较多,试验误差可能较大,则显著水平可选低些,即 α 值取大些。反之,如试验耗费较大,对精确度的要求较高,不容许反复,或者试验结论的应用事关重大,则所选显著水平应高些,即 α 值应该小些。显著水平(α)对假设测验的结论是有直接影响的,所以它应在试验开始前即规定下来。

综合上述,统计假设测验的步骤可总结如下。

①对样本所属的总体提出统计假设,包括无效假设和备择假设。

②规定测验的显著水平 α 值。

③在 H_0 为正确的假定下,根据平均数($\bar{y}$)或其他统计数的抽样分布,如为正态分布的则计算正态离差 u 值。由 u 值查附表即可知道因随机抽样而获得实际差数(如 $\bar{y}-\mu$ 等)由误差造成的概率。或者根据已规定概率,例如 $\alpha=0.05$,查出 $u=\pm 1.96$,因而划出两个否定区域为:$\bar{y} \leqslant \mu - 1.96\sigma_{\bar{y}}$ 和 $\bar{y} \geqslant \mu + 1.96\sigma_{\bar{y}}$。

④将规定的 α 值和算得的 u 值的概率相比较,或者将试验结果和否定区域相比较,从而做出接受或否定无效假设的推断。

(三) 两尾测验与一尾测验

在提出一个统计假设时,必有一个相对应的备择假设。备择假设为否定无效假设时必然要接受的假设。例如上述单个平均数测验,若 $H_0: \mu = \mu_0$,则备择假设为 $H_A: \mu \neq \mu_0$。后者即指该新品种的总体平均产量不是 4 500 kg,而是大于 4 500 kg 或小于 4 500 kg 两种可能性。因而在假设测验时所考虑的概率为正态曲线左边一尾概率(小于 4 500 kg)和右边一尾概率(大于 4 500 kg)的总和。这类测验称为两尾测验,它具有两个否定区域。

如果统计假设为 $H_0: \mu \leqslant \mu_0$,则其对应的备择假设必为 $H_A: \mu > \mu_0$。例如某种农药规定杀虫效果达 90% 方合标准,则其统计假设为 $H_0: \mu \leqslant 90\%$。倘若否定 H_0,则必然接受 $H_A: \mu > 90\%$。因而这个对应的备择假设仅有 1 种可能性,而统计假设仅有 1 个否定区域,即正态曲线的右边一尾。这类测验称为一尾测验。一尾测验还有另一种情况,即 $H_0: \mu \geqslant \mu_0$,$H_A: \mu < \mu_0$,这时否定区域在左边一尾,例如施用某种杀菌剂后发病率为 10%,不施用时常年平均为 50%,要测验使用杀菌剂后是否降低了发病率,使用这后一种无效假设及其对应的备择假设。做一尾测验时,需将附表列出的两尾概率乘以 1/2,再查出其 u 值。例如做一尾测验当 $\alpha=0.05$ 时,查附表的 $P=0.10$ 一栏,$u=1.64$,其否定区域或者为 $\bar{y} \geqslant \mu + 1.64\sigma_{\bar{y}}$(当 $H_0: \mu \leqslant \mu_0$ 时),或者是 $\bar{y} \leqslant \mu - 1.64\sigma_{\bar{y}}$(当 $H_0: \mu \geqslant \mu_0$ 时)。

这里顺便说一句,如果 $\bar{y} \leqslant \mu_0$,那么就没有必要做无效假设及其测验了;相反,$\bar{y} \geqslant \mu_0$,但二者的差距并不大时,仍应该进行假设测验。两尾测验也是这个道理,如果 $\bar{y} = \mu_0$,也没有必要做假设测验。两尾测验的临界正态离差 $|u_\alpha|$ 大于一尾测验的 $|u_\alpha|$。例如 $\alpha=0.05$ 时,两尾测验的 $|u_\alpha|=1.96$,而一尾测验则 $u_\alpha=+1.64$ 或 $u_\alpha=-1.64$。所以一尾测验容易否定假设。在试验之前便应慎重考虑采用一尾测验还是两尾测验。

(四) 假设测验的两类错误

假设测验依据"小概率事件不可能发生原理"。使用估计值对总体进行推断,也可能会犯错误,这种错误包括两类,一类是无效假设是正确的情况,可是由于假设测验结果否定了无效假设;另一类是无效假设是错误的,备择假设本来是正确的,可是测验结果却接受了无效假设。前者是说不同总体的参数间本来没有差异，可是测验结果认为有差异，这种错误称为第一类错误；后者是说参数间本来有差异，可是测验结果却认为参数间无差异，这种错误称为第二类错误。假设测验的错误可总结为表 7-5。

表 7-5 假设测验的两类错误

测验结果	如果 H_0 是正确的	如果 H_0 是错误的
H_0 被否定	第一类错误	没有错误
H_0 被接受	没有错误	第二类错误

进一步讲，如果样本统计数落在已知分布的置信区间以外，那么就做出统计推断，认为参数间有差异，或者说差异显著。做出这种假设测验可能犯的错误是：如果客观上样本所代表的总体参数与已知总体间无差异，可是测验结果却认为有差异，这是第一类错误，错误的概率为显著水平 α 值。例如上述烤烟品种例子，$H_0：\mu=\mu_0=4\ 500$ kg，取 $\alpha=0.05$。从 $\bar{y}$ 的分布可知，当 $\bar{y}$ 在 $\mu\pm1.96\sigma_{\bar{y}}$ 之间，即在 4 059～4 941 kg 之间时，皆接受 H_0，即接受 $\mu=4\ 500$ kg 的假设；而当 $\bar{y}$ 在 $\mu\pm1.96\sigma_{\bar{y}}$ 以外，即 $\bar{y}>4\ 941$ kg 或 $\bar{y}<4\ 059$ kg 时，则否定 $H_0：\mu=4\ 500$ kg 的假设。已知在假设为正确（即 $\mu=4\ 500$ kg）的条件下，样本平均数 $\bar{y}$ 的分布会有 5% 的 $\bar{y}$ 落入图 7-7 的否定区域，因而对一个正确的假设而做出错误的否定的概率就是显著水平 $\alpha=0.05$，它是犯第一类错误的概率。由此可见，规定 $\alpha=0.05$ 为否定假设的概率标准，就是说明假设测验结论仅有 95% 的把握，同时却冒着 5% 的下错误结论的危险（即有 5% 的危险把随机抽样误差错当作真实差数）。如果采用更高的显著水平，如 $\alpha=0.01$ 或 $\alpha=0.001$，则犯第一类错误的概率就更小了。

如果样本统计数落在已知分布的接受区以内，那么就做出统计推断：认为参数间没有差异，或者说差异不显著。做出这种统计推断可能犯的错误是：如果客观上样本所代表的总体参数与已知总体间有差异，可是假设测验却不能发现这种差异，测验结果认为没有差异，这是第二类错误，错误的概率为 β 值。β 值的计算方法就是计算抽样平均数落在已知总体的接受区的概率（这里的已知总体是假定的）。已知总体的均值 $\mu_0=4\ 500$ kg，其平均数抽样标准误为 225 kg，被抽样总体的平均数 $\mu=4\ 725$ kg、标准误也为 225 kg，由此可以画出这两个总体的分布曲线，如图 7-8 所示，图中标出了已知总体的接受区域在 c_1 和 c_2 之间。

从被抽样总体抽得的平均数可能落在 c_1 和 c_2 的概率为被抽样总体的抽样分布曲线与 c_1 和 c_2 两条直线以及横轴围成的面积，这个面积正是抽样平均数落在已知总体接受区的可能性。由于两个总体的平均数不同，这种可能性正是第二类错误的概率值，其一般计算方法为

$$u_1=\frac{4\ 059-4\ 725}{225}=-2.96 \qquad u_2=\frac{4\ 941-4\ 725}{225}=0.96$$

查概率附表得，$P(u_1<-2.96)=0.001\ 5$，$P(u_2<0.96)=0.831\ 5$，故有 $\beta=P(u_2<0.96)-P(u_1<-2.96)=0.831\ 5-0.001\ 5=0.83$ 或 83%。这就是说，如果样本从具有 $\mu=4\ 725$ kg 而不是 $\mu_0=4\ 500$ kg 的总体抽得，则在规定显著水平 $\alpha=0.05$ 下，将有 83% 的机会接受 $H_0：\mu_0=4\ 500$ kg 的错误结论；换言之，不能识别 $H_0：\mu_0=4\ 500$ kg 为错误的概率为 83%。

由上述计算和图 7-8 还可看到，如提高显著水平 α 的标准，譬如取 $\alpha=0.01$ 或 $\alpha=0.001$，则 c_1 线向左移动，c_2 线向右移动，因而 β 值会增大。由此说明，显著水平过高（α

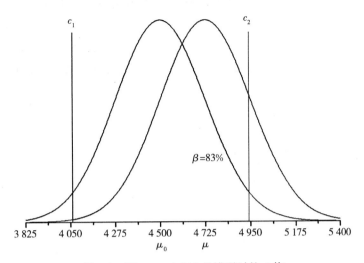

图 7-8　H_0：$\mu=4\,500$ 是错误时的 β 值

值过小），会增大犯第二类错误的危险，也就是增大了把原来是真实的差数误认为是随机误差的概率。

如果再假定新品种总体的真 $\mu=5\,175$ kg，即离开 $\mu_0=4\,500$ kg 更远一些，如图 7-9 所示。则可算得犯第二类错误的概率 $\beta=0.15=15\%$。因此 β 值的大小又是依赖于真 μ 与假设的 μ_0 间的距离的。如 μ 和 μ_0 靠近，则易接受错误的 H_0，犯第二类错误的概率 β 较大，如图 7-8，$\beta=83\%$；如 μ 和 μ_0 相距较远，则不易接受错误的 H_0 而犯第二类错误，如图 7-9，$\beta=15\%$。

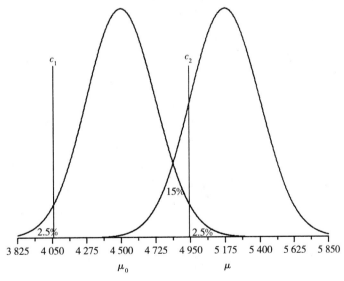

图 7-9　$\mu_0=4\,500$ 而 $\mu=5\,175$ 的 β 值

同样，在图 7-9 也可看出，如将显著水平 $\alpha=0.05$ 减小到 $\alpha=0.01$，则 β 值也要增大一些。所以在样本容量 n 固定时，显著水平 α 值的减小是一定要增大 β 值的，即第一类错误的概率减小必然使第二类错误的概率增大，反之亦然。

但是如果样本容量增加，则两类错误的概率都可减小。从图 7-8 和图 7-9 皆可看出，如

显著水平 α 已定，否定区域即已固定，因而犯第二类错误的概率 β 乃决定于这两条曲线相互重叠的程度。现在如将 n 从 25 增至 225，则 $\sigma_{\bar{y}}=1\,125/\sqrt{225}=75$ kg，因而 $\mu_0=4\,500$ 曲线的否定区域为 $\bar{y}<4\,353$ kg 和 $\bar{y}>4\,647$ kg，$\mu=5\,175$ kg 曲线的否定区域为 $\bar{y}<5\,028$ kg 和 $\bar{y}>5\,322$ kg，见图 7-10。由于标准误变小，这两条曲线并不重叠了，因而犯两类错误的概率都减小。

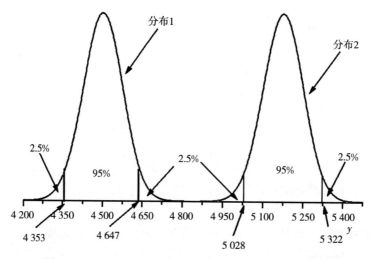

图 7-10　$\mu_0=4\,500$，$\mu=5\,175$，$\sigma_{\bar{y}}=75$ 时的两个曲线分布

由于样本平均数的标准误 $\sigma_{\bar{y}}=\sigma/\sqrt{n}$，因而无论是 σ 减小还是 n 增加，均可使 $\sigma_{\bar{y}}$ 变小，所以，改进试验技术可以控制出现上述两类错误的概率。

综合上述，关于两类错误的讨论可总结如下。

①在样本容量 n 固定的条件下，提高显著水平 α（取较小的 α 值），如从 5% 变为 1% 则将增大第二类错误的概率 β 值。

②在 n 和显著水平 α 相同的条件下，真总体平均数 μ 和假设平均数 μ_0 的相差（以标准误为单位）愈大，则犯第二类错误的概率 β 值愈小。

③为了降低犯两类错误的概率，需采用一个较低的显著水平，例如 $\alpha=0.05$；同时适当增加样本容量，或适当减小总体方差 σ^2，或两者兼有之。

④如果显著水平 α 已固定下来，则改进试验技术和增加样本容量可以有效地降低犯第二类错误的概率。因此不良的试验设计（例如观察值太少等）和粗放的试验技术，是使试验不能获得正确结论的极重要原因。因为在这样的情况下，容易接受任一个假设，而不论这假设是正确的还是错误的。

二、平均数的假设测验

（一）t 分布

从一个平均数为 μ、方差为 σ^2 的正态总体中抽样，或者在一个非正态总体里抽样只要样本容量有足够大，则所得一系列样本平均数 $\bar{y}$ 的分布必趋向正态分布，具有 $N(\mu, \sigma_{\bar{y}}^2)$，并且 $u=\dfrac{\bar{y}-\mu}{\sigma_{\bar{y}}}$ 遵循正态分布 $N(0, 1)$。因此由试验结果算得 u 值后，便可从概率附表查得其相应的概率,测验 $H_0: \mu = \mu_0$。这类测验称为 u 测验,上节烤烟新品种产量的平均数是否不同于当地品种的测验,就是 u 测验的一个例子。

但是测验只有在总体方差 σ^2 为已知,或 σ^2 虽未知但样本容量相当大,可用 s^2 直接作为 σ^2 估计值时应用。当样本容量不太大($n<30$)而 σ^2 为未知时,如以样本均方 s^2 估计 σ^2,则其标准化离差 $\dfrac{\bar{y}-\mu}{s_{\bar{y}}}$ 的分布不呈正态分布而呈 t 分布,具有自由度 DF 或 $\nu = n-1$。

$$t = \frac{\bar{y}-\mu}{s_{\bar{y}}} \qquad (7\text{-}13)$$

$$s_{\bar{y}} = \frac{s}{\sqrt{n}} \qquad (7\text{-}14)$$

式中,$s_{\bar{y}}$ 为样本平均数的标准误,它是 $\sigma_{\bar{y}}$ 的估计值;s 为样本标准差;n 为样本容量。

t 分布是 1908 年 W. S. Gosset 首先提出的,又称为学生氏分布(Student's distribution)。它是一组对称密度函数曲线,具有一个单独参数 ν(自由度)以确定某一特定分布。在理论上,当 ν 增大时,t 分布趋向于正态分布。

t 分布的密度函数为

$$f_\nu(t) = \frac{[(\nu-1)/2]!}{\sqrt{\pi\nu}\,[(\nu-2)/2]!}\left(1+\frac{t^2}{\nu}\right)^{-\frac{\nu+1}{2}}, \quad (-\infty < t < +\infty) \qquad (7\text{-}15)$$

t 分布的平均数和标准差为:

$$\left.\begin{array}{l} \mu_t = 0 \text{(假定 } \nu > 1\text{)} \\ \sigma_t = \sqrt{\dfrac{\nu}{\nu-2}} \text{(假定 } \nu > 2\text{)} \end{array}\right\} \qquad (7\text{-}16)$$

t 分布曲线是对称的,围绕其平均数 $\mu_t = 0$ 向两侧递降。自由度较小的 t 分布比之自由度较大的 t 分布具有较大的变异度。和正态曲线比较,t 分布曲线稍为扁平,峰顶略低,尾部稍高(图7-11)。t 分布是一组随自由度 ν 而改变的曲线,但当 $\nu > 30$ 时接近正态曲线,当 $\nu = \infty$ 时和正态曲线合一。由于 t 分布受自由度制约,所以 t 值与其相应的概率也随自由度而不同。

和正态概率累积函数一样,t 分布的概率累积函数也分一尾表和两尾表。一尾表为 t 到 ∞ 的面积,两尾表为 $-\infty$ 到 $-t$ 和 t 到 ∞ 两个相等的尾部面积之和。t 分布的概率累积函数为

$$F_\nu(t) = \int_{-\infty}^{+\infty} f_\nu(t)\,\mathrm{d}t \qquad (7\text{-}17)$$

t_α 于给定 t_0 值时有 $\qquad F_\nu(t_0) = P(t < t_0) = \displaystyle\int_{-\infty}^{t_0} f_\nu(t)\,\mathrm{d}t$

因而 t 分布曲线右尾从 t 到 ∞ 的面积为 $1 - F_\nu(t)$,而两尾面积则为 $2[1-F_\nu(t)]$,例如 $\nu=3$ 时,$P(t<3.182)=0.975$,故右边一尾面积为 $1-0.975=0.025$(指 t 为 3.182 到 ∞ 的一尾面积);由于 t 分布左右对称,故左边一尾(t 为 $-\infty$ 到 -3.182)的面积也是 0.025;因而两尾面积为 $2(1-0.975)=0.05$。如要查一尾概率,则只需将附表上的表头概率值乘以 1/2 即得,例如 $\nu=3$ 时,$t=5.841$,表上 $P=0.01$,则一尾概率 P 值应为 $0.01/2=0.005$。

在 t 值表中,若 ν 相同,则 P 越大,t 越小;P 越小,t 越大。因此在假设测验时,当算得的 $|t|$ 大于或等于表上查出的 t_α 时,则表明其属于随机误差的概率小于规定的显著水

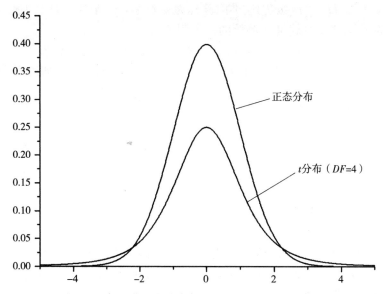

图7-11 标准化正态分布与自由度为4的t分布曲线

平,因而可否定无效假设。反之,若算得的$|t|<t_\alpha$,则接受无效假设。

按t分布进行的假设测验称为t测验(t-test)。下面分述单个样本平均数和两个样本平均数比较时的假设测验。

(二) 单个样本平均数的假设测验

这是测验某个样本$\overline{y}$所属总体平均数是否和某指定的总体平均数相同。

【例7-2】 某小麦良种的千粒重$\mu_0=34$ g,现自外地引入一高产品种,在8个小区种植,得其千粒重(g)为:35.6、37.6、33.4、35.1、32.7、36.8、35.9、34.6,问新引入品种的千粒重与当地良种有无显著差异?

这里总体σ^2为未知,又是小样本,故需用t测验;而新引入品种千粒重可能高于也可能低于当地良种,故需做两尾测验。测验步骤如下。

假设H_0:新引入品种千粒重与当地良种千粒重指定值相同,即$\mu=\mu_0=34$ g;或简记作H_0:$\mu=34$ g;对H_A:$\mu\neq 34$ g。取显著水平$\alpha=0.05$。

$$\overline{y}=(35.6+37.6+\cdots+34.6)/8=281.7/8=35.2(\text{g})$$
$$SS=35.6^2+37.6^2+\cdots+34.6^2-(281.7)^2/8=18.83$$

$$s=\sqrt{\frac{18.83}{8-1}}=1.64 \text{ g} \qquad s_{\overline{y}}=\frac{1.64}{\sqrt{8}}=0.58 \text{ (g)} \qquad t=\frac{35.2-34}{0.58}=2.069$$

查附表,$\nu=7$时,$t_{0.05}=2.365$。现实得$|t|<t_\alpha=2.365$,故$P>0.05$。

推断:接受H_0:$\mu=34$ g,即新引入品种千粒重与当地良种千粒重指定值没有显著差异。

(三) 两个样本平均数相比较的假设测验

这是根据两个样本平均数的相差,测验这两个样本所属的总体平均数有无显著差异。测验方法因试验设计的不同而分为成组数据的平均数比较和成对数据的比较两种。

1. 成组数据的平均数比较 如果两个处理为完全随机设计的两个处理,各供试单位彼此独立,不论两个处理的样本容量是否相同,所得数据皆称为成组数据,以组(处理)平均数作为相互比较的标准。成组数据的平均数比较又依两个样本所属的总体方差（σ_1^2 和 σ_2^2）是否已知、是否相等而采用不同的测验方法。

(1) 在两个样本的总体方差 σ_1^2 和 σ_2^2 为已知时，用 u 测验　由抽样分布的公式知，两样本平均数 $\overline{y}_1$ 和 $\overline{y}_2$ 的差数标准误 $\sigma_{\overline{y}_1-\overline{y}_2}$，在 σ_1^2 和 σ_2^2 是已知时为

$$\sigma_{\overline{y}_1-\overline{y}_2}=\sqrt{\frac{\sigma_1^2}{n_1}+\frac{\sigma_2^2}{n_2}}$$

$$u=\frac{(\overline{y}_1-\overline{y}_2)-(\mu_1-\mu_2)}{\sigma_{\overline{y}_1-\overline{y}_2}}$$

在假设 $H_0：\mu_1-\mu_2=0$ 下，正态离差 u 值为 $u=\dfrac{\overline{y}_1-\overline{y}_2}{\sigma_{\overline{y}_1-\overline{y}_2}}$，故可对两样本平均数的差异做出假设测验。

【例 7-3】据以往资料，已知某小麦品种每平方米产量的 $\sigma^2=0.4$（kg^2）。今在该品种的一块地上用 A、B 两法取样，A 法取 12 个样点，得每平方米产量 $\overline{y}_1=1.2$ kg；B 法取 8 个样点，得 $\overline{y}_2=1.4$ kg。试比较 A、B 两法的每平方米产量是否有显著差异。

假设 H_0：A、B 两法的每平方米产量相同，即 $H_0：\mu_1-\mu_2=0$，$\overline{y}_1-\overline{y}_2=-0.2$ 系随机误差；对 $H_A：\mu_1\neq\mu_2$。取显著水平 $\alpha=0.05$，$u_{0.05}=1.96$。

测验计算，得 $\sigma^2=\sigma_1^2=\sigma_2^2=0.4$，$n_1=12$，$n_2=8$，故有

$$\sigma_{\overline{y}_1-\overline{y}_2}=\sqrt{\frac{0.4}{12}+\frac{0.4}{8}}=0.288\ 7\ (kg)$$

$$u=\frac{1.2-1.4}{0.288\ 7}=-0.69$$

因为实得 $|u|<u_{0.05}=1.96$，故 $P>0.05$。

推断：接受 $H_0：\mu_1=\mu_2$，即 A、B 两种取样方法所得的每平方米产量没有显著差异。

(2) 在两个样本的总体方差 σ_1^2 和 σ_2^2 为未知，但可假定 $\sigma_1^2=\sigma_2^2=\sigma^2$，而两个样本又为小样本时，用 t 测验　首先，从样本变异算出平均数差数的均方 s_e^2，作为对 σ^2 的估计。由于可假定 $\sigma_1^2=\sigma_2^2=\sigma^2$，故 s_e^2 应为两样本均方的加权平均值，即有

$$s_e^2=\frac{SS_1+SS_2}{\nu_1+\nu_2}=\frac{\sum(y_1-\overline{y}_1)^2+\sum(y_2-\overline{y}_2)^2}{(n_1-1)+(n_2-1)} \tag{7-18}$$

式中，s_e^2 又称为合并均方；$\nu_1=n_1-1$，$\nu_2=n_2-1$ 分别为两样本的自由度；$SS_1=\sum(y_1-\overline{y}_1)^2$、$SS_2=\sum(y_2-\overline{y}_2)^2$ 分别为两样本的平方和。求得 s_e^2 后，其两样本平均数的差数标准误为

$$s_{\overline{y}_1-\overline{y}_2}=\sqrt{\frac{s_e^2}{n_1}+\frac{s_e^2}{n_2}} \tag{7-19}$$

当 $n_1=n_2=n$ 时，则上式变为

$$s_{\overline{y}_1-\overline{y}_2}=\sqrt{\frac{2s_e^2}{n}} \tag{7-20}$$

于是有

$$t=\frac{(\overline{y}_1-\overline{y}_2)-(\mu_1-\mu_2)}{s_{\overline{y}_1-\overline{y}_2}} \tag{7-21A}$$

由于假设 H_0：$\mu_1 = \mu_2$，故上式成为

$$t = \frac{\overline{y}_1 - \overline{y}_2}{s_{\overline{y}_1 - \overline{y}_2}} \tag{7-21B}$$

上式具有自由度 $\nu = (n_1 - 1) + (n_2 - 1)$，据之即可测验 H_0：$\mu_1 = \mu_2$。

(3) 两个样本的总体方差 σ_1^2 和 σ_2^2 为未知，且 $\sigma_1^2 \neq \sigma_2^2$ 时，用近似 t 测验 由于 $\sigma_1^2 \neq \sigma_2^2$，故差数标准误需用两个样本的均方 s_1^2 和 s_2^2 分别估计 σ_1^2 和 σ_2^2，即有

$$s_{\overline{y}_1 - \overline{y}_2} = \sqrt{\frac{s_1^2}{n_1} + \frac{s_2^2}{n_2}} \tag{7-22}$$

但是，将式（7-22）代入式（7-21）时，所得 t 值不再呈准确的 t 分布，因而仅能进行近似的 t 测验。在作 t 测验时需先计算 k 值和 ν'，即

$$k = \frac{s_{\overline{y}_1}^2}{s_{\overline{y}_1}^2 + s_{\overline{y}_2}^2} \tag{7-23}$$

$$\nu' = \frac{1}{\dfrac{k^2}{\nu_1} + \dfrac{(1-k)^2}{\nu_2}} \tag{7-24A}$$

式（7-24 A）可进一步表述为式（7-24B），这就是 Satterwaite 公式，用于计算有效自由度。

$$\nu' = \frac{\nu_1 \nu_2 (s_{\overline{y}_1}^2 + s_{\overline{y}_2}^2)^2}{\nu_2 (s_{\overline{y}_1}^2)^2 + \nu_1 (s_{\overline{y}_2}^2)^2} \tag{7-24B}$$

然后有

$$t' = (\overline{y}_1 - \overline{y}_2) / \sqrt{\frac{s_1^2}{n_1} + \frac{s_2^2}{n_2}} \tag{7-25}$$

式（7-25）的 t' 近似于 t 分布，其有效自由度为 ν'，从而据之查 t 值表得出概率。

【例 7-4】 测定烤烟新品种"毕纳 1 号"的蛋白质含量（%）10 次，得 $\overline{y}_1 = 14.3$，$s_1^2 = 1.621$；测定"农大 202"的蛋白质含量 5 次，得 $\overline{y}_2 = 11.7$，$s_2^2 = 0.135$。试测验两品种蛋白质含量的差异显著性。

该资料经 F 测验（见后面有关方差分析的章节），得知两品种蛋白质含量的方差是显著不同的，因而需按下述步骤测验。

假设 H_0：两品种的蛋白质含量相等，即 H_0：$\mu_1 = \mu_2$；对 H_A：$\mu_1 \neq \mu_2$。取显著水平 $\alpha = 0.01$，两尾测验。测验计算如下。

$$k = \frac{1.621/10}{1.621/10 + 0.135/5} = \frac{0.1621}{0.1621 + 0.0270} = 0.86$$

$$\nu' = \frac{1}{\dfrac{(0.86)^2}{10-1} + \dfrac{(1-0.86)^2}{5-1}} = 11.48 \approx 11$$

$$s_{\overline{y}_1 - \overline{y}_2} = \sqrt{\frac{1.621}{10} + \frac{0.135}{5}} = 0.435 \ (\%)$$

$$t' = \frac{14.3 - 11.7}{0.435} = 5.98$$

查表得，$\nu'=11$ 时，$t_{0.01}=3.106$。现 $|t'|>3.106$，故 $P<0.01$。推断：否定 H_0：$\mu_1=\mu_2$，接受 H_A：$\mu_1\neq\mu_2$。即两品种的蛋白质含量有极显著差异。

2. 成对数据的比较 若试验设计是将性质相同的两个供试单位配成对，并设有多个配对，然后对每个配对的两个供试单位分别随机地给予不同处理，则所得观察值为成对数据。例如在条件最为近似的两个小区或盆钵中进行两种不同处理、在同一植株（或某器官）的对称部位上进行两种不同处理、在同一供试单位上进行处理前和处理后的对比等，都将获得成对数据。

成对数据，由于同一配对内两个供试单位的试验条件很接近，而不同配对间的条件差异又可通过同一配对的差数予以消除，因而可以控制试验误差，具有较高的精确度。在分析试验结果时，只要假设两样本的总体差数的平均数 $\mu_d=\mu_1-\mu_2=0$，而不必假定两样本的总体方差 σ_1^2 和 σ_2^2 相同。

设两个样本的观察值分别为 y_1 和 y_2，共配成 n 对，各个对的差数为 $d=y_1-y_2$，差数的平均数为 $\overline{d}=\overline{y}_1-\overline{y}_2$，则差数平均数的标准误 $s_{\overline{d}}$ 为

$$s_{\overline{d}}=\sqrt{\frac{\sum(d-\overline{d})^2}{n(n-1)}} \tag{7-26}$$

因而有

$$t=\frac{\overline{d}-\mu_d}{s_{\overline{d}}} \tag{7-27A}$$

它的自由度为 $\nu=n-1$。若假设 H_0：$\mu_d=0$，则上式改为

$$t=\frac{\overline{d}}{s_{\overline{d}}} \tag{7-27B}$$

由 t 即可测验 H_0：$\mu_d=0$。

【例 7-5】 选生长期、发育进度、植株大小和其他方面皆比较一致的两株烟草构成一组，共得 7 组，每组中一株接种 A 处理病毒，另一株接种 B 处理病毒，以研究不同处理方法的钝化病毒效果，表 7-6 结果为病毒在烟草上产生的病痕数。试测验两种处理方法的差异显著性。

表 7-6　A、B 两法处理的病毒在番茄上产生的病痕数

组别	y_1（A 法）	y_2（B 法）	d
1	10	25	−15
2	13	12	1
3	8	14	−6
4	3	15	−12
5	5	12	−7
6	20	27	−7
7	6	18	−12

这是配对设计，因 A、B 两法对钝化病毒的效应并未明确，故用两尾测验。

假设两种处理对钝化病毒无不同效果，即 H_0：$\mu_d=0$；对 H_A：$\mu_d\neq 0$。取显著水平 $\alpha=0.05$。

依表 7-6 有

$$\bar{d}=[(-15)+1+\cdots+(-12)]/7=-58/7=-8.3 （个）$$
$$SS_d=(-15)^2+1^2+\cdots+(-12)^2-(-58)^2/7=167.43$$
$$s_{\bar{d}}=\sqrt{\frac{167.43}{7\times 6}}=1.997 （个）$$
$$t=-8.3/1.997=-416$$

查表得，$\nu=7-1=6$ 时，$t_{0.01}=3.707$。现实得 $|t|>t_{0.01}$，故 $P<0.01$。推断：否定 H_0：$\mu_d=0$，接受 H_A：$\mu_d\neq 0$，即 A、B 两法对钝化病毒的效应有极显著差异。

成对数据和成组数据平均数比较所依据的条件是不相同的。前者是假定各个配对的差数来自差数的分布为正态的总体，具有 $N(0, \sigma_d^2)$；而每个配对的两个供试单位是彼此相关的。后者则是假定两个样本皆来自具有共同（或不同）方差的正态总体，而两个样本的各个供试单位都是彼此独立的。在实践上，如将成对数据按成组数据的方法比较，容易使统计推断发生第二类错误，即不能鉴别应属显著的差异。故在应用时需严格区别。

三、百分数假设测验

许多生物试验的结果是用百分数或成数表示的，例如发芽率、杀虫率、病株率以及杂种后代分离比例均为不同类型的百分率。这些百分数系由计数某属性的个体数目求得，属间断性计数资料，它与上述连续性测量资料不相同。在理论上，这类百分数的假设测验应按二项式分布进行，即从二项式 $(p+q)^n$ 的展开式中求出某项属性个体百分数 $\hat{p}$ 的概率。但是如样本容量 n 较大，p 不过小，而 np 和 nq 均不小于 5 时，$(p+q)^n$ 的分布趋近于正态分布。因而可以将百分数资料做正态分布处理，从而做出近似的测验。适于用 u 测验所需的二项式分布样本容量 n 见表 7-7。

表 7-7 适于用正态离差测验的二项式分布样本的 $n\hat{p}$ 和 n 值表

$\hat{p}$（样本百分数）	$n\hat{p}$（较小组次数）	n（样本容量）
0.50	15	30
0.40	20	50
0.30	24	80
0.20	40	200
0.10	60	600
0.05	70	1 400

（一）单个样本百分数（成数）的假设测验

这是测验某个样本百分数 $\hat{p}$ 所属总体百分数与某个理论值或期望值 p_0 的差异显著性。样本百分数的标准误（$\sigma_{\hat{p}}$）为

$$\sigma_{\hat{p}}=\sqrt{\frac{p_0(1-p_0)}{n}} \qquad (7-28)$$

故有
$$u = \frac{\hat{p} - p_0}{\sigma_{\hat{p}}} \tag{7-29}$$

即可测验 H_0：$p = p_0$。

【例 7-6】 以紫花和白花的品种杂交，在 F_2 代共得 289 株，其中紫花 208 株，白花 81 株。如果花色受 1 对等位基因控制，则根据遗传学原理，F_2 代紫花株与白花株的分离比率应为 3:1，即紫花理论百分数 $p = 0.75$，白花理论百分数 $q = 1 - p = 0.25$。问该试验结果是否符合 1 对等位基因的遗传规律？

假设花色遗传符合 1 对等位基因的分离规律，紫花植株的百分数是 75%，即 H_0：$p = 0.75$；对 H_A：$p \neq 0.75$。取显著水平 $\alpha = 0.05$，做两尾测验，$u_{0.05} = 1.96$。故有

$$\hat{p} = \frac{208}{289} = 0.7197 \qquad \sigma_{\hat{p}} = \sqrt{\frac{0.75 \times 0.25}{289}} = 0.0255$$

$$u = \frac{0.7197 - 0.75}{0.0255} = -1.19$$

因为实得 $|u| < u_{0.05}$，故 $P > 0.05$。推断：接受 H_0：$p = 0.75$，即花色遗传是符合 1 对等位基因的遗传规律的，紫花植株百分数 $\hat{p} = 0.72$ 和 $p = 0.75$ 的相差系随机误差。如果测验 H_0：$p = 0.25$，结果完全一样。

以上资料亦可直接用次数进行假设测验。当二项资料以次数表示时，$\mu = np$，$\sigma_{np} = \sqrt{npq}$，故测验计算为

$$np = 289 \times 0.75 = 216.75 \text{（株）}$$
$$\sigma_{np} = \sqrt{289 \times 0.75 \times 0.25} = 7.36 \text{（株）}$$

于是
$$u = \frac{n\hat{p} - np}{\sigma_{np}} = \frac{208 - 216.75}{7.36} = -1.19$$

结果同上。

（二）两个样本百分数相比较的假设测验

这是测验两个样本百分数 $\hat{p}_1$ 和 $\hat{p}_2$ 所属总体百分数 p_1 和 p_2 的差异显著性，一般假定两个样本的总体方差是相等的，即 $\sigma_{\hat{p}_1}^2 = \sigma_{\hat{p}_2}^2$，设两个样本某种属性个体的观察百分数分别为 $\hat{p}_1 = y_1/n_1$ 和 $\hat{p}_2 = y_2/n_2$，而两样本总体该种属性的个体百分数分别为 p_1 和 p_2，则两样本百分数的差数标准误（$\sigma_{\hat{p}_1 - \hat{p}_2}$）为

$$\sigma_{\hat{p}_1 - \hat{p}_2} = \sqrt{\frac{p_1 q_1}{n_1} + \frac{p_2 q_2}{n_2}} \tag{7-30}$$

上式中的 $q_1 = (1 - p_1)$，$q_2 = (1 - p_2)$。这是两总体百分数为已知时的差数标准误公式。如果假定两总体的百分数相同，即 $p_1 = p_2 = p$，$q_1 = q_2 = q$，则有

$$\sigma_{\hat{p}_1 - \hat{p}_2} = \sqrt{pq \left(\frac{1}{n_1} + \frac{1}{n_2}\right)} \tag{7-31}$$

在两总体的百分数 p_1 和 p_2 未知时，则在两总体方差 $\sigma_{\hat{p}_1}^2 = \sigma_{\hat{p}_2}^2$ 的假定下，可用两样本百分数的加权平均值（$\bar{p}$）作为 p_1 和 p_2 的估计，即有

$$\left.\begin{array}{l}\bar{p}=\dfrac{y_1+y_2}{n_1+n_2}\\ \bar{q}=1-\bar{p}\end{array}\right\} \tag{7-32}$$

因而两样本百分数的差数标准误为

$$\sigma_{\hat{p}_1-\hat{p}_2}=\sqrt{\bar{p}\,\bar{q}\,\left(\frac{1}{n_1}+\frac{1}{n_2}\right)} \tag{7-33}$$

故有

$$u=\frac{\hat{p}_1-\hat{p}_2}{\sigma_{\hat{p}_1-\hat{p}_2}} \tag{7-34}$$

即可对 H_0：$p_1=p_2$ 做出假设测验。

【例 7-7】调查低洼地烟草 378 株（n_1），其中有花叶病株 355 株（y_1），花叶病率为 93.92%（$\hat{p}_1$）；调查高坡地烟草 396 株（n_2），其中有花叶病 346 株（y_2），花叶病率为 87.37%（$\hat{p}_2$）。试测验两块烟田的花叶病率有无显著差异？

假设 H_0：两块烟田的总体花叶病率无差别，即 H_0：$p_1=p_2$；对 H_A：$p_1\neq p_2$。取显著水平 $\alpha=0.05$，做两尾测验，$u_{0.05}=1.96$。故有

$$\bar{p}=\frac{355+346}{378+396}=0.906 \qquad \bar{q}=1-0.906=0.094$$

$$\sigma_{\hat{p}_1-\hat{p}_2}=\sqrt{0.906\times 0.094\left(\frac{1}{378}+\frac{1}{396}\right)}=0.021\,0$$

$$u=\frac{0.939\,2-0.873\,7}{0.021\,0}=3.13$$

实得 $|u|>u_{0.05}$，故 $P<0.05$，推断：否定 H_0：$p_1=p_2$，接受 H_A：$p_1\neq p_2$，即两块烟田的花叶病率有显著差异。

（三）二项样本假设测验时的连续性矫正

二项总体的百分数是由某属性的个体数计算来的，在性质上属间断性变异，其分布是间断性的二项式分布。把它当作连续性的正态分布或 t 分布处理，结果会有些出入，一般容易发生第一类错误。补救的办法是在假设测验时进行连续性矫正。这种矫正在 $n<30$，而 $n\hat{p}<5$ 时是必需的；如果样本大，试验结果符合表 7-7 条件，则可以不做矫正，用 u 测验。

1. 单个样本百分数假设测验的连续性矫正　经过连续性矫正的正态离差 u 值或 t 值，分别以 u_c 或 t_c 表示。单个样本百分数的连续性矫正公式为

$$t_c=\frac{|n\hat{p}-np|-0.5}{s_{n\hat{p}}} \tag{7-35}$$

它的自由度为 $\nu=n-1$。式（7-35）中

$$s_{n\hat{p}}=\sqrt{n\hat{p}\hat{q}} \tag{7-36}$$

它是 $\sigma_{np}=\sqrt{npq}$ 的估计值。

2. 两个样本百分数相比较的假设测验的连续性矫正　设两个样本百分数中，取较大值的 $\hat{p}_1$ 具有 y_1 和 n_1，取较小值的 $\hat{p}_2$ 具有 y_2 和 n_2，则经矫正的 t_c 公式为

$$t_c = \frac{\dfrac{y_1 - 0.5}{n_1} - \dfrac{y_2 + 0.5}{n_2}}{\sigma_{\hat{p}_1 - \hat{p}_2}} \tag{7-37}$$

它的自由度为 $\nu = n_1 + n_2 - 2$。其中 $s_{\hat{p}_1 - \hat{p}_2}$ 为式（7-34）$\sigma_{\hat{p}_1 - \hat{p}_2}$ 的估计值。

【例 7-8】 用新配方农药处理 25 头棉铃虫，结果死亡 15 头，存活 10 头；用乐果处理 24 头，结果死亡 9 头，存活 15 头。问两种处理的杀虫效果是否有显著差异？

本例不符合表 7-7 条件，故需要进行连续性矫正。

假设两种处理的杀虫效果没有差异，即 H_0：$p_1 = p_2$；对 H_A：$p_1 \neq p_2$。取显著水平 $\alpha = 0.05$，做两尾测验。故有

$$\bar{p} = \frac{15 + 9}{25 + 24} = 0.49 \qquad \bar{q} = 1 - 0.49 = 0.51$$

$$s_{\hat{p}_1 - \hat{p}_2} = \sqrt{0.49 \times 0.51 \left(\frac{1}{24} + \frac{1}{25}\right)} = 0.143$$

$$t_c = \frac{\dfrac{15 - 0.5}{25} - \dfrac{9 + 0.5}{24}}{0.143} = 1.29$$

查表得，$\nu = 24 + 25 - 2 = 47 \approx 45$ 时，$t_{0.05} = 2.014$。现实得 $|t_c| < t_{0.05}$，故 $P > 0.05$。推断：接受 H_0：$p_1 = p_2$，否定 H_A：$p_1 \neq p_2$，即承认两种杀虫剂的杀虫效果没有显著差异。本例如不做连续性矫正，$t = (0.60 - 0.375)/0.143$，大于 1.29，增加了否定 H_0 发生第一类错误的可能性。

第三节 方差分析

一、方差分析的基本原理

前面介绍了 1 个或 2 个样本平均数的假设测验方法。本节将介绍 k（$k \geq 3$）个样本平均数的假设测验方法，即方差分析。方差分析就是将总变异剖分为各个变异来源的相应部分，从而发现各变异原因在总变异中相对重要程度的一种统计分析方法。其中，扣除了各种试验原因所引起的变异后的剩余变异提供了试验误差的无偏估计，作为假设测验的依据。因而方差分析像前面的 t 测验一样也是通过将试验处理的表面效应与其误差的比较来进行统计推断的，只不过这里采用均方来度量试验处理产生的变异和误差引起的变异而已。方差分析是科学的试验设计和分析中的一个十分重要的工具。

（一）自由度和平方和的分解

方差是平方和除以自由度的商。要将一个试验资料的总变异分解为各个变异来源的相应变异，首先必须将总自由度和总平方和分解为各个变异来源的相应部分。因此自由度和平方和的分解是方差分析的第一步。下面先从简单的类型说起。设有 k 组数据，每组皆具 n 个观察值，则该资料共有 nk 个观察值，其数据分组见表 7-8。

表 7-8 每组具 n 个观察值的 k 组数据的符号表

组别	观察值（y_{ij}，$i = 1、2、\cdots、k$；$j = 1、2、\cdots、n$）					总和	平均	均方
1	y_{11}	y_{12}	$\cdots$	y_{1j}	$\cdots$ y_{1n}	T_1	$\bar{y}_1$	s_1^2

(续)

组别	观察值 (y_{ij}, $i=1, 2, \cdots, k$; $j=1, 2, \cdots, n$)					总和	平均	均方
2	y_{21}	y_{22}	$\cdots$	y_{2j}	$\cdots$	y_{2n}	T_2	$\overline{y}_2$	s_2^2
$\vdots$	$\vdots$	$\vdots$		$\vdots$		$\vdots$	$\vdots$	$\vdots$	$\vdots$
i	y_{i1}	y_{i2}	$\cdots$	y_{ij}	$\cdots$	y_{in}	T_i	$\overline{y}_i$	s_i^2
$\vdots$	$\vdots$	$\vdots$		$\vdots$		$\vdots$	$\vdots$	$\vdots$	$\vdots$
k	y_{k1}	y_{k2}	$\cdots$	y_{kj}	$\cdots$	y_{kn}	T_k	$\overline{y}_k$	s_k^2
						$T=\Sigma y_{ij}=\Sigma y$	$\overline{y}$	

在表 7-8 中,总变异是 nk 个观察值的变异,故其自由度为 $\nu=nk-1$,而其平方和 (SS_T) 则为

$$SS_T = \sum_1^{nk}(y_{ij}-\overline{y})^2 = \sum_1^{nk} y_{ij}^2 - C \tag{7-38}$$

式(7-38)中的 C 称为矫正数,其计算式为

$$C = \frac{(\sum y)^2}{nk} = \frac{T^2}{nk} \tag{7-39}$$

这里,可通过总变异的恒等变换来阐明总变异的构成。对于第 i 组的变异,有

$$\sum_{j=1}^n (y_{ij}-\overline{y})^2 = \sum_{j=1}^n (y_{ij}-\overline{y}_i+\overline{y}_i-\overline{y})^2 = \sum_{j=1}^n (y_{ij}-\overline{y}_i)^2 + \sum_{j=1}^n 2(y_{ij}-\overline{y}_i)(\overline{y}_i-\overline{y})$$
$$+ \sum_{j=1}^n (\overline{y}_i-\overline{y})^2 = \sum_{j=1}^n (y_{ij}-\overline{y}_i)^2 + n(\overline{y}_i-\overline{y})^2$$

总变异为第 1、2、$\cdots$、k 组的变异相加,利用上式,总变异式(7-38)可以剖分为

$$SS_T = \sum_{i=1}^k \sum_{j=1}^n (y_{ij}-\overline{y})^2 = \sum_{i=1}^k \sum_{j=1}^n (y_{ij}-\overline{y}_i)^2 + n\sum_{i=1}^k (\overline{y}_i-\overline{y})^2 \tag{7-40}$$

即 总平方和(SS_T)=组内(误差)平方和(SS_e)+组间(处理)平方和(SS_t)

组间变异由 k 个 $\overline{y}_i$ 的变异引起,故其自由度 $\nu=k-1$,组间平方和(SS_t)为

$$SS_t = n\sum_1^k (\overline{y}_i-\overline{y})^2 = \sum_1^k T_i^2/n - C \tag{7-41}$$

组内变异为各组内观察值与组平均数的变异,故每组的自由度为 $\nu=n-1$,其平方和 $\sum_1^n (y_{ij}-\overline{y}_i)^2$;而资料共有 k 组,故组内自由度为 $\nu=k(n-1)$,组内平方和(SS_e)为

$$SS_e = \sum_1^k \sum_1^n (y_{ij}-\overline{y}_i)^2 = SS_T - SS_t \tag{7-42}$$

因此得到表 7-8 类型资料的自由度分解式为

$$(nk-1) = (k-1) + k(n-1) \tag{7-43}$$

总自由度(DF_T)=组间自由度(DF_t)+组内自由度(DF_e)

求得各变异来源的自由度和平方和后,进而可得总的均方(MS_T)组间的均方(MS_t)和组内均方(MS_e),即

$$MS_T = s_T^2 = \frac{\sum(y_{ij}-\overline{y})^2}{nk-1}$$

$$MS_t = s_t^2 = \frac{n\sum(\overline{y_i}-\overline{y})^2}{k-1}$$

$$MS_e = s_e^2 = \frac{\sum\sum(y_{ij}-\overline{y_i})^2}{k(n-1)}$$

(7-44)

若假定组间平均数差异不显著（或处理无效）时，式（7-44）中 MS_t 和 MS_e 是 σ^2 的两个独立估值，均方用 MS 表示，也用 s^2 表示，二者可以互换。其中组内均方（MS_e）也称为误差均方，它是由多个总体或处理所提供的组内变异（或误差）的平均值。

（二）F 分布和 F 测验

在一个平均数为 μ、方差为 σ^2 的正态总体中，随机抽取两个独立样本，分别求得其均方 s_1^2 和 s_2^2，将 s_1^2 和 s_2^2 的比值定义为 F，即

$$F_{\nu_1, \nu_2} = s_1^2/s_2^2 \tag{7-45}$$

此 F 值具有 s_1^2 的自由度 ν_1 和 s_2^2 的自由度 ν_2。如果在给定的 ν_1 和 ν_2 下按上述方法从正态总体中进行一系列抽样，就可得到一系列的 F 值而做成一个 F 分布。统计理论的研究证明，F 分布乃具有平均数 $\mu_F=1$ 和取值区间为 $[0, \infty]$ 的一组曲线；而某特定曲线的形状则仅决定于参数 ν_1 和 ν_2。在 $\nu_1=1$ 或 $\nu_1=2$ 时，F 分布曲线是严重倾斜成反向 J 形；当 $\nu_1\geqslant 3$ 时，曲线转为偏态（图 7-12）。

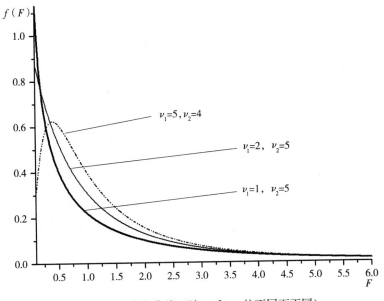

图 7-12　F 分布曲线（随 ν_1 和 ν_2 的不同而不同）

F 分布下一定区间的概率可从已制成的统计表查出。例如查 F 值表，$\nu_1=3$，$\nu_2=12$ 时，$F_{0.05}=3.49$，$F_{0.01}=5.95$，即表示如以 $\nu_1=3$（$n_1=4$）、$\nu_2=12$（$n_2=13$）在一正态分布总体中进行连续抽样，则所得 F 值大于 3.49 的概率仅有 5%，而大于 5.95 的仅有 1%。F 值表的数值设计是专供测验 s_1^2 的总体方差 σ_1^2 是否显著大于 s_2^2 的总体方差 σ_2^2 而设计的（$H_0: \sigma_1^2 \leqslant \sigma_2^2$，对 $H_A: \sigma_1^2 > \sigma_2^2$）。这时，$F=s_1^2/s_2^2$。若所得 $F \geqslant F_{0.05}$ 或 $F \geqslant F_{0.01}$，则 H_0 发

生的概率小于等于 0.05 或 0.01，应该在 $\alpha=0.05$ 或 $\alpha=0.01$ 水平上否定 H_0，接受 H_A；若所得 $F<F_{0.05}$ 或 $F<F_{0.01}$，则 H_0 发生的概率大于 0.05 或 0.01，应接受 H_0。

在方差分析的体系中，F 测验可用于测验某项变异因素的效应或方差是否真实存在。所以在计算 F 值时，总是将要测验的那一项变异因素的均方作分子，而以另一项变异（例如试验误差项）的均方作分母。这个问题与方差分析的模型和各项变异来源的期望均方有关，详情见后。在此测验中，如果作分子的均方小于作分母的均方，则 $F<1$；此时不必查 F 表即可确定 $P>0.05$，应接受 H_0。

F 测验需具备两个条件：①变数 y 遵循正态分布 $N(\mu, \sigma^2)$；②s_1^2 和 s_2^2 彼此独立。当资料不符合这些条件时，需做适当转换。

【例 7-9】测定烤烟新品种"毕纳 1 号"的蛋白质含量 10 次，得均方 $s_1^2=1.621$；测定"农大 202"的蛋白质含量 5 次，得均方 $s_2^2=0.135$。试测验"毕纳 1 号"蛋白质含量的变异是否比"农大 202"大。

假设 H_0："毕纳 1 号"总体蛋白质含量的变异和"农大 202"一样，即 $H_0: \sigma_1^2=\sigma_2^2$，对 $H_A: \sigma_1^2>\sigma_2^2$。取显著水平取 $\alpha=0.05$；$\nu_1=9$，$\nu_2=4$ 时，$F_{0.05}=6.00$。现有

$$F=1.621/0.135=12.01$$

此 $F>F_{0.05}$，即 $P<0.05$。

推断：否定 H_0，接受 H_A，即"毕纳 1 号"蛋白质含量的变异大于"农大 202"。

比较两个事物变异大小的情况，在烟草研究中是常常遇到的。例如比较杂种 F_2 代和 F_1 代的变异大小、比较两种处理的冻害程度等，这些比较皆可应用 F 测验，但都必须以大均方作分子来计算 F 值。

二、多重比较

对一组试验数据通过平方和与自由度的分解，将所估计的处理均方与误差均方做比较，由 F 测验推论处理间是否有显著差异，对有些试验来说方差分析已算告一段落，但对有些试验来说，其目的不仅在于了解一组处理间总体上有无实质性差异，更在于了解哪些处理间存在真实差异，故需进一步做处理平均数间的比较。一个试验中 k 个处理平均数间可能有 $k(k-1)/2$ 个比较，因而这种比较是复式比较，亦称为多重比较。通过方差分析后进行平均数间的多重比较，不同于处理间两两单独比较。因为：①误差由多个处理内的变异合并估计，自由度增大了，因而比较的精确度也增大了；②由 F 测验显著，证实处理间总体上有真实差异后再做平均数的两两比较，不大会像单独比较时那样将个别偶然性的差异误判为真实差异。这种在 F 测验基础上再做的平均数间多重比较称为 Fisher 氏保护下的多重比较（Fisher's protected multiple comparisons）。显然在无 F 测验保护时，4 个处理做两两比较，每个比较的显著水平 $\alpha=0.05$，4 个处理间有 6 个比较，若处理间总体上无差异，每个比较误判为有差异的概率为 0.05，则 6 个比较中至少有 1 个被误判的概率为 $\alpha'=1-0.95^6=0.2649$。若处理数 $k=10$，则 $\alpha'=1-0.95^{45}=0.9006$，因而尽管单个比较的显著水平为 0.05，但从试验总体上 α'（至少有 1 个误判的概率）是很大的，这说明通过 F 测验做保护是非常必要的。

多重比较有多种方法，常用的 3 种方法为：最小显著差数法、复极差法（q 测验法）和新复极差（Duncan 氏）法。

（一）最小显著差数法

最小显著差数法（least significant difference，LSD 法）实质上是 t 测验。其程序是：在处理间的 F 测验为显著的前提下，计算出显著水平为 α 的最小显著差数（LSD_α）；对任何两个平均数的差数（$\overline{y}_i - \overline{y}_j$），如其绝对值 $\geqslant LSD_\alpha$，即为在 α 水平上差异显著；反之，则为在 α 水平上差异不显著。这种方法又称为 F 测验保护下的最小显著差数法（Fisher's protected LSD，FPLSD）。已知

$$t = \frac{\overline{y}_i - \overline{y}_j}{s_{\overline{y}_i - \overline{y}_j}} \quad (i,\ j = 1、2、\cdots、k;\ i \neq j)$$

若 $|t| \geqslant t_\alpha$，$\overline{y}_i - \overline{y}_j$ 即为在 α 水平上显著。因此最小显著差数为

$$LSD_\alpha = t_\alpha s_{\overline{y}_i - \overline{y}_j} \tag{7-46}$$

当两样本的容量 n 相等时

$$s_{\overline{y}_i - \overline{y}_j} = \sqrt{2s_e^2/n}$$

在方差分析中，上式的 s_e^2 有了更精确的数值 MS_e（因为此自由度增大），因此式（7-46）中的 $s_{\overline{y}_i - \overline{y}_j}$ 为

$$s_{\overline{y}_i - \overline{y}_j} = \sqrt{2MS_e/n} \tag{7-47}$$

（二）复极差法

最小显著差数法的 t 测验是根据两个样本平均数差数（$k=2$）的抽样分布提出的，但是一组处理（$k>2$）是同时抽取 k 个样本的结果。抽样理论指出，$k=2$ 时与 $k>2$（例如 $k=10$）时其随机极差是不同的，随机极差随着 k 的增大而增大，因而用 $k=2$ 时的 t 测验有可能夸大了 $k=10$ 时最大与最小两个样本平均数差数的显著性。基于极差的抽样分布理论，Student-Newman-Keul 提出了复极差测验（又称为 q 测验），有时又称为 SNK 测验或 NK 测验。

复极差法是将一组 k 个平均数由大到小排列后，根据所比较的两个处理平均数的差数是几个平均数间的极差，分别确定最小显著极差（LSR_α）值。复极差法因是根据极差抽样分布原理的，其各个比较都可保证同一个 α 显著水平。其尺度值构成为

$$LSR_\alpha = q_{\alpha;\ df,\ p} SE \tag{7-48}$$

$$SE = \sqrt{MS_e/n} \tag{7-49}$$

式中，$2 \leqslant p \leqslant k$，$p$ 是所有比较的平均数按大到小顺序排列所计算出的两极差范围内所包含的平均数个数（称为秩次距），SE 为平均数的标准误，可见在每个显著水平下该法有 $k-1$ 个尺度值。平均数比较时，尺度值随秩次距的不同而异。

（三）新复极差法

不同秩次距 p 下的最小显著极差变幅比较大，为此，D. B. Duncan 提出了新复极差法，又称为最短显著极差法（shortest significant ranges，SSR）。该法与复极差法相似，其区别在于计算最小显著极差（LSR_α）时不是查 q 表而是查 SSR 表，所得最小显著极差值随着 k 增大通常比 q 测验时的减小。查得 $SSR_{\alpha,p}$ 后，有

$$LSR_\alpha = SE \cdot SSR_{\alpha,\ p} \tag{7-50}$$

此时，在不同秩次距 p 下，平均数间比较的显著水平按两两比较是 α，但按 p 个秩次距则为保护水平 $\alpha' = 1 - (1-\alpha)^{p-1}$。

(四) 多重比较方法的选择

以上介绍了 3 种多重比较方法。方法多了便存在选用何种更好的问题。根据统计学家的意见每种方法都有依据,也都有不足。这里提供几点原则供选用时参考:①试验事先确定比较的标准,凡与对照相比较,或与预定要比较的对象比较,一般可选用最小显著差数法;②根据否定一个正确的 H_0 和接受一个不正确的 H_0 的相对重要性来决定。当 $k=2$ 时,最小显著差数(LSD)法、新复极差法(SSR)和复极差法(q 测验)的显著尺度都完全相同,并且 $SSR_\alpha = q_\alpha$ 而 $q = t\sqrt{2}$,又由于 $\nu_1 = 1$,$F_\alpha = t_\alpha^2$,所以 q 与 F 的关系是 $q = \sqrt{2F}$。$k \geqslant 3$ 时,3 种方法的显著尺度不相同,最小显著差数(LSD)法最低,新复极差(SSR)法次之,复极差法(q 法)最高。故最小显著差数(LSD)测验在统计推断时犯第一类错误的概率最大,复极差测验最小,而新复极差(SSR)测验介于两者之间,因此对于试验结论事关重大或有严格要求的,宜用复极差测验,复极差测验可以不经过 F 测验;一般试验可采用最短显著极差(SSR)测验;也有统计学家近期认为最小显著差数法已由 F 测验保护,可以采用最小显著差数法进行多重比较,不必采用复杂的极差法测验。

综上所述,方差分析的基本步骤是:①将资料总变异的自由度及平方和分解为各变异原因的自由度及平方和,并进而算得其均方;②计算均方比,做 F 测验,以明了各变异因素的重要程度;③对各平均数进行多重比较。

三、单向分组资料的方差分析

单向分组资料是指观察值仅按一个方向分组的资料,如表 7-8 所示。所用的试验设计为完全随机试验设计。

(一) 组内观察值数目相等的单向分组资料的方差分析

这是在 k 组处理中,每处理皆含有 n 个供试单位的资料,如表 7-8 所示。在做方差分析时,其任一观察值的线性模型皆由 $y_{ij} = \mu + \tau_i + \varepsilon_{ij}$ 表示。式中 μ 为总体平均数;τ_i 为试验处理效应;ε_{ij} 为随机误差,具有分布 $N(0, \sigma^2)$。方差分析见表 7-9。

表 7-9 组内观察值数目相等的单向分组资料的方差分析

变异来源	自由度 (DF)	平方和 (SS)	均方 (MS)	F	期望均方 (EMS) 固定模型	期望均方 (EMS) 随机模型
处理间	$k-1$	$n\sum(\bar{y}_i - \bar{y})^2$	MS_t	MS_t/MS_e	$\sigma^2 + nk_\tau^2$	$\sigma^2 + n\sigma_\tau^2$
误差	$k(n-1)$	$\sum\sum(y_{ij} - \bar{y}_i)^2$	MS_e		σ^2	σ^2
总变异	$nk-1$	$\sum(y_{ij} - \bar{y})^2$				

【例 7-10】做烟草幼苗施肥的盆栽试验,设 5 个处理,A 和 B 分别施用两种不同工艺流程的氨水,C 施碳酸氢铵,D 施尿素,E 不施氮肥。每处理 4 盆(施肥处理的施肥量每盆皆为折合纯氮 1.2 g),共 $5 \times 4 = 20$ 盆,随机放置于同一网室中,其产量列于表 7-10。试测验各处理平均数的差异显著性。

表 7-10 烟草施肥盆栽试验的产量结果

处理	观察值 (y_{ij})(g/盆)				T_i	$\bar{y}_i$
A(氨水 1)	24	30	28	26	108	27.0

(续)

处理	观察值（y_{ij}）（g/盆）				T_i	$\bar{y}_i$
B（氨水 2）	27	24	21	26	98	24.5
C（碳酸氢铵）	31	28	25	30	114	28.5
D（尿素）	32	33	33	28	126	31.5
E（不施）	21	22	16	21	80	20.0
					526	26.3

其分析步骤如下。

1. 自由度和平方和的分解 先分解自由度总变异自由度（DF_T）、处理间自由度（DF_t）和误差（处理内）自由度（DF_e）；它们分别为

$$DF_T = nk - 1 = 5 \times 4 - 1 = 19$$
$$DF_t = k - 1 = 5 - 1 = 4$$
$$DF_e = k(n-1) = 5 \times (4-1) = 15$$

再求矫正数（C），即有

$$C = T^2/nk = 526^2/(5 \times 4) = 13\,833.8$$

然后分解出总平方和（SS_T）、处理间平方和（SS_t）和误差（处理内）平方和（SS_e），即得

$$SS_T = \sum y^2 - C = 24^2 + 30^2 + \cdots + 21^2 - C = 402.2$$
$$SS_t = \sum T_i^2/n - C = (108^2 + 98^2 + \cdots + 80^2)/4 - C = 301.2$$
$$SS_e = 402.2 - 301.2 = 101.0$$

2. F 测验 将上述结果填入表 7-11，假设 H_0：$\mu_A = \mu_B = \cdots = \mu_E$，对 H_A：μ_A、μ_B、$\cdots$、μ_E 不全相等。为了测验 H_0，计算处理间均方对误差均方的比率，算得 $F = 75.3/6.73 = 11.19$。查 F 表，当 $\nu_1 = 4$、$\nu_2 = 15$ 时，$F_{0.01} = 4.89$，现实得 $F = 11.19 > F_{0.01}$，故否定 H_0，推断这个试验的处理平均数间是有极显著差异的。

表 7-11 表 7-10 资料的方差分析

变异来源	DF	SS	MS	F	$F_{0.01}$	$F_{0.01}$
处理间	4	301.2	75.30	11.19**	3.06	4.89
处理内（试验误）	15	101.0	6.73			
总变异	19	402.2				

3. 各处理平均数的比较 先计算单个平均数的标准误，得

$$SE = \sqrt{6.73/4} = 1.297$$

根据 $\nu = 15$，查 SSR 表得 $p = 2,3,4,5$ 时的 $SSR_{0.05}$ 与 $SSR_{0.01}$ 值，将 SSR_α 值分别乘以 SE 值，即得 LSR_α 值，列于表 7-12。进而进行多重比较（表 7-13）。

表 7-12　多重比较时的 LSR_α 值计算

p	$SSR_{0.05}$	$SSR_{0.01}$	$LSR_{0.05}$	$LSR_{0.01}$
2	3.01	4.17	3.90	5.41
3	3.16	4.37	4.10	5.67
4	3.25	4.50	4.22	5.84
5	3.31	4.58	4.29	5.94

表 7-13　施肥效果的显著性（SSR 测验）

处理	平均产量（g/盆）	差异显著性 5%	差异显著性 1%
尿素	31.5	a	A
碳酸氢铵	28.5	ab	AB
氨水 1	27.0	bc	AB
氨水 2	24.0	c	BC
不施	20.0	d	C

推断：根据表 7-13 多重比较结果可知，施用氮肥（A、B、C 和 D）与不施氮肥有显著差异，且施用尿素、碳酸氢铵、氨水 1 与不施氮肥均有极显著差异；尿素与碳酸氢铵、碳酸氢铵与氨水 1、氨水 1 与氨水 2 处理间均无显著差异。

（二）组内观察值数目不等的单向分组资料的方差分析

若 k 个处理中的观察值数目不等，分别为 n_1、n_2、…、n_k，在方差分析时有关公式因 n_i 不相同而需做相应改变。主要区别点如下：

1. 自由度和平方和的分解　总变异自由度（DF_T）、处理间自由度（DF_t）、误差自由度（DF_e）、总平方和（SS_T）、处理间平方和（SS_t）和误差平方和（SS_e）分别为

$$\left.\begin{array}{l}DF_T = \sum n_i - 1 \\ DF_t = k - 1 \\ DF_e = \sum n_i - k\end{array}\right\} \quad (7\text{-}51)$$

$$\left.\begin{array}{l}SS_T = \sum(y - \overline{y})^2 = \sum y^2 - C \\ SS_t = \sum_{i=1}^{k} n_i(\overline{y_i} - \overline{y})^2 = \sum T_i^2/n_i - C \\ SS_t = \sum_{i=1}^{k}\sum_{j=1}^{n_i}(y_{ij} - \overline{y_i})^2 = SS_T - SS_t\end{array}\right\} \quad (7\text{-}52)$$

2. 多重比较　平均数的标准误为

$$SE = \sqrt{\frac{1}{2}\left(\frac{MS_e}{n_A} + \frac{MS_e}{n_B}\right)} = \sqrt{\frac{MS_e}{2}\left(\frac{1}{n_A} + \frac{1}{n_B}\right)} \quad (7\text{-}53)$$

式中，n_A 和 n_B 系两个相比较的平均数的样本容量。但亦可先算得各 n_i 的平均数 n_0，即

$$n_0 = \frac{(\sum n_i)^2 - \sum n_i^2}{(\sum n_i)(k-1)} \quad (7\text{-}54)$$

然后有
$$SE=\sqrt{MS_e/n_0} \tag{7-55}$$
或
$$s_{\bar{y}_i-\bar{y}_j}=\sqrt{2MS_e/n_0} \tag{7-56}$$

【例 7-11】某病虫测报站，调查 4 种不同类型的烟田 28 块，每块田所得蓟马的虫口密度列于表 7-14。问不同类型烟田的虫口密度有否显著差异？

表 7-14 不同类型烟田蓟马的虫口密度

烟田类型	编号								T_i	$\bar{y}_i$	n_i
	1	2	3	4	5	6	7	8			
Ⅰ	12	13	14	15	15	16	17		102	14.57	7
Ⅱ	14	10	11	13	14	11			73	12.17	6
Ⅲ	9	2	10	11	12	13	12	11	80	10.00	8
Ⅳ	12	11	10	9	8	10	12		72	10.29	7
									$T=327$	$\bar{y}=11.68$	$\sum n_i=28$

由表 7-14 得 $\sum n_i=7+6+8+7=28$，即可计算总变异自由度（DF_T）、烟田类型间自由度（DF_t）和误差自由度（DF_e），即

$$DF_T=\sum n_i-1=28-1=27$$
$$DF_t=k-1=4-1=3$$
$$DF_e=\sum n_i-k=28-4=24$$

再求得矫正数（C），即得
$$C=(327)^2/28=3\,818.89$$

即可求得总变异平方和（SS_T）、烟草类型间平方和（SS_t）和误差平方和（SS_e），即
$$SS_T=12^2+13^2+\cdots+12^2-C=4\,045.00-3\,818.89=226.11$$
$$SS_t=102^2/7+73^2/6+80^2/8+72^2/7-C=96.13$$
$$SS_e=SS_T-SS_t=129.98$$

列方差分析表，得表 7-15。

表 7-15 表 7-14 资料的方差分析

变异来源	DF	SS	MS	F	$F_{0.01}$
烟田类型间	3	96.13	32.04	5.91**	4.72
误差	24	129.98	5.42		
总变异	27	226.11			

表 7-15 所得 $F=5.91>F_{0.01}$，因而应否定 H_0：$\mu_1=\mu_2=\mu_3=\mu_4$，即 4 块烟田的虫口密度间有极显著差异。

F 测验显著，再做平均数间的比较。需进一步计算 n_0，并求得 SE（LSR 测验）或 $s_{\bar{y}_i-\bar{y}_j}$（LSD 测验）。例如在此可有

$$n_0=\frac{28^2-(7^2+6^2+8^2+7^2)}{28\times 3}=6.98\approx 7$$

$$SE=\sqrt{5.42/7}=0.880（头）$$

$$s_{\overline{y}_i-\overline{y}_j}=\sqrt{\frac{2\times 5.42}{7}}=1.244（头）$$

（三）组内又分亚组的单向分组资料的方差分析

单向分组资料，如果每组又分若干个亚组，而每个亚组内又有若干个观察值，则为组内分亚组的单向分组资料，又称为系统分组资料。系统分组并不限于组内仅分亚组，亚组内还可分小组，小组内还可分小亚组……如此一环套一环地分下去。这种试验称为巢式试验。在烟草农业试验上系统分组资料是常见的。例如对数块土地取土壤样品分析，每块地取了若干样点，而每个样点的土壤样品又做了数次分析的资料；或调查某种病害，随机取若干株，每株取不同部位叶片，每部位取若干叶片查其各叶片病斑数的资料等，皆为系统分组资料。以下讨论二级分组每组观察值数目相等的系统分组资料的方差分析。

设一系统分组资料共有 l 组，每组内又分 m 个亚组，每个亚组内有 n 观察值，则该资料共有 lmn 个观察值，其资料类型见表 7-16。

表 7-16　二级系统分组资料 lmn 个观察值的数据结构

（$i=1, 2, \cdots, l; j=1, 2, \cdots, m; k=1, 2, \cdots, n$）

组别	亚组	观察值					亚组总和 T_{ij}	亚组均数 $\overline{y}_{ij}$	组总和 T_i	组均数 $\overline{y}_i$
1	⋮	⋯					⋮	⋮	T_1	$\overline{y}_1$
2	⋮	⋯					⋮	⋮	T_2	$\overline{y}_2$
⋮	⋮	⋮					⋮	⋮	⋮	⋮
i	1	y_{i11}	y_{i12}	⋯	y_{i1k}	⋯ y_{i1n}	T_{i1}	$\overline{y}_{i1}$	T_i	$\overline{y}_i$
	2	y_{i21}	y_{i22}		y_{i2k}	y_{i2n}	T_{i2}	$\overline{y}_{i2}$		
	⋮	⋮	⋮	⋮	⋮	⋮	⋮	⋮		
	j	y_{ij1}	y_{ij2}		y_{ijk}	y_{ijn}	T_{ij}	$\overline{y}_{ij}$		
	⋮	⋮	⋮		⋮	⋮	⋮	⋮		
	m	y_{im1}	y_{im2}		y_{imk}	y_{imn}	T_{im}	$\overline{y}_{im}$		
⋮	⋮	⋯							⋮	⋮
l		⋯							T_l	$\overline{y}_l$
							$T=\sum_i\sum_j\sum_k y_{ijk}$	$\overline{y}=T/lmn$		

表 7-16 中，每个观察值的线性可加模型为

$$y_{ijk}=\mu+\tau_i+\varepsilon_{ij}+\delta_{ijk} \tag{7-57}$$

式中，μ 为总体平均；τ_i 为组效应或处理效应，可以是固定模型（$\sum\tau_i=0$）或随机模型 $\tau_i\sim N(0, \sigma_\tau^2)$；$\varepsilon_{ij}$ 为同组中各亚组的效应，固定模型（$\sum\varepsilon_{ij}=0$）或随机模型 $\varepsilon_{ij}\sim N(0, \sigma_e^2)$；$\delta_{ijk}$ 为同一亚组中各观察值的随机变异，具有 $N(0, \sigma^2)$。上式说明，表 7-16 的任一观察值的总变异可分解为 3 种来源的变异：①组间（或处理间）变异；②同一组内亚组间变异；③同一亚组内各重复观察值间的变异。其自由度和平方和的估计如下。

1. 总变异　总变异自由度（DF_T）及总平方和（SS_T）分别为

$$DF_T=lmn-1 \tag{7-58}$$

$$SS_T = \sum_1^{lmn}(y-\overline{y})^2 = \sum y^2 - C \tag{7-59}$$

其中
$$C = T^2/lmn \tag{7-60}$$

2. 组间（处理间）变异 组间（处理间）变异的自由度（DF_t）及平方和（SS_t）分别为

$$\left.\begin{array}{l}DF_t = l-1 \\ SS_t = mn\sum_1^l(\overline{y}_i - \overline{y})^2 = \sum T_i^2/mn - C\end{array}\right\} \tag{7-61}$$

3. 同一组内亚组间的变异 同一组内亚组间的变异的自由度（DF_{e_1}）及平方和（SS_{e_1}）分别为

$$\left.\begin{array}{l}DF_{e_1} = l(m-1) \\ SS_{e_1} = \sum_1^l\sum_1^m n(\overline{y}_{ij} - \overline{y}_i)^2 = \sum T_{ij}^2/n - \sum T_i^2/mn\end{array}\right\} \tag{7-62}$$

4. 亚组内的变异 亚组内的变异的自由度（DF_{e_2}）和平方和（SS_{e_2}）分别为

$$\left.\begin{array}{l}DF_{e_2} = lm(n-1) \\ SS_{e_2} = \sum_1^l\sum_1^m\sum_1^n(y_{ijk} - \overline{y}_{ij})^2 = \sum y_{ijk}^2 - \sum T_{ij}^2/n\end{array}\right\} \tag{7-63}$$

因而可得方差分析表，见表 7-17。

表 7-17 二级系统分组资料的方差分析

变异来源	DF	SS	MS	F	期望均方（EMS）	
					混合模型	随机模型
组间	$l-1$	$mn\sum(\overline{y}_i - \overline{y})^2$	MS_t	MS_t/MS_{e_1}	$\sigma^2 + n\sigma_\epsilon^2 + mn\kappa_\tau^2$	$\sigma^2 + n\sigma_\epsilon^2 + mn\sigma_\tau^2$
组内亚组间	$l(m-1)$	$\sum\sum n(\overline{y}_{ij} - \overline{y}_i)^2$	MS_{e_1}	$MS_{e_1} - MS_{e_2}$	$\sigma + n\sigma_\epsilon^2$	$\sigma^2 + n\sigma_\epsilon^2$
亚组内	$lm(n-1)$	$\sum\sum\sum(y - \overline{y}_{ij})^2$	MS_{e_2}		σ^2	σ^2
总变异	$lmn-1$	$\sum(y-\overline{y})^2$				

在表 7-17 中，为测验各亚组间有无不同效应，即测验假设 $H_0: \sigma_\epsilon^2 = 0$，则得

$$F = MS_{e_1}/MS_{e_2} \tag{7-64}$$

而为测验各组间有无不同效应，测验假设 $H_0: \kappa_\tau^2 = 0$，或 $H_0: \sigma_\tau^2 = 0$，即 $H_0: \mu_1 = \mu_2 = \cdots = \mu_l$，则有

$$F = MS_t/MS_{e_1} \tag{7-65}$$

这可从期望均方看出。

在进行组间平均数的多重比较时，单个平均数的标准误为

$$SE = \sqrt{MS_{e_1}/mn} \tag{7-66}$$

若进行组内亚组间平均数的多重比较，则单个平均数标准误为

$$SE = \sqrt{MS_{e_2}/n} \tag{7-67}$$

【例 7-12】 在温室内以 4 种培养液（$l=4$）培养某品种烤烟，每种 3 盆（$m=3$），每盆 4 株（$n=4$），1 个月后测定其株高生长量，得结果于表 7-18。试做方差分析。

表 7-18　4 种培养液下的株高增长量（mm）

培养液	A			B			C			D			总和
盆　号	A_1	A_2	A_3	B_1	B_2	B_3	C_1	C_2	C_3	D_1	D_2	D_3	
生长量	50	35	45	50	55	55	85	65	70	60	60	65	
	55	35	40	45	60	45	60	70	70	55	85	65	
	40	30	40	50	50	65	90	80	70	35	45	85	
	35	40	50	45	50	55	85	65	70	70	75	75	
盆总和（T_{ij}）	180	140	175	190	215	220	320	280	280	220	265	290	
培养液总和（T_i）	495			625			880			775			$T=2\,775$
培养液平均（$\bar{y}_i$）	41.3			52.1			73.3			64.6			

1. 自由度及平方和的分解　根据式（7-58）至式（6-62）由表 7-18 可算得总变异自由度（DF_T）、培养液间自由度（DF_t）、培养液内盆间自由度（DF_{e_1}）和盆内株间自由度（DF_{e_2}）分别为

$$DF_T = lmn - 1 = (4 \times 3 \times 4) - 1 = 47$$
$$DF_t = l - 1 = 4 - 1 = 3$$
$$DF_{e_1} = l(m-1) = 4 \times (3-1) = 8$$
$$DF_{e_2} = lm(n-1) = 4 \times 3 \times (4-1) = 36$$

再计算矫正数（C），即有

$$C = \frac{2\,775^2}{4 \times 3 \times 4} = 160\,429.69$$

即可算得总变异平方和（SS_T）、培养液间平方和（SS_t）、培养液内盆间平方和（SS_{e_1}）和盆内株间平方和（SS_{e_2}），即

$$SS_T = \sum y^2 - C = 50^2 + 55^2 + \cdots + 75^2 - C = 172\,025 - C = 11\,595.31$$

$$SS_t = \frac{\sum T_i^2}{mn} - C = \frac{495^2 + 625^2 + 880^2 + 775^2}{3 \times 4} - C = 167\,556.25 - C = 7\,126.56$$

$$SS_{e_1} = \sum T_{ij}^2/n - \sum T_i^2/mn = (180^2 + 140^2 + \cdots + 290^2)/4 - 167\,556.25$$
$$= 168\,818.75 - 167\,556.25 = 1\,262.50$$

$$SS_{e_2} = \sum y^2 - \sum T_{ij}^2/n = 172\,025 - 168\,818.75 = 3\,206.25$$

2. F 测验　由上述结果得表 7-19。

表 7-19　表 7-18 资料的方差分析

变异来源	DF	SS	MS	F	$F_{0.05}$	$F_{0.01}$
培养液间	3	7 126.56	2 375.52	15.05**	4.07	7.59
培养液内盆间	8	1 262.50	157.81	1.77	2.22	3.04
盆内株间	36	3 206.25	89.06			
总变异	47	11 595.31				

盆间差异的 F 测验，假设 $H_0: \sigma_e^2 = 0$，求得

$$F = 157.81/89.06 = 1.77$$

此 F 值小于 $\nu_1=8$、$\nu_2=36$ 的 $F_{0.05}=2.22$，所以接受 H_0：$\sigma_e^2=0$。
对培养液间有无不同效应做 F 测验，假设 H_0：$\kappa_\tau^2=0$，求得
$$F=2\,375.52/157.81=15.05$$
此 F 值大于 $\nu_1=3$、$\nu_2=8$ 的 $F_{0.01}=7.59$，故否定 H_0：$\kappa_\tau^2=0$，接受 H_A：$\kappa_\tau^2\neq0$。

推断：该试验同一培养液内各盆间的生长量无显著差异；而不同培养液间的生长量有极显著的差异。故前者不需再做多重比较，后者则需进一步测验各平均数间的差异显著性。

3. 各培养液平均数间的比较 根据期望均方，培养液平均数间的比较应用 MS_{e_1}，求得
$$SE=\sqrt{\frac{157.81}{3\times4}}=3.63\;(\mathrm{mm})$$

按 $\nu=8$ 查表得 $p=2,3,4$ 时的 $SSR_{0.05}$ 和 $SSR_{0.01}$ 值，并算得各 LSR 值列于表 7-20。由 LSR 值对 4 种培养液植株生长量进行差异显著性测验的结果列于表 7-21。

表 7-20　4 种培养液的 LSR 值（新复极差测验）

p	$SSR_{0.05}$	$SSR_{0.01}$	$LSR_{0.05}$	$LSR_{0.01}$
2	3.26	4.74	11.83	17.21
3	3.39	5.00	12.31	18.15
4	3.47	5.14	12.60	18.66

表 7-21　4 种培养液植株生长量（mm）的差异显著性

培养液	平均生长量	差异显著性	
		0.05	0.01
C	73.3	a	A
D	64.6	a	AB
B	52.1	b	BC
A	41.3	b	C

由表 7-21 可见，4 种培养液对生长量的效应，除 C 与 D、B 与 A 差异不显著外，其余对比均有显著或极显著差异。

第四节　直线回归和相关

实际生产实践和科学试验中所要研究的变数往往不止一个，例如研究温度高低和烟株发育进度快慢的关系，就有温度和发育进度两个变数；研究单位面积株数、每株留叶数和单位面积产量的关系，就有株数、留叶数和产量 3 个变数。本节介绍两个以上变数的统计分析方法。

一、回归和相关的概念

（一）函数关系和统计关系

两个或两个以上变数之间的关系可分为两类，一类是函数关系，另一类是统计关系。函数关系是一种确定性的关系，即一个变数的任一变量必与另一变数的一个确定的数值

相对应。例如圆面积与半径的关系为 $S=\pi r^2$，对于任意一个半径值 r，必能求得一个唯一的面积值 S，二者之间的关系是完全确定的。函数关系不包含误差的干扰，常见于物理学、化学等理论科学。

统计关系是一种非确定性的关系，即一个变数的取值受到另一变数的影响，二者之间既有关系，但又不存在完全确定的函数关系。例如烟草的产量与施肥量的关系，适宜的施肥量下产量较高，施肥量不足则产量较低。但这种关系并不是完全确定的，即使施肥量完全相同，两块同样面积土地上的产量也不会相等。在实验科学中两类变数因受误差的干扰而表现为统计关系，因而在农学和生物学中是常见的。

(二) 自变数和依变数

对具有统计关系的两个变数，可分别用变数符号 Y 和 X 表示。根据两个变数的作用特点，统计关系又可分为因果关系和相关关系两种。

两个变数间的关系若具有原因和反应（结果）的性质，则称这两个变数间存在因果关系，并定义原因变数为自变数，以 X 表示；定义结果变数为依变数，以 Y 表示。例如在施肥量和产量的关系中，施肥量是产量变化的原因，是自变数（X）；产量是对施肥量的反应，是依变数（Y）。

如果两个变数并不是原因和结果的关系，而呈现一种共同变化的特点，则称这两个变数间存在相关关系。相关关系中并没有自变数和依变数之分。例如在烟草叶片长度与叶片质量的关系中，它们是同步增长、互有影响的，既不能说叶片长度是叶片质量的原因，也不能说叶片质量决定叶片长度。在这种情况下，X 和 Y 可分别用于表示任一变数。

(三) 回归分析和相关分析

统计关系与函数关系的根本区别，在于前者研究的是具有抽样误差的数据，而试验数据必须采用统计方法处理。对具有因果关系的两个变数，统计分析的任务是由试验数据推算得一个表示 Y 随 X 的改变而改变的方程 $\hat{y}=f(x)$，式中 $\hat{y}$ 表示由该方程估得在给定 x 时的理论 y 值。方程 $\hat{y}=f(x)$ 的形式可以多种多样，最简单为直线方程，也可为曲线方程或多元线性方程，此时称 $\hat{y}=f(x)$ 为 Y 依 X 的回归方程。

对具有相关关系的两个变数，统计分析的目标是计算表示 Y 和 X 相关密切程度的统计数，并测验其显著性。这个统计数在两个变数为直线相关时称为相关系数，记为 r；在多元相关时称为复相关系数，记作 $R_{y \cdot 12 \cdots m}$；在两个变数曲线相关时称为相关指数，记作 R。

通常将计算回归方程为基础的统计分析方法称为回归分析，将计算相关系数为基础的统计分析方法称为相关分析。原则上两个变数中 Y 含有试验误差而 X 不含试验误差时着重进行回归分析；Y 和 X 均含有试验误差时则着重进行相关分析。但是它们的界限并不十分严格，因为在回归分析中包含有相关分析的信息，在相关分析中也包含有回归分析的信息。

(四) 两个变数资料的散点图

对具有统计关系的两个变数的资料进行初步考察的简便而有效的方法，是将这两个变数的 n 对观察值 (x_1, y_1)、(x_2, y_2)、$\cdots$、(x_n, y_n) 分别以坐标点的形式标记于同一直角坐标平面上，获得散点图。根据散点图可初步判定双变数 X 和 Y 间的关系，包括：①X 和 Y 相关的性质（正或负）和密切程度；②X 和 Y 的关系是直线型的还是非直线型的；③是否有一些特殊的点表示着其他因素的干扰等。

二、直线回归

(一) 直线回归方程式

对于在散点图上呈直线趋势的两个变数,如果要概括其在数量上的互变规律,即从 X 的数量变化来预测或估计 Y 的数量变化,则首先要采用直线回归方程来描述。此方程的通式为

$$\hat{y} = a + bx \tag{7-68}$$

上式读作"y 依 x 的直线回归方程"。其中 x 是自变数;$\hat{y}$ 是和 x 的量相对应的依变数的点估计值;a 是 $x=0$ 时的 $\hat{y}$ 值,即回归直线在 y 轴上的截距,称为回归截距;b 是 x 每增加一个单位数时,$\hat{y}$ 平均地将要增加($b>0$ 时)或减少($b<0$ 时)的单位数,称为回归系数。

要使 $\hat{y}=a+bx$ 能够最好地代表 y 和 x 在数量上的互变关系,根据最小二乘法,必须使下式为最小。

$$Q = \sum_1^n (y-\hat{y})^2 = \sum_1^n (y-a-bx)^2$$

因此,分别对 a 和 b 求偏导数并令其为 0,即可获得正规方程组,即

$$\begin{cases} an + b\sum x = \sum y \\ a\sum x + b\sum x^2 = \sum xy \end{cases}$$

解上述方程组得

$$a = \bar{y} - b\bar{x} \tag{7-69}$$

$$b = \frac{\sum xy - \frac{1}{n}\sum x \sum y}{\sum x^2 - \frac{1}{n}(\sum x)^2} = \frac{\sum(x-\bar{x})(y-\bar{y})}{\sum(x-\bar{x})^2} = \frac{SP}{SS_x} \tag{7-70}$$

式(7-70)的分子 $\sum(x-\bar{x})(y-\bar{y})$ 是 x 的离均差和 y 的离均差的乘积之和,简称乘积和,记作 SP;分母是 x 的离均差平方和,记作 SS_x。将式(7-69)和式(7-70)算得的 a 和 b 值代入式(7-68),即可保证 $Q=\sum(y-\hat{y})^2$ 为最小,同时使 $\sum(y-\hat{y})=0$。

a 和 b 值皆可正可负,随具体资料而异。当 $a>0$ 时,表示回归直线在Ⅰ、Ⅱ象限交于 y 轴;当 $a<0$ 时,表示回归直线在Ⅲ、Ⅳ象限交于 y 轴;当 $b>0$ 时,表示 y 随 x 的增大而增大;当 $b<0$ 时,表示 y 随 x 的增大而减小(图 7-13)。若 $b=0$ 或和 0 的差异不显著,则表明 y 的变异和 x 的取值大小无关,直线回归关系不能成立。

以上是 a 值和 b 值的统计学解释。在具体问题中,a 值和 b 值将有专业上的实际意义。

将式(7-69)代入式(7-68)可得

$$\hat{y} = (\bar{y} - b\bar{x}) + bx = \bar{y} + b(x - \bar{x}) \tag{7-71}$$

由式(7-71)可见,当 $x=\bar{x}$ 时,必有 $\hat{y}=\bar{y}$,所以回归直线一定通过 $(\bar{x}, \bar{y})$ 坐标点。记住这一特性,有助于绘制具体资料的回归直线。

由式(7-71)还可看到:①当 x 以离均差 $(x-\bar{x})$ 为单位时,回归直线的位置仅决定

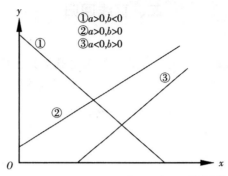

图 7-13 直线回归方程 $\hat{y}=a+bx$ 的图像

于 $\bar{y}$ 和 b；②当将坐标轴平移到以 $(\bar{x},\bar{y})$ 为原点时，回归直线的走向仅决定于 b，所以一般又称 b 为回归斜率。

（二）直线回归的数学模型和基本假定

回归分析的依据是直线回归模型。在这个模型中，Y 总体的每一个值由以下 3 部分组成：①回归截距 α，②回归系数 β，③Y 变数的随机误差 ε。因此总体直线回归的数学模型可表示为

$$Y_j = \alpha + \beta X_j + \varepsilon_j \tag{7-72}$$

式中，$\varepsilon_j \sim N(0, \sigma_\varepsilon^2)$。相应的样本线性组成为

$$y_i = a + bx_j + e_j \tag{7-73}$$

在按上述模型进行回归分析时，假定：

①Y 变数是随机变数，而 X 变数则是没有误差的固定变数，至少和 Y 变数比较起来 X 的误差小到可以忽略。

②在任一 X 上都存在着一个 Y 总体（可称为条件总体），它是呈正态分布的，其平均数 $\mu_{Y/X}$ 是 X 的线性函数，即

$$\mu_{Y/X} = \alpha + \beta X \tag{7-74}$$

$\mu_{Y/X}$ 的样本估计值是 $\hat{y}$，$\hat{y}$ 与 X 的关系就是线性回归方程式（7-68）。

③所有的 Y 总体都具有共同的方差 σ_ε^2，这个方差不因 X 的不同而不同，而直线回归总体具有 $N(\alpha + \beta X, \sigma_\varepsilon^2)$。试验所得的一组观察值 (x_i, y_i) 只是 $N(\alpha + \beta X, \sigma_\varepsilon^2)$ 中的一个随机样本。

④随机误差 ε 相互独立，并呈正态分布，具有 $N(0, \sigma_\varepsilon^2)$。

因此模型的参数有 α（即直线的截距）、β（即直线的斜率）和 σ_ε^2（即误差的方差）。其样本的相应估计值为 a、b 和 $s_{y/x}^2$。

理解上述模型和假定，有助于正确地进行回归分析。

（三）直线回归的假设测验和区间估计

1. 回归关系的假设测验 若 X 和 Y 变数总体并不存在直线回归关系，则随机抽取的一个样本也能用上节方法算得一个直线方程 $\hat{y}=a+bx$。显然，这样的回归方程是靠不住的。所以对于样本的回归方程，必须测定其来自无直线回归关系总体的概率大小。只有当这种概率小于 0.05 或 0.01 时，人们才能冒较小的危险确认其所代表的总体存在着直线回归关系。

这就是回归关系的假设测验，可由 t 测验或 F 测验给出。

(1) t 测验 由式（7-71）可推知，若总体不存在直线回归关系，则总体回归系数 $\beta=0$；若总体存在直线回归关系，则 $\beta\neq0$。所以对直线回归的假设测验为 $H_0: \beta=0$ 对 $H_A: \beta\neq0$。

由式（7-70）可推得回归系数 b 的标准误（s_b）为

$$s_b = \sqrt{\frac{s_{y/x}^2}{\sum(x-\overline{x})^2}} = \frac{s_{y/x}}{\sqrt{SS_x}} \tag{7-75}$$

而

$$t = \frac{b-\beta}{s_b} \tag{7-76}$$

遵循 $\nu=n-2$ 的 t 分布，故由 t 值即可知道样本回归系数 b 来自 $\beta=0$ 总体的概率大小。

(2) F 测验 当仅以 $\overline{y}$ 表示 y 资料时（不考虑 x 的影响），y 变数具有平方和 $SS_y = \sum(y-\overline{y})^2$ 和自由度 $\nu=n-1$。当以 $\hat{y}=a+bx$ 表示 y 资料时（考虑 x 的影响），则 SS_y 将分解成两个部分，即

$$\sum(y-\overline{y})^2 = \sum(y-\hat{y}+\hat{y}-\overline{y})^2 = \sum(y-\hat{y})^2 + \sum(\hat{y}-\overline{y})^2 + 2\sum(y-\hat{y})(\hat{y}-\overline{y})$$

因为

$$\sum(y-\hat{y})(\hat{y}-\overline{y}) = 0$$

故

$$\sum(y-\overline{y})^2 = \sum(y-\hat{y})^2 + \sum(\hat{y}-\overline{y})^2$$

上式的 $\sum(y-\hat{y})^2$ 即离回归平方和 Q，它和 x 的大小无关，其自由度为 $\nu=n-2$，已如前述；$\sum(\hat{y}-\overline{y})^2$ 则为回归平方和，简记作 U，它是由 x 的不同而引起的，其自由度为 $\nu=(n-1)-(n-2)=1$。在计算 U 值时可应用公式

$$U = \sum(\hat{y}-\overline{y})^2 = SS_y - Q = \frac{(SP)^2}{SS_x} \tag{7-77}$$

由于回归和离回归的方差比遵循 $\nu_1=1$、$\nu_2=n-2$ 的 F 分布，故有

$$F = \frac{(SP)^2/SS_x}{Q/(n-2)} \tag{7-78}$$

即可测定回归关系的显著性。

2. 直线回归的区间估计

(1) 直线回归的抽样误差 在直线回归总体 $N(\alpha+\beta X, \sigma_\varepsilon^2)$ 中抽取若干个样本时，由于 σ_ε^2，各样本的 a、b 值都有误差。因此由 $\hat{y}=a+bx$ 给出的点估计的精确性，决定于 $s_{y/x}^2$ 和 a、b 的误差大小。比较科学的方法应是考虑到误差的大小和坐标点的离散程度，给出一个区间估计，即给出对其总体的 α、β、$\mu_{Y/X}$ 等的置信区间。

(2) 回归截距的置信区间 由式（7-69），样本回归截距 $a=\overline{y}-b\overline{x}$，而 $\overline{y}$ 的误差方差（$s_{\overline{y}}^2$）和 b 的误差方差（s_b^2）分别为

$$s_{\overline{y}}^2 = s_{y/x}^2/n$$
$$s_b^2 = s_{y/x}^2/SS_x$$

故根据误差合成原理，a 的标准误为

$$s_a = \sqrt{s_{\overline{y}}^2 + s_b^2 \overline{x}^2} = \sqrt{\frac{s_{y/x}^2}{n} + \frac{s_{y/x}^2 \overline{x^2}}{SS_x}} = s_{y/x}\sqrt{\frac{1}{n} + \frac{\overline{x^2}}{SS_x}} \tag{7-79}$$

而 $(a-\alpha)/s_a$ 是遵循 $\nu=n-2$ 的 t 分布的。所以对总体回归截距 α 有 95％可信度的置信区间为

$$[L_1=a-t_{0.05}s_a,\ L_2=a+t_{0.05}s_a] \qquad (7\text{-}80)$$

式（7-80）表示总体回归截距 α 在 $[L_1,L_2]$ 区间内的可信度为 95％。s_a 和对 α 的置信区间一般在 a 有专业意义时应用。

(3) 条件总体平均数 $\mu_{Y/X}$ 的置信区间　根据回归模型的定义，每个 X 上都有一个 Y 变数的条件总体，该条件总体的平均数为 $\mu_{Y/X}$，而其样本估计值为 $\hat{y}$。由于 $\hat{y}=\bar{y}+b(x-\bar{x})$，故 $\hat{y}$ 的标准误为

$$s_{\hat{y}}=\sqrt{s_{\bar{y}}^2+s_b^2(x-\bar{x})^2}=\sqrt{\frac{s_{y/x}^2}{n}+\frac{s_{y/x}^2}{SS_x}(x-\bar{x})^2}=s_{y/x}\sqrt{\frac{1}{n}+\frac{(x-\bar{x})^2}{SS_x}} \qquad (7\text{-}81)$$

于是条件总体平均数 $\mu_{Y/X}$ 的 95％置信区间为

$$[L_1=\hat{y}-t_{0.05}s_{\hat{y}},\ L_2=\hat{y}+t_{0.05}s_{\hat{y}}] \qquad (7\text{-}82)$$

(4) 条件总体观察值 Y 的预测区间　这是以一定的保证概率估计任一 X 上 Y 观察值的存在范围。将式（7-71）代入式（7-73），线性数学组成为 $y_i=\bar{y}+b(x-\bar{x})+e_i$，所以其估计标准误为

$$s_y=\sqrt{s_{\bar{y}}^2+s_b^2(x-\bar{x})^2+s_{y/x}^2}=\sqrt{\frac{s_{y/x}^2}{n}+\frac{s_{y/x}^2}{SS_x}(x-\bar{x})^2+s_{y/x}^2}=s_{y/x}\sqrt{1+\frac{1}{n}+\frac{(x-\bar{x})^2}{SS_x}} \qquad (7\text{-}83)$$

故保证概率为 0.95 的 Y 或 y 的预测区间为

$$[L_1=\hat{y}-t_{0.05}s_y,\ L_2=\hat{y}+t_{0.05}s_y] \qquad (7\text{-}84)$$

三、相关系数和决定系数

（一）相关系数

对于坐标点呈直线趋势的两个变数，如果并不需要由 X 来估计 Y，而仅需了解 X 和 Y 是否确有相关以及相关的性质（正相关或负相关），则首先应算出表示 X 和 Y 相关密切程度及其性质的统计数——相关系数。一般以 ρ 表示总体相关系数，以 r 表示样本相关系数。

设有一个 X、Y 均为随机变量的双变数总体，具有 N 对 (X,Y)。若在标有这 N 个 (X,Y) 坐标点的直角坐标平面上移动坐标轴，将 X 轴和 Y 轴分别平移到 μ_X 和 μ_Y 上，则各个点的位置不变，而所取坐标变为 $(X-\mu_X,Y-\mu_Y)$。并且，在象限Ⅰ，$(X-\mu_X)>0$，$(Y-\mu_Y)>0$；在象限Ⅱ，$(X-\mu_X)<0$，$(Y-\mu_Y)>0$；在象限Ⅲ，$(X-\mu_X)<0$，$(Y-\bar{Y})<0$；在象限Ⅳ，$(X-\mu_X)>0$，$(Y-\mu_Y)<0$。因而，凡落在象限Ⅰ、Ⅲ的点，$(X-\mu_X)$ 和 $(Y-\mu_Y)$ 皆为正值；凡落在象限Ⅱ、Ⅳ的点，$(X-\mu_X)$ 和 $(Y-\mu_Y)$ 皆为负值。当 (X,Y) 总体呈正相关时，落在象限Ⅰ、Ⅲ的点一定比落在象限Ⅱ、Ⅳ的多，故 $\sum_{1}^{N}(X-\mu_X)(Y-\mu_Y)$ 一定为正；同时落在象限Ⅰ、Ⅲ的点所占的比率越大，此正值也越大。当 (X,Y) 总体呈负相关时，则落在象限Ⅱ、Ⅳ的点一定比落在象限Ⅰ、Ⅲ的多，故

$\sum_1^N (X-\mu_X)(Y-\mu_Y)$ 一定为负；且落在象限Ⅱ、Ⅳ的点所占的比率越大，此负值的绝对值也越大。如果（X，Y）总体没有相关，则落在象限Ⅰ、Ⅱ、Ⅲ、Ⅳ的点是均匀分散的，因而正负相消，$\sum_1^N (X-\mu_X)(Y-\mu_Y)=0$。参见图7-14。

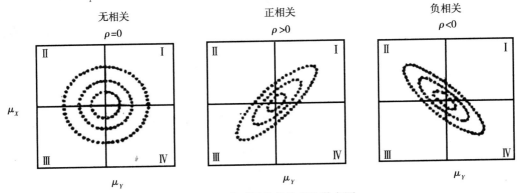

图7-14　3种不同的总体相关散点图

以上说明，$\sum_1^N (X-\mu_X)(Y-\mu_Y)$ 的值可用来度量两个变数直线相关的相关程度和性质。但是 X 和 Y 的变异程度、所取单位及 N 的大小都会影响 $\sum_1^N (X-\mu_X)(Y-\mu_Y)$。为便于普遍应用，应消去这些因素的影响。消去的方法就是将离均差转换成以各自的标准差为单位，使其成为标准化离差，再以 N 除之。因而可定义双变数总体的相关系数 ρ 为

$$\rho = \frac{1}{N}\sum_1^N \left[\left(\frac{X-\mu_X}{\sigma_X}\right)\left(\frac{Y-\mu_Y}{\sigma_Y}\right)\right] = \frac{\sum(X-\mu_X)(Y-\mu_Y)}{\sqrt{\sum(X-\mu_X)^2 \cdot \sum(Y-\mu_Y)^2}} \quad (7\text{-}85)$$

式（7-85）的 ρ 已与两个变数的变异程度、单位和 N 大小都没有关系，是一个不带单位的纯数，因而可用来比较不同双变数总体的相关程度和性质。式（7-85）也说明，相关系数是两个变数标准化离差的乘积之和的平均数。

当计算样本的相关系数 r 时，$\sum(X-\mu_X)(Y-\mu_Y)$、$\sum(X-\mu_X)^2$ 和 $\sum(Y-\mu_Y)^2$ 便分别以 $\sum(x-\bar{x})(y-\bar{y})$、$\sum(x-\bar{x})^2$ 和 $\sum(y-\bar{y})^2$ 取代，因而有

$$r = \frac{\sum(x-\bar{x})(y-\bar{y})}{\sqrt{\sum(x-\bar{x})^2 \cdot \sum(y-\bar{y})^2}} = \frac{SP}{\sqrt{SS_x \cdot SS_y}} \quad (7\text{-}86)$$

上述结果是直观地建立起来的。实际上，由回归分析亦可方便地得出同样结果。前已述及，y 的平方和 $SS_y = \sum(y-\bar{y})^2$ 在回归分析时分成了两个部分，一部分是离回归平方和 $Q = \sum(y-\hat{y})^2$，另一部分是回归平方和 $U = \sum(\hat{y}-\bar{y})^2 = (SP)^2/SS_x$，后者是由 X 的不同而引起的。显然，坐标点越靠近回归线，则 U 对 SS_y 的比率越大，直线相关就越密切。因此又可有定义

$$r = \sqrt{\frac{U}{SS_y}} = \sqrt{\frac{\sum(\hat{y}-\bar{y})^2}{\sum(y-\bar{y})^2}} = \sqrt{\frac{(SP)^2/SS_x}{SS_y}} = \frac{SP}{\sqrt{SS_x \cdot SS_y}}$$

上式说明，当散点图上的点完全落在回归直线上时，$Q=0$，$U=SS_y$，故 $r=\pm\sqrt{1}=\pm 1$；当 y 的变异和 x 完全无关时，$U=0$，$Q=SS_y$，故 $r=\sqrt{0}=0$。所以 r 的取值区间是 $[-1, 1]$。双变数的相关程度决定于 $|r|$，$|r|$ 越接近于 1，相关越密切；越接近于 0，越可能无相关。另一方面，r 的显著与否还和自由度 ν 有关，ν 越大，受抽样误差的影响越小，r 达到显著水平 α 的值就较小。r 的正或负则表示相关的性质：正的 r 值表示正相关，即 y 随 x 的增大而增大；负的 r 值表示负相关，即 y 随 x 的增大而减小。由于 r 和 b 算式中的分母部分总取正值，而分子部分都是 SP，所以相关系数的正或负，必然和回归系数一致。

（二）决定系数

决定系数定义为由 x 不同而引起的 y 的平方和 $U=\sum(\hat{y}-\overline{y})^2$ 占 y 总平方和 $SS_y=\sum(y-\overline{y})^2$ 的比率；也可定义为由 y 不同而引起的 x 的平方和 $U'=\sum(\hat{x}-\overline{x})^2$ 占 x 总平方和 $SS_x=\sum(x-\overline{x})^2$ 的比率，其值为

$$r^2 = \frac{(SP)^2/SS_x}{SS_y} = \frac{(SP)^2/SS_y}{SS_x} = \frac{(SP)^2}{SS_x \cdot SS_y} \tag{7-87}$$

所以决定系数即相关系数 r 的平方。

决定系数和相关系数的区别在于：① 除掉 $|r|=1$ 和 0 的情况外，r^2 总是小于 $|r|$。这就可以防止对相关系数所表示的相关程度做夸张的解释。例如 $r=0.5$，只是说明由 x 的不同而引起的 y 变异（或由 y 的不同而引起的 x 变异）平方和仅占 y 总变异（或 x 总变异）平方和的 $r^2=0.25$，即 25%，而不是 50%。② r 是可正可负的，而 r^2 则无负值，其取值区间为 $[0, 1]$。因此在相关分析中将两者结合起来是可取的，即由 r 的正或负表示相关的性质，由 r^2 的大小表示相关的程度。

（三）相关系数的假设测验

1. $\rho=0$ 的假设测验　这是测验一个样本相关系数 r 所来自的总体相关系数 ρ 是否为 0，所做的假设为 H_0：$\rho=0$ 对 H_A：$\rho\neq 0$。

由于抽样误差，从 $\rho=0$ 的总体中抽得的 r 并不一定为 0。所以为了判断 r 所代表的总体是否确有直线相关，必须测验实得 r 值来自 $\rho=0$ 的总体的概率。只有在这个概率小于 0.05 时，才能冒 5% 以下的危险，推断这个样本所属的总体是有线性相关的。

在 $\rho=0$ 的总体中抽样，r 的分布随样本容量 n 的不同而不同。$n=2$ 时 r 的取值只有 -1 和 1 两种，其概率各为 0.5；$n=3$ 时 r 的分布呈 U 形，即 $r=0$ 的概率密度越小，r 越趋向 ± 1 的概率密度越大；$n=4$ 时分布成矩形，即 r 在 $[-1, 1]$ 范围内具有相同的概率密度；只有当 $n\geqslant 5$ 时分布才逐渐转为钟形。由于 r 的取值区间只有 $[-1, 1]$，r 本身并不服从某个已知的理论分布。已知 r 的抽样误差为

$$s_r = \sqrt{\frac{1-r^2}{n-2}} \tag{7-88}$$

当 $\rho=0$ 时

$$t = r/s_r$$

或

$$t = \frac{r\sqrt{n-2}}{\sqrt{1-r^2}} \tag{7-89}$$

此 t 值遵循 $\nu = n-2$ 的 t 分布，由之可测验 $H_0: \rho = 0$。

2. $\rho = C$ 的假设测验 这是测验一个实得的相关系数 r 与某个指定的或理论的相关系数 C 是否有显著差异，其统计假设为 $H_0: \rho = C$ 对 $H_A: \rho \neq C$。

在 $\rho \neq 0$ 时，r 的抽样分布具有很大的偏态（图 7-15），且随 n 和 ρ 的取值而异，类似式（7-89）的转换已不再能由 t 分布逼近。但是可将 r 转换为 z 值，即

或
$$\left. \begin{array}{l} z = \dfrac{1}{2}\ln\left(\dfrac{1+r}{1-r}\right) \quad (r > 0) \\ z = -\dfrac{1}{2}\ln\left(\dfrac{1+|r|}{1-|r|}\right) \quad (r < 0) \end{array} \right\} \quad (7\text{-}90)$$

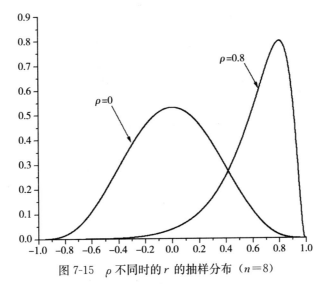

图 7-15 ρ 不同时的 r 的抽样分布（$n=8$）

则 z 值近似于正态分布，具有平均数 μ_z 和标准差 σ_z，即

或
$$\left. \begin{array}{l} \mu_z = \dfrac{1}{2}\ln\left(\dfrac{1+\rho}{1-\rho}\right) \quad (\rho > 0) \\ \mu_z = -\dfrac{1}{2}\ln\left(\dfrac{1+|\rho|}{1-|\rho|}\right) \quad (\rho < 0) \end{array} \right\} \quad (7\text{-}91)$$

和
$$\sigma_z = \frac{1}{\sqrt{n-3}} \quad (7\text{-}92)$$

因此有
$$u = \frac{z - \mu_z}{\sigma_z} \quad (7\text{-}93)$$

即可测验 $H_0: \rho = C$。

3. $\rho_1 = \rho_2$ 的假设测验 这是测验两个样本相关系数 r_1 和 r_2 所分别来自的总体相关系数 ρ_1 和 ρ_2 是否相等，因此有 $H_0: \rho_1 = \rho_2$ 对 $H_A: \rho_1 \neq \rho_2$。由于 r 转换成 z 后才近似正态分布，故这种测验也必须经由式（7-90）和式（7-91）的 z 转换进行。两个 z 值的差数标准误为

$$\sigma_{z_1-z_2} = \sqrt{\frac{1}{n_1-3} + \frac{1}{n_2-3}} \quad (7\text{-}94)$$

故有
$$u = \frac{(z_1 - z_2) - (\mu_{z_1} - \mu_{z_2})}{\sigma_{z_1-z_2}} \quad (7\text{-}95)$$

即可测验 H_0：$\mu_{z_1}=\mu_{z_2}$，亦即测验 H_0：$\rho_1=\rho_2$。

思考题

1. 什么是试验误差？试验误差与试验的准确度、精确度以及试验处理间比较的可靠性有什么关系？

2. 试验误差有哪些来源？如何控制？

3. 正态分布的概率密度函数是怎样表示的？函数式中的各个符号各有何意义？正态分布的特性有哪几点？是不是所有生物资料均呈正态分布？为什么正态分布在统计上这样重要？

4. 什么是统计假设？统计假设有哪几种？各有何含义？假设测验时直接测验的统计假设是哪一种？为什么？

5. 方差分析的含义是什么？如何进行自由度和平方和的分解？如何进行 F 测验和多重比较？

6. 什么是回归分析？直线回归方程和回归截距、回归系数的统计意义各是什么？如何计算？如何对直线回归进行假设测验和区间估计？

7. 什么是相关分析？相关系数、决定系数各有什么具体意义？如何计算？如何对相关系数做假设测验？

第八章

烟草科技论文和学位论文写作

科技论文是科学研究工作的最终理论成果,是科学研究人员在专业学术领域不断探索创新的知识总结,是学术界快速高效进行信息交流、成果推广的主要传播载体和发布依据。论文撰写总体上看应是整个研究工作的总结和升华。学位论文是学生毕业前完成科学研究训练的主要标志。学生通过论文工作,可检验学习阶段的学业成果,并为将来步入社会继续从事科技工作储备写作基础和技术功底。

第一节 科技论文写作规范

一、科技论文的意义和作用

(一) 科技文章的分类

科技文章按写作目的和作用一般可分为:学术类、应用类、科普类和新闻类。学术类科技文章一般就是指科技论文,按照其作用可分为理论型论文、技术型论文和学位论文(学士学位论文、硕士学位论文、博士学位论文);按研究方式和论述内容可分为实(试)验研究报告、理论推导、理论分析、设计计算、科技报告(可行性报告、开题报告、进展报告、实验报告、考察报告、调研报告)、专题研究、研究简报和快报、综述和评论、专著(著、编著)、综合报道。

(二) 科技论文的定义

我国国家标准《科学技术报告、学位论文和学术论文的编写格式》(GB 7713—87)所指的学术论文是:"某一学术课题在实验性、理论性或观测性上具有新的科学研究成果或创新见解和知识的科学记录;或是某种已知原理应用于实际中取得新进展的科学总结"。该国家标准还指出,鉴于我国科技水平较低,消化、模仿国外引进技术中的工作,也可作为学术论文的写作内容。

美国生物学编辑协会的科技论文定义为:一篇能被接受的原始科学出版物必须是首次披露,并提供足够资料,使同行能:①评定所观察到的资料的价值;②重复试验结果;③评价整个研究过程的学术。此外,它必须是易于人们的感官接受、本质上持久、不加限制地为科学界所使用,并能为一种或多种公认的二级情报源(例如《化学文摘》等)所选用。

科技论文是报道自然科学研究和技术开发创新性工作成果的文章,是阐述原始研究结果并公开发表的书面报告。写科技论文的目的是报告新成果,说明自己对某个问题的观点和看法,接受同行评议和审查,以期在讨论和争论中渐近真理。

（三）科技论文的特点

1. 创新性　理论型科技论文是新的科学研究成果或创新见解和知识的科学记录。技术型科技论文是已知原理应用于实际中取得新进展的科学总结。没有新观点、新结果和新结论，就不成为论文。科技论文是科学和技术进步的科学记录和历史性文件。创新性是科技论文同其他科技文章的基本区别。例如科技报告和综述等具备科学性、学术性等特点，但可不具备创新性特点。创新性或新意是写作与发表每篇科技论文必备的条件，但创新程度有大小之分。

科技论文是报道自己的新研究成果，与他人重复的研究、基础性知识、具体过程或数学推导，给出参考文献或做简要交代就够。科技论文的写法应避免与教科书、实验报告等同，不要用"众所周知"这个词，论文是给同行专家看的，众所周知了你还啰唆什么？写作中要特别慎用"首创""首次提出""首次发现"等词，这些词一般是指具有重大价值的研究成果。

2. 科学性和准确性　科学性是科技论文同一般议论文以及一切非科技文体的基本区别。科学性主要包括两方面，一方面是指科技论文的内容是科学技术研究的成果；另一方面是指科技论文表达形式的科学性和实事求是的科学精神，即科技论文结构严谨，思维符合逻辑规律，材料真实、方法准确可靠，观点正确无误。准确性主要是指科技论文的试验过程、试验结果具有可重复性。科技论文中不要用"据估计""据统计""据报道""据观察"等词，应给出参考文献。

3. 学术性或理论性　所谓学术是指有较深厚的实践基础和一定理论体系的知识。科技论文学术性是指一篇科技论文应具备一定学术价值（理论价值），这一般包括两个方面，一是对试验、观察或用其他方式得到的结果，要从一定理论高度进行分析和总结，形成一定科学见解，包括提出并解决一些有科学价值的问题；二是对自己提出的科学见解或问题，要用事实和理论进行符合逻辑的论证和分析或说明，要将实践上升为理论。

4. 规范性　科技论文必须按一定格式和要求进行规范写作。例如科技论文的参考文献著录应规范，文字表达应规范，语言和技术细节应采用国际或本国法定的名词术语、数字、符号、计量单位等。科技论文要求准确、简明、通顺、条理清楚。

5. 科技伦理　首先是创新与抄袭不兼容。照搬他人原句又不加引号，即使在句子后列出被引文章，也被疑抄袭；以翻译英文文章作为中文综述的内容也是抄袭。诚信是科研的基础，很难发现专业人士刻意编造的有逻辑的谎言。能证明自己的，只有原始试验记录本。

（四）科技论文的作用

科技论文的作用表现在：①具有理论意义，可进行学术交流，促进科学进步与发展，传播知识、创新知识；②具有实践意义，可直接为生产服务，创造效益；③实践检验科研成果，进一步推动科学研究（理论和实践意义）。

论文撰写是科学技术研究的重要后续工作，是学术交流和成果转化的主要载体。从育人角度看，它是科学研究工作者自我训练和不断提高的摇篮，是学生走向社会的前奏曲。

（五）科技论文的写作特点

1. 科技论文的书面表达特点　论点、论据、论证必须齐全，内容、结构、格式力求规范，数据、图表、符号等应用较多，统计分析必须进行，参考文献不可缺少。

2. 科技论文的内容特点
①客观性：即实事求是，反映研究对象的原貌与本质。
②科学性：即依据科学，具有必然性和可验性（灵魂）。
③先进性：新颖、先进、前沿、尖端（核心）。
④创新性：提出新问题、新方法、新见解、新理论（生命力）。
⑤学术性：具有价值、理论、知识。
⑥专业性：即学科领域。
⑦资料性：具有参考价值、指导功能。
⑧平实性：平素、朴实、可读、实用。

3. 科技论文的写作要求 由于科技论文的特点，使得科技论文在写作过程中应该是在研究工作的基础上进行"再创造"的过程。因此科技论文写作要达到以下基本要求。

(1) 主题明确，中心突出 科技论文写作中不可下笔千言，离题万里；不可走题、改题、文不对题。主题是全文的灵魂，不但要明确，而且要十分突出，成为一切资料、论证绕其运转、为其服务的轴心。对论文来说，主题也即论点，偏离了主题，便丧失了意义。

(2) 结构严谨，层次分明 结构是论文的骨骼、构架，没有结构，论文便肌肤难附，那便不可能让人再去推敲和相信论点。严谨而分明的层次和结构，能将主题阐述淋漓尽致，细致深入。

(3) 逻辑严密，自成系统 科技论文不同于文学创作，它讲的是道理，要紧的是逻辑。逻辑是知识的"格局"，它保证的就是思路的清晰，论文的贯通从前提到结论的必然性，这正是论文的力量所在。论文的每个组成部分，又应当是系统的各个组成部分，因此它们必须相互协调、相互制约、相得益彰，组成一个严密的整体，牵一发而动全身。如果论文的构成部分相互间毫不相关、甚为松散，只是一些资料的堆积、事实的罗列，那么论文就会大大丧失其说服力。

(4) 论证充分，说理透彻 论文的特性就是论证，论文的功能就是证明。论文的论点是带有创新性、开拓性甚至独树一帜的观点，或者是为了补充被前人忽略了的东西，或者是纠正被他人曲解了的东西，所以必须言之有据，言之有理，能够确凿而有力地证明自己的论点。因此论证既是论文的根本特征和主要使命，也是论文的最重要的内容。论证必须充分，说理必须透彻，论点才能得到全面而确凿的证明。

(5) 提出问题，解决问题 论文要能够提出值得思考、探讨、研究的新问题，提出自己的观点和看法。为了使自己的观点和看法能说服他人，就要对问题进行透彻的分析、有力的证明，从而得到确切的结论，以回答和解决自己提出的问题。论文所需要的就是提出问题、分析问题、解决问题，它所培养和造就的，也正是这种研究能力和开拓能力。

(6) 语言简洁，概念准确 对于论文来说，其任务既然是为了阐述和证明，它也就不能像文艺作品那样以大量修饰形容语句装点论文，以提高其艺术性与感染性。论文要做的是说理，说理所要求的就是简单明白、直截了当，因而在语言上也就要求简洁。科技论文要正确使用语言，其基本要求是准确性、鲜明性、主动性、简洁性。同时，科技论文的每一个概念都要求十分准确、精确，不允许有任何歧义发生。否则证明就不能对准焦点、对准论点，就不能得到单值、唯一的必然结论。

4. 科技论文写作思路 科技论文是科学研究论文和技术实验报告的总称，是科技人员以文字形式总结成果、发展理论和阐明学术观点的论理性文章。科技论文产生过程可以表示为：课题设计→试验观察→调查测试→资料收集→筛选比较→理论分析→逻辑推理→归纳总结→文字报告。写作科技论文的思路可以表示为：确定有没有发表价值，文字构思→提纲→草稿→全文→期刊。

二、科技论文的结构格式和撰写内容

我国科技论文写作有关的国家标准有：《科学技术报告、学位论文和学术论文的编写格式》（GB 7713—87）、《文后参考文献著录规则》（GB 7714—2015）和《中国学术期刊（光盘版）检索与评价数据规范》（CAJ-CD B/T1—2006）。

国外，常见的有 Chicago、APA 和 MLA 学术写作规范。Chicago Style：*The Essential Guide for Writer, Editor, and Publishers* 的内容包括书籍论文的编制、格式、出版与印刷等 3 部分。第二部分"格式"中详细说明撰写论文时需注意的细节，包括标点符号、人名和数字的写法、引文的写法、图表的制作、数学公式、缩写以及注释和书目的编制方法等。其中第二部分的第 15 单元和第 16 单元正是书目格式指南，是撰写论文时，编写注释与参考书目之必要参考。APA Style：*Publication Manual of the American Psychological Association* 是社会科学领域学术期刊经常采用的书目格式。MLA Style：*MLA Handbook for Writers of Research Papers* 是人文领域经常采用的一套书目格式指南，是为高中生和大学生撰写研究报告而编制的，为学术期刊和大学出版社所广泛采用。

学术论文的结构格式和内容一般为：题目、姓名、单位、摘要、关键词、引言、材料和方法、结果和分析、讨论、结论、参考文献、附录（必要时）。按国家标准规定，论文的编写格式将上述内容分成 4 大部分：前置部分、主体部分、附录部分和结尾部分。下面详细解释科技论文各部分的写作规范。

（一）题目

1. 定义和重要性 科技论文的题名又称为"题目""标题"或"文题"。有的题名还包括副标题或引题。一篇论文一般还有若干段落标题，也称层次标题或小标题。题名是一种标记，不是句子，比句子更简洁。国家标准《科学技术报告、学位论文和学术论文的编写格式》（GB 7713—87）规定：题名是以最恰当、最简明的词语反映报告、论文中最重要的特定内容的逻辑组合。题名所用每一词语必须考虑到有助于选定关键词和编制题录、索引等二次文献可以提供检索的特定实用信息。题名应该避免使用不常用的缩略词、首词字母缩写、字符、代号和公式等。题名一般不宜超过 20 字。报告、论文用作国外交流，应有外文（多用英文）题名。外文题名一般不宜超过 10 个实词。

不管读者是从检索工具，还是期刊目录等地方接触某篇论文，论文题名都是读者先接触的。判断一篇论文是否值得一读，也是从题名开始。题名不当，需要的读者不阅读它，因而失去应起的作用。此外，索引和文摘都依赖论文题名的正确性，如题名不当，读者可能检索不到它。在 Internet 或其他计算机检索系统中用关键词检索可能会检出大量文献，读者一般通过论文题名浏览来取舍论文。为争取读者，为科研基金申请得到批准，都必须注重论文题名，一篇论文的题名十分重要。

2. 一般要求 科技论文题名一般要求以最明晰、最简练而便于检索的词组，能简单明了、恰当、鲜明、准确地概括论文中最主要的内容，同时又引人注目。国外通常要求科技论文题名符合 4 个特性：brevity（简短性）、clarity（明确性）、indexibility（可检索性）、specificity（特异性）。

在科技论文题名中，最好避免使用缩略语、首词字母缩写、字符、代号、化学分子式、专利商标名、行话、罕见或过时的术语。在撰写题名时，作者应问问自己：我怎样在索引中寻找这篇论文？看到这种题名的论文我是否会继续往下看？在论文写作中，往往先草拟一个题名，论文完成后再确定题名。拟题过程中可设想几个题名以供选择，也可查阅文献，避免与同类论文题名相似或雷同。如果结论或主要发现能用一句话表明，用它作为论文题名有时可达到醒目、生动的目的。

一般是在主题名下一行用破折号引出副标题；引题的一般形式由冒号引出（主题名：引题名）。对副标题和引题有两种观点，一种观点认为，为使题名提供尽可能多信息，又使题名尽可能简明，可采用副题名；另一种观点为多数编辑的观点，他们反对用"主题名-副题名"这样的题名形式，也反对用引题。因为每篇发表的论文"应提出独立而完整的研究结果，而不提倡标有篇序的系列文章"。系列文章内容不独立完整，严重妨碍读者阅读和理解。"主题名-副题名"的第一部分价值一般不大，可不用。当二次情报源编出的关键字索引过长时，常使人无法理解，因为索引不可能列出"主题名-副题名"这样的双重题名。而引题中必须加标点，会使索引系统混乱不堪。

科技论文中题名及层次标题的书写格式要标准。不同刊物、场合和对象可能要求不同。国际标准 ISO 2145—1978 和我国国家标准规定科技报告、论文采用六级层次题名，1 至 4 级采用阿拉伯数字分级编号，各级间数字右下加圆点。

3. 常见问题

①套话空话，采用"…的研究""…的分析研究""…的探讨""…调查""…观察""…的机制""…的规律"等套话空话。采用"…浅谈""试论…""…初探""…漫谈""…之我见"等自谦词。外文稿件中采用"Study of（on）…""Evaluation of…""Observation on…""Exploration and discussion on…"等套话空话。

②空泛不具体，可检索性差，未能反映出"特定内容"。

③废话，"一个新的思路""突破常规思维""一个发人深省的秘密""混合模型的应用"等。

④文题不符，以大代小，以全代偏，以小代大，以偏概全。

⑤概念模糊与逻辑错误。

⑥词序、语序不当。

⑦结构不对，习惯上题名不用动宾结构，而用以名词或名词性词组为中心的偏正结构。

（二）署名和作者地址

署名有 3 种作用：①署名是表明文责自负；②署名排序是反映作者对本科学研究成果的贡献大小；③便于读者联系。科技论文的署名一般应用真名，并同时注明所有作者工作单位的全称、所在地、邮政编码等。论文成果为集体完成时，署名排序一定要严肃郑重。尽可能公正合理，一般是论功排名，即按对研究工作实际贡献大小来排列名次。

署名作者不只是享受著作权，而且还承担论文学术、道德、法律责任和为社会继续服务的义务。在期刊论文上署名者要"能够"承担相应义务，"有能力"对论文负责。在烟草科学研究中常见情况是资助者、种植烟农似乎贡献很大，但他们对这项科研课题是外行，没能力对研究论文负责。这时可在论文末尾向这些做出了贡献的人致谢。

署名和地址是检索工具编制作者检索途径、单位检索途径的需要，是引用、引文统计的需要，是评价作者水平和学术地位、影响等的需要，是出版社及读者与作者联系的需要。

1. 署名对象　国家标准《科学技术报告、学位论文和学术论文的编写格式》（GB 7713—87）规定："责任者包括报告、论文的作者、学位论文的导师、评阅人、答辩委员会主席以及学位授予单位等。必要时可注明个人责任者的职务、职称、学位、所在单位名称及地址，如责任者是单位、团体或小组，应写明全称和地址。在封面和题名页上，或学术论文的正文前署名的个人作者，只限于那些对于选定研究课题和制定研究方案、直接参加全部或主要部分研究工作并做出主要贡献以及参加撰写论文并能对内容负责的人，按其贡献大小排列名次。至于参加部分工作的合作者、按研究计划分工负责具体小项的工作者、某一项测试的承担者，以及接受委托进行分析检验和观察的辅助人员等，均不列入。这些人可作为参加工作的人员——列入致谢部分，排于篇首页脚注"。个人的研究成果，个人署名；集体的研究成果，集体署名。集体署名时，一般应署作者姓名，不宜只署课题组名称，并按对研究工作贡献的大小排列名次。

2. 署名的权利与义务

（1）著作权　《中华人民共和国著作权法》规定："著作权属于作者"。著作权包括发表权、署名权、修改权、保护作品完整权、使用权和获得报酬权。在作品上署名即表明作者身份，拥有作品的著作权。未经著作权人授权，其他任何人不得占有、控制和使用其作品。一般期刊社在"作者须知"有关条目说明论文著作权的转让、归属等事项，作者向其投稿即表明接受期刊社的约定，国外期刊社一般要求作者填写《版权转让证书》。

（2）文责自负　所谓文责自负，就是论文一经发表，署名者应对论文负责，负有政治、科学上的责任和道义上的责任。如果论文中存在剽窃、抄袭，或政治上、科学上和技术上存在错误，那么署名者就应完全负责，署名即表示作者愿意承担这些责任。

（3）解答读者疑问　署名也是为方便读者与作者联系。读者阅读文章后若需要同作者商榷，或要询问、质疑或请教，以及求取帮助，可直接与作者联系。署名即表示作者有同读者联系的意向，也为读者同作者联系提供可能。

3. 署名和单位地址　一般学术性期刊中将署名置于题名下。一个作者下写一个地址。在论文发表前，如果作者换了地址，则应在脚注中写上新地址。两个以上作者，应按作者名顺序，列出每个作者所在地址。必须提供邮政编码。除非科学家希望隐名发表，否则必须提供作者全名和地址。作者工作单位应写全称，例如"河南农业大学烟草学院"不能写作"河南农大烟草学院"。工作单位地址应包括所在城市名及邮政编码。

投稿前可参阅杂志的"作者须知"或近期发表论文署名的写作惯例。一般来说，科学杂志不在作者后印上学衔或头衔，可在篇首页的脚标注第一作者的性别、年龄和技术职务等信息。作者名单中的排列顺序原则是根据作者对研究所做出贡献大小的顺序排列。在起草论文之初，要确定论文署名。被列为作者的，得征得本人同意；本人不知，则不能被列为作者。作者过多时对科技文献检索产生不利影响。

我国作者向外文期刊投稿署名或有必要附注汉语拼音时，必须遵照国家规定，即姓前名后，名连成一词，不加连字符，不缩写。1982年，ISO通过《汉语拼音方案》作为拼写中国专有名词和词语的国际标准。中国人名属于专名，译成外文必须用汉语拼音拼写。中国人名译成外文时，姓氏和名字分写，姓和名开头字母大写，姓在前，名在后，可省略音调。例如，作者张一三译成英文，正确的拼写法是 Zhang Yisan，而 ZHANG YI SAN、ZHANG Yisan、Zhang Yi-San、Zhang，Yisan、Yisan Zhang 等是不正确的。

（三）摘要

期刊论文摘要通常位于署名和单位地址之后。摘要能使读者不读全文即能获得必要信息，即主题范围和内容梗概。摘要一般包含下列内容：①研究目的和重要性；②研究完成哪些工作；③基本结论、成果，新认识、新见解。

1. 摘要文字要简练 摘要的字数为 300～400 字（外文摘要 250 个实词）。摘要的详简程度和篇幅大小根据具体情况及要求确定，例如期刊论文摘要、会议征稿摘要、博士学位论文摘要的差别很大。摘要不讲过程，不用图表，不解释，不写化学结构式，不要自我评价，要使用第三人称。国际标准 ISO 214—1976 指出：摘要是一份文献内容的准确压缩，不加解释或评论。我国国家标准规定：摘要是报告、论文的内容不加注释和评论的简短陈述。摘要是在原文基础上忠于其本意的精华提炼和准确浓缩。所以摘要对论文的主要内容和结论能起到重点扫描的作用。

摘要是读者判断论文价值、是否值得阅读的依据。会议征稿摘要是决定是否录用全文的依据。写好摘要是科技人员的基本功。如果一篇内容价值较高的学术论文，摘要写得平淡，不能体现论文特点和学术价值，将带来一系列不利影响：有可能失去被刊载的机会，需要本文的读者不会阅读全文，从而失去应有学术影响；对中文期刊论文而言，难以进入国际检索系统等。

2. 摘要的内容一般由 3 部分组成 摘要的内容包括：研究目的、研究方法、研究结果或结论。详细摘要的写作内容包括研究依据、目的、意义、试材、方法、结果、结论等，但核心是结果或结论。所以摘要的写作模式往往是"本文基于……，围绕……，针对……，通过……研究，主要探索了……，结果表明：（1）……，（2）……，（3）……"。

3. 摘要必须体现 3 个特性 ①内容上具有独立性和完整性，也就是说，摘要是整个论文的缩影，应反映全文的主题面貌和中心思想，同论文具有等量的知识信息。从这个意义上讲，摘要既可起报道和检索作用，也可供读者摘录和其他刊物转载。②必须简明精炼，写作摘要时应字字推敲，做到多一字无必要，少一字显不足。摘要字数宜少不宜多。③在知识信息上体现忠实性和准确性。摘要在内容上必须忠实于原文，为读者准确无偏地提供作者自己可以肯定的知识信息、研究成果和技术方法，而不能超越原文，谈及与原文无关的内容、无事实依据的推论和还有争论的观点，更不能超越作者自己的研究结果去评述"参考文献"中他人的研究结论。

4. 摘要的类别 摘要分为报道性摘要、指示性摘要、报道-指示性摘要、结构性摘要等种类。学术期刊多采用报道性摘要，特别是试验研究和有定量数据的论文。对新内容较少，或数据少的论文用指示性摘要或报道-指示性摘要。

5. 成功写作摘要的要点 摘要写作要突出新贡献，并使之尖锐化。用精辟语句使新东西出现在摘要的突出位置。所谓新贡献包括：新技术、新理论、新方法、新观点、新规律、纠正前人错误、解决争议、补充和发展前人成果等。有的作者常常不在摘要中体现重要的研究成果，而到论文的后部分经分析推论等才指明，这是错误的观点和写作方式。

(四) 关键词

关键词位于摘要之后。国家标准规定："关键词是为文献标引工作从报告、论文中选取出来以表示全文主题内容信息的单词或术语"。关键词是从文章的题名、摘要、正文中抽出的，并能表达全文内容主题，具有实在意义的单词或术语。一般规定每篇论文选取 3~8 个关键词，并尽量用《汉语主题词表》提供的规范词。多数科技人员是利用主题检索途径，通过文摘、索引等二次文献工具获取某个领域所需文献，因此准确地选择关键词十分重要。

(五) 中国分类号、文献标识码

国家标准要求，学术期刊论文一般应注明《中国图书资料分类法》的分类号，同时尽可能注明《国际十进分类法》的分类号。一般国内外学术期刊要求投稿论文应按指定分类法注明其分类号。分类法是按一定思想观点，依学科的上下级关系组成一个分类体系（分类表）。在这个体系中，各学科以符号表示。确定学术论文分类号的过程就是利用已有的分类法表，确定该论文内容所属学科专业在分类法中的代表符号，即分类号。分类表中的学科名称，称为类目名称。涉及多学科论文，可给出几个分类号，第一个为主分类号。

中国图书馆分类法将文献分为 5 大类：①马克思主义、列宁主义、毛泽东思想；②哲学；③社会科学；④自然科学；⑤综合性图书。下分 22 个基本大类。每大类采用拉丁字母和阿拉伯数字相结合的混合号码，并以等级制为标记制度，依照从总到分、一般到特殊、低级到高级、简单到复杂的逻辑次序，逐层展开各门学科知识的类目等级体系，系统地组织文献。

文献标识码与中图分类号不是一回事。文献标识码是《中国学术期刊（光盘版）检索与评价数据规范规定》（由国家新闻出版署印发）规定的，为便于文献统计和期刊评价，确定文献检索范围，提高检索结果的适用性，每篇文章按 5 类不同类型标识一个文献标识码：A 为理论与应用研究学术论文；B 为实用性技术成果报告、理论学习与社会实践总结；C 为业务指导与技术管理性文章；D 为一般动态、信息；E 为文件、资料。不属于上述各类的文章不加文献标识码。

(六) 引言

国家标准《科学技术报告、学位论文和学术论文的编写格式》（GB 7713—87）规定："引言（或绪论）简要说明研究工作的目的、范围、相关领域的前人工作和知识空白、理论基础和分析、研究设想、研究方法和试验设计、预期结果和意义等。引言应言简意赅，不要与摘要雷同，不要成为摘要的注释。一般教科书中已有的知识，在引言中不必赘述。比较短的论文可以只用小段文字起着引言的效用。学位论文为了需要反映作者已掌握了坚实的基础理论和系统的专门知识，具有开阔的科学视野，对研究方案做了充分论证，因此有关历史回顾和前人工作的综合评述，以及理论分析等，可以单独成章，用足够的文字叙述"。

引言是论文主体部分前的引导说明论文主题来龙去脉的"开头白"，对论文的核心内容起画龙点睛作用。引言写得成功，能引起读者兴趣。所以引言必须简明精练，重点突出，有感染力，主要阐述立题依据和理由，说明"为什么"要做本课题。具体包括 4 个内容：①本研究工作的起因和历史背景——理由；②研究的主题、目的和意义；③作者对本课题的独特见解、创新思路等理论，以及理论依据的试验基础；④本研究领域的国内外进展、技术水平、成果、存在问题和发展趋势等，本论文成果在该领域的地位和作用。

一般科技论文的引言字数应控制在 700~800 字。引言的目的是给出作者进行本项工作的原因、要达到的目的。因此应给出必要的背景材料，让对这一领域并不特别熟悉的读者能了解进行这方面研究的意义、前人已达到的水平，已解决和尚待解决的问题，最后用一两句话说明本文的目的和主要创新处。引言最基本的一点是介绍前人的主要研究成果。引言的构成与写作要求见表 8-1。

表 8-1 引言的构成与写作要求
（引自王继华等，2009）

基本项目	主要内容
研究的必要性（存在的问题）	原来存在的问题、提出了什么要求、说明这项研究的意义
历史的回顾	对于存在的问题，前人进行过怎样的研究，介绍其基本情形
前人研究中存在的欠缺	考察前人的研究之后，发现了什么欠缺，还可以介绍自己研究的动机
写作论文的目的和作者的想法	写作目的和涉及的范围、研究结果的适用范围、研究者建议、研究的新特点
处理方法和研究结果简介	引用从具体数据计算出的数据，介绍研究的经过和结果

（七）正文

正文部分是科技论文的核心，是体现研究工作成果和学术水平的主要部分。国家标准《科学技术报告、学位论文和学术论文编写格式》（GB 7713—87）对科技论文正文部分的编写格式没明确要求和规定。科技论文的结构形式取决于科研成果的内容。不同科研成果，需要用不同结构形式的科技论文来反映。因为不同学科领域的科研成果，在研究方法、试验观察过程、逻辑推理、结果表现形式等方面不同。一般来说，科技论文的正文内容包括：引言、原理、试验和观察方法、仪器设备、材料原料、调研对象、试验和观察的数据资料结果、观点和结论等。其观点和结论是将获得的数据资料通过数理统计和技术处理、绘图列表等表达试验结果，再经过判断、归纳、推理和抽象等导出的。

1. 正文的结构与分段 国内外学术界和期刊编辑界对正文的分段，有一种 IMRAD 说法，即 introduction，material and method，results，and discussion（conclusion）。学者认为引言、材料与方法、结果与讨论的科技论文分段形式，依次回答了科技论文应回答的 4 个主要问题，适合多种专业论文的撰写，是科技论文最好的结构。

2. 材料与方法 材料与方法指试验材料与研究方法，是试验论文正文的开端和主体的重要组成部分，主要说明"怎样"做本研究课题，读者可由此判断其研究方法的科学性和试验结果的可靠性，评价论文结论的学术意义与价值。材料包括材料来源、性质、数量、选取和处理事项等。方法包括试验的仪器设备、试验条件、测试方法等。

3. 田间试验与设计 田间试验与设计的内容包括试验因素、处理水平、小区大小、重复次数、田间排列、保护行等。必要时可配合图表详细说明。

4. 效果调查与测试 其内容包括调查时期、取样方法、样本容量、样品制备、物质分析、考核指标等研究方法。一般凡在结果中陈述的内容项目，都应在此有研究方法的说明。常规的研究方法应简写，新型先进的方法应详写，已公开发表的方法注明参考文献的出处即可。使用的仪器应说明名称、型号和性能指标。化学试剂应说明全名、学名、纯度、分子式结构、来源和产地、批号等。

5. 结果与分析 本部分是体现研究内容和中心思想并由此进行结论的正文主体部分，主要说明经过本研究后得到了什么结果、发现了什么和可靠性有多大。

（八）结果

研究结果就是根据研究目的和要求，将试验效应、调研内容和前人工作的研究结果，经筛选后把有意义的资料进行整理、分析和总结，并同其显著性和可靠性一起报道，以便为进一步展开讨论和归纳结论提供材料基础和事实依据。结果是科学研究工作的总结，是论文最后进行讨论和结论的信息源泉，但又不是简单地把全部原始材料罗列汇总，而是选择性地反映成熟、典型和有代表意义的研究结果。

1. 结果的表达方式 在科技论文中，研究结果的表达方式有文字叙述、数字说明、制表分析、绘图显示、照片展现和公式归纳 6 种。

（1）文字叙述 文字叙述是科技论文的主要"建筑材料"，适应于绝大多数读者的阅读习惯。文字叙述时需要着重掌握写作要领："简明扼要，逻辑严密，条理清楚，规范用词，语言精练，写好领句。"每个段落的第一句话惯称领句，领句有小标题的作用，能代表本段内容的大意。

（2）数字说明 数字说明是科技论文写作的重要特征，具体用法可按编写科技书的要求处理：专门名称、大概意思或口述性质的数字，汉字形式撰写，如"九二零""一六零五""两三年""一百多斤""五大类""三因素四处理"；确切和具体数目用阿拉伯数字，例如"25％""5％～10％""28 ℃""952 kg""1998 年 1 月 3 日""13 580 kg/hm^2""年产值 830 万元"。注意报道原始观测数据的技巧，试验结果一般是以"平均值±标准偏差"的形式表示。

（3）制表分析 当某一研究内容的数据资料较多且需对照比较时，可通过制作表格的形式说明。使用表格的最大优点是能用较小篇幅集中显示丰富的数据资料，准确反映最富有规律的量变信息，使复杂研究结果简明化，使读者在数据对比中一目了然。表格是集中表达准确数据资料的重要形式。

表格一般由表题、表格和表注 3 部分组成。"表题"要求居中排写在表格之上（称为"头题"），并用阿拉伯数字依序编号。期刊要求标题有相应英文对照，著录位置是在中文表题之下。"表注"用小号字排写在表格下方，从左写起，先写"注："字样，再接着注明内容。需要注明的内容较多时，应用"，"符号隔开，或用①、②、③……序号分别说明。表格的位置一般应随文字说明就近放置，个别需要补充说明的次要表格可作为附表放于论文最后的"附录"中。表格要按要求格式制作，目前多数期刊要求制成三线表格，并随中文内容附注英文说明等。三线表是指只有横线而没有竖线和端线的表格。横线由上边线、下边线和栏目线共 3 条线组成，将表格分为表头和表身两大部分。

（4）绘图显示 使用图形法的优点是在相同篇幅内比文字法信息含量大，比表格法反映问题更清晰、更形象、更生动，尤其在连续性研究生长规律和比较处理间差异方面更有特殊的功效。但图形法反映数据性资料时比较模糊，不如表格法准确和精确。一般期刊要求图名有相应的英文对照，著录位置在相应汉语之下。科技论文的制图一般由图题、图形和图注 3 部分组成。"图题"要求居中排写在图形之下，称为"脚题"。并用阿拉伯数字依序编号。

（5）照片展现 照片应以黑白照片为主，特殊需要时也可用彩色照片。选用的照片应按投稿刊物要求的大小事先裁剪好，最大不超过 20 cm×14 cm，并在内容上重点突出关键性特征部位。学报要求照片说明有相应的英文对照，著录位置在相应汉语之下。

（6）公式归纳 在研究资料中，如果两个变量间存在函数关系时，常可用公式来表达这种规律。公式法的最大优点是能在研究资料的区间外预计较大存在和发生的概率。在农业试验研究论文中，常对较大研究区间的成组资料通过相关、回归分析法来归纳公式，从而揭示更大范围内的规律现象。

2. 结果的写作技术要点

（1）精选有学术价值的研究材料　重点突出新问题的研究探索和分析，无关紧要的不应录用。应学会和掌握"用观点统率材料，用材料阐明观点"的写作方法。研究内容较多时一定要拟订写作提纲。内容结构要按逻辑规律来安排，科学运用纵贯式、总分式、递进式或因果式的编写技法，突出层次性和条理性。

（2）客观报道和正确处理研究结果　报道研究结果时应实事求是，不能主观地随意扩大和缩小。研究结果有正有负，对负面结果不要随意修改，也不要轻易抛弃，而应进行科学分析和判断。也许这种预料之外的负面结果正是一种很有研究价值的新发现。摩尔根就是在研究孟德尔定律的例外材料时发现了连锁定律。

（3）进行理论分析　当试验结果出现同前人研究不一致时，应进行理论分析，并与读者共同讨论相关问题。

（4）结果分析和结果讨论　通过数理统计和误差分析说明结果可靠性、可重复性、范围等；进行试验结果与理论计算结果的比较（包括不正常现象和数据的分析），结果部分的讨论（结果直接相关部分，如讨论内容涉及全篇，应留在讨论部分进行）。值得注意的是，必须在正文中说明图表的结果及其直接意义；复杂图表应指出作者强调或希望读者注意的问题。

（九）讨论

讨论是指参考前人研究成果和本学科目前发展水平，对本文研究结果进行深入理论分析和客观学术评价，从而说明论文最后所得结论的价值、意义和可靠性。讨论的目的是解释现象、阐述观点，说明研究结果的含义，为后续研究提出建议。其主要作用是回答引言中提出的问题，解释说明研究结果如何支持你的答案，这些答案如何与该主题现有的相关知识相吻合。讨论通常被认为是一篇论文的"心脏"，最能反映作者掌握的文献量和对某个学术问题的了解和理解程度。所以讨论可用"所得结果又能怎么样呢？"的句式来表述，既是作者建立独特见解和观点的必要过程，又是作者在读者面前依据事实与理论进行辩论性陈述的主战场。因而论文研究重点与立论焦点、作者的写作技术与论证策略、结论的创新思想与学术地位等，将在此充分体现，所以讨论部分是其学术水平的标志。

1. 讨论的写作内容　讨论部分也称为结论或建议，其目的是综合说明全文结果的科学意义。讨论一开始就要提出本文的创新处（得出了什么规律性东西，解决了什么理论或实际问题）。重点说明主要发现，用一个句子表示较为理想。

对本研究结果在理论上加以科学分析，与有关文献比较（有何不同的结果、解释、补充、修正、发展或否定），陈述本研究的长处和短处、未解答的问题及今后的研究方向。与其他研究对照，重要的是应该讨论为什么会得出不同于别人的结论，作者可大胆推测，但如果弄不清自己的研究结果为什么与别人的结果有差别，就不便做这种推测，当然就不可断言自己的结果正确，而别人的错误。

根据研究结果进行推论，从理论上提出学说或假说，阐明自己的观点。本研究结果在理论和技术创新方面的学术价值，一些可能的发展和应用。多数读者能理解作者的谨慎，由读者自己去判断研究的意义。作者甚至可以指出研究结果证明不了什么，防止读者得出过度、不实的结论。如实指出试验例外结果、无法解释的异常情况等；针对目前存在问题提出进一步探讨和解决的新思路。

2. 讨论的写作技术要点 结果和讨论可合在一起写，"没有讨论和建议"时不要勉强拼凑。关键是：一要实事求是，二要以理服人，三要突出新成果。

（1）掌握坚实宽广的理论知识和充足的文献资料 要以研究结果为依据，作者既不要不敢下结论，也不可妄下结论。要全面阐述、支持、解释和论证你的答案和讨论其他重要的和直接相关的问题。为使你的信息表达清楚，必须注意讨论部分应尽可能简短。讨论旨在对结果进行评论，而不是重复叙述结果。不应过多着墨于不太重要的枝节问题，因为这会使你的重要信息模糊不清。"文"无完"文"（No paper is perfect），关键要让读者知道什么是确信无疑的，什么只是假设推理性的。要与研究目的结合讨论，避免提出研究结果不支持的结论；要避免强调和暗示未完成的工作的重要性，如果有把握，可以提出新的假设和进一步研究的建议。

（2）巧妙采用写作和论证战术 应以正确的逻辑顺序来描述每一个主要的发现或结果所揭示的模型、原理和关系。表述这些信息的逻辑顺序很重要。首先陈述答案，其次提供相关结果，然后再引用他人的研究结果。如果必要，将读者指向插图或表格，以加深对"故事"的理解。应围绕主题，有针对性地进行讨论，避免重复叙述数据结果，避免重复摘要和引言内容。可用"从特殊到一般"的逻辑结构来组织"讨论"。从你的发现到文献、到理论、到实践。在你写作"讨论"时，可讨论一切，但必须简洁、简短和明确。

（3）要瞻前顾后，与引言和结论呼应协调 讨论部分应强调指出研究所获得的、新的重要结果和结论，说明研究的价值和局限性，以重申你实验验证的假设和回答引言中提出的问题作为开始，使用相同术语，相同动词时态（现在时）和你在引言中提出问题时相同的观点。

（4）新成果的评价内容应包括不足之处，指出今后的努力方向 要指明潜在的局限和缺点，评述这些因素对你的结果解释的重要性以及如何影响研究结果的正确性。当指出这些局限和不足之处时，避免使用道歉的语气。讨论和评价对结果相互矛盾的解释，不要回避讨论与结论不一致的内容，要讨论任何意想不到的结果。当讨论一个意外发现时，以发现作为段落的开始。为进一步研究提供建议至多两条。不要提出在该研究内本该谈及的建议，这样会表明你对数据的测验和诠释不充分。

（5）要阐明本研究结果和结论如何重要以及如何影响我们的知识或如何影响我们对所研究问题的理解 对研究成果进行理论分析和学术评价时，要实事求是、谦虚谨慎，不能言过其实、过高评价。讨论重大学术问题时要有充分事实依据。对样本容量不大、重复不够、依据不足的试验内容，也要提出倾向性意见供人参考，但不要强下结论。即使较有把握也应给读者留出深入思考和共同讨论的空间。目前还弄不清楚的新问题不要随便猜测推理，也不要轻易抛弃，而应继续探讨和研究。讨论时要突出说服力，严格区别事实与推测、结论与推论的差异。

（6）评论他人研究结果 论文讨论要系统深入，就要正确引用相关文献，把自己的研究结果放在更广阔的背景中讨论。要以试验结果支持自己的结论、阐明你的结果如何与预期和已有文献相关联，清楚说明为什么你的研究结果可接受，如何与该主题已发表的文献知识一致或不吻合。与自己研究结果相比时，观点要明确，方式要得当，语气要缓和，表现出学者素养。有些作者在讨论时不引用或没有系统引用相关文献，有的认为没必要，有的因为没找到，有的故意回避引用，以凸显自己研究的"新颖"和"价值"；有的作者虽然引用了相关文献，但没有结合自身的研究讨论，也就是没有把前人的研究结果和自己的研究结果融合一起讨论，导致论文分割，读者无法系统深入地了解和理解你的研究结果。这些都是不可取的。

（十）结论

结论是论文最后所形成的独特见解和观点，是根据研究结果与讨论最终得到的简要定论，是论文中心思想逻辑发展的必然，是作者学术观点的归宿。结论应集中反映科学研究新成果，突出新见解，表达作者对本课题的最高认识和主张。结论是论文的学术精华，所以结论并不是研究结果的简单重复和罗列，而是经逻辑判断、推理和归纳，在深入分析和充分讨论的基础上凝练而成的总观点。

结论应写得像法律条文，即只有一种解释，不能模棱两可，不用"大概、可能"。结论应简练，不用"通过理论分析和实验验证可得如下结论"等废话。结论要注意分寸，不要夸大其词，牵强附会；不要自我评价，如"本研究结果属国内首创"等。

结论写作技术要点如下。

1. 结论要新颖、先进、可靠　结论必须与引言呼应，与主题协调，是研究结果的逻辑产品。结论不能超出研究内容和结果的信息范围去虚构。

2. 结论是论文中心思想的完美体现和精练浓缩　结论在写作上要求完整、确切、简练、鲜明。结论内容较多时，应根据研究内容分别进行归纳，最好用阿拉伯数字编号分述。

3. 有极少数论文没结论，而以讨论和建议的形式结尾　这是因为作者认为其内容结果所依据的事实材料还不够充分，形成的观点还不够成熟。但这种情况，作者也应在讨论中明确提出自己的倾向性看法，在建议中提出今后的研究设想和尚待解决的问题。

总之，结论是论文的结尾部分，对论文起着概括、总结、强调和提高的作用。写结论时要抓住本质，突出重点，揭示事物的内在联系和发展规律，把感性认识升华为理性认识。篇幅不大的论文，多是把结果与讨论和结论合并为一项。一般包括3个内容：①研究结果；②与先前已经发表过研究工作的异同；③本文在理论与实用上的价值和意义。

（十一）致谢

致谢位于正文后，参考文献前。编写致谢时不要直书其名，应加上"某教授""某博士"等敬称。例如：

"本研究得到×××教授、×××博士的帮助，谨致谢意"；"试验工作是在×××单位完成的，×××工程师、×××师傅承担了大量试验，对他们谨致谢意"。

（十二）参考文献

参考文献是指论文在研究和写作过程中引用过的专业资料，是重要的学术思想源泉和理论依据。参考文献的著录，准备在国内发表时应遵循国家标准《文后参考文献著录规则》（GB 7713—2015）；准备在国外发表论文时，可参考你要投稿的杂志上的文章。参考文献类型及类型标识：专著为 [M]，论文集为 [C]，报纸文章为 [N]，期刊文章为 [J]，学位论文为 [D]，报告为 [R]，标准为 [S]，专利为 [P]。

1. 参考文献的作用

①用最节省篇幅的简明方法让读者了解前人在本领域的工作成果和本课题依据的基本信息

量，以此反映研究深度和广度。审稿者、编辑者可用于初步评估论文水平和决定论文取舍。

②起到文献索引作用，供后人继续研究时进行查阅和参考。

③区别本文作者和他人研究成果，尊重别人劳动，维护学术道德。

④作者借用引用文献可精练文字、压缩篇幅。

⑤情报工作者用其编制引文索引等检索工具，进行引文分析。

2. 参考文献的规定条件与要求 参考文献应符合以下条件。

①正规出版和公开发表的读物资料才可列作参考文献，包括期刊论文、报纸文章、书籍著作等。非正规出版和非公开发表的内部交流资料，由于其学术质量难以评价而不能作为正式的参考文献来引用。引用未经公开发表的资料时必须征得著作权人同意。

②注明的参考文献必须在本文中有具体的引用内容，仅仅是翻阅过而并未引用的资料不能作为参考文献列出。另外，参考文献的注明格式和数量应符合投稿刊物和评审机构的具体要求。

③准备引用的文章要亲自看过。转引难免以讹传讹。

④参考文献只列入近期的、主要的引用文献，采用顺序编码制。按文章正文部分引用的文献出现的先后顺序连续编码。引用多篇文献时，只需将各篇文献的序号在方括号内全部列出，各序号间用"，"。如遇连续序号，可标注起讫序号。

⑤如果研究论文短小，参考文献可以省略，但正规的参考文献还有必要标出。

3. 参考文献的注明位置和方式

（1）随文简注　在文章中引用的地方随时注出。

（2）当页脚注　在引用句末右上角用小字号的方括弧或带圈阿拉伯数字注明参考文献序号，在当页下面以较小字号的"脚注"方式按照刊物要求的格式说明资料出处，并用隔线与文章内容分开。

（3）文后尾注　在论文主体部分的末尾集中排列全部参考文献。可向读者推荐与本文有关的文献，这类参考文献一律置于论文正文后。文后参考文献表又分为2种，一种是把正文中引用过的参考文献编制的文后参考文献表，即"references"；另一种是作者推荐阅读的参考文献表，即"bibliographic references"。

4. 参考文献的著录次序和格式　期刊论文的参考文献表位于"致谢"之后，"附录"之前。参考文献标注著录有如下4种体系：著者-出版年（Harvard体系）；顺序编码体系；数字字母混合体系；出版年顺序体系。其中以顺序编码体系和著者-出版年体系使用最为广泛。

（1）著者-出版年体系　正文中引用文献的标注方法：被引用的著者姓之后，紧接圆括号标注文献出版年代；或提及成果时，在其后用圆括号同时标注著者姓（名）和出版年，二者间用逗号隔开；引用相同著者同一年出版的多篇文献时，在出版年后分别用小写正体a、b、c……区别；引用多著者的文献，只标注第一著者，后加"等"或"et al."；引用多篇文献，按出版年由近至远依序排列标注。文后参考文献表著录方法：文后参考文献表中首先按文种集中，然后按著者姓名的字母顺序和年代排列参考文献表。中文著者可按汉语拼音排列。

（2）顺序编码体系　正文中引用文献的标注方法：在引用文献的著者姓名或成果内容的右上角，用方括号标注阿拉伯数字编排序号，依正文中出现的先后顺序编号列出。文后参考文献表的著录方法：以在论文中引用的先后为序，用方括号阿拉伯数字进行编号排写，而不按著者、不分语种、不按学术名气和重要性来定位排列。

5. 选择参考文献的规则

（1）有效　最有效的文献是期刊论文，因为论文经过审查才可发表；还有专著等。尚未投稿、投稿后尚未被接受的论文、个人交流资料等不能作为正式参考文献，但可在文中引用并以括号注明来源。

（2）易获得　难获得的文献，就难了解全文的内容，不宜作为引用的文献。

（3）尽可能少　应选择第一手、最重要、风格最得体、最新的文献，如可能也可引用综述性文献。

6. 选择参考文献技巧　所引用文献应是与论文主题密切相关、最主要的文献。反映论文研究的基础和科学依据，反映作者尊重他人研究成果，严谨的科学态度。因为编辑在初审时对文稿的参考文献进行的分析，是决定论文取舍的因素，因此掌握选择参考文献技巧是必要的。选择参考文献应考虑引用量、语种、出版时间、影响力和著者5个方面。

（1）参考文献的数量　参考文献数量根据论文类型、科学研究状况、学科发展概况确定。一般而言，新兴学科论文引文有限。成熟基础科学，如果引文有限，那就难以说明作者对学科发展状况进行深入了解。专业性强的综述、评论引文较多。一篇论文需要列出多少参考文献，不同国家、不同期刊、不同学科要求不同。据统计每篇SCI文章的平均引用文献为20.8篇。

（2）参考文献的语种　语种分布是反映作者对当前学科研究现状拿捏程度的重要指标。如果参考文献全为中文，或外文文献很少，那么编辑在初审时会意识到该论文作者可能只对国内该学科的研究现状有所了解，多为国内研究水平，只有及时掌握学科的国际研究动态，才能真正从事高水平的科学研究。参考一定量的外文文献是写出优秀论文的前提之一。

（3）参考文献的出版时间　学术论文所附参考文献一般为3~6年内，超过8年的文献很少。情报综述类论文的参考文献多在2~3年或更近，情报综述类论文的参考文献如多在3~4年则论文发表意义不大。本学科经典理论则多不受时间限制。

（4）参考文献的影响力　在国际、国内有一批期刊只刊登学术水平高、具有较好创新性的文章。如果一篇论文所附这种优秀期刊的文献信息很少，说明该作者较少参阅那些高水平、真正有价值的文献，这类论文的层次不会太高。有的编辑对作者引用水平不高、影响不大期刊上的文献本身的可靠性表示怀疑。

（5）参考文献的作者　各学科领域都有一批公认的著名专家、教授，他们多是本学科的权威。他们及其科研集体常占领该科学的前沿，成果丰厚。如果参考文献多出自他们之手，至少说明作者对该学科前沿有所掌握。

（十三）附录

1. 设立附录材料的原因　附录可保论文材料的完整性，但放在正文中有损条理性和逻辑性；材料过长；对专家有用而对一般读者可有可无、珍贵、罕见等的材料。

2. 附录的形式　补充图与表；设备、技术、计算机程序、数学推导、结构图、统计表等。

3. 附录的书写　在参考文献后，依次用大写正体A、B、C等编号，例如附录A、表B。每一个附录另起一行。

第二节 文献综述

文献综述是文献综合评述的简称，指对某个专题，在全面搜集、阅读大量研究文献的基础上，经归纳整理，分析鉴别，对所研究的问题（学科、专题）在一定时期内已取得的研究成果、存在问题以及新发展趋势等进行系统、全面的叙述和评论。"综"即收集百家之言，综合分析整理；"述"即结合作者观点和实践经验对文献观点、结论进行叙述和评论。其目的并不是将可能找到的文章列出，而是在辨别相关资料的基础上，根据自己的论文来综合与评估这些资料。一篇成功的文献综述，能以其系统的分析评价和有根据的趋势预测，为新课题的确立提供强有力的支持和论证。

文献综述在硕士论文、博士论文写作中占重要地位，是论文中的一个重要章节。文献综述的好坏直接关系到论文成功与否。研究生开题报告表的"综述本课题国内外动态，说明选题依据和意义"栏目里要求填写的就是一篇综述。

一、文献综述的作用和目的

文献综述要针对某个研究主题，就目前学术界的成果加以探究。文献综述旨在整合此研究主题的特定领域中已被思考与研究过的信息，并将此议题上的权威学者所做的努力进行系统展现、归纳和评述。

在决定论文研究的题目前，通常必须关注的几个问题是：这个领域的研究要解决哪些问题？在研究本课题的历史上又引出了哪些新课题？目前对这个问题已知多少？目前大家主要想解决哪些问题？对于各个问题，理论方面提出过哪些模型？试验上主要有哪些方法？已完成的研究有哪些？以往的建议与对策是否成功？有没有建议新研究方向和议题？针对本课题专门提出的名词概念和方法原理有哪些？本领域常用的理论方法（包括数学方法）和试验方法（包括合成和表征的方法及其原理）等。

简言之，文献综述是一切合理研究的基础。有些研究生并不考虑这些问题，就直接进行文献探讨，将在短时内找到的现有文献做简略引述或归类，也不作批判，甚至与论文研究的可行性、必要性也无关。这是不可取的。其实回顾的目的就是想看看什么是探索性研究，所以必须主动积极地扩大文献来源。只有这样，才可能增加研究的假设与范围，以改进研究设计。

文献综述至少可达到的基本目的有：让读者熟悉现有研究主题领域中有关研究的进展与困境；供后续研究者思考；未来研究是否可找出更有意义与更显著的结果；对各种理论的立场说明，可提出不同概念架构；作为新假设提出与研究理念相关的基础，对某现象和行为进行可能的解释；识别概念间的前提假设，理解并学习他人如何界定与衡量关键概念；改进与批判现有研究的不足，推出另类研究，发掘新的研究方法与途径，验证其他相关研究。

总之，研究文献不仅可帮助确认研究主题，而且可找出有关问题的不同见解。发表过的研究报告和学术论文是重要的问题来源，对论文的回顾会提供宝贵资料，为研究可行性提供范例。

文献综述是多篇研究成果的综合，涵盖的内容信息量大，使读者费时不多却能得到更多信息。国内外著名期刊很多都设有综述栏目，并给以较大篇幅和较多的参考文献。综述论文的学术水平和写作要求比较高，只有资深作者才可能写出高质量的文献综述。

二、文献综述的格式

文献综述一般都包括题名、著者、摘要、关键词、正文、参考文献几部分。其中正文部分由引言、主体、总结等组成。

(一) 引言

文献综述的引言用200~300字的篇幅来提出问题，包括写作目的、意义和作用，综述问题的历史、资料来源和范围、问题研究现状和发展动态，有关概念和定义，这一专题的选择动机、应用价值和实践意义。如果属于争论性课题，要指明争论的焦点所在。引言要使读者对综述内容有一个初步轮廓。

(二) 主体

文献综述的主体部分就是综述的正文，是综述的核心，没有固定格式。一般可把正文内容分成几个部分来写，每个部分标上简短而醒目的小标题，部分的区分也多种多样，有的按国内研究动态和国外研究动态，有的按年代，有的按问题，有的按不同观点，有的按发展阶段写。不论采用何种方式，都应包括历史背景、现状评述和发展方向预测3方面的内容。

1. 历史背景　通过研究历史探讨课题的发展历程，通过分析研究现状和基本内容探讨认识的进步，通过研究方法的分析寻求研究方法的借鉴，指出已解决的问题和尚存的问题，重点、详尽地阐述其对当前的影响及发展趋势，这样不但可使研究者确定研究方向，而且便于他人了解该课题研究的起点和切入点，是在他人研究的基础上有所创新。

有关历史背景，可按时间顺序简要说明这个课题的提出及各历史阶段的发展状况，体现各阶段研究水平。按时间简述本课题来龙去脉，着重说明本课题前人是否研究过、研究成果和他们的结论，通过历史对比，说明各阶段的研究水平。

2. 现状评述　现状评述又分3层内容：①重点论述当前本课题国内外研究现状，着重评述本课题目前存在的争论焦点，比较各种观点，亮出你的观点；②详细介绍有创造性和发展前途的理论和假说，并引出论据（包括所引文章的题名、作者姓名及体现作者观点的资料原文）；③对陈旧、过时或已被否定的观点可从简，对一般读者熟知的问题提及即可。

3. 发展方向预测　有关发展方向，通过纵（向）横（向）对比，肯定本课题目前国内外已达到的研究水平，指出存在的问题，提出可能的发展趋势，指明研究方向，提出可能解决的方法。这部分内容要写得客观、准确，不但要指明方向，而且要提示捷径，为有志于攀登新高峰者指明方向、搭梯铺路。

(三) 总结

通过对文献的研究，概括已解决了什么、还存在什么问题有待进一步探讨、解决它有什么学术价值，指出自己对该课题的评论、存在的不同意见和有待解决的问题等。从而突出和点明选题的依据和意义。这部分文字不多，与引言相当。短篇综述也可不单列总结，仅在正文各部分叙述完后，用几句话对全文进行高度概括。

(四) 参考文献

写文献综述应有足够参考文献，这是写文献综述的原始素材，是基础。它除表示尊重被引证者的劳动及表明文章引用资料的来源外，更重要的是为读者在深入探讨某些问题时，提供查找有关文献的线索。文献综述性论文是通过对各种观点的比较说明问题，读者如有兴趣深入研究，可按参考文献查阅原文。

三、文献综述的要求

写文献综述的一般要求是努力体现论著的价值：新发现、新观点、新方法。论著的价值应在讨论部分结合文献的结果着重说明，并在引言、方法、结果部分围绕这些中心问题加以连贯一致和重点强调，突出本论著的这一核心内容。

（一）文献综述的内容要求

1. 选题要新 选题必须是近期该刊未曾刊载过的。一篇综述若与已发表的综述"撞车"，即选题与内容基本一致，同一种期刊就不可能刊用。

2. 说理要明 说理必须占有充分资料，处处以事实为依据，绝不能异想天开，将自己的推测作结论写。

3. 层次要清 这就要求作者在写作时思路要清，先写什么，后写什么，写到什么程度，前后如何呼应，都要有个统一构思。

4. 语言要美 科技文章以科学性为生命，但语不达义、晦涩拗口，结果必然阻碍交流。

5. 文献要新 由于现在的文献综述多为"现状综述"，所以应有70%的参考文献为3年内发表的。参考文献依引用先后次序列在综述文末，并将序号置入该论据（引文内容）的右上角。引用文献必须确实，以便读者查阅参考。

6. 校者把关 综述写成后最好请专家审阅，从专业和文字方面进一步修改。文献综述论文能较系统地反映国内外某学科或专题的研究概况及发展趋势，可帮助读者了解最新研究热点及新思路、新方法，启发读者的研究思路。

（二）文献综述的特点

1. 综合性 文献综述要"纵横交错"，既要以某专题的发展为纵线，反映当前课题的进展；又要从本单位、省内、国内到国外，进行横的比较。只有如此，文章才会占有大量素材，经过综合分析、归纳整理、消化鉴别，使材料更精炼、更明确、更有层次和更有逻辑，进而把握本专题发展规律和预测发展趋势。

2. 评述性 要比较专门、全面、深入、系统地论述某方面的问题，对所综述的内容进行综合、分析、评价，反映作者的观点和见解，并与综述的内容构成整体。一般来说，综述应有作者的观点，否则就不成为综述，而是手册或讲座了。

3. 先进性 综述不是写学科发展史，而是要搜集最新资料，将最新信息和科研动向及时传递给读者。

（三）注意问题

文献综述不应是材料的罗列，而是对阅读和收集的材料归纳、总结，做出评论，并由提供的文献资料引出重要结论。因此文献综述应包括综合提炼和分析评论双重含义。由于综述是三次文献，不同于原始论文（一次文献），所以在引用材料方面，也可包括作者自己的试验结果、未发表或待发表的新成果。要文字简洁，尽量避免大量引用原文，要用自己的语言把作者的观点说清楚，从原始文献中得出一般性结论。文献综述的目的是通过深入分析过去和现在的研究成果，指出目前的研究状态、应进一步解决的问题和研究方向，并依据有关科学理论，结合具体研究条件和实际需要，对各种研究成果进行评论，提出自己的观点和建议。

文献综述不是资料库，要紧紧围绕课题研究的主题，确保所述的已有研究成果与本课题研究直接相关，其内容是围绕课题紧密组织在一起，既能系统全面地反映研究对象的历史、现状和趋势，又能反映研究内容的各个方面。文献综述要全面、客观，用于评论的观点、论据最好来自一次文献，尽量避免使用别人对原始文献的解释或综述。

四、写作文献综述的基本方法和步骤

（一）写作文献综述的方法

写作文献综述的基本方法有4个要点：概述（归类）、摘要、批判、建议。

（二）文献综述的结构与要点

引言中说清背景、目的和重要性；中间部分提供充分的依据，层次结构分明；结尾部分表达自己的观点。文献综述不仅仅是对一系列无联系内容的概括，而且是对以前的相关研究的思路的综合。

（三）写作文献综述的步骤

写作文献综述的主要步骤可以概括为：准确搜集资料→阅读资料→抓住要点→精读与泛读→搜集主要数据→形成自己观点→撰写。文献综述的基本步骤有以下几个方面。

1. 选题 选题对文献综述写作很重要。选题首先要求内容新，这才能提炼出有吸引力的题目。选题还应选择近年来确有进展，符合我国国情，又为本专业科技人员所关注的课题，例如对国外某项新技术的综合评价，以探讨在我国的实用性；又如综述某种方法的形成和应用，以供普及和推广。选题应与作者所从事的专业密切相关，作者有实际工作经验，有发言权。

题目过大就要有诸多内容来充实，过多内容必然要查找大量文献，增加阅读、整理过程的困难，甚或无从下手，或顾此失彼；而且面面俱到的文稿也难以深入，往往流于空泛及一般化。实践证明，题目较小的文献综述穿透力强，易深入，特别对初学写文献综述者来说更以写较小题目为宜，从小范围写起，积累经验后再逐渐写较大范围的专题。此外，题目还必须与内容相称、贴切，不能小题大做或大题小做，更不能文不对题。好题目可一目了然，看题目便可知内容梗概。在开题报告中，文献综述的主题就是所开课题名称。

2. 搜集资料 查阅文献题目确定后，需要查阅和积累有关文献资料。查阅和积累资料是写好文献综述的基础。因而要求搜集的文献越多越全越好。

对初学者来说，查找文献往往不知从哪里下手，一般可首先搜集有权威性的参考书，例如专著、教科书、学术论文集等。教科书叙述比较全面，提出的观点为多数人所公认；专著集中讨论某个专题的发展现状、有关问题及展望；学术论文集能反映一定时期的进展和成就，帮助读者把握当代该领域的研究动向。其次是查找期刊及其他文献资料，期刊文献浩如烟海，且又分散，但里面常有重要的近期进展性资料，吸收过来，可使文献综述更有先进性，更具有指导意义。

查找文献资料的方法有两种。一种是根据自己所选定的题目，查找内容较完善的近期（或由近到远）期刊，从有关综述性文章、专著、甚至教科书等的参考文献中，摘录出有关的文献目录，搜集原始资料。这样"滚雪球"式的查找文献法就可搜集到自己所需要的大量文献。这是比较简便易行的查阅文献法，许多初学撰写文献综述的写作者都是这样做的。另一种较为省时省力的科学方法，是通过检索工具查阅文献。常用的检索工具有文摘和索引类期刊，它是查阅国内外文献的金钥匙，掌握这把金钥匙，就能较快地找到需要的文献。采用电脑联网检索既方便又快捷。此外，在平时工作学习中，随时积累，做好读书文摘或笔记，以备用时查找，可起到拾遗补阙作用。有的课题还需要进行科学试验、观察、调查，取得所需的资料。

3. 阅读文献 查找到的文献首先要浏览一下，然后再分类阅读。有时也可边搜集边阅读，根据阅读中发现的线索再跟踪搜集、阅读。阅读整理文献是写文献综述的重要步骤。阅读文献时必须领会文献的主要论点和论据，做好读书笔记，并用电子文档分类摘记每篇文章的主要内容，包括技术方法、重要数据、主要结果和讨论要点，用自己的语言写下阅读时所得到的启示、体会和想法，摘录文献的精髓，为撰写文献综述积累最佳的原始素材。阅读文献、制作摘要的过程，实际上是消化和吸收文献精髓的过程。制作笔记文档便于加工处理，可按文献综述的主题要求进行整理、分类，使之系列化和条理化。最终对分类整理好的资料进行科学分析，写出体会，提出自己的观点。

选择文献时，应由近及远，因为最新研究常常包括以前研究的参考资料，并且可使人更快地了解知识和认识的现状。首先要阅读文献资料的摘要和总结，以确定它与要做的研究有没有关系，决定是否需要将它包括在文献综述中。其次要根据有关科学理论和研究需要，对已经搜集到的文献资料做进一步筛选，详细、系统地记下所评论的各个文献中研究的问题、目标、方法、结果和结论，及其存在的问题、观点的不足与尚未提出的问题。将相关、类似的内容，分别归类；对结论不一致的文献，要对比分析，按一定评价原则，做出是非判断。同时，对每项资料的来源要注明完整的出处，不要忽略记录参考文献的次要信息，例如出版时间、页码和出版单位所在城市等。

4. 摘要 不同学科对引用摘要的要求与期望不同。虽然文献综述并不仅仅是摘要，但研究结果的概念化与有组织的整合是必要的。其做法包括：将资料组织起来，并联结到论文或研究的问题上；整合回顾的结果，摘出已知与未知的部分；理清文献中的正反争论；提出进一步要研究的问题。

对要评论的文献先进行概括（不是重复），然后进行分析、比较和对照，其目的不是对以前的研究进行解释，而是确保读者能领会与本研究相关的历史梗概。对以前研究的优缺点和贡献进行分析和评论非常重要。

对阅读过的资料必须进行加工整理，这是写文献综述的必要准备。按照文献综述的主题要求，把写下的文摘或笔记整理分类，使之条理化，力争文献综述的论点鲜明而又有确切依据，层次清晰而合乎逻辑。按分类整理好的资料轮廓进行分析。最后结合自己的知识写出自己的观点，这样客观资料中就融进了主观资料。

5. 提纲 撰写成文前应先拟提纲，决定先写什么，后写什么，哪些应重点阐明，哪些地方融进自己的观点，哪些地方可省略或几笔带过。重点阐述处应适当分几个小标题。拟写提纲时开始可详细一点，然后边推敲边修改。多一遍思考，就会多一分收获。

提纲拟好后，就可动笔成文。按初步形成的文章框架，逐个问题展开阐述，写作中要注意说理透彻，既有论点又有论据，下笔一定要掌握重点，并注意反映作者的观点和倾向性，但对相反观点也应简要列出。对于某些推理或假说，要考虑到同行专家所能接受的程度，可提出自己的看法，或作为问题提出来讨论，然后阐述存在问题和展望。

撰写文献综述要深刻理解参考文献的内涵，做到论必有据，忠于原著，让事实说话，同时要具有自己的见解。文献资料是综述的基础，查阅文献是撰写文献综述的关键，搜集文献应注意必须是近一两年的新内容，四五年前的资料一般不应过多列入。文献综述内容切忌面面俱到，成为浏览式的综述。文献综述的内容越集中、越明确、越具体越好。参考文献必须是直接阅读过的原文，不能根据某些文章摘要而引用，更不能间接引用（指阅读一篇文章中所引用的文献，并未查到原文就照搬照抄），以免对文献理解不透或曲解，造成观点、方法上的失误。

6. 批判　文献综述是否有价值，不仅要看其中的新信息与知识多少，还要看自己对文献作者的观点与看法。阅读文献时，要避免外界影响，客观叙述和比较国内外各相关学术流派的观点、方法、特点和取得的成效，评价其优点与不足。要根据研究需要来做批判，注意不要给人以吹毛求疵之感。一个具有批判性的评论，必须有精确性、自我解释性和告知性。批判的程度，主要在测试评鉴技巧：是否能分析出文章的中心概念与所提出的论据，做出摘要，并提出简要评估。

7. 建议　通常一个文献综述是以比较性评论方式为主，分析两个或以上不同思想学派、议题或不同人所持的不同立场。文献综述的最后步骤是在回顾和分析的基础上，提出新的研究方向和研究建议。根据发展历史和国内外现状，以及其他专业、领域可能给予本专业、领域的影响，根据在纵横对比中发现的主流和规律，指出几种发展的可能性，以及对其可能产生的重大影响和可能出现的问题等趋势进行预测，从而提出新的研究方案等，并说明成果的可能性等。

8. 主体部分的写法

（1）纵式写法　"纵"是"历史发展纵观"。它主要围绕某个专题，按时间先后顺序或专题本身发展层次，对其历史演变、目前状况、趋向预测做纵向描述，从而勾画出某个专题的来龙去脉和发展轨迹。纵式写法要把握脉络分明，即对某个专题在各个阶段的发展动态做扼要描述，对已解决了哪些问题、取得了什么成果、还存在哪些问题、今后发展趋向如何等内容要把发展层次交代清楚，文字描述要紧密衔接。撰写文献综述不要孤立地按时间顺序罗列事实，把它写成"大事记"或"编年体"。纵式写法还要突出"新"。有些专题时间跨度大，科研成果多，在描述时就要抓住具有创造性、突破性的成果做详细介绍，而对一般性、重复性的资料就从简从略。这样既突出了重点，又做到了详略得当。纵式写法适合于动态性综述。这种文献综述描述专题的发展动向明显，层次清楚。

（2）横式写法　"横"是"国际国内横览"。它就是对某个专题在国际和国内的各方面，例如各派观点、各种方法、各自成就等加以描述和比较。通过横向对比，既可分辨各种观点、方法、成果的优劣利弊，又可看出国际、国内和本单位水平。横式写法适用于成就性综述。这种文献综述专门介绍某个方面或某个项目的新成就，例如新理论、新观点、新发明、新方法、新技术、新进展等。因为"新"，所以时间跨度短，但却引起国际、国内同行关注，纷纷研究，发表许多论文，如能及时整理、写成文献综述向同行报道，就能起到借鉴、启示和指导作用。

（3）纵横结合式写法　在同一篇文献综述中，可同时采用纵式与横式写法。例如写历史背景采用纵式写法，写目前状况采用横式写法。通过"纵""横"描述，可广泛综合文献资料，全面系统地认识某个专题及其发展方向，做出比较可靠的趋向预测，为新的研究工作选择突破口或提供参考依据。

无论是纵式写法、横式写法还是纵横结合式写法，都要求做到：①全面系统地搜集资料，客观公正地如实反映；②分析透彻，综合恰当；③层次分明，条理清楚；④语言简练，详略得当。

9. 总结 主要是对主题部分所闻述的主要内容进行概括，重点评议，提出结论，最好提出自己的见解，并提出赞成什么，反对什么。

五、文献综述应注意的问题

文献综述可以帮助新研究者在现有知识的基础上不断创新。撰写文献综述应注意：①撰写时，搜集文献资料尽可能齐全，切忌随便搜集一些文献资料就动手写，更忌讳读了几篇中文资料，便拼凑成一篇所谓的文献综述；②文献综述的原始素材应体现"新"，必须有最近发表的文献，一般不将教科书、专著列入参考文献；③坚持材料与观点统一，避免介绍材料太多而议论太少，或者具体依据太少而议论太多；④文献综述素材来自前人的文章，必须忠于原文，不可断章取义，不可阉割或歪曲前人观点；⑤研究生在撰写开题报告的文献综述部分时，要向读者交代本课题不同于先前研究之所在：是一个新的、重要的学术研究。

研究生在撰写文献综述过程中易犯以下 7 种错误。

1. 大量罗列堆砌文章 误认为文献综述的目的是显示对其他相关研究的了解程度，结果导致很多文献综述不是以所研究的问题为中心来展开，而变成了读书心得清单。究其原因，主要是作者对所选择文献综述的专题不熟悉，体验不深，不能很好地把握主题，而只是资料的堆积。对于这样的作者，不如选一个自己比较熟悉的题目，哪怕是写一个较小的题目，只要在该专题范围内写得系统、深入，这样的文章也是一篇好的文献综述。

2. 根据已有的文献综述直译转抄 这样做，难免有抄袭之嫌，因为文献综述论文不同于"译文"。在写作文献综述论文时，可借鉴他人已发表的文献综述启发思路，但切不可照抄。就是说，必须结合自己的体会写出有别于他文的特色，有自己的侧重点。要做到这点，首先必须进行文献更新，补足与自己侧重点有关和该课题最新发表的文献，然后按自己的侧重点重新命题，综合分析，提出自己的见解。

3. 轻易放弃研究批判的权利 学生担心论文答辩通不过，所以难得见到学生批判导师已有研究的不足，遇到名校名师，学生更易放弃自己批判的权利。由于大量引用他人的著作，每段话均以谁说起始，结果使自己的论文成为他人研究有效与否的验证报告，无法说服读者相信自己的论文有重要贡献。

4. 回避和放弃研究冲突另辟路径 对有较多学术争议的研究主题，或发现现有研究结论互相矛盾时，有些研究生论文就回避矛盾，进行一个自认为是创新的研究。其实将这些冲突全部放弃，就意味着放弃很多有价值的资料，并且这个所谓的创新，因为不跟任何现有的研究相关与比较，没引用价值，会被后人放弃。遇到不协调或互相矛盾的研究发现，尽管要花费更多时间处理，但不要避重就轻，甚至主动放弃。其实这些不协调或冲突是很有价值的，应多加利用。将现有文献的冲突与矛盾加以整合是必要的，新研究比旧研究具有更好、更强的解释力，原因之一是新研究会将过去的所得做一番整合和改进。

5. 选择性地探讨文献 有些研究生不是系统化寻找适合研究的问题或可预测的假设，却宣称某种研究缺乏文献，从而自认他们的研究是探索性研究。如果有选择性地探讨现有文献，则文献综述就变成了作者主观愿望的反映，成了一种机会性回顾。

6. 文献列出过多或引文不当 一般要求著录的参考文献是作者阅读过的原文,但并不是所有读过的文献都列出,应选最主要和最新的:①综述论文论点和论据得来的文献;②为分析讨论提供有力依据的文献;③为理论和机制提供试验依据的文献;④来自知名度高的期刊的文献。

早期文献偏旧,给人不好的感觉。对一项值得写出文献综述发表的课题,往往是重要课题或热点课题,其论文数量每年都大幅度增长,而新文献又都是旧文献的发展,即新文献能涵盖旧文献。因此一定要进行文献更新,大胆舍弃旧文献。作为文献综述论文的主要观点和论据应来自最具说服力的研究结果。一般来说,知名度高的刊物所报道的结果应该更具权威性,文献综述论文引用文献时应特别关注本专业权威刊物的动向。

7. 把文献综述写成讲座 讲座和文献综述的共同点是文章的综合性、新颖性和进展性。一般认为,文献综述是专业人员写给同专业和相关专业人员看的,要求系统、深入;讲座是专业人员写给相关专业人员和非相关专业的"大同行"看的,一般在深度上不做太高要求。所以,文献综述中不应该写大量的基础知识性的内容。

第三节 学位论文

一、学位论文及其种类

国家标准对学位论文的定义是:"学位论文是表明作者从事科学研究取得创造性结果或有新见解,并以此为内容撰写而成、作为提出申请授予相应学位时评审用的学术论文。"学位论文分为学士学位论文、硕士学位论文和博士学位论文3种。

学位论文不同于一般学术论文。学位论文为说明作者的知识程度和研究能力,一般都详细介绍自己论题的研究历史和现状、研究方法和过程等。而一般学术论文则大多开门见山,直切主题,把论题背景等以注解或参考文献的方式列出。学位论文中一些具体的计算或试验等过程都较详细,而学术论文只需给出计算或试验的主要过程和结果即可。学位论文比较强调文章的系统性,而学术论文是为公布研究成果,强调文章的创新性和应用价值。

(一) 学士学位论文

学士学位论文是大学本科毕业生申请学士学位所提交的答辩论文,是全面考核大学生完成学业情况的重要环节。学位论文质量水平,要求能体现出作者所掌握的基本理论、基本知识和基本技能,应能体现作者具有提出问题、分析问题和解决问题的能力,能反映出作者具有从事科学研究或担负专门工作的初步能力。学士学位论文主要侧重于专业性科学研究和生产实践过程的基本训练,反映作者对实际问题的初步分析和解决能力,其论述范围和深度要求都较低。

学士学位论文选题不必过大,内容不必求全,理论性不必太强,实践面不必过宽,试验设计与操作可合作完成,所述问题有一定实际意义即可。文章篇幅没严格要求,一般5 000字即可。学士学位论文中引用参考文献的数量也无限制,能体现一定知识面就行。学士学位论文的类型、结构、格式也较灵活,学术性试验论文、文献综述、调查报告等都可作为学士学位论文提交答辩。

学士学位论文要对选定的论题所涉及的全部资料进行整理、分析、取舍、提高,进而形成自己的论点,做到中心论点明确,论据充实,论证严密。学士学位论文写作时还可借鉴前人研究思路、方法，以至重复前人研究工作，但应有自己的结论或见解。学士学位论文一般按学术论文格式写作。

学士学位论文选题可从以下方面考虑：①可选择具有创新意义的研究为选题（对一些定理、命题给出新的证明、解释；通过试验和调查研究发现一些新的规律和结果）；②可在前人研究的基础上，从发展、提高的角度选题（对已发表的论文或教科书上的一些结论、结果做一些订正、改进、推广、深化、提高等工作）；③采用"移植"方法选题（运用不同学科的理论、研究思想、方法、试验技术去解决另一学科的有关问题）；④进行不同学术观点的讨论作为论文选题；⑤用所学知识去解决实际问题作为论文选题；⑥对有关学科、领域或研究专题等进行综述、评述作为论文选题。

（二）硕士学位论文

国务院学位委员会明确要求硕士学位论文：应在导师指导下，研究生本人独立完成，论文具有自己的新见解，有一定工作量，字数在 2 万字以上。可见硕士学位论文要求在某方面有创新。硕士学位论文应能表明作者确已在本学科上掌握了坚实的基础理论和系统的专门知识，并对所研究课题有创新，具有从事科学研究工作或独立担负专门技术工作的能力。

硕士学位论文的选题要有一定学术水准，其研究应有一定工作量。在导师指导下，方案设计新颖合理，试验操作的主要环节和过程应亲自独立完成，技术方法在前人基础上有所发展。试验结果有分析，有意义，有一定理论深度。

（三）博士学位论文

博士学位论文是博士研究生毕业时提交的博士学位答辩论文，其学术水平要求较高，体现作者坚实宽广的基础理论和系统深入的专门知识，能反映出作者具有独立从事科学研究和担负专门技术工作的能力，在学科和专门技术上做出了创造性的成果。因而博士学位论文所涉及的课题在某一领域应处于最前沿，有高度理论层次和创造性成果，对科学发展能起到先导、开拓和推动作用；在某一方面有重要著作，并反映新发明、发现和发展；能很好运用外语，十分熟练进行国内外交流。

博士学位论文应是一本独立的著作，自成体系。博士学位论文的创造性从以下几条来衡量：①发现有价值的新现象、新规律、建立新理论；②设计试验技术上有新创造、新突破；③提出具有一定科学水平的新工艺、新方法，在生产中获得重大经济效益；④创造性地运用现有知识、理论，解决前人没有解决的工程关键问题。

博士学位论文的类型、结构、格式均有严格要求，一般是书的章节形式，每章节均可按一般学术论文的格式写作，字数不少于 5 万字，摘要一般不超过 6 000 字。博士学位论文应将自己的原始资料都收编进去，总结和评论自己多年研究和所著论文，引用参考文献一般在数百篇。所以博士学位论文更强调科研工作的独立性和学术水平的尖端性。

二、如何撰写硕士（博士）学位论文

（一）学位论文的基本要求

学位论文是研究生培养质量和学术水平的集中体现。高质量、高水平的学位论文不仅内容上有创新性，而且表达方式上应规范、严谨，篇幅一般 2 万～8 万字，引用参考文献一般 80 篇以上。国家的学位论文标准很宽，所以各学位点都有自己更详细的格式要求，不同学校不尽相同。

硕士论文虽是在导师指导下完成，但导师的指导只是画龙点睛，更强调硕士研究生个人的独立思考和见解。所以一般认为，只有一定学术水平的试验论文才能申请硕士学位论文答辩。

下列内容的论文，不能算有新见解，不能作为硕士学位论文：①只解决实际问题而没有理论分析；②仅用计算机计算，而没有实践证明和没有理论意义；③对于试验工作，只通过试验过程做了一个试验总结而未得出肯定的结论；④重复前人的试验或自己设计工作量不大的试验，得出的结论是显而易见的，或者只做过少量几个试验，又没有重复性和再现性，就匆忙提出一些见解和推论；⑤资料综述性文章。

（二）学位论文的选题

学位论文的主题是在开题时就定了的。学位论文的质量首先取决于选题。学位论文选题也是指导教师承担的重要责任之一。

一篇好论文的选题应具有先进性、前瞻性和创造性，在一定程度上还要有可实现性。一般来说科学研究是写好论文的必要条件，但并不充分。在当今的科学研究有实用价值而没有论文价值的很多，并不是所有的项目都可以做一篇好论文。但是一篇好论文一定是一项好的研究成果。

学位论文定选题时应注意的最后一点是，在未查阅完资料前研究课题是暂时的、可改变的。一旦你决定了论文主题，就应该同导师进行交流，开始查资料。尽管在开题前就已查阅大量资料，但是在完成课题时，会有很多新参考资料发表，这对写出高水平论文有巨大参考价值。

（三）参考文献的使用和整理

查找完参考文献后，查资料的大部分工作已经完成。你已清楚哪些书籍可找到、在何处找到，接着要进行阅读和做笔记。

1. 使用　参考文献的用法可参考第二章第四节"文献资料的搜集、管理和阅读"。

2. 记录　要给阅读过的参考文献建个 EXCEL 表，这个 EXCEL 表应该包括有关文献的作者姓名、作品题目、出版地点、出版社和出版日期、主要创新点，不要忽略任何潜在信息。

3. 归类　在阅读参考文献后，随着对课题了解的逐步加深，就该逐步调整和整理参考文献，这很有用。要对全部参考资料归类，最贴近研究课题的文献归并到一类，然后再根据期刊进行分类，所有普通的参考资料文件应归另外一类，所有正在用的书籍可再分一类。按照最熟悉、最方便、最有助的方法分类。参考文献编辑归类的过程，就是对研究课题逐步贴近的过程。

4. 在阅读时要大量做笔记　正确的记笔记方法必须以研究主题和为自己的学位论文编制的临时提纲为基础。

有关研究主题，在阅读和搜集资料中、在和导师的讨论中以及就这个课题所做的思考中，应该能系统阐述研究主题或就这个问题进行陈述，这陈述将促使自己集中精力来把论文的框架搭起来，随着阅读和思考的深入，逐步把这个框架改写为写作大纲。初步大纲反过来对进一步阅读和做笔记指定方向。初步大纲是一个组织过程，随着阅读量和对研究材料的更深思考，应逐步修改这个大纲。

5. 摘引参考文献时应该特别注意以下 4 个问题。

（1）使用释义　可以用自己的语言对材料进行释义，经过释义的陈述和原文的长度差不多，尽量避免使用作者的原话。应该仔细阅读要释义的这段话，然后紧扣文本写出，但必须在参考文献中标出页码。

（2）使用摘要　大量的笔记可以用简要形式也可用摘要形式写出。简要是浓缩原文，用自己的话表述原文的宗旨。摘要并不是大量摘抄原文，而是仔细考虑全文，然后写出自己的摘要。

（3）个人评论　在阅读时对参考资料做评论很有用，要在阅读每个资料后立刻记下自己对它的思考和评论，但做笔记时要把自己的评论与原始材料区分开来。

（4）修改大纲　阅读原始资料和做笔记最耗时，应有耐心。每阅读完一篇文献，就要核对和修改自己学位论文的写作大纲。一是把参考文献的精华吸收入大纲，二是用新的大纲指导新的阅读、思考和做笔记工作。

阅读参考资料→研究自己的试验材料→参考文献归类→修改写作大纲，这可以看作一个循环过程，每个次循环，都会使自己对最终的学位论文更深入、更逼近一步。

（四）学位论文的写作

在动手写作学位论文前，要再次搜索新参考文献，阅读、评价、纳入写作大纲。这时自己的研究工作实际上几乎全部完成，只要把结果写下来就行了。所以学位论文写作本身并不难，只是水到渠成的事情，而学位论文写作的真正功夫在平时的积累。

在学位论文写作过程中要注意以下几个问题。

1. 第一稿的写作　阐明自己的基本观点以使论文朝正确方向展开。这种扩展就是学位论文的主体，也是学位论文中最重要的部分。论文的价值在于它能激发读者并反映自己对研究主题所做的深刻理解和思考结论。要注意论文的统一和连贯，以论文主题贯穿始终，前后文在逻辑上和思想上一致。

2. 认真阅读笔记和自己对参考文献的评论　如果笔记做得清晰、有条理，下一步工作就是把它们按适当的顺序组织编排起来。当然，所做的笔记没必要全用上。评论就是自己的观点和思想，论文的写作主要是用来表达自己的观点。

3. 文体　多阅读专业资料和别人的学位论文，会有感悟。

4. 句子结构　句子结构上有两种常见错误，一是喋喋不休，二是片言只语。

5. 缩略词　缩略词不应该用于学位论文主题中，除非一些有名组织的名称和在脚注以及在参考文献中出现的例子。

6. 斜体字　把想用斜体字印刷的部分用斜体字显示。

7. 度量衡　正确使用法定单位，可以参见有关国家标准。

（五）表格、图表及文字说明

用图、表及说明是为了在语境中帮助讨论和解释信息。

1. 表格和图　在任何论文中，从统计学角度对表格所得数据进行分析相当重要，它们对理解文本很有参考价值。注意表格和图的内容不要重复。图和表格一样，可帮助文本说明问题，把数字排在图表中读起来方便、清晰、简明、易懂。用图时必须附文字说明。

2. 文字说明　除以上提到的图、表需用文字说明外，一些蓝图、原始绘画、地图、照片等任何用于说明文本的东西都需说明。文字说明的应用规范和图表相同，它们应尽可能与文本内容紧密相连，并对解释问题有一定作用。

并非所有论文都需图、表及文字说明，使用时必须谨慎，过多使用或使用不当都会削弱论文整体效果而起不到加强作用。必须始终记住自己的主要目的，论文是展示一种学术讨论，有必要使用图片帮助读者理解，才使用这种辅助手段。

思考题

1. 科技论文有哪些主要内容？各有什么要求？有哪些注意事项？
2. 参考文献的著录有哪些关键要求？
3. 引用参考文献要注意哪些问题？
4. 写作文献综述有哪些基本要求？应注意哪些问题？
5. 写作文献综述有哪些基本步骤？

第九章

烟草育种研究

第一节 烟草选择育种

直接利用自然变异从中进行选择并通过比较试验培育出新品种的育种途径称为选择育种。选择育种主要是通过对变异个体的选择及其后代比较而进行的，又称为系统育种法。其选育要点是：根据育种目标，从现有品种群体中选择一定数量的优良变异单株，分别脱粒和播种，对其后代比较鉴定，选优去劣，育成新品种。群众将其称为"一株传""一粒传"等。利用选择育种法在烟草新品种选育中具有独特的作用和意义。

1. 优中选优，简单有效 选择育种一般是在生产上大面积种植的优良品种的群体中选优良变异个体，实际上是一种优中选优的过程，所选择的优良变异类型是在当地条件下产生的，对当地生态条件和生产条件具有较强的适应性。所选择的优良变异类型一般保持了原品种的优点，而且在一定程度上克服了原品种的某些缺点，选育出的品种易被当地生产接受。例如河南省农业科学院烟草研究所在赤星病高发区选育出的烤烟品种"净叶黄"、山东省从地方品种"滕县金星"的自然变异中选育出的烤烟品种"金星6007"、云南省从引进品种"大金元"自然变异中选育出的"红花大金元"等。这些品种不仅保持了原品种的优良性状，而且在抗病性和适应性方面都有较大的提高，曾在我国大面积推广种植，为我国烤烟生产的发展做出了贡献。

选择育种是以自然变异为基础的育种途径，自然变异的材料往往具有稳定速度快的特点。所以利用选择育种法选育烟草新品种与其他育种方法相比，工作环节少，育种周期短，简便有效。

2. 连续选优，不断改良品种性状 一个烟草品种在长期栽培的过程中，会因种种原因在群体中产生新的变异，选择优良的变异类型育成新品种后，在种植过程中又会不断地产生新的变异，为进一步选择育种提供材料。这样连续地优中选优，使得烟草品种的品质、产量和抗逆性不断得到提高，这是选择育种法的第二个特点。许多有名的烟草品种是通过选择育种法选育而成的，例如河南的"金黄柳""净叶黄""潘元黄"，山东的"革新1号""偏筋黄""金星6007"，贵州的"春雷2号"，福建的"永定1号"等。

选择育种法也有一定的局限性：①从自然变异中选择的优良变异个体，虽使原品种的部分性状得到改良或改善，但改良和提高的幅度往往不够大；②其遗传变异方向是随机的，存在不确定性，有益变异的预见性差。随着杂交育种等技术的不断发展和提高，选择育种法在烟草品种定向改良中的应用也随之减少。但是由于此法简便易行，非常适合群众性新品种选育工作，迄今仍是一个具有实用价值的传统育种方法。

一、选择育种的原理和程序

（一）烟草品种的自然变异

任何纯系品种在遗传上都具有一定的稳定性。但稳定是相对的，一个品种在连续种植过程中，许多自然因素可能引起品种的性状发生遗传变异，变异产生的原因主要有以下几种。

1. 自然异交　烟草是自花授粉作物，一般情况下品种间自然异交率在1‰～3‰，但随着环境因素的变化及品种特性的不同，烟草自然异交率的变化幅度也较大，有时达4‰～5‰，甚至发现个别品种自然异交率高达11‰。自然异交会导致烟草品种间基因的相互交流，发生基因重组后，会出现新的变异性状或变异类型。

2. 基因突变　受环境等各种因素影响，控制烟草性状遗传的基因容易发生正向突变或反向突变。例如短日照反应性的基因突变，往往导致烟草节距变短，叶数增多，烟叶品质下降。烟草品种群体内的基因自然突变频率很低，而且大多数是无益突变，但有些突变是有益的，例如白肋烟就是马里兰烟两个基因位点产生的隐性突变而得到的变异类型。

3. 染色体畸变　染色体数目或结构上发生变异称为染色体畸变。染色体畸变有可能导致基因的重复缺失或基因连锁群的改变而产生新的变异性状。

4. 新品种剩余变异　许多杂交育成的新品种在推广时，从田间看主要性状表现一致，但其基因组内许多基因位点仍为杂合状态，也就是说基因型并没有达到纯合，在有性繁殖的世代交替中，会继续发生基因的分离和重组，致使性状发生变异。

另外，新品种推广以后，随着种植区域的扩大和不同生态条件的影响，原品种自然群体中也会产生一定性状变异。这些变异的产生和出现，又为选择育种提供了物质基础和选择的机会。

（二）选择育种的程序

烟草选择育种从原始自然群体选择优异的变异单株开始至新品种的育成，一般要经过5个环节：①从原品种自然群体中选择优良的变异单株；②入选单株株行试验；③品系比较试验；④区域试验和生产试验；⑤提交品种审定推广。育种程序如图9-1所示。

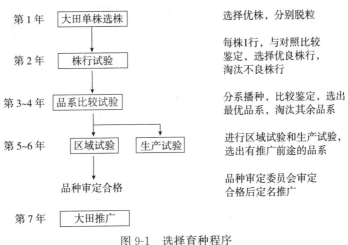

图9-1　选择育种程序

烟草选择育种程序各环节的具体工作内容如下。

1. 单株选择 根据育种目标要求，在欲改良的品种群体内选择优良的变异单株。详细记载入选单株的选择背景和主要优缺点，例如原始品种名称、产地、来源、本地种植状况、进行选择时的田间生长状况等。入选单株要挂牌标记，详细记载其田间表现、主要特征特性、烤后烟叶外观品质等。单株选择以田间鉴定为主，入选单株尽量采取套袋自交，种子成熟后及时风干，分别脱粒和编号保存。

2. 株行试验 将上年当选单株种子，分别播种育苗。来源于同一品种不同单株的后代相邻种植，每株种1行（或1个小区）称为株行，每个株行种植40～60株，每隔几个株行区插入1个对照，以鉴定单株后代的性状是否整齐或是否优于对照品种。对照一般用亲缘品种或当地最优主栽品种；如果育种目标是提高抗病性，则应设抗病品种对照。以抗病为主要育种目标时，株行试验应在人工病圃或病害严重的地块进行。

株行试验的目的主要是对上年入选单株进行性状及其遗传稳定性鉴定，去伪存真，去劣存优。因此株行试验过程中，要分时期对各个株行进行评选。符合育种目标要求、性状表现整齐一致的优良株行，可采用一次单株选择法进行株行选择。入选株系详细观察记载其重要特征特性，从中选择符合育种目标要求、性状整齐一致的典型植株套袋自交，种子成熟后混合收获，下年进行品系比较试验。如果某株行内株间有分离，性状表现不整齐，可在株系内继续选择单株，分别套袋自交，分别收种，留下年继续进行株行试验，直到株行内性状表现整齐一致再进行品系比较。

3. 品系比较试验 经株系试验入选的性状遗传已经基本稳定的优良株系，称为品系。品系比较的主要目的是对入选的优良株系全面地、详细地进行比较鉴定。品系比较试验的主要工作内容是调查记载各品系材料的生长发育特性、植株性状、生育期、经济性状、品质性状、抗逆性等，并与对照品种进行比较，对整个试验做出全面的分析和结论，从中选拔出优良的品系。品系比较试验一般要进行2年以上。

为提高试验的准确性，供试品系数量不宜过多。品系较多时品系比较试验可分两步进行，即初级品系鉴定（简称品系鉴定）试验和高级品系比较（简称品种比较）试验。初级品系鉴定试验和高级品系比较试验阶段，主要比较参试各品系的产量、品质、抗病与抗逆能力、成熟早晚等方面的表现，并进行烟叶化学成分分析和评吸鉴定。

品系鉴定试验是品系初级比较试验阶段。每小区种植40～60株，重复3～4次，每隔4个小区插入1个对照，每小区套袋留种2～3株。一般要进行1年以上，通过鉴定比较淘汰表现较差的品系，使初选优良品系控制在10个以内，便于下年进入高级品系比较试验。

品种比较试验是品系高级鉴定试验阶段。供试品系采用随机区组试验设计，以当地主要栽培品种为对照，小区株数可增加到60～80株，重复可增加到4～6次，并可设置较多的试验点，以检查各个品系在不同气候、不同土壤和不同栽培条件下的不同反应。

品系鉴定试验和品种比较试验阶段必须进行原烟评吸鉴定，因为仅进行与烟叶品质有关的各种化学成分的分析，还不能完全作为衡量烟叶内在品质的依据。时至今日，评吸鉴定还是一种不可代替的检验烟叶内在品质的方法。品系鉴定试验时，原烟叶样品可手工卷制评吸。品种比较试验时，应结合工业加工成卷烟制品进行评吸。

烟草的特点是能适应某个地区的品种往往不适应其他地区。有时地区间的环境差异看起来似乎不太明显,却可能导致生产烟叶的品质有重大区别。品种比较试验通常进行1~2年;如果进行省际高级品系的多点试验,以代替区域试验,则必须进行2~3年。

在进行品种比较试验的同时,应该注意种子繁殖的问题,因为随之而来的是多点的区域试验和大面积生产试验。因此在品种比较试验阶段,设置专门的留种区,选择健壮无病的植株套袋自交,自交种子混合收获,作为原种,供后续试验和良种生产用种。

4. 区域试验和生产试验 区域试验由国家或省份组织,统一安排,将有关单位选育出的新品系或外引新品种集合起来,分别在不同的生态类型区进行比较鉴定,其目的是确定新品种(系)的区域适应性和稳定性,了解优良品种的特征特性和利用价值,为品种审定提供依据。

生产试验是指经区域试验所选拔出的新品种(系)进行生产示范试种的过程。其目的和任务是明确新品系在实际生产中的可用性程度,同时通过生产试验掌握新品种(系)的栽培、调制等配套生产技术,为大面积推广利用提供生产依据。

5. 品种审定和推广 上述育种程序试验选育出的符合育种目标要求的新品种(系),按烟草品种审定程序要求提交烟草品种审定委员会审定定名后,即可作为新品种在生产上推广应用。

二、提高选择效率应注意的几个问题

烟草选择育种成败的关键在于对优良变异单株的选择,为提高选择效率,应在选择理论的指导下做好以下几个方面的工作。

(一)选株的材料

在什么样的品种群体中选择变异单株是关系到选择育种成败的一个很重要的问题。从品种的来源上分析,选株的材料有3大类:地方品种、杂交育成的新品种和外引品种。这3类材料各有特点。烟草地方品种一般具有较强的适应性,但多数品种在品质方面不能满足目前生产上的要求,烟叶的品质因素是比较复杂的,期望在这类品种群体中选择出优质的变异类型是比较困难的。杂交育成的新品种一般经济性状优良,在品质、产量和抗性方面与当前烟叶生产的要求相适应,同时这类品种的异质性往往较高,在生产上推广种植以后容易出现新的变异类型,是进行选择育种的好材料。外引品种在我国烟叶生产上种植较多,从目前推广品种来看,一般均有品质优良、综合性状较好的特点,但这类品种大多数适应性较差。品种引进后,由于其所处的生态环境的变化,可能会出现一些性状的变异,可在引种试验的各个环节中不断加以选择,从中发现一些有利的变异类型,选择这些变异类型进行比较鉴定,有可能进一步培育成为新的品种。我国许多烤烟品种都是通过这个途径中获得的,例如"红花大金元""永定1号""遵烟1号"等。外引品种一般在新引进地区的生态条件下种植容易产生变异,而且这种变异往往是向着增强适应性方面发展,恰为选择育种创造了机会,因此外引品种是进行选择育种的良好选株材料。在我国烤烟生产历史上,许多好的品种是从外引品种中选择育成的,例如"红花大金元"是从美国引进的烤烟品种"大金元"中选育出来的,"永定1号"是从"特字401"品种中选育而成的。有时还能从一个外引品种中连续选育出一系列具有不同特点的新品种。

根据以上分析,杂交育成的新品种和外引品种作为选择育种的选株材料其效果较好,但是这类品种并不都是选择育种选株的理想材料。根据选择育种的经验，从当前生产上广为种植的优良品种中或者即将推广的优良品种中进行选株成效可能较大。若在一个已经发生退化或在生产上即将被淘汰的品种中进行选择，其效率往往不高。

（二）选株的标准

确定选株标准实际上就是确定育种目标。选株时要根据基础品种的优缺点和当前生产上的需要，确定哪些优良性状要保持和提高，哪些不良性状需改进和克服。进行选择育种有条经验，即"扬长不如克短"，要克服一个品种的缺点，保持其优点容易见效。但要使某个品种的优点进一步提高，而其主要缺点未得到改进，那么这样的品种在生产上应用，仍然受到一定限制。当然，在重点克服某个缺点时，切不可忽视综合性状的优良，否则也是不能成功的。

选择育种与良种繁育中的选优提纯，二者做法相仿，但概念不同，其主要区别是在选株的标准上。选择育种是选择具有变异的优良单株，是一个培育新品种的过程；而良种繁育中的选优提纯是选择具有符合原品种典型性状的优良单株，淘汰不符合原品种典型性状的变异株，选优提纯是一个恢复原品种典型性和纯度的过程。当然在良种繁育的选株中，也可能发现优良的变异类型，应作为选择育种的材料另外处理。

（三）选株的条件

要提高选择育种效率，就必须有一个良好的选株条件。首先，要尽可能地减少非遗传变异的干扰，应在肥力水平均匀一致、前茬作物和耕作方法一致、栽培管理条件较好的田块（例如在种子田、试验田内）进行单株选择。如果要改进品种抗病性，可在发病严重的地块选择。其次，选株时应注意不要在田边、缺株的地方选择，以避免环境条件不一致的影响。第三，品种混杂的地块不宜进行单株选择。如果进行单株选择的地块混有其他品种，容易导致所选单株不是一个新的变异，而是另一个品种的混杂植株。

（四）选株的数量

由于选择育种是建立在自然变异基础上的育种方法，自然变异的概率并不是太高，而出现优良变异的概率就更低，所以一般供选择的群体要大。至于一次应选择多少个单株，要根据育种目标和具体材料的变异情况确定。如果要改良的性状属数量性状且变异不太明显，可多选一些单株，然后分系评定，决选出较好的后代，一般不少于10株，多至数百株。如果发现有突出的优良变异单株，就要有几株选几株，例如1964年，河南省农业科学院烟草研究所在襄城县颍桥举人杨村的烤烟品种"长脖黄"烟田内，发现了两株抗赤星病的变异单株，分别留下种子，第二年进行鉴定比较，发现该变异类型综合性状与"长脖黄"相近，但在抗赤星病方面优于"长脖黄"，于1967年定名为"净叶黄"，作为新品种推广。

（五）选株的时间

烟草生育期长，而且烟叶生产环节较多，所以在进行单株选择时，应在整个烟草生长发育期间多看精选，分段观察，多次选择。不同的选择目标其选择的重点时期不同。若选择苗期长势强的变异类型，需在烟株团棵期前后多看精选。若选择的目标是提高对某种病害的抗性，应在这种病害发生盛期进行选择鉴定。但不论选择目标的侧重点是什么，最后都是根据烟叶调制后的品质性状进行综合评定，以保证综合性状的优良。凡入选单株要挂牌标记，注明入选日期和表现特点，并做好记载工作，下次观察评选可把重点放在上次入选植株中进行。入选单株要套袋留种，种子成熟后，以单株为单位编号收获。

第二节 烟草杂交育种

杂交育种是指通过品种间的有性杂交获得杂种，继而在杂种后代的变异群体中选择符合育种目标的类型以育成新品种的方法。杂交是人工创造变异的一种有效手段，杂交育种是国内外广泛应用且卓有成效的一种育种途径，其主要原因在于如下几方面。

1. 基因重组综合双亲优良性状 由于不同亲本间存在着遗传差异，杂交后随着基因的重组，杂种后代分离出多种多样的变异类型。亲本间的遗传差异越大，杂种后代分离出的变异类型就越丰富，越有可能将存在于不同亲本中不同性状的优良基因集中在一个个体中，从而获得比亲本具有更多优良性状的重组类型。

2. 基因互补产生新性状 有些性状的表现是不同显性基因互补或互作的结果，例如烟草花冠的颜色是由 2 对显性基因互作的结果，缺少其中的任何 1 对显性基因，花冠均表现为白色。通过杂交可以使分散在不同亲本中的显性基因重组在一起，彼此互作可以产生不同于双亲的新性状。

3. 基因积累产生超亲性状 烟草大多数性状属于数量遗传性状，控制这些性状的基因具有累加效应。在一个个体中，控制和影响某性状值提高的有利基因数目越多，则这个性状的表现型值就越高。通过杂交可以使分散在不同亲本中的这些有利基因积聚在一起，选育出在某性状方面超越亲本的类型。例如将两个烟碱含量较高的亲本杂交，在杂种后代的群体中可以选择出烟碱含量比双亲更高的重组类型。

两个遗传性状不同的亲本杂交后所产生的遗传效应是多方面的，杂种后代分离出的各种变异类型为新品种的选育提供了丰富的物质基础。所以杂交育种是目前国内外植物育种中应用最普遍、成效最著的一种方法。早在 18 世纪，人类就已经利用杂交手段培育作物新品种。1900 年孟德尔遗传规律的重新发现为杂交育种奠定了理论基础，更加激发了人们利用杂交的方法去创造变异，开展作物新品种的选育工作。烟草和其他作物一样，有计划地进行杂交育种研究始于 20 世纪初，但烟草的杂交育种却经历了一条与众不同的曲折道路。1903 年美国率先组织开展烟草品种的改良研究，1907 年推出了两个通过有性杂交选育的雪茄烟品种在生产上种植，结果失败了。究其原因，并不是育种程序的不完善，而是育成新品种和原农家品种相比较，吃味和香气都发生了改变，制造商拒绝接受这种烟叶。因此曾在一个相当长的时期内杂交方法被认为不能用于烟草新品种的选育。在这种观点的影响下，烟草杂交育种转入以转移抗病基因为主要目标的抗病新品种的选育。直到 20 世纪 40 年代中期，一批抗根黑腐病烟草品种如雪茄烟品种"Havana142"、白肋烟品种"Ky16"、烤烟品种"Yellow Special""Virginia Gold""Special 400"等的育成和推广种植，不仅收到了良好的抗病效果，而且也有效地提高了烟叶的产量和品质。从此，烟草杂交育种研究进入了一个发展时期，逐渐成为烟草新品种选育的主要途径。随着现代科学技术的飞速发展，作物育种的新方法也在不断产生，例如倍性育种、诱变育种、生物技术育种等。但是这些育种手段往往要与杂交育种相结合才会收到较好的效果。因此杂交育种仍是现代作物育种的主要方法之一。

一、亲本选配

(一) 亲本选配的策略

烟草杂交育种有4个主要环节：制定育种目标、亲本选配、杂种后代的选择、品系比较，其中亲本选配是杂交育种成败的关键。实践证明，亲本选配得当，就容易选育出优良的品种，有时可以从一个杂交组合中选育出多个具有不同特点的新品种。例如云南省烟草研究院从"云烟2号"×"K326"组合中连续选育出了两个烤烟品种"云烟85"和"云烟87"，都在生产上推广种植。亲本选配的中心任务是在掌握亲本材料主要特点及其性状遗传规律的基础上，恰当地选择和组配亲本进行杂交。在实际育种工作中，由于育种目标的侧重点不同，对亲本选配的要求也不同。根据育种目标总体设计的不同，一般可分为两种类型，一种是组合育种，另一种是超亲育种。组合育种是将分属于不同品种中的控制不同性状的优良基因结合在一起，育成集双亲优点于一体的新品种，其遗传机制主要是基因的重组和互作。例如将一个亲本的抗病性状与另一个亲本的优质性状结合在一起，育成既抗病又优质的新品种。超亲育种是将双亲中控制同一性状的不同优良基因集合于一体，育成在该性状上超越双亲的品种。实现超亲育种的理论依据主要是基因的累加和互作。例如将两个烟叶香气均较好的材料杂交，选育出在烟叶香气这个品质性状方面超过双亲的新品种。

组合育种以结合双亲不同优良性状为目标，所涉及的性状在遗传方式上多数较为简单，也较易鉴别，否则不易达到育种目标。因此在杂交育种的初期多以组合育种方式进行品种改良。在育种工作取得一定进展后，现有品种在品质、产量等主要经济性状方面已达到较高水平时，育种工作往往寄希望于超亲类型的出现，实行超亲育种。超亲育种所处理的性状多是遗传较为复杂的性状，例如烟叶的品质性状。控制和影响这些性状的基因数目较多，每个基因的效应较小，对它们的作用进行分析鉴定也较为困难。

组合育种与超亲育种在某些情况下是难以截然划分的。例如在提高烟叶品质的育种工作中，将一个亲本的高钾含量性状与另一个亲本香气质较好的性状结合在一起，育成在烟叶品质上超过双亲的品种时，其意义就与组合育种相类似。但在一般情况下，组合育种和超亲育种在指导思想上是有很大差异的，所以在选配亲本时考虑问题的方式就有所不同。

(二) 亲本选配的原则

1. 亲本的优点多，缺点少，亲本间主要性状的优缺点能相互弥补 这是选配亲本的一条重要原则，因为烟草许多性状（例如单叶质量、烟碱含量、香吃味、某些抗病性状等）属数量性状遗传，杂种后代的表现多介于双亲之间，这些性状的双亲平均值大体可以决定杂种后代的表现趋势。如果亲本的优点多，杂种后代性状表现的总趋势相应较好，出现优良变异类型的概率就较高。

亲本的优点多并不等于说亲本没有缺点，但在亲本选配时要注意两亲本之间可以有相同的优点，不能有相同的缺点，亲本间的优缺点尽可能相互弥补，否则很难克服这些缺点。尤其是在组合育种中，亲本选配应重点考虑以甲亲本之长补乙亲本之短的互补原则。这样的组合杂种后代群体的变异幅度小，个体基因型纯合速度快，可以缩短定型品种育成时间。例如中国农业科学院烟草研究所选育的烤烟品种"中烟101"，采用"红花大金元"为母本，"Speight G80"为父本杂交。"Speight G80"品种易烘烤，品质好，但不耐旱；"红花大金元"品种耐旱性强，品质好，但不易烘烤。二者杂交选育出的"中烟101"不仅综合了"红花大金元"和"Speight G80"的优点,品质优良,而且实现了两亲本的缺点相互弥补的目的,"中烟101"既较耐旱又易烘烤。

在根据性状优缺点互补这个原则选配亲本时,还应考虑互补性状的遗传特点,因为性状互补并非完全是平均值的关系,有时两亲杂交后其相对性状在杂种后代中常常表现倾向一方。如果不良性状是显性或遗传力较强时,即使亲本间性状优缺点互补也不易克服该缺点。当育种目标要求在某性状方面有所突破时,即在超亲育种程序中,亲本选配应尽可能选两个亲本在该性状方面表现都较好,通过杂交和基因重组,使双亲中控制和影响这个性状的优良基因累积在一起,达到育种目标的要求。例如要提高育成品种烟碱含量,最好选用双亲烟碱含量都较高的材料杂交。辽宁省丹东市农业科学研究所用双亲烟碱含量分别为2.69%和4.06%的材料杂交,在后代中选出了烟碱含量达5.42%的烤烟品系;用双亲烟碱含量分别为2.54%和2.69%的材料杂交,选出了烟碱含量为3.23%的品系。当然,用高烟碱和低烟碱材料或低烟碱与低烟碱材料杂交也可能选育出烟碱含量较高的品系。但是这样做困难较大,杂种后代分离出高烟碱类型的概率较低。

2. 选用当地推广的优良品种作为亲本之一 育成的新品种必须具有较强的地区适应性,否则就不可能很快地在生产上大面积推广。在本地区大面积种植的主要栽培品种积聚了与本地区生态条件相适应的优良基因,用这些品种作为亲本进行杂交育种,一般来说能够满足育种目标的这一要求。另一方面,在本地区大面积种植的品种优点多,综合性状也较好,尽管也存在一些缺点,但是可以选择能够克服这些缺点的材料作为亲本与之杂交来改良,这是一条选育新品种的有效途径。我国许多烤烟品种都是这样选育出来的,例如"许金2号""许金4号""春雷2号""春雷1号""云烟85""中烟98""中烟99""中烟101"等。

3. 选用生态类型差异较大、亲缘关系较远的材料作亲本 当育种目标要求育成品种具有较广泛的适应性或具有特殊的性状表现时,选用生态类型差异较大、亲缘关系较远的材料杂交容易实现这个目标。因此对于育种工作者来说,掌握各亲本材料之间的系谱关系及其在遗传上的差异是十分重要的。在这个方面,可以通过求算亲缘系数的方法来了解亲本材料之间的亲缘关系。例如现有品种A、B、C、D、…、I,已知其系谱关系如图9-2所示,可用下述方法求算品种A和B的亲缘系数。

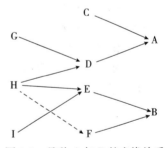

图9-2 品种A与B的亲缘关系

首先按图9-2中的连线追寻品种A与B的关系,每个实线箭头表示杂交育种途径,虚线表示系统育种途径,连接A与B的线路共有2条:①A→D→H→E→B;②A→D→H→F→B。然后计算A与B两个品种的亲缘系数。在亲缘关系上,因D与C杂交育成了品种A,故可大致认为A为D的1/2;同理,D为H的1/2。H与F间以虚线相连,说明F是通过选择育种方法从H群体中选育而成的,故可大致认为F为H的1/2~1。最后,按品种A到B的联系逐级将亲缘率相乘,再把两条线路分别计算的数值相加,即得A与B两个品种的亲缘系数,即

$$(1/2)^4 + (1/2)^3 \times (1/2 \sim 1) = 0.125\ 0 \sim 0.187\ 5$$

亲缘系数的大小反映出两品种亲缘关系的远近。亲缘系数越接近于1,说明两品种亲缘关系越近;若亲缘系数接近于零,则说明两品种亲缘关系较远。这是一种估算亲本材料间亲

缘关系的简单方法。这个方法要求各材料间的系谱关系必须明确，否则将无法计算。因此在亲本选配过程中，为深入了解各材料间的遗传差异，往往根据数量遗传学原理，对具有遗传差异的材料进行遗传聚类分析，用遗传距离来度量品种（系）间的遗传差异，供杂交育种选配亲本时参考。

选用生态类型差异较大、亲缘关系较远的材料作亲本进行杂交育种有许多成功的实例。因为不同生态类型、亲缘关系较远的材料间遗传差异较大，杂交后杂种后代遗传基础较为丰富，能分离出更多的变异类型，有利于选育出适应性较广或具有特殊利用价值的品种。例如中国农业科学院烟草研究所曾利用烤烟品种和香料烟品种"沙姆逊"杂交，选育出的"巨香102"品系具有特殊的香味。烟草不同类型间杂交，其后代分离较为复杂，例如许多晒烟品种叶片较厚，与烤烟杂交再选育烤烟品种往往易烤性较差。但是我国晒烟资源丰富，有许多宝贵的种质资源为烤烟所不及，把这些优良的种质引入烤烟品种之中是提高烤烟品质和抗病性的一个重要途径。

4. 选用配合力好的材料作亲本 配合力是源自玉米自交系选育的概念，系指一个自交系与另外的自交系或品种杂交后杂种一代的产量表现，表现高的为高配合力，表现低的为低配合力。目前，配合力的概念已引申到其他作物育种中，而且不仅对产量而言，对作物的所有数量遗传性状均可采用配合力的概念去进行研究。因此配合力已成为数量遗传学的一个重要概念，是度量数量性状遗传的一个重要参数。配合力有一般配合力和特殊配合力两种，一般配合力是指某亲本品种与其他若干个品种杂交后，杂种一代在某性状方面表现的平均值。特殊配合力是指某特定组合的实际表现与根据双亲一般配合力预测的期望值间的偏差。依数量遗传学原理来解释，一般配合力的高低是由亲本品种的加性效应基因决定的；特殊配合力的高低是由亲本品种非加性效应基因决定的。

（1）配合力的估算方法　要测定某一品种的配合力高低，需要进行特殊的遗传交配试验。这里介绍两种测定配合力的试验设计方法。

①双列杂交设计：双列杂交设计是测定亲本品种配合力常用的方法，即在一组被测的亲本品种中进行尽可能的相互杂交。例如在 a、b、c 和 d 这 4 个亲本品种中（$P=4$）进行杂交，其可能的杂交组合见表 9-1。

表 9-1　双列杂交设计

亲本	a	b	c	d
a	a×a	a×b	a×c	a×d
b	b×a	b×b	b×c	b×d
c	c×a	c×b	c×c	c×d
d	d×a	d×b	d×c	d×d

表 9-1 称为 4×4 双列杂交，杂交组合的数目为 $4^2=16$。同理，P 个亲本品种双列杂交其组合数量为 P^2。从表 9-1 还可以看出，双列杂交组合中包括 3 个部分：P 个亲本系统、$1/2P(P-1)$ 个正交组合、$1/2P(P-1)$ 个反交组合。在试验过程中，按所包括的组合类型不同可分为 4 种试验方法。

方法 1：包含亲本及全部正反交组合，共 P^2 个试验材料。

方法 2：包含亲本及正交组合，共 $1/2P(P+1)$ 个试验材料。

方法 3：不包含亲本，仅含正反交组合，共 $P(P-1)$ 个试验材料。
方法 4：仅包含正交组合，共 $1/2P(P-1)$ 个试验材料。
以上 4 种试验方法均能对一般配合力和特殊配合力效应进行估算。

②NCⅡ设计：NCⅡ设计又称为北卡罗来纳Ⅱ设计，也是常用的一种测定亲本品种配合力的设计方法。其设计要点是将要测定的亲本材料分为两组，一组作母本，一组作父本，进行可能的相互杂交（表 9-2）。NCⅡ设计的优点是能容纳较多的亲本材料，也可较好地分析出各亲本材料的一般配合力和特殊配合力效应。

表 9-2 NCⅡ设计

亲本	e	f	g	h
a	a×e	a×f	a×g	a×h
b	b×e	b×f	b×g	b×h
c	c×e	c×f	c×g	c×h
d	d×e	d×f	d×g	d×h

（2）配合力在亲本选配中的应用　育种实践证明，亲本的表现与杂种后代的表现有时并不一致，有些亲本本身表现很好，但杂交后所产生的杂种后代并不理想；有些亲本本身表现并不十分优良，但杂交后所产生的杂种后代中却能分离出优良的重组类型，这说明不同的亲本在杂交时具有不同的配合能力。因此在选配亲本时，除注意亲本本身的表现型值以外，还要进一步了解这些亲本的性状配合力的高低。亲本性状配合力高低并不能直观地反映出来，必须通过杂交才能测知。掌握亲本材料的配合力特性可以从两个方面获得：①通过上述的遗传杂交试验测定配合力；②通过大量的杂交育种实践积累资料，分析评选出配合力高的亲本材料。在某种意义上讲，后者尤为重要，因为它是经过大量的育种实践已得到证实的结果。例如从美国烤烟品种的系谱分析中可以看出，优质基因主要来源于"Hicks"和由它衍生而来的品种和品系。这些品种和品系积累了大量的控制品质性状的优良基因，用这类材料作亲本就容易获得品质优良的杂种后代。中华人民共和国成立以来，在我国烤烟品种的选育中，直接或间接的以"金星 6007""特字 400"和"大金元" 3 个品种为亲本，共选育出烤烟品种 61 个，说明这 3 个品种具有较好的配合能力和较多的优良性状。

二、杂交技术和杂交方式

（一）烟草的杂交技术

进行杂交时应首先对烟草的花器结构、开花习性、授粉方式等一系列问题有所了解，以便有效地进行杂交工作。

1. 烟草花器的构造　烟草花（图 9-3、图 9-4 和图 9-5）属两性完全花，即一朵花内有雄蕊和雌蕊。红花烟草的花冠长为 5~6 cm，呈漏斗状，为粉红色或红色；花萼为绿色，呈钟状五裂；雄蕊 5 枚，三长二短或二长三短（因品种而异），着生在花冠基部。每个雄蕊有 1 根细长花丝，花丝顶端具肾状花药 1 个，花药呈内凹两裂；雌蕊 1 枚，柱头两裂，呈圆形。花柱下端为子房，分 2 室，内有胎座，胚珠整齐地排列在胎座上。一般雌蕊和雄蕊同时成熟。黄花烟草花的构造与红花烟草花的构造相似，但黄花烟草的花冠短，呈黄色微带绿色，也有深黄色微带绿色的品种。

图9-3 普通烟草花序正面

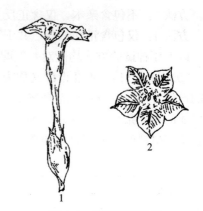
图9-4 普通烟草的花
1. 花的外形 2. 花冠正面

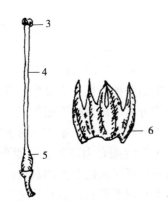
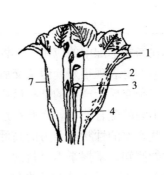

图9-5 普通烟草花的构造
1～2. 雄蕊（1. 花药 2. 花丝） 3～5. 雌蕊（3. 柱头 4. 花柱 5. 子房）
6. 花萼 7. 花冠

烟草花授粉，有的品种在花朵开放前进行，有的品种在花朵开放时进行，因此烟草的天然异交率较低，在相似条件下，前者天然异花授粉的概率小于后者。另外，烟草的天然杂交率还随着自然条件、品种的间距、昆虫数量及活动情况而有差异。黄花烟草天然杂交的机会比红花烟草较少，因其授粉多在花冠微张开之前进行。

2. 开花习性 烟草花朵开放的时间因品种和气候条件而不同。一般现蕾至开花需8～12 d，花序顶端中心花先开放，整个花序进入盛花期是在中心花开放后的7～11 d，中心花开放至全部花开完要25～35 d。早熟品种比晚熟品种花期长，同一品种随播种、移栽期的推迟，花期提早结束。所以春烟开花期比夏烟开花期长7～12 d。不同品种的开花习性略有差异。

一朵花从现蕾至花冠开放需6～7 d，从花冠开裂至种子成熟需28～35 d。白天开花多在7:00—19:00；11:00—19:00为开花高峰，占当日开花总数的43.33%；7:00—11:00开花数占33.30%；19:00—24:00开花数占23.37%。据观察，白天开花数量占当日开花总数的75%～80%，甚至有些品种夜间不开花。

3. 烟草人工杂交技术

（1）杂交前的准备 杂交用具包括小剪刀、标签、纸袋、记录本、铅笔、回形针或线绳、镊子、酒精等，应事先备齐。

（2）人工杂交的步骤和方法　烟草花朵较大，构造也不复杂，便于人工杂交。烟草花期较长，从中心花开放至花开完毕有25～35 d，花粉活力保持时间较长，便于储藏运输，可以从容地进行杂交。据研究，储藏在适当干燥和温度较低的条件下，烟草花粉的授粉能力可以维持几周。同时，品种间的人工杂交成功率高，只要方法正确，护理得当，成功率可达60%～70%。烟草单果结实率较高，杂交1朵花可获得2 000粒左右的种子。每株以20朵花计算，成功率70%，即可获得近3万粒种子。因此配制大量的杂交组合是容易办到的。烟草杂交具体步骤如下。

①选择母本：母本应选择生长健壮、具有该品种典型性的植株。对开花过晚、病株、弱株和混杂的植株，一律及早打顶，不宜作母本植株使用。母本的花朵，应以花药尚未裂开，柱头已膨大，并分泌黏液，有较高受精能力为标准。其外观性状指标是：花冠顶端未开口或微张口，花冠顶部颜色为粉红色。选留母本花朵宜在盛花期进行，此时容易挑选合乎标准的花朵。通常每株选留10～20朵花，视其需要量而取舍，留花朵不宜过多。若留花朵过多，杂交后结实不饱满，种子质量较差。杂交用的花朵选定后，将其余的花蕾及蒴果全部剪去。

②母本去雄：去雄的方法较多，一般是先从花冠的中部，用剪刀向顶端划开，将5个雄蕊剪掉；再将花冠横向剪去1/4～1/3，使柱头露出，切忌碰伤柱头。去雄时若发现花药已裂开，应将整个花朵剪去，若手指、剪刀上黏附花粉，可用酒精擦去，以免传播花粉。

③采集父本花粉：应严格选择供杂交的父本植株，对病株、弱株和混杂植株要及早打顶。采集花粉的标准依杂交时间而定，若边采粉边杂交，宜选择花冠开放不久、花药刚刚裂开的花朵；若上午采粉，下午杂交或下午采粉翌日杂交授粉，可选花药似裂而未裂开的花朵，保证以成熟适宜的花粉授给母本。

④授粉：人工把花粉撒在母本柱头上。授粉时应掌握母本花朵的柱头有黏液的分泌，父本花粉成熟适度，以提高杂交成功率和结实率。授粉要选晴朗无风的天气，一般可在9:00—11:00或15:00—18:00进行。授粉后如果遇到下雨，可重复授粉1次。多量授粉、二次授粉都能提高杂交成功率、结实率和种子质量。在花粉多，人手充足时，尽量采用去雄后立即授粉的方法，以减少落果率。杂交过程中，采取重复授粉是必要的。一般为了提高单个果实产种量，理论上授粉所需要的花粉数目应超过子房胚珠的数目。杂交实践中，常因授粉量较少而造成蒴果较小，种子数量也少，所以杂交时应将父本花粉轻轻撒在母本柱头上，尽量均匀。授粉量宜多，以柱头见一层白为度。

⑤检查及收种：授粉完毕，将杂交日期、组合号、亲本名称、杂交花朵数以及授粉人的姓名等，填写小纸签，拴在花序主梗上。如果一个花序上分别杂交数个组合，应分别拴在杂交花朵的花枝上，以免混淆。然后将整个花序轻轻套一个大纸袋，用细线或回形针将纸袋口封好。上述记载项目应同时填入记录本，供日后核查。授粉后5～7 d，摘去纸袋，使其通风透光，并摘去花枝上出现的新蕾。每隔4～5 d检查1次。授粉后25～28 d，果皮变褐色，轻摇烟株时蒴果中有响声，表示种子成熟，即可收种。收种时应首先检查蒴果数与记载数是否相符合，如果比原数目多，应核查分收，以免将其他蒴果混入其中。

（二）烟草杂交的基本方式

亲本选定以后，采用什么样的杂交方式是影响杂交育种成效的另一个重要因素。常用的杂交方式有单交和复交。

1. 单交 两个亲本一个为母本、另一个为父本成对杂交称为单交。这是杂交育种最常用的杂交方式，因为单交只进行1次杂交，杂种后代的遗传基础相对简单，易于稳定。如果单交的育种效果能达到育种目标，应尽量采用单交。

单交有正交和反交之分，如果甲×乙为正交，那么乙×甲就为反交，实际上就是杂交时选择哪个亲本作母本、哪个亲本作父本的问题。烟草育种的实践表明，同一类型内品种间杂交时一般不会出现正交和反交的显著差异，因为育种所涉及的大多数经济性状是由核基因控制的。习惯上常以综合性状较好、适应性较强的优良亲本作为母本。如果进行不同类型间杂交，可根据育种目标正确选择父本和母本。例如在以选育烤烟品种为目标进行类型间杂交时，把烤烟品种作为母本较好。在杂交育种中，如果所期望的性状属细胞质遗传，就必须将携带有这种性状的材料作母本进行杂交。

2. 复交 选用3个或3个以上的亲本进行杂交统称为复交。当单交的育种效果不能满足育种目标的要求时可采用复交的方式，把分散在多个亲本中的优良基因综合在一起，实现育种目标。复交因采用的亲本数目及杂交方式的不同又分为以下几种。

(1) 三交 三交就是选用3个亲本杂交。第1次用两个亲本杂交，然后再用这个单交F_1代与第3个亲本杂交，即（甲×乙）×丙。在三交后代的核遗传组成中3个亲本所占的比重是不同的。甲亲本和乙亲本各占1/4，丙亲本占1/2，丙亲本的遗传成分在三交后代的核遗传组成中占有较大的比重。因此一般将综合性状优良的亲本放在最后一次杂交中。

(2) 四交 四交就是用4个亲本依次进行杂交。其杂交方式是［（甲×乙）×丙］×丁。在四交后代的核遗传组成中，4个亲本所占的比例也是不相同的。甲亲本和乙亲本各占1/8，丙亲本占1/4，丁亲本占1/2。

(3) 双交 两个单交组合再次杂交称为双交。双交有两种类型，一种是用3个亲本组成双交，例如（甲×乙）×（丙×乙）；另一种是用4个亲本组成双交，例如（甲×乙）×（丙×丁）。前者乙亲本的核遗传成分在双交后代中所占的比例较大，为1/2，甲亲本和丙亲本各占1/4；后者4个亲本的核遗传成分对杂种后代的贡献相同，各占1/4。

进行复交时，应注意全面权衡各亲本的优缺点，选用综合性状好、适应性强的亲本放在最后一次杂交中，以便加强优良亲本对杂种后代的影响。

三、杂种后代的处理方法

杂种后代的处理是指选用一定的方法对杂种后代进行选择、培育，使之成为合格的定型品种。在烟草杂交育种中，杂种后代的处理方法有系谱法、混合法、派生法等，应用较为广泛的方法是系谱法。

（一）系谱法

系谱法的选择要点是：自杂种第1次分离世代（单交F_2代、复交F_1代）开始选单株。然后种成株行，每株行成为1个系统（株系）。以后各世代都在优良的系统中继续选择优良单株，再种成株行，直到选育成优良一致的系统为止，此时不再选株，升入比较鉴定试验。在选择过程中，各世代都按系统编号，以便查找株系历史和亲缘关系，故称为系谱法（图9-6）。下面以单交杂种后代的选择为例，介绍各世代的主要工作内容。

1. 杂种一代（F_1代） 将上年杂交所得种子以组合为单位排列种植，每个组合一般栽1~2行，即20~40株即可。由于单交杂种一代群体在性状上表现一致，个体基因型都相

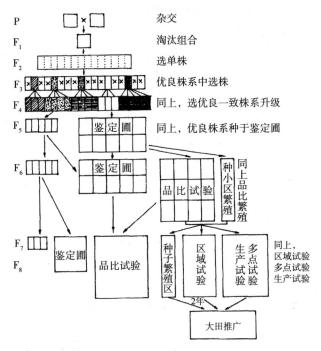

图 9-6 系谱法

同,所以杂种一代一般不进行单株选择。可根据育种目标淘汰有明显缺点的杂交组合或剔除假杂种。种子成熟时按组合混收,标明行号和组合号,例如用 20(1)(表示 2020 年第一个组合)或 20(A)等表示。

2. 杂种二代(F_2代) 杂种二代是性状开始强烈分离的世代。同一组合内植株间差异很大,出现多种多样的变异类型,为选择提供了丰富的物质基础。这个世代的主要工作内容是选单株,所选单株如何,在很大程度上决定以后世代的表现,故杂种二代是选育新品种的关键世代。

杂种二代的种植方式是按组合顺序排列,各组合前后种上亲本,并在杂种圃内适当地种植对照品种。要求杂种圃地力均匀,田间管理良好,移栽密度适当放宽,使变异个体遗传特性充分地表现出来。杂种二代的种植数量一般依杂交组合的优劣、育种目标所要求的主要性状的遗传特点及本单位的土地面积等综合考虑。如果育种目标要求在许多方面(例如品质、抗病性、生育期等)都有所改进和提高,杂种一代又被评定为优良的组合,那么杂种二代的群体应大一些,以便增加选择的机会。水稻、小麦等作物的杂种二代一般要种植 2 000~6 000 株;烟草个体大,单位面积上种植的株数少,要达到这么大的群体显然是不易办到的,多数育种单位一般种植 200~300 株。

杂种二代的单株选择主要在田间进行。选择时首先对各组合进行比较,评定各组合的分离状况,优良的组合可作为重点选株的对象。选株时,还应和亲本进行比较,从中了解所选单株是否优于双亲,同时也可增加对性状遗传行为的认识。对性状进行选择时,应以遗传力的大小为依据,早代选择遗传力高的性状,例如单株叶片数、株高等可在杂种二代进行选择;有些性状(例如单叶质量、级指等)早代遗传力较低,选择的效果不好,在杂种二代可以放宽尺度,放到后期世代再严格进行选择。除了田间选择外,还应结合烤后烟叶品质进行综合评定。一般对田间入选单株的叶片单收单烤，评定烟叶外观品质，结合田间表现决定取舍。入选单株要套袋留种，防止串粉。

杂种二代选择的数量一般依据目标性状的遗传特点、组合的优劣程度确定。如果目标性状早代遗传力较低，育种目标又要求较高，那么可在优良组合中多选单株。但是如果选株过多，杂种三代的株行数也就相应增加，结果会使试验规模过大，工作量也很大。如果杂种二代要求过高，选株过少，会使一些变异个体失去基因重组的机会，其优良性状未能表现就被淘汰，影响选择效果。在一般情况下，杂种二代的中选率多为5%～10%，高的可达15%以上。

对入选单株进行系统编号，若在20（1）组合中杂种二代选了30株，则第5株的编号为20（1）-5。未入选的单株要及时打顶，以防串粉影响其他植株。

3. 杂种三代（F_3代）　杂种二代入选单株在杂种三代种成株系（或称株行），一般每株系种100株左右。一个组合的所有株系排在一起，同时还要种植对照品种以便比较。杂种三代的特点是同一组合内株系间性状差异表现较为明显，株系内性状仍有分离，但分离程度没有杂种二代严重。杂种三代田间的主要工作内容是对同一组合内各株系进行评定，选择优良的株系，然后在优良株系的基础上再选择优良的单株。通过选择提高株系水平，加速株系稳定。

在杂种后代处理过程中，杂种三代也是一个重要的世代，因为这个世代各株系主要性状的表现趋势较为明显，可以大量淘汰不良的株系，把注意力集中在优良的株系上，继续在优良的株系中选择优良的单株。一些遗传力较低的性状到杂种三代就有所提高。因此可以根据育种目标对各性状进行综合评定，例如田间长势、叶形、叶色、单株叶数、抗病性、烘烤特性、烤后的烟叶品质以及分析化验结果，并依评定结果进行筛选。株系内一般选株数量不多，10株左右即可，当选单株套袋留种，进行系统编号，例如20（1）-5-2则表示2020年第一个组合第5株系内入选的第2号单株。若发现有的株系表现一致且特别优良，可以在选株的基础上分离出一部分种子混合在一起，下一年提升到品系鉴定试验中及早鉴定。

4. 杂种四代（F_4代）**及以后世代**　杂种四代及其以后世代的种植方式和杂种三代基本相同，在株系内入选的单株到杂种四代仍种成株系，若杂种三代在某个株系内选了10株，杂种四代将这10个单株的株系排在一起，称为株系群，因为这10个株系来自杂种三代的同一个株系，来自杂种二代的同一个单株，故它们互称姊妹系。

杂种四代的特点是株系群间差异明显，而株系群内差异较小。有一部分株系在主要性状上已表现一致。因此杂种四代工作的重点可以转为选择优良的株系升级进行品系鉴定试验。凡是升级进入品系鉴定试验的株系均改称为品系。杂种四代有些株系和准备升为品系的株系还会出现性状分离的现象，所以继续进行单株选择仍有必要。但这时选株的目的一般主要是提纯稳定，当然优中选优也是一方面。所选单株在杂种五代仍种成株系。

对杂种四代及以后世代的选择应根据育种目标对各性状进行全面的综合评定。整齐一致的株系可以混合收获。烟草类型内品种间单交组合（例如烤烟×烤烟）到杂种四代或杂种五代，就基本表现一致了。但对于一些类型间杂交（例如烤烟×晒烟）的组合或复交组合，由于遗传差异较大，遗传基础较为复杂，性状分离的世代较长，到杂种四代或杂种五代会仍有分离。所以应根据各个组合类型特点灵活确定各世代的工作内容。

（二）混合法

混合法在烟草杂交育种中应用较少。此方法的要点是：在杂种分离世代（$F_2 \sim F_4$代）不选单株，按组合混收，只淘汰明显的劣株，直到杂种后代遗传性基本稳定（$F_5 \sim F_8$代）才开始第一次选株。下一年种成株系进行比较，然后选优良株系升级进行品系比较鉴定。

混合法的理论依据是：许多数量性状在杂种早代遗传力较低，选择的可靠性较差。大多数个体处于杂合状态，纯合体的比例很小，若某性状受10对基因控制，杂种二代出现纯合个体的比例仅为$(1/2)^{10}=0.1\%$，杂种三代为$(3/4)^{10}=5.6\%$，杂种四代为$(7/8)^{10}=26.3\%$，到杂种五代才达到72.8%。早代选择使基因重组的机会减少，有可能丢失大量的优良基因。采用混合法就能在杂种后代群体中保存各种重组类型。晚代选株的可靠性大，选择效率较高。在这个理论的指导下，混合选择法要求每个杂种世代的群体要大，尽可能地保存各种重组的类型。在杂种晚代选单株时，入选的数量要多，因为这时群体内各种变异类型已基本稳定，入选单株不会再有较大的分离，故一次选不准，以后就没有选株的机会了。

混合法和系谱法二者相比各有优缺点。系谱法的优点是对一些质量性状和遗传力较高的数量性状进行连续的选择，可以较早地把注意力集中在少量的优良株系上，使育种年限缩短。另外，利用遗传力理论作指导进行单株选择可以系统地了解各性状在杂种后代中的遗传表现，丰富育种经验；混合法在晚代一次选株，缺乏历史的观察和亲缘的对照，因此评定取舍较难，且育种年限较长。另外，混合法早代不选单株，群体中各种变异类型由于生存竞争会产生一定的自然选择压力，适应性强、长势旺、种子量大的类型会在群体中占有较大的优势，而这些类型往往品质欠佳。混合法也有许多优点，对多数数量性状，随着自交代数增加遗传力提高，晚代选择的可靠性较大，而且群体大，各种变异类型皆有，选择的效果较好。系谱法从杂种二代就开始选株，中选率低，对早代遗传力低的数量性状选择的效果较差，容易漏掉优良的变异类型。混合法工作程序简单，而系谱法工作程序较为繁杂，二者相比，前者比后者较为省工省力。

（三）派生法

为了充分发扬系谱法和混合法的优点，克服相应的缺点，在这两种方法的基础上派生出许多种对杂种后代处理的方法。

1. 派生系统法 派生系统法又称为衍生系统法，此法的要点是在杂种二代或杂种三代群体内进行1次单株选择，以后各世代均混种这次入选单株的派生系统，并进行产量和品质测定，淘汰不良系统，保存优良系统混收，直到该系统主要性状基本稳定之后（$F_6 \sim F_8$代）再进行1次单株选择，次年种成株系，然后选择优系进入品系比较鉴定。此法在早代选择遗传力较高的性状，可及早把注意力集中在优良后代的群体上，有系谱法的长处。而后不进行单株选择，使各种类型充分地重组，有混合法的优点。

2. 单粒传法 单粒传的优点是：从杂种分离世代开始，在每个组合内的植株上各采收1粒或几粒种子，混合繁殖，直到杂种五代或杂种六代再选择优良单株，于下年种成株系，通过比较选择优系进入品系比较鉴定。本方法的特点是尽量保持了组合内株间较大的变异量，而丢失了株内逐代减小的变异量，克服了混合法自然选择压力的影响，使不同类型在群体内维持稳定的比例。同时缩小了试验规模。但此法在每株上仅收部分种子，会丢掉一部分优良的重组类型。

四、杂交育种程序

（一）杂交育种的基本程序

整个杂交育种进程由育种原始材料的搜集和鉴定开始，到新品种育成需要经过下列试验圃和程序（图9-7）。

1. 原始材料圃和亲本圃 原始材料圃专门种植从国内外搜集的种质资源，其目的一是为保存资源材料，二是研究各材料的特征特性及性状遗传规律，为杂交育种中的亲本选配提供依据和材料。根据育种目标，要从原始材料圃中选取若干品种或品系作为杂交亲本用，所以通常原始材料圃与亲本圃放在一起。

2. 选种圃 种植杂种后代的试验地称为选种圃（又称为杂种圃），其任务是选留表现优良的杂种后代剔除表现不良的杂种后代。选种圃的特点是种植的材料多，占地面积大，部分材料年限比较长。选种圃材料的种植一般采用按组合顺序排列方式，在烟草生长各环节，根据育种表要求采用各种不同的选择方法，从杂种后代中连续定向选择，直到选出符合育种目标的优良的品系为止。

3. 品系鉴定圃 品系鉴定圃种植选种圃升级的新品系和上年品系鉴定圃留级的品系。其主要工作内容是对这些材料进行初步的比较鉴定。一般品系鉴定圃的材料较多，每个材料种植1个小区，所以小区面积不宜过大，田间种植按顺序排列，重复2～3次，每隔4个或9个小区设1个对照。种植条件应接近大田。品系鉴定一般需进行1～2年，选优异品系升入品种比较圃。

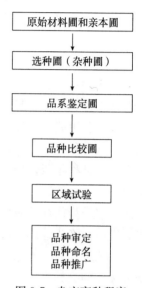

图9-7 杂交育种程序

4. 品种比较圃 品种比较圃种植品系鉴定圃升级的材料和上年或品种比较圃试验留级的材料。参加品种比较试验的材料一般较少，因此小区面积适当增大，一般为55.56 m² 以上，重复次数3～4次。田间采用随机排列，试验条件力求接近大田生产条件，比较试验一般进行2年。根据田间试验和室内鉴定的结果，选出比对照优越的品系，报请参加国家或省的区域试验，在第1年品系比较试验中表现特殊优越的品系，在第2年继续参加品系比较试验的同时，可提早繁殖种子参加生产试验。

（二）提高选择效率加快育种进程的方法

1. 提高杂种后代的选择效率的方法 烟草杂交育种对杂种后代的处理主要采用的是系谱法，其工作的重点集中地体现在杂种各世代的选择上，如何提高选择的可靠性和有效性是一个重要的问题。根据烟草育种的理论和实践，在选择过程中应注意以下几个问题。

（1）性状的遗传力是对杂种各世代选择的依据 烟草新品种选育所涉及的主要经济性状多属数量性状，遗传力是度量数量性状遗传的重要参数。对杂种各世代目标性状的选择策略主要依性状遗传力大小而定。性状遗传力的大小在杂种后代中随世代的进展而发生变化，其变化规律表现在以下几个方面。

①不同性状在同一世代遗传力不同：例如烟草的单株叶片数、株高的遗传力在杂种早代（F_2代）一般较高，选择的可靠性较大；而单叶质量、级指等性状在杂种早代一般较低，对

这些性状早代选择效果就较差。

②同一性状在不同世代遗传力不同：早代遗传力低的性状随着世代的进展，遗传力也逐渐提高，选择的效果也相应提高，例如山西农业大学测定单叶质量在杂种二代的遗传力为36.91%，杂种三代的遗传力为54.68%。这些性状放在杂种晚代（$F_4 \sim F_5$代）再进行选择效果较好。

③同一世代同一性状不同群体的遗传力不同：株系群最高，株系次之，单株最低。这是因为群体越大，环境的影响越小，遗传力的估值就越高，故选择的可靠性就越高。所以在选择时，应先选择优良的株系，再在优良株系内选择优良的单株，其效果较好。

(2) 选择杂种后代适宜的种植环境，提高选择的有效性　杂种后代的发展趋势与历代种植条件有着密切的关系。根据育种目标，采用相应的种植条件并加以定向选择，可以使杂种群体的性状沿着一定方向发展，使目标性状得以充分表现，可以大大提高选择的有效性。所谓适宜的种植环境主要包括以下几个方面。

①选择或创造使目标性状形成并充分表现的特定条件，以利于对这些性状的选择。例如要选育抗旱的烟草新品种，可将杂种后代种植在干旱的地区或人工创造的干旱条件下进行筛选。但应注意在人工创造某一条件时要掌握其程度适当，防止选择压力过度或不足而引起材料的损失或误选。

②育种所在地气候条件、土壤条件及栽培条件应与未来品种推广的地区相近，这样育成的品种才有可能具有较强的地区适应性。因此试验场地的选择是十分重要的。

③创造有利于提高选择准确性的条件，例如土壤均匀一致、肥力水平适度、密度合理、栽培管理技术得当等，尽可能减小因环境条件不一致所引起的选择误差，以提高选择的准确性。

④变换杂种后代种植条件，选育具有广泛适应性的品种。具有广泛适应性的品种是指对环境条件变化表现不敏感的品种。要选育具有广泛适应性的品种，变换杂种后代种植条件是十分必要的。因为在不同的条件下，不同的性状才能有机会充分地表现出来。有计划地组织育种材料的交流种植和选择（即穿梭育种），可以大大提高育种效率，而且育成品种的综合水平和地区适应性都会明显地提高。

总之，环境条件的适宜与否是用能否扩大品种目标性状的变异幅度、使不同基因型的表现拉开差距、提高性状的遗传力等作为标准来衡量的。根据育种目标，选择和创造适宜的种植环境对提高杂种后代的选择效率是非常重要的。

(3) 采用先进的鉴定手段，增强选择的准确性　烟草的生育期较长，烟叶生产环节较多，品质因素又十分重要。所以在烟草种植的各个环节都要详细记载，认真调查各性状的表现和变化。同时还要不断提高鉴定技术，采用先进的、快速准确的鉴定手段，以满足育种材料多、要求鉴定结果准确而迅速的需要。烟叶品质鉴定、抗病性鉴定是杂种后代选择的两个主要内容。在杂交育种程序中，应根据育种目标，采用相应的鉴定方式和手段，例如直接鉴定、间接鉴定、田间鉴定、室内分析鉴定、诱发鉴定、当地鉴定、异地鉴定等。

2. 加快育种进程的方法　从以上杂交育种程序来看，一个新品种的选育从杂交开始到参加区域试验一般需要 8~10 年的时间或更长。有时为了加快育种进程，快出品种，可采取以下措施缩短育种年限。

(1) 加速世代进程　我国地域辽阔，气候多样，可以充分利用这一优势进行南繁北育。

例如 3—8 月在黄淮烟区种植选择，10 月至翌年 2 月在海南、广东、广西再种 1 季冬烟，这样就可 1 年种 2 季。另外，也可采用温室加代的方法加快世代进程，缩短育种年限。但需要注意的是，对异地、异季或温室种植的材料，应以加代为主、性状选择为辅。

（2）加速试验进程　在育种选择过程中可根据具体情况，适当改进育种程序。例如提早鉴定，在杂种三代若有表现较为一致的优良株系就可以一边继续选择单株，一边进行鉴定评比，若表现突出可以越级提升，直接进入品种（系）比较试验。

第三节　烟草回交育种

回交育种是一种重要的作物育种方法，早在 19 世纪中叶，孟德尔就将回交法应用于植物性状遗传的研究中。20 世纪 20 年代回交法开始应用于作物品种改良工作。第 1 个抗黑胫病的烤烟品种"Oxford-1"就是用回交法选育出来的，"Oxford-4""NC2326""中烟 14"等烤烟品种也都是用回交法选育出来的。近年来，回交育种越来越受到重视，在培育抗病品种、解决远缘杂种不育、克服连锁遗传障碍、选育雄性不育系等方面都起着重要的作用。

一、回交的目的和意义

两个亲本杂交后的杂种一代再与双亲之一重复杂交称为回交，例如（甲×乙）×甲，回交第一代用 BC_1 表示。用于多次回交的亲本称为轮回亲本，因为它是有利性状（又称为目标性状）的接受者，又称为受体亲本。只在第 1 次杂交时应用，在回交过程中未再使用的亲本称为非轮回亲本，它是目标性状的提供者，故又称为供体亲本。回交可以连续进行多次，即从回交后代中选择优良单株与轮回亲本再次杂交，例如［（甲×乙）×甲］×甲×…，直至达到预期目的为止。双亲杂交后的杂种一代与轮回亲本再次杂交的后代称为回交一代，表示为 BC_1F_1；回交 n 次就称为 n 次回交一代，表示为 BC_nF_1；回交 n 次的后代自交 1 次称为 n 次回交二代，表示为 BC_nF_2；再自交 1 次称为 n 次回交三代，表示为 BC_nF_3。

在烟草品种改良中，当某个综合性状较为优良的烟草品种尚存在一两个缺点时，可将另一个亲本的相应有利性状通过连续的回交转移到该品种中去。例如 A 品种是一个综合性状优良、但不抗某种病害，B 品种综合性状稍差、但具有 A 品种所缺少的抗病性，为了使 A 品种获得 B 品种的抗病性，就用 A 品种与 B 品种杂交，杂种一代用 A 品种回交，然后从群体中选择抗病优良单株再次与 A 品种回交，直到 A 品种综合性状基本恢复，而且又获得了 B 品种的抗病性，就达到了回交的目的。上述回交过程如图 9-8 所示。

在烟草品种改良中，利用回交的主要目的在于通过连续回交和对目标性状连续选择，保持轮回亲本一系列优良性状而克服其所存在的个别缺点，进而达到改良品种的目的。特别是随着烟草抗病性问题的日益突出，回交技术的应用越来越受到重视，并逐步发展成为一种具有独特作用的育种技术。烟草的许多抗病性状往往与一些不良品质性状相连锁，例如抗根结线虫病抗源"TI706"的抗性基因与控制长节间、小叶、低产性状的基因相连锁。若采用杂交育种方法，用一个抗病亲本与一个不抗病的优良品种杂交，希望从杂交后代分离出一个既抗病又优质丰产的新类型是很困难的。若采用回交法，把感病优质品种作为轮回亲本与抗病品种杂交后连续回交，很快就可以把抗病性状转移到轮回亲本中去，选育出一个既抗病又优质的烟草新品种。同时经过改良的新品种往往容易在生产上推广，因为通过回交法育出的新品种，除了在抗病性方面有所提高外，其栽培、烘烤特性与原轮回亲本相似，植烟者不需要再花费很大精力去了解这个新品种的特性。

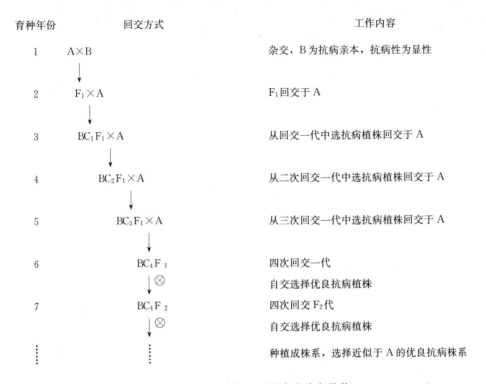

图 9-8 回交法改良品种

回交法的这个特殊作用，对于其他性状（例如形态、生理、品质等性状），只要遗传力高，不至于在回交中逐渐减弱，都可应用。回交法的与其他育种方法相比还有如下特点：①应用回交法，育种工作者能够对杂种群体的发展方向加以控制，使之向着轮回亲本的方向迅速稳定，选择的目标明确，育种预见性大。②回交法的主要目的是实现非轮回亲本个别优良性状向轮回亲本的转移，因此只要这些性状能够遗传并得到鉴定，在任何条件下（例如利用温室或异地加代等）都可以进行回交，进而有效地缩短育种年限。③通过回交法选育出的新品种，其大多数性状与轮回亲本相近，而轮回亲本一般又是采用当地大面积推广种植的优良品种，所以新品种育成后，只需要较短的时间与轮回亲本品种之间进行比较鉴定，一经肯定，就可供生产上使用。

回交法也有一定的局限性：①对品种的改良有限，只能对轮回亲本的个别性状改良，对多种性状不能同时改进，所以有人称回交法是修修补补的育种方法。②在回交过程中，对要转移的目标性状有一定的要求，要求性状遗传力要高，便于鉴别。如果转移的目标性状遗传力低，在回交过程中，有逐渐削弱的可能，就会影响回交育种的效果。另外，对隐性基因控制的性状或多基因控制的性状转移时间较长。③在每个回交世代都要选单株杂交，比较费事。任何育种方法都具有一定的优缺点，在育种工作中，应根据不同的育种目标、原始材料和育种条件，采用相适应的育种方法。

二、回交后代的遗传效应

(一) 回交后代基因型纯合快

假定两个品种存在 1 对等位基因的差异,并且与其他基因没有连锁,其基因型分别是 AA 和 aa,杂种一代为 Aa,用 AA 基因型回交,在不施加选择的情况下,所产生的自交和回交后代群体基因型变化频率如表 9-3 所示。

表 9-3　杂合体 Aa 自交以及同 AA 回交各世代基因型频率的变化

自交或回交世代	自交条件下基因型频率			回交条件下基因型频率	
0	1Aa			1Aa	
1	1/4AA	2/4Aa	1/4aa	1/2AA	1/2Aa
2	3/8AA	2/8Aa	3/8aa	3/4AA	1/4Aa
3	7/16AA	2/16Aa	7/16aa	7/8AA	1/8Aa
⋮	⋮	⋮	⋮	⋮	⋮
r	$1/2(1-1/2^r)$AA	$1/2^r$Aa	$1/2(1-1/2^r)$aa	$(1-1/2^r)$AA	$1/2^r$Aa
纯合率公式	$(1-1/2^r)^n$				

注:表中,r 为自交或杂交世代,n 为基因对数。

由表 9-3 可见,无论是自交还是回交,每增加 1 个世代,纯合体所占的比例增加 1/2,杂合体的比例减少 1/2,即自交或回交后代所出现的纯合体频率是相同的。不同的是,纯合体的基因型却不同。自交时,能产生各种不同的纯合基因型,在回交时却只能产生轮回亲本的一种纯合基因型。如表 9-3 所示,AA×aa 的杂种自交,杂种第二代(F_2 代)将产生 AA、Aa、aa 3 种基因型,并且呈现 1/4∶2/4∶1/4 的分离,也就是 1/2 是杂合的,1/2 是纯合的。但纯合基因型中有 AA 和 aa 两种,若希望获得的基因型是 AA,充其量也不过是 1/4。可是在回交时情况就不同了,如果杂种一代(F_1 代)和亲本 AA 回交,即 Aa×AA,回交一代将出现两种基因型 AA 和 Aa,二者的比例是 1/2∶1/2,所希望的纯合型 AA 的比例为 1/2。如果存在 2 对基因差异,那么回交的作用就会更加明显了。将 BBCC×bbcc 杂交,杂合的 F_1 代(BbCc)自交,F_2 代会出现 9 种基因型,其频率是

BBCC	BBCc	BbCC	BbCc	BBcc	bbCC	Bbcc	bbCc	bbcc
1/16	2/16	2/16	4/16	1/16	1/16	2/16	2/16	1/16

若 F_1 代和显性亲本(BBCC)回交,则回交一代仅出现 4 种基因型,而 BBCC 的出现频率可达 1/4,即

BBCC	BBCc	BbCC	BbCc
1/4	1/4	1/4	1/4

BBCC 纯合基因型在自交 F_2 代群体中的比例仅是回交群体中比例的 1/4。不难看出,双亲的基因对数相差越多,回交法的优越性越明显。回交的特点主要在控制了回交后代的发展方向,大大加快了轮回亲本性状的恢复。

在这里应该注意,估算回交后代纯合率的公式和估算自交后代纯合率的公式是相同的,

若两个品种具有 n 对基因的差异，则回交后代的纯合体的比例为 $(1-1/2^r)^n$。根据这个公式可以估算出不同基因对数在连续回交的每个世代中的纯合体比率。

（二）回交后代基因型逐渐趋向于轮回亲本

回交使杂交一代（F_1 代）和回交子代（BC 代）的基因型中逐代增加轮回亲本的基因成分，逐代减少非轮回亲本的基因成分，其实质是用轮回亲本的大量基因去替换非轮回亲本的基因，使得回交子代成为一个除保留非轮回亲本的个别或极少数性状外，其余全都表现轮回亲本的性状的新个体。杂交一代是非轮回亲本与轮回亲本的杂交产物，在它的基因型内，非轮回亲本和轮回亲本的基因数各占 50%，即各占 1/2。回交子一代（BC_1 代）基因型内的轮回亲本基因，包括由轮回亲本直接提供的占 1/2，由 F_1 间接提供的占 1/4，合起来就是 3/4，比 F_1 代的 1/2 增加了 1/4。同理，在 BC_2 代基因型中轮回亲本的基因占 $1/2+(3/4)\times(1/2)=7/8$，又比 BC_1 代的 2/4 增加了 1/8。如果一代一代地继续回交下去。轮回亲本的基因也就一代比一代地在回交子代的基因型中递增。在一般情况下，回交工作进行到 BC_3 代、BC_4 代，就基本可以了，因为 BC_3 代和 BC_4 代的基因型的绝大部分已经替换为轮回亲本的基因，非轮回亲本的基因只剩下极少的一部分，而这正是在每次回交时通过对回交子代的定向选择保存下来的、对轮回亲本的缺点起补充作用的基因。

（三）连锁基因的回交效应

在非轮回亲本中，如果控制目标性状基因与不良性状基因连锁遗传，那么轮回亲本的优良基因置换非轮回亲本的不良基因的进程就会受到影响。例如在一个回交计划中，希望从非轮回亲本中把一个抗病基因 RR，转移到轮回亲本中去，若这个 RR 基因与一个不良的 bb 基因相连锁，两个亲本杂交后杂种一代的基因型是 RbRb，杂种一代进行减数分裂所产生 BR 配子数量的多少，取决于两个连锁基因交换值的大小，交换值大时其回交后的 RRBB 类型就多，目标性状转移进程就快；交换值小时理想的纯合基因型比率的增长速度较慢，在不施加选择的情况下，目标性状类型出现的概率就最小。回交后代群体中重组型概率为 $1-(1-C)^r$，式中 C 为交换值，r 为回交次数，由此计算轮回亲本的相对基因置换非轮回亲本不良连锁基因时获得的重组型概率（表9-4）。

表9-4 无选择时连锁基因的重组型概率（%）

回交世代（r）	连锁基因的交换率（n）					
	0.5	0.2	0.1	0.02	0.01	0.001
1	50.0	20.0	10.0	2.0	1.0	0.1
2	75.0	36.0	19.0	4.0	2.0	0.2
3	87.5	48.8	27.1	5.9	3.0	0.3
4	93.8	59.0	34.4	7.8	3.9	0.4
5	97.9	67.2	40.9	9.2	4.9	0.5
6	98.4	73.8	46.9	11.4	5.9	0.6
7	99.2	79.0	52.2	13.2	6.8	0.7
8	99.6	83.2	57.0	14.9	7.7	0.8
9	99.8	87.1	61.3	16.6	8.6	0.9

例如在一项回交计划中，轮回亲本优质、难烘烤，基因型为 GGee；非轮回亲本劣质、

易烘烤，基因型为 ggEE；希望获得优质、易烘烤的优良品种。已知 G 与 e、g 与 E 是连锁遗传的，交换值为 0.2，双亲杂交后 F_1 代基因型为 GgEe，表现为优质、易烘烤。回交一代中重组型概率为 20%，即在回交一代群体中有 80% 的个体具有亲本性状，20% 是优质、易烘烤或劣质、难烘烤的重组型个体，所期望的理想类型在回交一代出现的概率是 10%，回交二代群体中重组型概率为 36%，理想类型出现的概率为 18%，以此类推。因此随着回交次数的增多，即使不施加选择，重组率也会逐渐增大，获得理想类型的机会也相应增多。

三、对回交后代的选择应注意的问题

（一）轮回亲本和非轮回亲本的选择

回交育种的目的主要是把另一个亲本的突出优点转移给综合性状优良而缺少这个突出优点的栽培品种，因此亲本的选择非常重要。

对轮回亲本选择的一般经验是：轮回亲本必须具有良好的综合性状，只存在个别需要改良的缺点。回交育种的实践表明，在一个回交育种过程中，试图同时改良一个品种的多个不良性状是比较困难的。根据基因型纯合比例估计公式 $(1-1/2^r)^n$ 可知，若转移的基因对数过多，则后代出现多个基因聚合在一起的纯合基因型比例相应降低，因为杂种后代遗传的复杂性是以基因对数 n 的指数增加的。在这种情况下，为提高选择的可靠性，往往需增加每个回交后代的植株数，相应地必须扩大回交后代的种植面积。另一方面，能满足多个性状同时表现的条件并不是经常具备的。例如若同时改良某个品种的多个缺点，则后代的选择鉴定就比较困难，进而影响改良效果。所以一般选用生产上大面积种植的优良品种作为轮回亲本，这些品种一般综合性状较好，只在某一个或少数几个性状上存在着缺点，针对这些缺点进行改良容易见效。

非轮回亲本必须具有轮回亲本所缺少的优良性状，而且最好表现突出。因为在回交过程中，往往由于对被转移性状的鉴定工作较为繁重，稍有疏忽就容易误选，或者由于该性状在新的遗传背景下，受修饰基因的影响，其强度有所减弱。因此在选择非轮回亲本时，要求所要转移的目标性状应具有足够的强度，且遗传力要高，在杂种群体中易于鉴别。例如为提高一个品种的抗病性，所选择的非轮回亲本最好是免疫的，如果是单基因控制的质量性状更好。非轮回亲本的其他性状可以放宽要求，因为这些性状在一系列回交过程中将被轮回亲本的性状所置换。

（二）回交次数

在一个回交育种过程中，回交次数的多少取决于轮回亲本的优良性状在回交后代中的恢复程度。对于这一点，只能做大概的估测，因为不知道控制轮回亲本这些优良性状的基因到底有多少，也不知道非轮回亲本与轮回亲本之间有多少基因差别。烟草回交实践证明，若要转移的优良性状与不良性状之间有连锁遗传现象，回交的次数要增多。若两个亲本差异大，回交后代群体中纯合率增加速度较慢，回交的次数也相应增多，若在回交早代严格地向轮回亲本方向进行选择，就会加速后代群体向轮回亲本方向发展，这样就可以减少回交次数。烟草回交过程中，若配合早代选择，一般经过 4～6 代的回交即可达到预期的目的。

（三）回交中所需要的株数

回交的特点之一就是回交后代种植的群体一般小于杂交后代的群体数量。但是为了保证回交后代群体中有转移的基因存在，也需要足够的回交种子量和回交后代群体。至于回交后代种多少株，取决于控制被转移性状的基因对数。每个回交世代所需种植的株数，可以从以下公式中推算。

$$m \geqslant \frac{\lg(1-\alpha)}{\lg(1-p)}$$

式中，m 为所需的株数；p 为这些植株中出现期望基因型的比例；α 为做出这种判断的概率水平，即做出判断的可靠程度。根据这个公式可以推算出不同的基因对数在无连锁的情况下，每次回交后代所需要种植的株数。如果回交法所转移的性状受 1 对基因控制（例如 RR），回交一代的基因型有两种：Rr 和 rr，其比例是 1∶1，Rr 基因型预期比例为 1/2，为使回交后代中出现有 1 株带有 R 基因的植株有 99% 的把握，那么至少应种 7 株，以后每个世代也应如此。若转移的性状受 2 对基因（RRpp）控制，回交一代有 4 种基因型，RRpp 占 1/4，按 99% 的概率水平要求，回交一代至少种 16 株才能保证所需要的 RRpp 基因型不至于在 BC_1 代中丢失。

（四）目标性状的选择

由于育种目标和育种材料的不同，如果被转移的性状是显性基因控制，回交一代中选择具有该性状的植株，再与轮回亲本 A 回交获得回交二代（BC_2F_1 代）同时注意向轮回亲本优良性状方面选择，以便加速回交进程。以后世代依此进行。

如果被转移的植株性状是隐性基因控制，在回交一代中无法将带有隐性基因的植株鉴别出来，就必须将各回交世代自交 1 次，让隐性基因纯合，使隐性基因控制的性状在自交子代群体内暴露出来，再用中选株与回交亲本回交。但是这样就必然使回交育种的时间延长一倍。为了克服这个缺点，可以在回交当选的同一植株上，一部分花自交，另一部分花回交，分别套袋，对自交种子和回交种子分开编号保存，下一年分别种在不同的相邻小区内，凡是某株的自交子代小区内没有出现目标性状分离的，就将它相应的回交子代小区全部淘汰。如果某株的自交子代小区出现目标性状分离，就在它相应的回交小区内选择具有目标性状的植株，在被选中的植株上同时进行自交和回交。这种方法可以保证代代回交，不会延长育种年限。但每次都要在同一烟株上分别进行回交和自交，回交的株数也较多。

（五）自交纯化

经过若干世代的连续回交以后，回交后代植株大多数性状和轮回亲本相似，但是需转移性状的基因仍是杂合的，因此在最后一次回交以后，需要连续自交 1~2 代，使该基因也达到纯合。如果是隐性基因，自交 1 次隐性性状一旦表现出来，就实现纯合的目的了。若是显性基因或者是多基因控制的性状，自交后还要继续进行单株选择，然后种成株系，进行比较试验。经过以上过程的回交和鉴定，选择表现一致的优良品系进行比较试验，确定有直接利用价值后，即可在生产上推广种植。

在烟草育种实践中，往往把回交法和系谱法结合在一起应用。例如两个亲本 P_1 和 P_2，其中 P_2 是一个很好的品种。育种目标要求不仅把两个亲本的其他优良性状聚合在一起，而且还要保持 P_2 品种更多优良性状，在这种情况下，常把回交法和系谱法结合应用。具体做法是：首先将两个亲本杂交（$P_1 \times P_2$），所得杂种一代与 P_2 亲本回交，经过 1~2 代回交，使亲本 P_2 的核遗传成分在后代核遗传组成中所占的比重增加，以便加强优良亲本对后代的影响。然后再按系谱法进行后代的选择。这种杂交与回交相结合的育种方法在烟草育种中的应用较为普遍。

第四节　雄性不育性及其在烟草杂交制种中的应用

生产上要使用杂交种，就必须年年制种。虽然烟草花器大，易于人工去雄，但依靠人工去雄方法生产杂交种种子仍是一项十分艰巨的工作。人工去雄不仅费工、麻烦，而且稍不小心就有遗漏的可能。若去雄不彻底，所生产的杂交种就会混入自交的种子。因此如何解决去雄制种问题是关系到生产上能否大面积使用杂交种的一个关键问题。利用烟草雄性不育系制种，可以省去人工去雄环节，既节省劳力，又能提高制种质量，降低种子生产成本，对烟草杂种优势的利用具有重要意义。

一、烟草利用雄性不育性制种的特点

雄性不育是自然界植物进化的一种表现，在很多植物中早有发现。植物产生雄性不育的原因有很多，例如外界条件引起生理上的不协调所产生的生理雄性不育、由染色体变异（例如单倍体、非整倍体等）所引起的雄性不育。但这些雄性不育性在实践上没有多大实用价值，只有由基因引起的雄性不育性在育种上才有意义。由基因引起的雄性不育性可分为质核互作型和核型两大类。目前，烟草杂交制种所利用的雄性不育性主要是质核互作型雄性不育，是受细胞质雄性不育基因主导，并受核基因互作控制的，是可以稳定遗传的雄性不育性。这类雄性不育性是通过三系配套的方式加以利用。

人们在研究（*Nicotiana langsdorffii* × *Nicotiana sanderae*）× *Nicotiana sanderae* 过程中，发现了雄性不育个体，并第一次证实烟草种间杂交所产生的雄性不育性是由细胞质基因和特定的细胞核基因共同控制的，即质核互作型雄性不育。随后又分别从一系列的种间远缘杂交中获得来自 *Nicotiana debneyi*、*Nicotiana megalosiphon*、*Nicotiana suaveolens* 和 *Nicotiana bigelovii* 细胞质的普通烟草（*Nicotiana tabacum*）雄性不育系。

（一）质核互作型雄性不育性的遗传方式

质核互作型雄性不育的遗传特点是细胞质中有一种控制雄性不育的遗传物质 S，其相对应的细胞质中具有正常的遗传物质 F。细胞核内有一对或者几对影响细胞质育性的基因。以一对基因为例，显性基因（RfRf）能够使雄性不育性恢复为可育，称为恢复基因，相对应的等位隐性基因（rfrf）不能起恢复雄性育性的作用。若把两种细胞质与3种核基因类型相结合，便可形成6种不同的遗传结构（表9-5）。从表9-5中可以看出，在雄性不育的细胞质（S）内，不论核基因是纯合雄性可育（RfRf）还是杂合雄性可育（Rfrf）都表现为雄性可育。在雄性可育的细胞质（F）内，不论核基因是纯合雄性可育（RfRf）、杂合雄性可育（Rfrf）还是纯合雄性不育（rfrf），也都表现为雄性可育。只有当雄性不育细胞质（S）和纯合雄性不育的核基因（rfrf）结合时才表现为雄性不育。

表 9-5　质核互作的 6 种遗传结构

胞质基因	细胞核基因		
	纯合雄性可育基因型（RfRf）	杂合雄性可育基因型（Rfrf）	纯合雄性不育基因型（rfrf）
雄性可育型（F）	F（RfRf）雄性可育型	F（Rfrf）雄性可育型	F（rfrf）雄性可育型

(续)

胞质基因	细胞核基因		
	纯合雄性可育基因型（RfRf）	杂合雄性可育基因型（Rfrf）	纯合雄性不育基因型（rfrf）
雄性不育型（S）	S（RfRf）雄性可育型	S（Rfrf）雄性可育型	S（rfrf）雄性不育型

（二）三系制种原理和方法

在许多作物中，利用质核互作型雄性不育生产杂交种必须三系配套，即雄性不育系、雄性不育保持系和雄性不育恢复系。雄性不育系就是指具有雄性不育特性的品种或自交系，简称不育系。雄性不育系因各种原因致使雄性器官不能正常发育，没有花粉或花粉粒空瘪缺乏生育能力，它的雌蕊发育正常，能接受外来花粉而受精结实。因此在杂交制种时用雄性不育系作母本不用去雄。雄性不育保持系是指用来给不育系授粉，使后代仍保持雄性不育特性的父本类型，简称保持系。雄性不育保持系的遗传组成必须是F（rfrf）。雄性不育保持系是和雄性不育系同时产生的，或是由雄性不育保持系转育而来，每一个雄性不育系都有其特定的同型雄性不育保持系。因为雄性不育系本身花粉是不育的，需要一个正常可育的品种或自交系给雄性不育系授粉，使雄性不育系保持代代不育，而且还不能改变雄性不育系的其他性状。因此雄性不育系与雄性不育保持系除在雄性的育性上不同外，其他性状几乎完全一样。雄性不育恢复系是指用其花粉与雄性不育系杂交后能恢复雄性不育系的雄性繁育能力的父本类型，简称恢复系。雄性不育恢复系的遗传组成有F（RfRf）和S（RfRf）两种。用雄性不育恢复系作父本与雄性不育系杂交，制种区不去雄即可得到杂种种子，而且杂种一代能良好地开花散粉结实。因此用雄性不育恢复系和雄性不育系杂交所得到的杂交种子可用于生产。这就是三系配套生产杂交种的原理和程序。

烟草与高粱、玉米、小麦等禾谷类作物不同，烟草的收获对象是叶片，而不是它的种子；大田种植的杂交种即使不结任何种子，也不会影响烟叶的收成。就是说，生产上种植的烟草杂交种可以是雄性不育的。既然如此，利用雄性不育系配制烟草杂交种子时，就不用像水稻、高粱、玉米、小麦禾等禾谷类作物那样要求三系配套，烟草杂交种的父本可以不是恢复系。例如美国曾把雄性不育性转移给"白肋21"品种，然后利用雄性不育"白肋21"×"KylO"来生产杂交种。因"KylO"不是雄性不育"白肋21"的恢复系，所以这个杂交种也是雄性不育的，但这个杂交种在生产上种植效果却很好。雄性不育"白肋21"的雄性不育性用原来雄性育性正常的"白肋21"品种来保持。

利用雄性不育系配制烟草杂交种，既然可以不要恢复系，问题就简单了。因为有许多作物就是由于找不到恢复系，即使有了雄性不育系，也无法利用雄性不育系配制杂交种。所以在利用雄性不育系配制杂交种方面，烟草比其他作物方便、简单，这就是烟草利用雄性不育系最突出的特点。

二、烟草雄性不育系和保持系的选育

（一）种间杂交法（核代换法）

烟草已有许多来源不同的雄性不育系，它们都是通过种间杂交而选育出来的。因为烟属不同种间的亲缘关系较远，遗传差异较大，质核之间有一定的分化。用种间杂交法创造雄性不育系的基本原理，就是依靠杂交和回交，把普通烟草的细胞核及其24Ⅱ染色体放到烟属某野生种的细胞质里面；反过来说，把普通烟草的细胞质换成某野生种的细胞质，就成了雄性不育的了，因此通过种间杂交然后回交选育雄性不育系的方法又称为核代换法。目前，能同普通烟草杂交产生雄性不育系的野生种有11个。

怎样认识烟草雄性不育系的创造过程呢？由于卵子内除细胞核以外还含有大量的细胞质，而精子除细胞核以外几乎没有胞质或只有极少细胞质。所以想要使杂种及其后代的细胞核是普通烟草，细胞质是某野生种的，杂交的母本必须是某野生种，父本必须是普通烟草。这样产生的杂种，其细胞质就有可能全部是某野生种的，而细胞核则是普通烟草和某野生种各占1/2，杂种后代用普通烟草连续回交4～5代就很容易选育出雄性不育的植株，原父本品种就是该雄性不育系的保持系。相反，若用普通烟草的栽培品种作母本，用野生种作父本，回交时不论是用普通烟草还是用野生种作轮回亲本，都很难出现雄性不育的单株。在转育过程中，往往出现杂种一代不育现象，影响回交的进行，这是因为两亲本的亲缘关系较远，染色体之间没有同源性，致使杂种在减数分裂时不能正常联会成二价体，形成败育的配子体。解决这个问题常用的方法是将F_1代杂种植株的染色体加倍，成为双二倍体植株然后再回交，即可得到回交的种子。

（二）回交转育法

现在栽培烟草中主要利用的是来源于 *Nicotiana suaveolens* 种的细胞质雄性不育系，利用回交法可以将其雄性不育特性转移到其他烟草品种中，获得更多的雄性不育系。即利用现有的雄性不育系S（rfrf）和欲转育的优良品种杂交，并以该优良品种为轮回亲本连续回交（一般4～5次），就可以将某优良品种的细胞核基因与母本雄性不育系的雄性不育细胞质相结合，而将母本的细胞核基因置换掉。回交转育法是目前获得新雄性不育系常用的方法，它与前述的种间杂交法基本相同，差别主要在最初杂交时所用的母本不同。种间杂交法用的是雄性可育的野生种作母本S（RfRf），回交转育法用的是以现有的雄性不育系S（rfrf）作母本。我国于1972年引进了美国雄性不育白肋烟（"Ky21"×"Ky10"）杂交种，利用回交转育法先后将其雄性不育性转育到许多烤烟品种中，选育出一批新的雄性不育系，例如雄性不育"净叶黄"、雄性不育"G28"、雄性不育"金星6007"、雄性不育"革新1号"等。雄性不育系与原品种（保持系）在各农艺性状方面基本一致。

回交转育雄性不育系时应注意，用作母本的雄性不育植株必须套袋检验其雄性不育程度，凡雄性不育程度达不到100%的植株应及时淘汰。如果需转育成雄性不育系的那个品种带有雄性不育恢复基因，每回交1次，就要自交1次，自交的目的是分离雄性不育植株，然后再用雄性不育株作母本继续进行回交。

（三）原生质体融合法

种间杂交法和回交转育法是选育雄性不育系的基本方法，但选育所需的时间较长，一般需5～6年或以上才能完成。20世纪80年代以来，随着生物技术的发展，给植物育种开辟了一条新的途径。利用原生质体融合技术创造、转移细胞质雄性不育系，可大大缩短转育时间。例如久保友明用"MS白肋21"与"筑波"品种进行细胞融合，仅用一年时间就获得了MS筑波植株，实现了雄性不育性在品种间的转移。利用原生质体融合技术进行雄性不育性转育的基本原理和方法是：用射线（例如X射线、γ射线等）照射供体原生质体（即提供雄性不育细胞质的原生质体），使其细胞核停止活动，而细胞质仍有活性，然后与受体原生质体（即欲转育成雄性不育系的材料或品种的原生质体）融合，筛选胞质杂种细胞进行培养，使之成为植株。通过选择鉴定即可获得具有野生种的细胞质和普通烟草品种细胞核的雄性不育系。对融合后再生植株的性状以及其后代进行了研究，"MS白肋21"的原生质体经辐射后，确实具有停止细胞核活动作用。具有筑波形态的雄性不育株的比例特别高（107/207），证明这种方法很容易传递雄性不育性。

三、利用烟草雄性不育系的杂交制种技术

利用烟草雄性不育系制种可以减少人工去雄的麻烦，有利于获得大量纯度高的杂交种种子。利用雄性不育系配制杂交种种子的程序和方法如下。

1. 选择制种田 制种田应选择在肥力均匀、地势平坦、具有灌溉排水的地块，以利于父本和母本的正常生长发育，使种子生产旱涝保收。若制种田选择不当，往往易造成父本和母本生长不一致，影响花期相遇，影响制种产量甚至导致制种失败。

2. 设置隔离区 雄性不育系因不能自花授粉，故柱头生长往往超过花冠，以便接受外来花粉。因此雄性不育系的自然异交率要比正常品种高出2~3倍。有人测得雄性不育系的自然异交率为7%~17.4%。制种田要与生产田适当隔离（一般隔离距离应在500 m以上），以防止计划外授粉，影响杂交种纯度。

利用雄性不育系制种需设两个隔离区，一个是雄性不育系繁殖区，另一个是杂交制种区。雄性不育系繁殖区种植雄性不育系和同型雄性不育保持系，雄性不育系接受雄性不育保持系的花粉而生产出雄性不育系种子，雄性不育保持系自交可获得雄性不育保持系种子。雄性不育系繁殖区隔离的目的就是保证雄性不育系和雄性不育保持系的纯度。杂交制种区种植雄性不育系和父本，二者杂交生产杂交种种子，制种区隔离的目的是保证杂交种的质量和纯度。

3. 调节父本和母本花期 烟草和水稻、玉米等其他作物相比，杂交制种中因雌配子和雄配子生活力保持时间、杂交授粉途径和方式的差异，花期调节也不相同。玉米、水稻等作物的杂交制种中，因花粉和雌蕊有生活力维持时间较短，且主要利用自然授粉，因此要求父本和母本花期相遇，才能保证杂交成功。烟草花期长，花朵数多，花粉耐保存，且通常采用人工授粉，因此烟草杂交制种中，父本和母本花期宜错开，父本的花期宜早，母本的花期宜晚。

父本和母本的花期通过影响父本单株可利用花朵数和父本与母本行比而影响种子产量，父本花期较母本早，人工授粉时就有充裕的时间采集父本所有有活力的花粉，父本单株可利用花朵数增多，进而增大母本的种植比例以提高种子产量。但要注意，不能盲目提早父本播种期和推迟母本移栽期，必须是以保证父本正常生长和种子正常成熟为先决条件。因此在种植亲本时，提早父本的播种期和推迟母本移栽期要适当，经试验，调整父本的开花期比母本早10~15 d较适宜。

4. 确定适宜的种植规格 作物杂交制种中，父本与母本的种植比例直接影响制种产量，比例过大或过小都会降低单位面积上的种子产量。父本比例过大时因单位面积上母本植株少而种子产量低；父本比例过小时尽管单位面积上母本植株多，但因父本花粉量不够，导致部分母本植株因得不到花粉而不能受精结实，实际上可采收种子的母本植株也少，种子产量也低。因此适宜的父本与母本比例是提高杂交制种产量的关键。

烟草杂交制种主要采用人工授粉，为方便采粉、授粉，父本与母本的种植多数采用父本与母本分别集中种植。父本与母本的比例因父本可利用花朵数、每朵花的有效花粉量的多少

而有一定差异。理论上，父本每个花药的花粉量可供 3~5 朵雌花用粉，也就是说每朵雄花的花粉可以为 15~25 朵雌花授粉，如果父本单株可利用花朵数按 100 朵计，母本单株留果数 100 个，则 1 株父本的花粉可供 15~25 株母本杂交授粉，即父本与母本的种植比例为 1∶15~25。所以在烟草杂交制种中，父本与母本的种植比例一般采用 1∶10，既能保证父本有足够的花粉，又能保证有较多的母本植株。

在雄性不育系繁殖区内，雄性不育系与雄性不育保持系最好间行种植。在杂交制种区内，雄性不育系与父本品种可采用间行种植方式或 2∶1 或 4∶1 的种植规格（图9-9），以提高制种产量，便于人工授粉。

```
×○○×○○×○○       ×○○○○×○○○○×○○○○
×○○×○○×○○       ×○○○○×○○○○×○○○○
×○○×○○×○○       ×○○○○×○○○○×○○○○
×○○×○○×○○       ×○○○○×○○○○×○○○○
×○○×○○×○○       ×○○○○×○○○○×○○○○
```

图 9-9　雄性不育系繁殖区或杂交制种区的种植方式
○为雄性不育系　　×为雄性不育保持系或父本品种

5. 除杂去劣，提高杂交种纯度　在杂交制种区内要认真做好除杂去劣工作，特别是父本的除杂去劣，一定要非常严格。田间的除杂去劣要进行多次，凡是在雄性不育系行内发现的雄性可育株和杂株以及父本行内发现的杂劣株均应及时拔除或在现蕾期打顶。

6. 人工辅助授粉　杂交制种区内，要注意调节父本与母本花期，最好使二者的盛花期相遇。但人工辅助授粉仍是不可缺少的一个重要环节。因为尽管雄性不育系异交率较正常雄性可育株有较大幅度的提高，但对杂交制种来讲是远远不够的。人工辅助授粉可以提高结实率，提高种子产量。人工辅助授粉可采用先集中采粉，然后再统一授粉的方式。

7. 高效的取粉、授粉方法　水稻、玉米等作物的杂交制种中，父本与母本之间的杂交主要利用风媒、虫媒自然授粉。为了保证母本能接受到父本花粉而受精结实，通常采用父本与母本按一定的行比相间种植，行比大小因作物种类、自交系（亲本）的不同而异。父本花粉量大、母本容易接受外来花粉的，父本的比例可以小一些；相反，父本花粉量少、母本不容易接受外来花粉的，父本的比例要大，才能保证母本得到足量花粉而正常受精结实。烟草是严格的自花授粉作物，其杂交不是风而是昆虫特别是蜜蜂采粉造成的，一般自然异交率为 1%~3%。在母本为雄性不育株与父本间种模式下测定，其异交结实率也仅为 10% 左右。因此烟草杂交制种不能依赖风媒、虫媒自然传粉，必须进行人工授粉杂交。

取粉和授粉方法直接影响制种质量和效率。烟草杂交制种中，采用集中取粉，毛笔涂抹法授粉的制种质量最好，效率最高。其过程是：在父本植株花开后，每天早上 10:00（花药还未裂开）以前取下当选所有父本植株上当天要开放的花（花粉已经成熟但花药未裂开），在室内集中取出花药，置于培养皿中，然后放在通风干燥的地方使花药自然裂开后，再放在干燥器中储藏备用。在母本植株盛花期，将选中烟株已结的果剪掉，仅留下花和花蕾，撕掉已开花的花冠，露出柱头，然后用笔尖很细的毛笔蘸父本花粉均匀涂抹在母本柱头上，即完成授粉。

8. 父本和母本种子分收分藏　杂交制种中的各个环节中都要严防机械混杂。要做到雄性不育系、雄性不育保持系、父本及杂交种种子单收、单打、单运、单晒、分别储藏。入库时要用标签注明种子名称、数量及检验的质量等级，严加保管，防止霉烂和鼠咬，以保证下年制种和大田生产用种需要。

烟草利用雄性不育系配制杂交种与玉米、水稻等其他作物相比，有花器大、结构简单、容易进行人工传粉杂交、不用三系配套、花期长而有充足的时间进行人工杂交制种、繁殖系数高等有利条件。但烟草杂种一代（F_1代）在生产上的应用范围不广，主要还是大量杂交制种有困难。因此如何在保证种子质量的前提下，提高制种产量和制种效率，是烟草杂种优势得以在生产上大面积应用的关键因素。

思考题

1. 选择育种的遗传学基础是什么？
2. 阐述选择育种的程序和特点。
3. 选择育种应注意哪些问题？
4. 杂交育种中亲本选配的原则有哪些？
5. 试述系谱法和混合法选择的要点。二者各有哪些优点和缺点？
6. 如何提高对杂种后代的选择效率？
7. 如何确定回交次数和回交所需要的株数？
8. 试述回交育种的特点和程序。
9. 什么是雄性不育性？雄性不育性有哪些类型？举例论述三系制种的原理和方法。
10. 简述烟草雄性不育系选育的方法。
11. 简述烟草雄性不育杂交制种技术。如何提高制种质量和制种效率？

第十章

烟草营养施肥研究

烟草栽培学研究烟草生长发育规律及其与外界环境的关系，探讨烟叶优质、高效、可持续生产的调控措施，以及构建合理种植制度与养地制度的理论、方法和技术途径。我国农业素有精耕细作的传统，栽培与耕作技术有着悠久的历史。早在春秋战国时期的《吕氏春秋》（公元前770年）中就有栽培耕作的相关记载，《氾胜之书》（西汉）、《齐民要术》（北魏）、《农桑辑要》（南宋）、《授时通考》（清），记载着古代的精耕细作、间套复种、用地养地、抗逆栽培等经验，所提出的"顺天时，量地利，则用力少而成功多；任情返道，劳而无获"及"谷田必须岁易""地力常新壮"等论述，不仅是我国传统农业的精华，而且对现代农业生产仍有重要指导价值。进入20世纪后，发达国家的农学学科体系逐步建立和完善，尤其植物生理学、植物营养学、植物生态学的发展，为人们深入揭示烟草、环境条件和栽培措施三者之间的关系提供了可能，推动了栽培技术的研究逐步由经验阶段上升到理论阶段。未来烟草栽培研究主要是基于烟叶产量形成、生长发育规律、烟株与环境关系等应用基础研究的不断深化，结合烟叶稳产、优质、高效、生态、安全生产需求，在烟草生长发育调控理论及技术途径上取得突破。肥水运筹是烟草栽培的核心，本章以烟草营养施肥模型为例，介绍如何进行烟草栽培营养研究。

第一节 营养施肥模型

烟草营养施肥模型是应用物理、化学和数学方法以及计算机技术，对烟草营养各种静态和动态过程及其与烟株生长和周围环境条件的关系进行数学表达和描述的一种方法。

按构建模型所依据的理论基础和统计方法的不同，可将烟草营养施肥模型分为经验模型和模拟模型，前者是通过大量生物试验，对取得的大量数据，经相应的统计分析来构建，故也称为统计模型，例如各种肥料效应数学模型等。后者是在控制条件下，对烟草营养的各种微观过程进行测定，并用物理学、化学、烟草生理学和烟草生物化学的机制来模拟，故也称为机制模型，例如无机养分在土壤中迁移、被烟草根系吸收和养分在烟草体内转移模型等。

一、烟草营养施肥模型

烟草营养施肥模型研究，按黑箱理论，虽然只看重信息的输入和输出，不去探讨黑箱的内部机制，即烟草营养机制，但是它以肥料用量为自变量，以烟草产量为因变量建立起来的各种回归模型对推荐施肥、预测产量起到了很大作用。20世纪初德国土壤学家第一个用数学方法从宏观上研究烟草产量与土壤养分供应量的函数关系，提出了著名的米氏指数方程。

依据这个方程制定最佳施肥方案,对当时德国农业生产的发展起到了很大促进作用。后来这个数学模型虽经多次修正,但基本形式没变,仍然保持指数曲线类型。这种模型的不足之处是不能反映出施肥过量时烟草产量的变化趋势。

后来,有人提出应用二次多项式模型来全面描述产量与施肥量间的关系,使施肥模型的研究进入一个新的层次,应用这个模型既能计算最高产量施肥量,又能推荐出施肥利润最高的施肥量。有人提出应用平方根多项式和逆多项式作为肥料效应函数式,实际上这些模型都是二次多项式的变换式,所不同的是,主要体现在曲线初始阶段的斜率和曲线顶峰的变化趋势上。这些差别比较细微地表达了土壤肥力水平、肥料特性、烟草营养特点对肥料效应的不同影响。目前在我国,应用二次多项式及其变换式这类模型比较多,拟合性也比较好,由于应用这类模型推荐施肥,已使我国部分农民从靠经验施肥步入靠科学定量施肥的新阶段。

上述肥料效应模型均属静态模型,都是在其他条件固定了的情况下来研究烟草产量与施肥量间关系的。这类效应函数的应用从时间和空间上来看是有一定的局限性的。从长远来看,应建立动态数学模型,把影响肥料效应的气候因素、土壤养分状况、管理措施等都考虑在内,以期得出更精确的、适应范围更广的施肥建议。在我国这类数学模型称为综合施肥模型。目前,有的学者在这个新领域里已开始研究,并取得了初步成果。

在烟草营养的微观领域里应用数学原理和方法描述和探讨问题起步较晚。在土壤营养方面,1955 年提出土壤有效养分的能量概念,1965 年证明土壤对磷的吸附符合 Freandlich 和 Langmuir 等温吸附方程,并提出应用最大吸附量的饱和程度作为土壤供磷指标。此后,许多学者在这方面做了大量研究,力求将物理化学理论及其数学方程应用于施肥实践。有的学者应用数学方法研究和描述土壤有效养分的迁移过程,也取得了可喜的进展。近年来,有人根据土壤养分供应机制和烟草养分吸收机制,建立了一株烟草从土壤中吸收养分的数学模型,用来预测烟草从土壤中吸收养分的数量。目前这些研究仍在进一步深入地开展。在养分从根表进入根内的吸收机制方面也用数学方法描述,例如在烟草的主动吸收过程中,吸收速率与底物浓度的关系可用 Michaelis-Menten 方程来表达。这个方程的应用,使人们从理论上对载体学说的认识更加深入了。

总之,在烟草营养科学的发展过程中,无论是在宏观领域还是微观领域里都有它自身的规律,其中有许多规律可以用相应的数学模型来表达。有了数学模型,不仅使人们对某些营养过程的认识得以深化,而且也推动了烟草营养理论应用于施肥实践的进程。

二、建立模型的原则和一般程序

(一)建立模型的原则

在科学认识活动中,模型是主体与客体之间的一种特殊的中介。它既是主体即科学研究工作者所创建的、用来研究客体的工具或手段,又是客体的代表或替身,是主体进行研究的直接对象。或者说,科学模型具有工具性与对象性双重性质。模型作为研究手段,是为了便于运用已有的各种知识和方法,伸展主体的各种才能,因此要求模型与原型相比,具有明显的简单性。同时,模型作为研究对象,是为了能够对模型的研究结果有效地外推到原型客体,因此必须要求模型与原型具有相似性,而且是本质上的相似性。

从简单性来说,就是要在对于客体所处的状态、环境和条件进行分析比较的基础上,做出一些合理的简化假设或处理,化繁为简、化难为易,使复杂事物有可能通过比较简单的模型来进行研究。在自然科学中，长期以来人们积累了许多进行简化的经验，诸如把不规则的化为规则的、把不均匀的化为均匀的、把不光滑的化为光滑的、把高维空间化为低维空间、把非线性关系化为线性关系等，以便能够运用已有的科学知识和科学工具，或便于创造新的科学方法，使模型成为有效的研究手段。对于物质形式的科学模型，就是要便于进行观察、测量等试验性操作；对于思维形式的科学模型，就是要便于进行逻辑推理和数学演算等理论性操作。

从相似性来说，人们不可能也没必要要求模型与原型全面相似，即在外部形态、质料、结构、功能等所有特征上一一相似，但是必须按照所要研究问题的性质和目的，使模型与原型在主要的方面具有本质上的相似性。

模型必须具有与原型的相似性，才有科学研究的价值和意义。同时模型还要具有简单性，才能够在科学研究中实行操作，实际发挥作用。科学模型表现出来的简化、理想化不能是主观随意的，必须合理和适度，以不丧失模型与原型在本质上的相似性为原则，而这种本质上的相似性是靠进行科学的抽象来保证的。也就是说，建立模型必须运用科学的抽象，才能达到相似性与简单性的统一。

（二）建立模型的一般程序

建立科学合理的数学模型一般要通过以下几个步骤来实现。

1. 分析问题背景，寻找数学联系 通过对所给问题的分析，理解问题背景的意义，明确建立模型的目的，搜集建立模型必需的各种信息（例如现象、数据等），尽量弄清对象的特征，由此初步确定用哪一类模型，从而使非常规问题转化为常规问题来解决。

2. 模型假设 根据对象的特征和建立模型的目的，对问题进行必要的、合理的简化，用精确的语言做出假设，可以说是建立模型的关键步骤。一般地说，一个实际问题不经过简化假设就很难转换成数学问题。不同的简化假设会得到不同的模型，假设不合理或过分简单，会导致模型的失败；假设做得过分详细，试图把复杂对象的各方面因素都考虑进去，可能很难甚至无法继续下一步的工作。因此要善于辨别问题的主次，果断地抓住主要因素，舍弃次要因素，尽量将问题线性化、均匀化。

3. 建立数学模型 根据所做的假设，分析对象的因果关系，利用对象的内在规律和适当的数学工具，将实际问题符号化并确定其中的关系，进而写出由这些符号和关系所确定的数学联系，用具体的代数式、函数式、方程式、不等式或相关的图形、图表等把这些数学联系确定下来，就形成了数学模型。

4. 求解数学问题 根据数学模型的特征，可采用适当的数学思想、方法和数学知识，对数学模型进行解析。对模型进行数学上的分析，有时要根据问题的性质分析变量间的依赖关系或稳定状况，有时根据所得结果给出数学上的预测，有时则可能要给出数学上的最优决策或控制等。但不论哪种情况，对建立起的数学模型进行误差分析、模型对数据的稳定性分析或灵敏性分析等都是必不可少的。

5. 实际校验 将数学问题的求解结果返回到实际问题中去进行检验，并用实际的现象、数据与之比较，检验模型的合理性和适用性，从而决定是否要修改模型或另辟蹊径。这一步对于建立模型的成败是非常重要的，要以严肃认真的态度来对待。模型检验的结果如果不符合或者部分不符合实际，问题通常出在模型假设上，应该修改、补充假设，重新建立模型。有些模型要经过几次反复，不断完善，直到检验结果获得某种程度上的满意。

6. 模型应用 模型应用的方式自然取决于问题的性质和建立模型的目的。

总之,模型的建立、模型的解析和模型的校验,都没有刻板的程序和固定的方法,需要综合地灵活地使用多种多样的知识和方法,充分发挥自己的创造性思维能力。塑造一个有效的科学模型,既要严格地以原型为依据,又要广开思路,敢于提出大胆设想,它是艰苦的科学思维和科学劳动的成果,又是令人赞赏的富有魅力的科学艺术品,是多种知识、多种思维和多种方法相融合的产物。

三、建立模型的方法和步骤

(一) 一般方法和步骤

建立数学模型的方法很多,例如微分方程法、差分方程法、概率方法、统计方法等。应用时应根据研究对象的特征、变化规律及建立模型的目的选择适当的方法。这里重点介绍如何正确运用统计学的方法建立营养施肥模型。

统计学的建模方法就是以回归分析为手段,以科学合理的试验设计为基础,建立两个(或两个以上)变量间线性或非线性依存关系的一种方法。比如单因素回归试验设计可用于建立一元二次肥料效应模型,复因素回归试验设计可用于建立二元二次肥料效应模型等。

回归分析作为一种建立模型的方法,通过假设测验来判别模型的拟合情况,至于建立起的数学依存关系是否是本质的、内在的必然联系,还无法给出明确答案。这就要求在应用该方法建模时,要特别注意以下几方面问题。

①必须保证模型中所涉及的变量之间存在内在的因果关系。在这个前提下,对这些变量之间关系进行定量研究时,才可以考虑用模型来表达。如果变量之间不存在理论上的必然联系,即便是符合统计学的假设测验,模型也是没有应用价值的。

②要注意所选模型的理论基础,对模型中引入参数的意义应有所理解和认识,特别是参数的大小和符号应与生产实际相符合。这一点对模型择优有非常大的指导意义。

③不要过分强调对试验点的拟合。模型是对原型进行抽象、简化,把那些反映问题本质属性的形态、数量及其关系抽象出来,简化掉那些非本质的因素,使之摆脱原型的具体复杂形态。试验数据的离散性,正是非本质因素和误差影响的结果。如果对散点做过分精准拟合,反而会增大模型拟合误差,使模型复杂化,结果难以解释。

回归分析作为一个严肃的统计学建立模型的方法,有着严格的使用条件,在拟合时需要不断进行适用条件的判断。许多使用者往往忽视了这一点,只是把方程做出来就完事。这不仅浪费信息,更有可能得出错误的结果。

(二) 示例

下面以直线(或可直线化的曲线)模型为例,给出比较合适的统计学建立模型的操作步骤。

1. 做散点图,观察变量间的变化趋势 图 10-1 所示的 4 组散点都可以用一条回归直线来描述,$r^2=0.67$,而且测验结果都符合统计学要求。进一步分析可知,图 10-1 a 中两变量间关系基本呈线性,可进行分析;图 10-1 b 实际上为曲线关系,应当进行曲线方程的拟合;图 10-1 c 中两变量间虽然呈直线关系,但存在一个异常点,必须先对它进行考察后才能进行分析,并且在分析方法上可能要采用其他拟合方法;图 10-1 d 中两变量间实际上存在的线性趋势非常微弱,这种情况同样要先考察异常点,并考虑采用其他拟合方法来分析。由此可

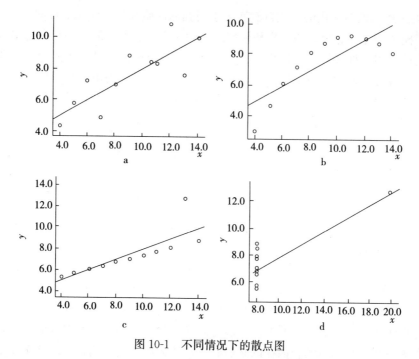

图 10-1 不同情况下的散点图

以看出，散点图是线性回归分析之前的必要步骤，不能随意省略。

2. 考察数据的分布，进行必要的预处理 即分析变量的正态性、方差齐性等问题。如果进行了变量变换，则应当重新绘制散点图，以确保线性趋势在变换后仍然存在。

3. 进行直线回归分析 直线回归分析包括变量的初筛、变量选择主元的确定等。

4. 残差分析 所谓残差是指实际观察值与回归估计值的差，残差分析就是通过残差所提供的信息，分析出数据的可靠性、周期性或其他干扰。在实际问题中，由于观察人员的粗心或偶然因素的干扰，常会使所得到的数据不完全可靠，即出现异常数据。有时即使通过相关系数或 F 测验证实回归方程可靠，也不能排除数据存在上述问题。残差分析的目的就在于解决这个问题。这是模型拟合完毕后模型诊断的重要步骤，主要分析残差间是否独立、是否具有正态性。

5. 强影响点的诊断和处理 这一步骤和残差分析往往混在一起，难以分出先后。

只有以上 5 个步骤全部无误，才能认为得到的是一个符合统计学要求的模型。下面该做的事情就是结合专业实际，将分析结果运用到现实中，考察结果有无实用价值。

第二节 营养施肥模型的建立

烟草营养施肥模型受烟株营养特性、土壤肥力水平、肥料种类、肥料用量以及各种栽培条件的影响而多种多样，下面介绍国内外常用的几种模型及建立模型的方法。

一、线性模型

（一）线性模型的类型

线性模型是各种模型中最基本的一种，它概括了许多线性常规统计问题，因而在各方面获得了广泛的应用。在特定条件下，土壤养分或施肥对烟草生长和产量的影响表现为线性关系，常用线性数学模型来表达。

1. 一元线性回归模型　一元线性回归模型是所有线性回归模型的基础，例如研究一种养分或施用一种肥料（x）与烟草生长和产量（y）的关系，当自变量取值范围较低，或者在某一小段范围内取值，可近似地用一元线性模型来描述，即

$$y_\alpha = \beta_0 + \beta x_\alpha + \varepsilon_\alpha \quad (\alpha=1、2、\cdots、n) \tag{10-1}$$

式中，β_0、β 为待估参数；x_α 为自变量观测值；n 为因变量观测值 y_α 的个数；ε_α 为试验误差，互相独立，且服从正态分布。

取样测定时，其相应的回归方程为

$$\hat{y} = b_0 + b_x \tag{10-2}$$

式中，b_0 为直线截距，是 β_0 参数的估计值；b 为回归系数，是参数 β 的估计值；$\hat{y}$ 为回归值。

最小养分律所阐明的最小养分的变化与烟草产量的消长关系实际上就是这种线性关系。实践表明，这种关系只有在土壤肥力较低、烟草产量不高、肥料用量较少而且其他栽培条件比较正常的情况下才能出现。因此它不适于在高肥力土壤上、烟草高产情况下表达的施肥量与烟草产量的关系。然而在特定的生产条件下、试验设计施肥量变幅不宽时选配这种数学模型用来指导施肥实践仍不失其意义。

2. 分段线性回归模型　对于某些函数 $y=f(x)$，其在定义域内自变量 x 不同的值，不能用一个解析式表示，而要用两个或两个以上的式子表示，这类函数称为分段函数。其相邻的两个函数在分段点处必须是光滑的、连续的。

（1）分段线性回归的一般模型　设有 n 组观测数据 (x_i, y_i)，$i=1、2、\cdots、n$，其中 $x_1 \leqslant x_2 \leqslant x_3 \leqslant \cdots \leqslant x_n$，根据散点图，可初步确定在 ξ_1、ξ_2、$\cdots$、ξ_{m-1} 处将观测数据分成 m 段，这里

$$x_1 < \xi_1 < \xi_2 < \cdots < \xi_{m-1} < x_n$$

同时引入两个新分点 ξ_0 和 ξ_m，使 $\xi_0 \leqslant x_1$，$x_n \leqslant \xi_m$。

如果每段都用直线方程描述，那么，分段线性回归模型可表达为

$$\hat{y} = f(x) = \begin{cases} a_1 + b_1 x & (\xi_0 \leqslant x \leqslant \xi_1) \\ a_2 + b_2 x & (\xi_1 \leqslant x \leqslant \xi_2) \\ \vdots & \vdots \\ a_m + b_m x & (\xi_{m-1} \leqslant x \leqslant \xi_m) \end{cases} \tag{10-3}$$

其中相邻两个函数式满足约束条件

$$f_l(\xi_l) = f_{l+1}(\xi_l) \quad (l=1、2、\cdots、m-1) \tag{10-4}$$

（2）只有1个分段点的线性回归模型　这种关系可采用只有1个分段点的分段线性模型进行定量描述。设有 n 组观测数据 (x_i, y_i)，$i=1、2、\cdots、n$，其中 $x_1 \leqslant x_2 \leqslant x_3 \leqslant \cdots \leqslant x_n$，如果根据散点图，初步确定在 x_0 处将函数分成两段，这里 $x_1 < x_0 < x_n$，每段都可以用直线方程拟合，则分段线性回归的数学模型可表达为

$$\hat{y} = \begin{cases} a_1 + b_1 x & (x_1 \leqslant x \leqslant x_0) \\ a_2 + b_2 x & (x_0 \leqslant x \leqslant x_n) \end{cases} \tag{10-5}$$

式中，a_1 和 a_2 为分段函数的截距；b_1 和 b_2 为分段函数的斜率。在 $x=x_0$ 处相邻的连个函数，满足约束条件 $f_1(x_0)=f_2(x_0)$。有人把这类函数模型称为两条直线相交模型。典型的描述肥料效应的分段函数模型，应满足条件：$a_2>a_1>0$，$b_1>b_2$。

如果在分段点后，即自变量取值 $x_0 \leqslant x \leqslant x_n$，因变量不再随着施肥量的增加而增加或降低，那么，模型（10-5）可简化为

$$\hat{y} = \begin{cases} a_1 + b_1 x & (x_1 \leqslant x \leqslant x_0) \\ a_2 & (x_0 \leqslant x \leqslant x_n) \end{cases} \tag{10-6}$$

通常将模型（10-6）称为线性加平台模型。

如果在模型的表达式中引入一个二值虚拟变量 D_t，令自变量在 $x_1 \leqslant x \leqslant x_0$ 范围内取值时 $D_t=0$，在 $x_0 \leqslant x \leqslant x_n$ 取值时 $D_t=1$，即

$$D_t = \begin{cases} 0 & (x_1 \leqslant x \leqslant x_0) \\ 1 & (x_0 \leqslant x \leqslant x_n) \end{cases} \tag{10-7}$$

则分段线性回归模型（10-5）可转化成

$$y_\alpha = \beta_0 + \beta_1 x + (\beta_2 + \beta_3 x_\alpha) D_t + \varepsilon_\alpha \tag{10-8}$$

（3）**多元线性回归模型** 如果研究多种养分或多种肥料与烟草生长和产量的关系，其数学表达式为多元线性模型，其数学表达式为

$$y_\alpha = \beta_0 + \beta_1 x_{\alpha 1} + \cdots + \beta_p x_{\alpha 2} + \varepsilon_\alpha \tag{10-9}$$

式中，β_0、β_1、…、β_p 为待估参数，其相应的回归方程为

$$\hat{y} = b_0 + b_1 x_1 + b_2 x_2 + \cdots + b_p x_p = b_0 + \sum_{i=1}^{p} b_j x_j \tag{10-10}$$

式中，$\hat{y}$ 为回归值，即施肥后可能获得的烟草理论产量；b_0 为常数项，即不施肥区的烟草产量；b_0、b_1、…、b_p 为偏回归系数，即增加单位肥料量所得的烟草平均增产量；x_1、x_2、…、x_p 为土壤养分含量或施肥量；p 为土壤养分或肥料种类数。

若研究肥料间的交互作用，其扩展的回归方程为

$$\hat{y} = b_0 + \sum_{j=1}^{p} b_j x_j + \sum_{i<j} b_{ij} x_i x_j \tag{10-11}$$

式中，b_{ij} 为反应 x_i 与 x_j 间交互作用的回归系数。

（二）线性模型的建立方法

这里主要介绍分段线性施肥模型的建立方法及假设测验方法。

建立只有一个分段点的分段线性回归模型通常可以采用以下几种方法。

1. 采用分段线性回归的方法建立施肥模型 把分段函数看作两条相交的直线，可以通过各自的观测值分别建立两个直线回归方程，分别对其做显著性测验。如果两个线性回归方程中，有一个测验不显著，则无法用分段函数进行描述。如果两个回归方程测验都显著，说明两个线性回归方程是有统计学意义的。这时，还要进行两直线回归系数差数的差异显著性测验，以确定两条直线是否可以合并。只有当两条直线方程的截距和斜率都差异显著时，分段线性回归方程才成立。将两个直线方程联立求出交点坐标，然后根据交点的 x 值分段定义两条直线方程。

2. 建立虚拟变量模型 通过设置一个虚拟变量，对直线方程在分段点后的截距和斜率进行修正，进而得到另外一条直线方程。这种方法是把分段函数看作一个整体函数式，最后

得到含一个虚拟变量的回归方程，并可对该方程进行整体显著性测验。

3. 采用非线性回归的方法建立施肥模型 可采用序列二次规划、非线性最小二乘法等算法建立模型。非线性最小二乘法可直接用于估计静态非线性模型的参数，而且在时间序列建立模型、连续动态模型的参数估计中，也往往遇到求解非线性最小二乘问题。运算时通常事先设定初始值、迭代次数或精确度等约束条件，然后进行迭代，最后得到模型的参数值，同时将残差的定义从最小二乘法向外大大扩展。这种方法一般是借助统计软件来完成的。初始值设定对结果影响较大，如果设置不当，或者造成迭代不收敛，或者只得到模型的局部最优解，而不是全局最优。

应用前两种方法建立模型时，其前提条件是要根据散点图中数据的规律，结合实际经验，将数据划分成两组，即事先估计函数分段点的大致位置，然后进行线性回归，得到分段线性函数模型。建立模型时可以事先估计几个分段点，逐一建立模型，然后进行统计分析和择优。非线性回归法一般不需要人为设置分段点。

二、非线性模型

(一) 非线性模型的种类

施肥对烟草产量的影响，在特定的土壤肥力和栽培条件下可能显示出线性函数关系。但是在一般情况下，则表现为各种形式的非线性函数关系，普遍遵循肥料增产效应递减的定律。下面介绍几种常见的非线性数学模型。

1. 指数曲线模型 在一定生产条件下，继续增加施肥量，烟草产量增加的幅度逐渐减小，可以用指数函数描述这种关系。著名土壤学家米切里希提出的肥料效应递减律就是这种关系的科学概括，其数学表达式为

$$y = A(1 - e^{-c_1 x}) \tag{10-12}$$

或

$$y = A(1 - 10^{-cx}) \tag{10-13}$$

式中，x 为某种养分的供应量；y 为供应某种养分后获得的烟草产量；A 为供应某种养分烟草可能达到的最高产量；c_1、c 为效应系数（$c = 0.4343c_1$），c 值越大，达到一定产量需要的施肥量越少。

在农业生产中，土壤供应养分的容量和强度对肥料效应是有直接影响的，所以米切里希将土壤有效养分含量计算在内，将 x 换成 $(x+b)$，代入式 (10-13)，改写为

$$y = A(1 - 10^{-c(x+b)}) \tag{10-14}$$

式中，b 的实际意义是土壤中含有相当于 b 量肥料养分效应的养分量，它和化学分析方法测出的土壤有效养分含量是不同的。随后，有人对上述米氏模型进行修正，提出了如下模型。

$$y = y_0 + d(1 - 10^{-kx}) \tag{10-15}$$

式中，x 为施肥量；y 为烟草产量；y_0 为不施肥烟草产量；d 为增施肥料时可以达到的最大增产量；k 为效应系数。该模型的特点是式中的自变量 x 是施肥量，同时还把不施肥时的烟草产量考虑在内，这是对米氏模型的进一步发展，故称为典型指数模型。

有人观察到烟草产量随施肥量的增加而按一定的等比级数递减，根据这个变化规律提出如下施肥模型（Spillman 模型）。

$$y = A(1 + R^x) \tag{10-16}$$

式中，y 为总施肥量；A 为最高增产量；R 为效应系数，表示前后连续两个增产量之间的比率；x 为施肥量。

设 y_0 为不施肥时产量，M 为烟草最高产量，当 $x=0$，$y=y_0=M-A$ 时，则导出另一模型，即

$$y = M - AR^x \tag{10-17}$$

以上讨论的这些模型均属于指数函数模型。从实际应用角度来说，其中以典型指数模型和 Spillman 模型较为方便，因为模型中的自变量 x 用的是施肥量。这类模型的共同特点是：可以反映出，在一定生产条件下烟草产量有极限点，即最高产量；在达到这个产量之前，烟草增产量与施肥量间的关系服从报酬递减律；根据这类模型可以求出经济最佳施肥量，预测烟草产量和估算土壤有效养分含量。但是这类模型除含有负效应系数的米氏方程〔式（10-12）至式（10-14）〕外，都表达不出烟草产量达到极限之后，继续增施肥料的变化趋势，这也是这类模型在指导施肥方面的不足之处。

2. 二次多项式模型　烟草产量随施肥量的增加而上升到最高点之后，由于施用某种肥料过量而产生的负效应或其他因素的制约，烟草产量不再继续增加，反而出现下降趋势。描述两者间这种函数关系时多用二次多项式模型。

二次多项式模型简称二次施肥模型，它包括一元二次多项式模型、二元二次多项式模型、三元二次多项式模型和多元二次多项式模型。

（1）一元二次多项式模型　如果研究一种肥料的施肥效应，表达肥料用量与烟草产量的函数关系，则用一元二次多项式模型，其模型表达式为

$$y_\alpha = \beta_0 + \beta_1 x_\alpha + \beta_2 x_\alpha^2 + \varepsilon_\alpha \quad (\alpha = 1, 2, \cdots, n) \tag{10-18}$$

式中，β_0、β_1、β_2 为待估参数；ε_α 为因变量 y 在 x_α 处观测值的随机误差，且服从正态分布 $N(0, \partial^2)$；n 为试验处理数。其相应的一元二次回归方程为

$$\hat{y} = b_0 + b_1 x + b_2 x^2 \tag{10-19}$$

式中，$\hat{y}$ 为回归值，即烟草物产量；x 为自变量，即施肥量；b_0、b_1 和 b_2 分别为模型参数 β_0、β_1 和 β_2 的估计值。其中，b_0 为不施肥时烟草产量；b_1 称为主效应系数，为曲线的线性部分的斜率，即低施肥量时烟草增产趋势；b_2 表示曲线曲率大小和方向，即烟草产量随肥量的增加而达到最高前后的变化趋势。该函数式的一阶导数为

$$\frac{\mathrm{d}x}{\mathrm{d}y} = b_1 + 2b_2 x$$

二阶导数为

$$\frac{\mathrm{d}^2 y}{\mathrm{d}x^2} = 2b_2$$

一元二次回归方程有以下特征和应用。

①当 $b_1 > 0$，$b_2 > 0$ 时，y 随 x 增加而增加，曲线凹向上。

②当 $b_1 > 0$，$b_2 < 0$ 时，有 3 种情况：若 $x < \dfrac{-b_1}{2b_2}$，y 随 x 增加而增加；若 $x > \dfrac{-b_1}{2b_2}$，y 随 x 增加而减少；若 $x = \dfrac{-b_1}{2b_2}$，y 有极大值，曲线凹向上。

③当 $b_1>0$，$b_2>0$ 时，也有 3 种情况：若 $x<\frac{-b_1}{2b_2}$，y 随 x 增加而减小；若 $x>\frac{-b_1}{2b_2}$，y 随 x 增加而增加；若 $x=\frac{-b_1}{2b_2}$，y 有极小值，曲线凹向上。

做施肥试验时，只有属于情况②才能进一步求出最高产量施肥量和经济最佳施肥量。

(2) 二元二次多项式模型 如果研究 2 种肥料的施肥效应，描述 2 种肥料用量与烟草产量的函数关系，则用二元二次多项式模型，其模型的数学表达式为

$$\hat{y}=\beta_0+\beta_1 x_1+\beta_2 x_2+\beta_{12}x_1 x_2+\beta_{11}x_1^2+\beta_{22}x_2^2+\varepsilon_\alpha \quad (10\text{-}20)$$

式中，β_0、β_1、β_2、β_{12}、β_{22} 分别为常数项，为自变量 x_1 和 x_2 的一次项、交互项和二次项的待估参数；ε_α 为因变量 y 在 x_{α_1} 和 x_{α_2} 处观察值的随机误差，且服从正态分布 $N(0,\alpha^2)$；$\alpha=1、2、\cdots、n$，为试验处理数。其相应的回归方程为

$$\hat{y}=b_0+b_1 x_1+b_2 x_2+b_{12}x_1 x_2+b_{11}x_1^2+b_{22}x_2^2 \quad (10\text{-}21)$$

式中，$\hat{y}$ 为回归值，即烟草产量；x_1 和 x_2 为两个自变量，即施肥量。b_1、b_2、$\cdots$、b_{22} 为模型中常数项和各次项待估参数的估计值，称为偏回归系数，其统计意义是 b_0 为常数项，即不施肥时烟草产量；b_1 和 b_2 为两种肥料的主效应系数，b_{12} 为交互项回归系数，是表达 x_1 和 x_2 两种肥料的交互效应大小和方向的；b_{11} 和 b_{22} 是表示效应曲面的曲度和变化方向的。

由于在施用两种肥料的情况下，其烟草产量是 2 种肥料共同作用的结果，所以因变量烟草产量 y 与 2 种肥料用量 x_1 和 x_2 间的函数关系可用二次效应曲面来描述。

回归方程（10-21）的一阶偏导数为

$$\frac{\partial y}{\partial x_1}=b_1+b_{12}x_2+2b_{11}x_1$$

$$\frac{\partial y}{\partial x_2}=b_2+b_{12}x_1+2b_{22}x_2$$

二元二次回归方程有下述特征和应用。

①当上述二元二次函数式的一阶偏导数 $\frac{\partial y}{\partial x_1}=\frac{\partial y}{\partial x_2}=0$，二阶偏导数 $\frac{\partial^2 y}{\partial x_1^2}$、$\frac{\partial^2 y}{\partial x_2^2}$ 均小于 0，且 $\frac{\partial^2 y}{\partial x_1^2}\cdot\frac{\partial^2 y}{\partial x_2^2}>\left(\frac{\partial^2 y}{\partial x_1 \partial x_2}\right)^2$ 时，该函数式的效应曲面呈上凸形，且有一个极大值。等产线为椭圆形，其中心为最高产量点。

②当 $\frac{\partial y}{\partial x_1}=\frac{\partial y}{\partial x_2}=0$，$\frac{\partial^2 y}{\partial x_1^2}$ 和 $\frac{\partial^2 y}{\partial x_2^2}$ 均大于 0，且 $\frac{\partial^2 y}{\partial x_1^2}\cdot\frac{\partial^2 y}{\partial x_2^2}>\left(\frac{\partial^2 y}{\partial x_1 \partial x_2}\right)^2$ 时，该函数式的效应曲面为下凹形，且有一个极小值。等产线为椭圆形，其中心点为最低产量点。

③当 $\frac{\partial^2 y}{\partial x_1^2}\cdot\frac{\partial^2 y}{\partial x_2^2}<\left(\frac{\partial^2 y}{\partial x_1 \partial x_2}\right)^2$ 时，该函数式的效应面呈鞍形，且有一个鞍点，等产线为双曲线。

根据上述二元二次函数式的特征，做施肥试验时，只有属于情况①才能进一步用于两种肥料合理施用方面的统计与分析。

(3) 三元二次多项式模型 当研究 3 种肥料的施肥效应时，描述 3 种肥料用量与烟草产

量的函数关系，则用三元二次多项式模型拟合，其模型的数学表达式为

$$y_a = \beta_0 + \beta_1 x_{a_1} + \beta_2 x_{a_2} + \beta_3 x_{a_3} + \beta_{12} x_{a_1} x_{a_2} + \beta_{13} x_{a_1} x_{a_3}$$
$$+ \beta_{23} x_{a_2} x_{a_3} + \beta_{11} x_{a_1}^2 + \beta_{22} x_{a_2}^2 + \beta_{33} x_{a_3}^2 + \varepsilon_a \tag{10-22}$$

模型中的因变量 y、自变量 x 以及各项待估参数的意义，均同二元二次多项式模型。其相应的回归方程为

$$\hat{y} = b_0 + b_1 x_1 + b_2 x_2 + b_3 x_3 + b_{12} x_1 x_2 + b_{13} x_1 x_3 + b_{23} x_2 x_3 + b_{11} x_1^2 + b_{22} x_2^2 + b_{33} x_3^2 \tag{10-23}$$

式中，回归值 $\hat{y}$、自变量 x 以及各项回归系数的统计意义均同二元二次回归方程。

三元二次回归方程特征与应用：当在 3 种肥料中，令某 2 种肥料施用量恒定时，即可求另 1 种肥料的边际产量，即当函数式的一阶偏导时，函数有一个极大值，可进一步求其最高产量施肥量和经济最佳施肥量。

$$\frac{\partial y}{\partial x_1} = \frac{\partial y}{\partial x_2} = \frac{\partial y}{\partial x_3} = 0$$

二阶偏导的行列式为

$$D_1 = \left| \frac{\partial^2 y}{\partial x_1^2} \right| < 0$$

$$D_2 = \left| \begin{array}{cc} \frac{\partial^2 y}{\partial x_2^2} & \frac{\partial^2 y}{\partial x_1 \partial x_2} \end{array} \right| > 0$$

$$D_3 = \left| \begin{array}{ccc} \frac{\partial^2 y}{\partial x_1^2} & \frac{\partial^2 y}{\partial x_1 \partial x_2} & \frac{\partial^2 y}{\partial x_1 \partial x_3} \\ \frac{\partial^2 y}{\partial x_2 \partial x_1} & \frac{\partial^2 y}{\partial x_2^2} & \frac{\partial^2 y}{\partial x_2 \partial x_3} \\ \frac{\partial^2 y}{\partial x_3 \partial x_1} & \frac{\partial^2 y}{\partial x_3 \partial x_2} & \frac{\partial^2 y}{\partial x_3^2} \end{array} \right| < 0$$

（4）多元二次多项式模型　如果研究多种肥料对烟草产量的效应，表达多种肥料与烟草产量的函数关系，可配置多元二次多项式模型，即

$$y_a = \beta_0 + \sum_{j=1}^{p} \beta_j x_{a_j} + \sum_{i<j} \beta_{ij} x_{a_i} x_{a_j} + \sum_{j=1}^{p} \beta_{jj} x_{a_j}^2 + \varepsilon_a \tag{10-24}$$

式中各种符号和参数的统计意义，与三元二次多项式模型相同。其中，i，$j = 1$、2、…、p 为自变量个数，即所研究的肥料种类数。应用样本估计时，其相应的回归方程为

$$\hat{y} = b_0 + \sum_{j=1}^{p} b_j x_j + \sum_{i<j} b_{ij} x_i x_j + \sum_{j=1}^{p} b_{jj} x_j^2 \tag{10-25}$$

式中各种回归系数的统计意义与三元二次多项式模型相同，其函数式特征判别方法和步骤可参考三元二次方程多项式。

在施肥试验中，研究多种肥料对烟草产量的综合效应时，由于其中各种肥料的各级交互作用繁多，使试验很难取得理想的结果，所以自变量个数（肥料种类）不宜设置过多。二次多项式模型不仅能反映低量和适量肥料的效应，而且能反映出过量肥料对烟草的影响，全面地表达烟草产量与施肥量间的函数关系。利用这类模型，既可计算经济最佳施肥量、最高产量施肥量，又能揭示出过量施肥给生产带来的损失。在化肥用量愈来愈多的情况下，建立与

应用这类模型推荐施肥具有特殊的意义。此外,二次多项式模型还给研究多种营养元素间的交互作用提供了方便。因此在当前烟草配方施肥试验中这种数学模型得到了广泛应用。

(二) 非线性模型的建立方法

肥料效应函数模型多数是非线性的,其中以多项式模型应用最为普遍,多项式模型经数学变换,可转化成多元线性模型,然后采用多元线性回归的方法,建立施肥模型。对于二次多项式变换模型也可以通过数学变换转换成直线模型,然后用最小二乘法进行参数估计。

为了能够根据样本观测值对通过变化得到的直线回归方程进行估计,该方程中不应再含有未知参数。例如指数方程 $y=A(1-e^{c_1 x})$ 中含有的 A 值即属未知参数,因此对于这类函数,在建立模型时必须相对未知参数(例如 A 值)进行预先估算。

(三) 非线性模型的选择和优化

模型的选择也称为曲线估计,是在对事物内在机制分析的基础上,利用前面提到的施肥模型对整理后的试验数据进行拟合,配置出施肥经验模型,并通过统计测验和拟合优度等指标筛选出最适宜模型的过程。根据模型的特点和选配方法的不同,可分为一元施肥模型和多元施肥模型。

1. 一元施肥模型的选择和优化　一元回归模型由于只有 1 个自变量,在回归分析过程中不涉及解释变量的引入和剔除问题,回归过程和参数估计方法都比较简单,只要对散点拟合得好,并且整个回归方程的 F 测验或回归系数的 t 测验显著,该模型就可以被初步确定为候选模型。但是一元回归模型的种类和形式较多,模型的选择过程比较烦琐。如何从多个候选模型中筛选出最优的模型,是配置一元回归模型非常棘手的问题,要在充分遵循建立模型原则的基础上,结合统计测验和拟合优度指标才能最终确定。

对于一元回归模型,比较常用的拟合优度指标有决定系数和估计标准误差。

(1) 决定系数　决定系数 (r^2) 为回归平方和与总平方和的比值,计算公式为

$$r^2 = \frac{回归平方和}{总平方和} = 1 - \frac{剩余平方和}{总平方和} = 1 - \frac{\sum(y_i - \hat{y})^2}{\sum(y_i - \overline{y}^2)} \tag{10-26}$$

决定系数 $0 \leqslant r^2 \leqslant 1$。它表示 y 变量的变异能由 x 变量决定或解释为可以正确预测的部分。

(2) 估计标准误差　估计标准误差 ($s_{y/x}$) 是对观测值与估计值之间离差大小的一种量度,是计算置信区间的基础指标,计算公式为

$$s_{y/x} = \sqrt{\frac{\sum(y_i - \hat{y})^2}{n-p-1}} \tag{10-27}$$

式中,n 为样本容量,p 为自变量个数,$n-p-1$ 为残差自由度。

在进行拟合优度比较时,决定系数 (r^2) 越大,估计标准误差 ($s_{y/x}$) 越小,模型的拟合程度就越高。

2. 多元回归模型的选择和优化　与一元回归模型比较,多元回归模型可供选择的模型种类比较单一,比较常用的多元肥料效应函数模型为二次多项式模型。根据自变量个数的多少,可分为二元二次多项式、三元二次多项式、四元二次多项式等,其中以二元二次多项式、三元二次多项式模型应用比较普遍。二次多项式模型的参数估计和统计测验过程比较麻烦,不但要进行回归方程的显著性测验,而且还要进行回归系数的显著性测验。同时,自变

量选择方法不同，所得到的回归模型可能也会不相同。比较常用的自变量选择方法有全部纳入法、向后回归法、向前回归法、逐步回归法等。

基于预测和解释的不同目的，多元回归可分为预测型回归和解释型回归两类。在操作上，预测型回归最常用的变量选择方法是逐步回归和向后回归，这两类回归方法都要剔除 t 测验不显著的变量。而解释型回归更注重于每个解释变量的个别解释力，例如回归系数的大小和符号等，因此多采用全部纳入法，即回归系数全部保留在模型中，不做取舍处理。在肥料效应函数的研究中，以全部纳入法较为适宜，因为人们更关注的是回归系数的大小和作用方向；如果将模型用于控制的目的，那就是需要通过肥料效应函数模型来推荐最佳或最高产量施肥量。

选择多元回归模型常常使用的拟合优度指标有调整决定系数（r^2）和估计标准误差（$s_{y/x}$）。在多元回归分析中，r^2 值会随着自变量个数的增加而增大。为了消除这种影响，在多元回归分析中引入 $\bar{r}^2$ 指标，其计算公式为

$$\bar{r}^2 = 1 - \frac{n-1}{n-p-1}(1-r^2) \tag{10-28}$$

式中，n 为样本容量；p 为自变量个数；（$n-p-1$）和（$n-1$）分别为残差自由度和总自由度。$\bar{r}^2$ 越大，说明模型对因变量的解释能力越强。

第三节 正交趋势模型

通过田间肥料试验结果建立肥料的产量效应关系是养分管理研究的重要内容。如何把土壤肥力的测定数值引入肥料效应函数中一直是一个很大的挑战。多年来，人们进行了大量肥料田间试验，积累了很多数据资料，这些资料所反映的肥料产量效应结果仅仅适用于当地的环境条件，而且田间试验耗时费力，如何通过已有的田间试验结果，把肥料的产量效应关系从点扩展到面，形成区域综合施肥模型是养分管理的热点与难点。人们希望能通过土壤肥力特定指标的测定，估计某地点或特定条件下肥料的产量效应关系，进而据此计算各种推荐施肥指标。正交趋势模型为解决这个问题提供了有效方法。

在田间试验中，经常采用特定的试验方案来建立施肥量与产量之间的多项式回归方程。例如对于二因素肥料的产量效应，一般可以用二元二次回归方程来表示，即

$$y = b_0 + b_1 x_1 + b_2 x_2 + b_3 x_1 x_2 + b_4 x_1^2 + b_5 x_2^2 \tag{10-29}$$

这种多项式方程尽管可以用来计算最高产量施肥量、经济最佳施肥量、经济合理施肥量等各种推荐施肥量，但它有其难以克服的缺点：①回归系数彼此相互依赖，难以计算归属于各 x 幂数项的独立平方和；②由于各回归系数间的相互作用，当舍去不显著项的回归系数后，必须重新计算其余各项新的回归系数；③上述肥料效应方程只能反映在试验的特定土壤和区域条件下施肥量与产量间的关系，不能反映不同区域不同土壤条件下肥料的产量效应。

正交趋势模型分析方法是通过对施肥方案中施肥量或其代码进行正交多项式的计算，将因变量平方和转化为独立的正交趋势成分，计算正交趋势系数，从而建立正交趋势方程。通过对趋势系数与影响肥料效应的特定地点变量间进行相关分析，进一步得到不同地点（即不同土壤）的综合施肥模型。其原理简述如下。

一、平方和的正交转化

对于一个具体的肥料田间试验,假设有 n 个处理,可以得到 n 个产量结果 y_1、y_2、y_3、…、y_n,产量平方的总和(以下统称为产量平方和)可表示为

$$\sum_{\alpha=1}^{n} y_\alpha^2 = y_1^2 + y_2^2 + y_3^2 + \cdots + y_n^2$$

就统计意义而言,$\sum_{\alpha=1}^{n} y_\alpha^2$ 所含有的信息包含了所有处理效应和不可控制因素及误差效应的总和,在专业意义上,$\sum_{\alpha=1}^{n} y_\alpha^2$ 与每个处理的产量平方 y_α^2 本身并没有实质的含义,但可以通过正交变换把无意义的平方和 $\sum_{\alpha=1}^{n} y_\alpha^2$ 转化为具有实际意义的平方和 $\sum_{\alpha=1}^{n} P_\alpha^2$,即

$$\sum_{\alpha=0}^{n-1} P_\alpha^2 = P_0^2 + P_1^2 + P_2^2 + \cdots + P_{n-1}^2 \tag{10-30}$$

式中,P_0、P_1、P_2、…、P_{n-1} 为独立的具有特殊意义的趋势成分(系数),它们分别反映了处理效应和误差效应对产量平方和的独立贡献。从 $\sum_{\alpha=1}^{n} y_\alpha^2$ 到 $\sum_{\alpha=1}^{n} P_\alpha^2$ 的正交转换可以通过矩阵运算来实现。例如假设矩阵 $\boldsymbol{E}$ 为正交多项式的值构成的矩阵,$\boldsymbol{E}'$ 是 $\boldsymbol{E}$ 的转置矩阵,则 $\boldsymbol{EE}' = \boldsymbol{E}'\boldsymbol{E} = \boldsymbol{I}$,其中 $\boldsymbol{I}$ 是单位矩阵,那么

$$\sum_{\alpha=1}^{n} y_\alpha^2 = \boldsymbol{Y}'\boldsymbol{EE}'\boldsymbol{Y} = (\boldsymbol{E}'\boldsymbol{Y})'(\boldsymbol{E}'\boldsymbol{Y}) = \boldsymbol{P}'\boldsymbol{P} = \sum_{\alpha=0}^{n-1} P_\alpha^2 \tag{10-31}$$

式中,$\boldsymbol{Y}$ 为产量的列向量矩阵,$\boldsymbol{Y}'$ 为 $\boldsymbol{Y}$ 的转置矩阵,$\boldsymbol{P}$ 为 P_α 的列向量矩阵,$\boldsymbol{P}'$ 为 $\boldsymbol{P}$ 的转置矩阵。数学证明:$P_0^2 = n\bar{y}^2$,即

$$P_0 = \sqrt{n}\,\bar{y} \tag{10-32}$$

式中,P_0 为零次趋势系数,反映处理的平均效应;$\bar{y}$ 为各处理产量的平均值,可见通过式(10-31)的正交变换可以把产量的平方和转化为相互独立的正交趋势成分。

二、正交多项式趋势方程的特性

(一)单因子肥料效应试验

任何一个单因子肥料效应试验,其施肥量与产量的关系一般可用多项式函数表示为

$$y = b_0 + b_1 x + b_2 x^2 + b_3 x^3 \tag{10-33}$$

式中,x 为施肥量,y 为产量,b_0、b_1、b_2、b_3 为非正交回归系数。通过正交变换可以得到正交趋势方程,即

$$y = P_0 M + P_1 L + P_2 Q + P_3 C \tag{10-34}$$

式中,M、L、Q 和 C 分别为肥料因子 x 的零次、一次、二次和三次正交趋势;P_0、P_1、P_2 和 P_3 为正交趋势系数,分别代表各趋势成分的大小和方向。正交趋势系数反映了各试验点独立趋势成分的变化,各次的趋势方程为

$$\begin{cases} y = P_0 M \\ y = P_0 M + P_1 L \\ y = P_0 M + P_1 L + P_2 Q \\ y = P_0 M + P_1 L + P_2 Q + P_3 C \end{cases} \tag{10-35}$$

从式（10-35）可以看出，随着趋势方程次数的增加，曲线对试验数据的拟合程度逐步提高，但计算却趋于烦琐。研究表明，肥料效应方程一般只取到二次即可，很少超过三次。此外，随着趋势方程次数的增加，原先的趋势系数并不改变，这是正交趋势方程的重要特性。当舍去某次趋势后，其他趋势系数不变，而非正交回归系数的取舍会使其他回归系数发生变化。因此非正交多项式回归系数不能用来度量各次趋势的大小，因为它们之间存在相关性。

（二）二因子肥料效应试验

设氮磷二因子肥料试验的非正交回归方程为

$$y = b_0 + b_1 N + b_2 P + b_3 NP + b_4 N^2 + b_5 P^2 \tag{10-36}$$

式中，b_0、b_1、$\cdots$、b_5 为非正交回归系数，相应的正交趋势方程为

$$y = P_0 M + P_1 L_N + P_2 L_P + P_3 L_N L_P + P_4 Q_N + P_5 Q_P \tag{10-37}$$

式中，y 为产量；M、L_N、L_P、Q_N、Q_P 分别为氮、磷肥的零次、一次和二次趋势；$L_N L_P$ 为氮×磷的一次交互效应趋势；P_0、P_1、$\cdots$、P_5 为正交趋势系数。其中，P_2 反映氮、磷肥平均产量效应；P_1、P_2 和 P_4、P_5 分别反映氮、磷肥的一次和二次效应；P_3 是氮、磷的一次交互效应系数。各趋势系数间相互独立，不同试验点同一趋势系数间的差异是由地点变量的差异引起的，这个特点是研究趋势系数与地点变量间回归关系的基础。

三、正交多项式的选择

单因子非正交回归方程式（10-33）通过正交变换可以转化为相应的趋势方程（10-34），其关键是如何正确选择 M、L、Q 和 C 的正交多项式。很多学者在这方面进行了大量研究工作，有人提出了当自变量 x 取等间距时正交多项式的计算方法。有人曾制备了详细的系数表，后来的学者又对系数表做过不同程度的简化。然而使用这些系数表的前提条件是：x 的相继水平间的增量相等，并且 y 值有公共的方差。在许多情况下，这些条件并不能得到满足，而正交多项式对方程的正交转化解决了这些问题。正交多项式计算不同于系数表，它可以在 x 非等间距和观测数据具有不等、但已知方差的情况下应用。相继的正交多项式是相互独立的，因此可以计算归属于各 x 幂数项的平方和。有人曾推导出计算正交多项式的递推公式。在此基础上，有人提出了一套通用的、较简化的正交多项式模型，其单因子趋势方程的正交多项式模型零次趋势（M）（f_{0i}）、一次趋势（L）（f_{1i}）、二次趋势（Q）（f_{2i}）和三次趋势（C）（f_{3i}）分别为

$$\begin{aligned}
f_{0i} &= A_0 \\
f_{1i} &= A_1 + B_1(x_i - \overline{x}) \\
f_{2i} &= A_2 + B_2(x_i - \overline{x}) + C_2(x_i - \overline{x})^2 \\
f_{3i} &= A_3 + B_3(x_i - \overline{x}) + C_3(x_i - \overline{x})^2 + D_3(x_i - \overline{x})^3
\end{aligned} \tag{10-38}$$

式中，$\overline{x} = \dfrac{1}{n} \sum\limits_{i=1}^{n} x_i$，$A_0$、$A_1$、$\cdots$、$D_3$ 是保证多项式 f_{0i}、f_{1i}、f_{2i} 和 f_{3i} 相互正交的常数，它们只随自变量 x_i 和 $\overline{x}$ 的变化而变化。正交性条件为

$$\sum_{i=1}^{n} f_{ki} f_{ji} = \begin{cases} 0 & (j \neq k) \\ 1 & (j = k) \end{cases} \tag{10-39}$$

可得到各常数值的计算公式，即式（10-40）、式（10-41）和式（10-42）。

为了便于书写，设 $\sum_{i=1}^{n}(x_i-\overline{x})^t = \sum X^t$，各常数值计算公式可简化为

$$\begin{cases} A_0 = \dfrac{1}{\sqrt{n}} \\ A_1 = 0 \\ B_1 = (\sum X^2)^{-1/2} \end{cases} \tag{10-40}$$

$$\begin{cases} A_2 = \dfrac{-\sum X^2}{nu} \\ B_2 = \dfrac{-\sum X^3}{u\sum X^2} \\ C_2 = \dfrac{1}{u} \end{cases} \tag{10-41}$$

式中

$$u = \left[\sum X - \dfrac{(\sum X^2)^2}{n} - \dfrac{(\sum X^3)^2}{\sum X^2}\right]^{1/2}$$

$$\begin{cases} A_3 = A'/V \\ B_3 = B'/V \\ C_3 = C'/V \\ D_3 = 1/V \end{cases} \tag{10-42}$$

式中

$$A' = \dfrac{(\sum X^3)^3 + (\sum X^2)^2 \sum X^5 - 2\sum X^2 \sum X^3 \sum X^4}{W}$$

$$B' = \dfrac{\sum X^4(\sum X^2)^2 - \sum X^2(\sum X^3)^2 + n\sum X^3 \sum X^5 - n(\sum X^4)^2}{W}$$

$$C' = \dfrac{\sum X^3(\sum X^2)^2 + n\sum X^4 \sum X^3 - n\sum X^2 \sum X^5}{W}$$

$$W = n\sum X^2 \sum X^4 - n(\sum X^3)^2 - (\sum X^2)^3$$

$$V = \left\{\sum [A' + B'(x_i - \overline{x}) + C'(x_i - \overline{x})^2 + (x_i - \overline{x})^3]^2\right\}$$

当因子 x 的处理方法和水平数确定后，便可以求出各个系数，进而确定正交多项式模型。

依据同样的方法，可将二元二次非正交回归方方程式（10-36）转化为相应的正交多项式趋势方程（10-37），该模型的各次正交多项式零次趋势（M）（$g_{0i}f_{0i}$）、氮一次趋势（L_N）（$g_{1i}f_{0i}$）、磷一次趋势（L_P）（$g_{0i}f_{1i}$）、互交趋势（L_NL_P）（$g_{1i}f_{1i}$）、氮二次趋势（Q_N）（$g_{2i}f_{0i}$）和磷二次趋势 Q_P（$g_{0i}f_{2i}$）分别为

$$g_{0i}f_{0i} = A_{0N}A_{0P}$$

$$g_{1i}f_{0i} = B_{1N}A_{0P}(N_i - \overline{N})$$

$$g_{0i}f_{1i} = A_{0N}B_{1P}(P_i - \overline{P})$$

$$g_{1i}f_{1i} = B_{1N}B_{1P}(N_i - \overline{N})(P_i - \overline{P})$$
$$g_{2i}f_{0i} = A_{0P}[A_{2N} + B_{2N}(N_i - \overline{N}) + C_{2N}(N_i - \overline{N})^2]$$
$$g_{0i}f_{2i} = A_{0N}[A_{2P} + B_{2P}(P_i - \overline{P}) + C_{2P}(P_i - \overline{P})^2] \tag{10-43}$$

式中，g_{0i}、g_{1i} 和 g_{2i} 分别为氮因子（N）的一组正交多项式；f_{0i}、f_{1i}、f_{2i} 分别为磷因子（P）的一组正交多项式。其中，A_0、A_1、$\cdots$、C_2 下标 N、P 分别表示来自自变量氮（N）、磷（P）的交多项式常数。

通过上述正交多项式组可计算出式（10-44）中的矩阵 E，正交趋势系数可由式（10-44）得出，即

$$P = E'Y \tag{10-44}$$

式中，P 为趋势系数构成的矩阵；E 为正交多项式值矩阵；E' 为 E 的转置矩阵；Y 为产量矩阵。由式（10-44）求出的趋势系数反映了试验点趋势效应的变化，是建立综合施肥模型的基础。

四、建立不同地点的综合施肥模型

根据前面的分析，不同的试验地点（即不同土壤）可以得到不同的正交趋势方程，同一趋势方程的各个趋势系数反映了肥料效应各次项趋势的独立变化，而不同试验点间的同一趋势系数的变异则反映了地点变量间的规律性变化。因此不同试验点间趋势系数的差异是由影响肥料效应的地点变量引起的，趋势系数可视为地点变量的函数，即

$$P = f(T) \tag{10-45}$$

式中，T 为地点变量的统称。从统计学意义上讲，所有试验点上的试验构成了一个总体，每个试验点可视为总体中的样本，趋势系数 P 的最简单估计是样本的平均值，即

$$\overline{P}_j = \frac{1}{n}\sum_{i=1}^{n} P_{ji} \tag{10-46}$$

但是如果函数关系式（10-45）在数学统计上是显著的，并且在专业理论方面具有合理性，那么它对趋势系数的估计将优于各点的平均值 $\overline{P}$。不同试验点同一趋势成分的趋势系数的变化是随机的，而且不同趋势成分之间趋势系数相互独立，因此对每个趋势成分可以进行单独统计，然后依次研究每个趋势成分同地点变量的关系。对于无规律可循的趋势成分，可用该趋势成分的各点趋势系数的平均值作为其最佳估计。当某地点变量确定之后，就可得到估计各趋势系数的联立方程，并由此确定综合施肥模型。

例如对于二因子正交趋势方程式（10-37），设其联立方程为

$$\begin{cases} P_0 = f_0(T) \\ P_1 = f_1(T) \\ P_2 = f_2(T) \\ P_3 = \overline{P_3} \\ P_4 = \overline{P_4} \\ P_5 = \overline{P_5} \end{cases} \tag{10-47}$$

式中，$f_0(T)$、$f_1(T)$ 和 $f_2(T)$ 为不同形态的函数，T 为地点变量的统称，趋势系数 P_3、P_4 和 P_5 采用均值的形式。将此联立方程代入正交趋势方程式（10-37）中，可得

到一般的综合施肥模型，即

$$y = f_0(T)M + f_1(T)L_N + f_2(T)L_P + P_3L_NL_P + P_4Q_N + P_5Q_P \quad (10\text{-}48)$$

该综合施肥模型可以计算在某地点变量影响下推荐施肥的各项指标，其应用价值可以从肥料田间试验得到验证。通过多年的田间试验资料对模型做进一步补充和校验，以达到最佳的预测效果。

第四节 区域施肥模型

应用肥料效应函数法推荐烟草最佳施肥方案时，为了增加肥料试验研究的代表性，需在一个省、一个县乃至一个乡，按照统一的设计方案布置多点田间试验，最后得到多个肥料效应方程。每个效应方程对当地施肥都有指导意义。如果将这些施肥效应方程进行归纳和分类，就会得到若干个具有宏观控制的施肥模型，这就是区域施肥模型。区域施肥模型在指导微观施肥时不一定那么精准，但在指导宏观施肥上具有重要意义。

建立区域施肥模型首先要对试验数据进行归类处理。由于试验点的生态环境和烟草栽培条件可能存在较大差异，所得产量数据的离散程度也非常大，各试验点配出的肥料效应方程差别亦大。应该怎样进行归纳整理，其理论依据是什么，长期以来，一直是人们关注的问题。目前，我国对多点肥料效应方程资料进行归类的方法归纳起来，有下面几种：①按行政区划体系和自然地理区域归类；②用协方差分析法归类；③按土壤全量养分或有效养分等级归类；④用聚类分析的方法归类；⑤用模糊评判方法归类。也可以把几种方法结合起来进行归类。这些归类方法各具特点及适应条件。由于前两种方法归类简单，方法③实际上应用不多，故本节着重介绍后两种归类方法。

一、聚类研究

（一）按土地基础生产力水平归类

1. 归类前的准备工作 首先在归类前应将各试验点的资料分别选出相应的数学模型，配置效应方程，并进行显著性和拟合性测验，将肥效显著且拟合性好的数学模型挑选出来，对那些拟合性不好的再改配其他数学模型。如果选配结果确认其肥效不显著不是因为选配模型问题，而是施肥确无明显效果，就把试验资料暂放起来，不参加归类。

其次对挑选出来的效应方程做可用性判别，尤其是选取的二次多项式数学模型，其最高产量施肥量和经济最佳施肥量更须做这种判别。若选配的是二元二次多项式，需要对由效应方程绘制出的等产线图做判别，即采用 A、B 值判别法。

$$A = \frac{1}{2}\left[b_4 + b_5 + \sqrt{(b_4 - b_5)^2 + b_3^2}\right] \quad \text{（根号前符号与 } b_3 \text{ 同）}$$

$$B = \frac{1}{2}\left[b_4 + b_5 - \sqrt{(b_4 - b_5)^2 + b_3^2}\right] \quad \text{（根号前符号与 } b_3 \text{ 同）}$$

当 $A<0$，$B<0$ 时，等产线为椭圆形，中心点为最大值，效应方程典型，可用。
当 $A>0$，$B>0$ 时，等产线为椭圆形，中心点为最小值，不可用。
当 A 与 B 异号时，等产线为双曲线，效应方程非典型，不可用。
经过这样判别，对选出的可用典型效应方程进行归类。

2. 归类 按照基础生产力水平即无肥区产量高低进行效应方程归类是最简单而且实用的方法，应用比较广泛。因为无肥区产量是在一个地区内各种栽培条件综合作用的结果，在肥料效应上具其相似性。

（1）确定级差 归类的首要问题是归类的级差，级差过大时，每级内的试验点数必然过多，从而削弱各级综合效应方程的代表性；级差过小时，每级内的试验点数必然少，造成级间差异不显著。因此确定级差时，应根据烟草种类、产量高低等具体情况决定。

（2）配置综合效应方程 确定基础生产力等级之后，就可按各个典型效应方程的无肥区产量归纳到相应的等级中去。代表各个等级的综合效应方程的具体求法，既可从归到各个等级中的原始数据计算出来的各处理平均值求得，也可从归类后的各级别中的效应方程算出的各项回归系数平均值求得。两种方法算出的结果基本一致。

在此基础上再依据各综合效应方程计算各基础生产力等级地块的施肥利润最大和烟草产量最高的施肥量。

（二）用聚类分析的方法归类

聚类就是按照某种标准，将具有近似属性的对象聚集在一起作为一个类型的方法。由聚类所生成的簇是一组数据对象的集合，同一个簇中的对象彼此相似，与其他簇中的对象相异。在应用过程中，可以将一个簇中的数据对象作为一个整体来对待。从实际应用的角度看，聚类分析是数据挖掘的主要任务之一。就数据挖掘功能而言，聚类能够作为一个独立的工具，获得数据的分布状况，观察每簇数据的特征，集中对特定的聚簇集合做进一步分析。

在肥料多点试验资料整理过程中，应用聚类分析的研究方法，其主要内容可概括为以下几个方面：①对区域性土壤肥力特征进行描述、分析和评价；②进行区域性施肥效应参数特征的描述、分析和评价；③施肥的宏观调控和管理。

1. 聚类分析的基本原理 从统计学的观点看，聚类分析是通过数据建立模型简化数据的方法。应用比较普遍的传统的统计聚类分析方法包括层次聚类法和 K 均值聚类法。

（1）层次聚类法 层次聚类法可以对变量（样品）或记录进行聚类，变量可以为连续变量，也可为分类变量，提供的距离测量方法和结果表示方法也非常丰富。但是由于它要反复计算距离，在样本量太大或变量较多时，采用层次聚类运算速度明显慢。另外，层次聚类法的聚类过程是单方向的，一旦某个案例进入某一类，就不可能从该类出来，再归入其他类。聚类过程中受奇异值、相似测度和分类变量的影响较大，特别是最长联结法。为了减轻奇异值的影响，研究者可能要反复做几次聚类分析，每次对结果进行分析看是否能除去可能的奇异值。

根据运算的方向，层次聚类法可以分为合并法和分解法两大类。但这两类方法的运算原理实际上是完全相同的，仅仅是方向相反而已。层次聚类法中合并法的基本原理和实现过程如下。

① 首先将变量各自据为一类，分成 n 类。
② 按照所定义的距离计算各数据点之间的距离。
③ 将距离最近的两点数据并为一个类别，从而成为 $n-1$ 类。
④ 计算新产生的类别与其他各个类别之间的距离或者相似度。
⑤ 再将距离最接近的两个类别合并，直到所有的数据都被合并成为一个类别为止。

(2) K均值聚类法　K均值聚类法对于不合适的初始分类可以进行反复调整，因此也有人称它为动态聚类。其优点是聚类过程中受奇异值、相似测度和分类变量的影响较小，但聚类结果对初始分类非常敏感，而且它也只能得到局部最优解；同时应用范围有限，只能对样本聚类，不能对变量聚类。

K均值聚类法的基本原理和实现过程如下。

①首先确定需要聚类的分类数，这是由分析者自己指定的。在实际分析过程中，往往需要研究者根据问题，反复尝试把数据分成不同的类别数，并进行比较，从而找出最优的方案。

②根据分析者自己指定的聚类中心，或者由数据本身结构的中心初步确定每个类别的原始中心点。

③逐一计算每点数据到各个类别中心点的距离，把各个数据按照距离最近的原则归入各个类别，并计算新形成类别的中心点（用平均数表示）。

④按照新的中心位置，重新计算每条数据距离新的类别中心点的距离，重新进行归类。

⑤重复步骤④，直到达到一定收敛标准为止，或者达到分析者事先指定的分析次数为止。

2. 聚类分析的基本步骤　无论采用上述的哪种方法，聚类分析至少都应该包括以下5个步骤：①分类前准备工作；②根据研究的目的选择合适的聚类变量；③分类数的确定；④选定聚类方法进行聚类；⑤对结果进行解释和验证。

(1) 分类前的准备工作　在进行聚类分析之前，往往要进行相关资料的搜集和整理，搜集近年来与本研究相关的国内外参考文献，搜集该地区相关背景资料和以往的研究成果等。根据不同的研究目的，将试验数据分类汇总和整理，并对数据进行标准化处理。

分类变量的标准化处理也是分类前的重要准备工作。标准化是将某变量中的观察值减去该变量的平均数，然后除以该变量的标准差，即

$$x'_{ij} = \frac{x_{ij} - \overline{x}_j}{s_j} \tag{10-49}$$

式中，x_{ij}为变量的观察值，$\overline{x}_j$为变量的平均数，s_j为变量的标准差，x'_{ij}为标准化变量。

数据经过标准化后，变量的平均数为0，标准差为1。经标准化的数据都是没有单位的纯数值。对变量进行的标准化可以消除量纲影响和变量自身变异的影响。

(2) 聚类变量的选择　因为聚类分析是根据所选定的变量对研究对象进行分类的，聚类的结果仅仅反映了所选出的变量所定义的数据结构，所以分类变量的选择在聚类分析中非常重要。为了确保聚类结果的准确性，分类变量的选择应遵循以下原则。

①所选择的分类变量应当是相互独立的，它们之间不应该存在高度的相关性。不加鉴别地使用高度相关的变量相当于给这些变量进行了加权。如果所选择的变量中有3个高度相关的变量，相当于使用了这3个高度相关变量中的1个，并对其给予了3倍的权数。

对于高度相关的变量有两种处理办法：A. 在聚类之前，首先对变量进行聚类分析，从聚类所得的各类中分别挑选出1个有代表性的变量作为分类变量；B. 做主成分分析或因子分析，主成分分析和因子分析都可以用来降低数据的维数，产生新的不相关变量，然后把这些变量作为分类变量。

②分类变量必须与聚类分析的目标密切相关，要能够反映出分类对象的特征差异。如果

研究目标是对肥料效应函数进行聚类，一般选择无肥区产量作为聚类变量。如果研究目标是不同类型或不同肥力土壤的养分供应能力，可以初步选择无处理、全肥处理以及无养分处理作为聚类变量。在进行肥力状况评价时，如果该区域某些地方有缺锌状况出现，那么就应当把土壤有效锌测定值初步拟定为分类变量。

③选择的分类变量的数量并不是越多越好。有时，可能会因为加入了一两个不合适的变量而使分类结果发生很大变化。所以聚类分析时应该选择那些在研究对象上有显著差别的指标作为分类变量。这就需要研究者多次对聚类结果进行测验，剔除在不同类之间没有显著差别的变量。

在采用回归系数平均法建立区域施肥模型时，分类变量一般较多。例如二元二次方程中有 6 个系数，分类变量最多可达 6 个；三元二次方程中有 10 个回归系数，分类变量最多可达 10 个。由于各变量间可能存在相关性，因此不可能将所有回归系数都作为分类变量。那么，如何科学地获得分类变量呢？目前比较流行的做法是，将主成分分析与聚类分析相结合，先用主成分分析将多个分类变量凝聚成少数几个相互独立的、有代表性的主成分，通过线性加权计算主因子得分，然后以其作为新的分类变量进行聚类分析。

（3）分类数的确定　聚类分析是一种探测性的研究，在分析之前对可能会形成的分类结果是未知的，应当分多少个类别也是未知的。至于如何才能科学合理地确定分类数，真实地反映客观存在，目前还没有非常精准的方法。有人曾提出了根据树状结构图来分类的准则：①任何类都必须在邻近各类中是突出的，即各类重心之间距离必须大；②各类所包含的元素都不要过分地多；③分类的数目应该符合使用的目的；④若采用几种不同的聚类方法处理，则在各自的聚类结果上应该发现相同的类。如何确定最佳的分类？这个问题是聚类分析历史中尚未完全解决的问题之一，主要障碍是对类的结构和内容很难给出一个统一的定义，这样就给不出从理论上和实践中都可行的虚无假设（即假设变量间无差异或不相关）。往往在实际应用中人们主要根据研究的目的，从使用的角度出发，选择合适的分类数。无所谓哪种是最好的方法，关键是看哪种方法最后得出的结论能让研究者满意。

（4）聚类方法的选择　某种聚类方法能否发现真实的数据结构，受很多因素的影响，例如类的结构（主要指类的形状、规模和个数）、奇异值的存在、类与类之间重叠的程度和相似测度的选择等。不同的聚类方法对于同一数据会得出不同的聚类结果。在做选择时，可根据不同聚类方法的特点进行。现在的趋势是把层次聚类法和动态聚类法两种方法结合起来使用，取长补短。首先使用层次聚类法确定分类数，检查是否有奇异值，去除奇异值后，对剩下的案例重新进行分类，把用层次聚类法得到的各个类的重心，作为初始分类中心，这样就克服了层次聚类法只能单方向进行聚类的缺点，对样本点可以进行重新调整。

（5）聚类结果的解释和验证　使用不同的聚类分析方法可能得到的结果相差较大，所以统计学的结论并不一定是最终结论，一定要结合专业知识对分类结果进行分析，例如可参照土壤有效养分肥力指标对聚类结果进行解释。对于一时难以确定的样本点，可以结合判别分析来进行验证。同时还可以结合方差分析的方法，对各类别间进行差异显著性测验。

二、模糊评判

在土壤学界，尽管对土壤肥力的定义还没有一个统一的认识，但是一般认为：土壤肥力是土壤最基本的属性和质的特征，是土壤从水、肥、气、热诸方面供应和协调作物生长的能力，也是土壤物理性质、化学性质和生物学性质的综合反映。从农业可持续发展的角度来看，施肥不仅要注意烟草产量的增长、品质的改善，而且要重视土壤肥力的提高。可是众所周知，土壤肥力高低之间并没有明显的界线，至今仍是一个模糊的概念。因此需用模糊数学的方法根据影响土壤肥力的各种理化性状对土壤肥力水平进行综合评判，以期比较客观地反映土壤环境容量的实际状况。

（一）综合评判的数学模型

设有两个论域：$U=\{U_1, U_2, \cdots, U_m\}$，$V=\{V_1, V_2, \cdots, V_n\}$。其中，$U$ 是综合评判的多因素所组成的集合，V 代表评语组成的集合，下述模糊变换称为综合评判的数学模型。

$$A \cdot R = B \tag{10-50}$$

R 是一个 $m \times n$ 模糊矩阵。这里的 $R = (r_{ij})_{m \times n}$（$i=1、2、\cdots、m$；$j=1、2、\cdots、n$），表示一个 m 维论域 U 和一个 n 维论域 V 之间的模糊关系。A 是论域 U 上的模糊子集，即评判因素的权重。而 B 则是评判结果，它是论域 V 上的一个模糊子集，即模糊向量。

（二）模糊评判的步骤

①对影响土壤肥力因素集合 U 中诸因素，用各种可行的方法分别做出对土壤肥力评语集合 V 中诸评语的单因素评判，进而得到一个表示 U 与 V 之间模糊关系的模糊矩阵 R。

②对影响土壤肥力因素集合 U 中诸因素，确定它们在被评判事物中的重要程度，即诸因素的权重，各种因素的权重之和等于 1。

③进行模糊变换，即

$$B = A \cdot R$$

$$(b_1, b_2, \cdots, b_n) = (a_1, a_2, \cdots, a_n) \begin{bmatrix} r_{11} & r_{12} & \cdots & r_{1n} \\ r_{21} & r_{22} & \cdots & r_{2n} \\ \vdots & \vdots & & \vdots \\ r_{m1} & r_{m2} & \cdots & r_{mn} \end{bmatrix} \tag{10-51}$$

最终得到综合评判结果。

（三）土壤肥力综合评判实例

以河南农业大学在洛阳市洛宁县 3 块示范田的产量结果（表 10-1）为例进行土壤肥力综合评判。

表 10-1　洛阳市洛宁县 3 块示范田年产量（kg/hm²）

地块	2019 年（示范前）	2020 年（示范当年）
小界乡	13 050	14 400
罗岭乡	13 050	14 055
东宋乡	12 750	15 180

1. 构造模糊关系矩阵（R）

（1）列出示范田的土壤理化状况　结果见表 10-2。

表 10-2 示范田的土壤理化性状

地块	年份	有机质含量（%）	全氮含量（%）	速效磷含量（mg/kg）	碱解氮含量（mg/kg）	交换性钾含量（mg/kg）	pH	阳离子交换量 [cmol（+）/kg]	黏粒含量（%）	容重（g/cm³）
小界乡	2019	1.45	0.088	27.79	80.58	126.8	8.2	11.3	20.0	1.36
	2020	1.42	0.086	21.77	78.60	126.5	8.3	10.4	19.02	1.35
罗岭乡	2019	1.57	0.084	23.78	66.58	129.3	8.3	12.0	20.4	1.32
	2020	1.40	0.076	25.57	69.60	100.4	8.4	10.6	19.9	1.31
东宋乡	2019	1.29	0.076	24.11	58.08	127.8	8.3	10.8	19.1	1.39
	2020	1.24	0.080	20.10	70.82	101.0	8.4	10.0	19.0	1.42

（2）确定土壤肥力容量因素等级标准　具体标准见表 10-3。

表 10-3 土壤肥力容量因素等级标准

肥力因素	高	中高	中	低
有机质含量（%）	1.50~2.00	1.20~1.50	1.00~1.20	<1.00
全氮含量（%）	0.100~0.120	0.080~0.100	0.065~0.080	<0.065
碱解氮含量（mg/kg）	75.0~90.0	60.0~75.0	45.0~60.0	<45.0
速效磷含量（mg/kg）	10.0~15.0	5.0~10.0	3.0~5.0	<3.0
交换性钾含量（mg/kg）	100.0~160.0	60.0~100.0	30.0~60.0	<30.0
pH	6.5~7.0 / 7.0~7.5	6.0~6.5 / 7.5~8.0	5.5~6.0 / 8.0~8.5	<5.0 / 8.5~10.0
阳离子交换量 [cmol（+）/kg]	15.0~20.0 / 20.0~25.0	10.0~15.0 / 25.0~30.0	5.0~10.0 / 30.0~35.0	<5.0 / 35.0~50.0
容重（g/cm³）	1.20~1.30 / 1.10~1.20	1.30~1.40 / 1.00~1.10	1.40~1.50 / 0.80~1.00	1.50~1.80 / <0.80
黏粒含量（%）	30.0~45.0 / 45.0~60.0	20.0~30.0 / 60.0~75.0	10.00~20.0 / 75.0~85.0	<10.0 / 85.0~100.0

（3）将测定值转换为百分数值　为使各种肥力因素的测定值能够相互比较，将测定值转换为百分数值，转换式为

$$y = G_1 + \frac{\Delta G}{\Delta g}(x - g_1) \tag{10-52}$$

式中，y 为百分数，x 为因素指标测定值，Δg 为因素指标级差，g_1 为因素指标级差下限，ΔG 为百分值级差，G_1 为百分值级差下限。

这里将各因素指标的百分值级差拟为：100~80、80~60、60~40、40~20 共 4 级。以小界乡 2020 年土壤有机质含量转换为例，测定值 $x=1.45$，因素指标级差 $\Delta g=0.3$，因素指标级差下限 $g_1=1.20$，百分值级差 $\Delta G=20$，百分值级差下限 $G_1=60$，则分值为

$$y=60+\frac{20}{0.3}(1.45-1.20)=76.7$$

按这种计算方法将表 10-2 中各指标测定值都一一转换为相应的百分值。

(4) 求各项指标的隶属度　将测定值转换为百分数值之后，按下述 4 个条件关系式算出各项指标百分数在 4 个肥力等级中的隶属度。

$$UR_1(y)=\begin{cases}1 & (90<y\leqslant 100)\\ (y-70)/20 & (70\leqslant y\leqslant 90)\\ 0 & (y<70)\end{cases}$$

$$UR_2(y)=\begin{cases}0 & (y>90)\\ -(y-90)/20 & (70\leqslant y\leqslant 90)\\ (y-50)/20 & (50\leqslant y<70)\\ 0 & (y<50)\end{cases}$$

$$UR_3(y)=\begin{cases}0 & (y>70)\\ -(y-70)/20 & (50\leqslant y\leqslant 70)\\ (y-30)/20 & (30\leqslant y<50)\\ 0 & (y<30)\end{cases} \quad (10\text{-}53)$$

$$UR_4(y)=\begin{cases}0 & (y>50)\\ -(y-50)/20 & (30\leqslant y\leqslant 50)\\ 1 & (y<30)\end{cases}$$

例如上面算出的小界乡土壤有机质的百分值为 $y=76.7$，此值属于高肥力级的隶属度为

$$UR_1(y)=\frac{1}{20}\times(76.7-70)=0.335$$

属于中高肥力级的隶属度为

$$UR_2(y)=-\frac{1}{20}\times(76.7-90)=0.665$$

属于中、低肥力级的隶属度均为零。

按此方法算出的各项指标百分值的隶属度，组成模糊关系矩阵 $\boldsymbol{R}_{m\times n}$，即

$$\boldsymbol{R}_{9\times 4}=\begin{bmatrix}r_{11} & r_{12} & r_{13} & r_{14}\\ r_{21} & r_{22} & r_{23} & r_{24}\\ \vdots & \vdots & \vdots & \vdots\\ r_{91} & r_{92} & r_{93} & r_{94}\end{bmatrix}$$

2. 组成模糊向量（A）　设因素论域 U 上的因子模糊子集为

$$\boldsymbol{A}=\frac{a_1}{U_1}+\frac{a_2}{U_2}+\cdots+\frac{a_i}{U_i}+\cdots+\frac{a_m}{U_m} \quad (0\leqslant a_i\leqslant 1) \quad (10\text{-}54)$$

式中，a_i 为 U_i 对 $\boldsymbol{A}$ 的隶属度，即单因素 U_i 在总评定因素中起作用大小的度量，在一定程度上代表根据单 U_i 评定等级的能力，故称为权重系数。

建立模糊向量（$\boldsymbol{A}$）采用的是专家评分系统方法，由评分结果计算归一化权重系数和土壤肥力层次模型，建立土壤肥力评判结构（表 10-4）。

表 10-4　土壤肥力评判结构和权重分配

第一层		第二层		第三层	
肥力参数	权重 A_1	肥力参数	权重 A_2	肥力参数	权重 A_3
土壤养分和化学性质	0.64	全量养分	0.29	有机质含量	0.50
				全氮含量	0.50
		速效养分	0.48	碱解氮含量	0.37
				速效磷含量	0.44
				交换性钾含量	0.19
		化学性状	0.23	pH	0.37
				阳离子交换量	0.63
物理性状	0.36	容重	0.45		
		黏粒	0.55		

3. 模糊变换　算出模糊关系矩阵 R 和权重向量 A 之后就可按下述模糊变换，得出综合评判结果 B 变换式，即

$$B=(b_1, b_2, b_3, b_4)=(a_1, a_2, a_3, a_4)\begin{bmatrix} r_{11} & r_{12} & \cdots & r_{14} \\ r_{21} & r_{22} & \cdots & r_{24} \\ \vdots & \vdots & & \vdots \\ r_{91} & r_{92} & \cdots & r_{94} \end{bmatrix}$$

$$b_j = \min\left\{1, \sum_{i=1}^{m} a_i r_{ij}\right\} \quad \left(\sum_{i=1}^{m} a_i = 1\right) \tag{10-55}$$

这里采用的是有界和普通实数乘法算子，结果见表 10-5。由表 10-5 可知，示范田种植前后土壤肥力的容量因素基本上是平衡的，其 9 项肥力指标没有明显的升降。

表 10-5　土壤肥力模糊评判结果

块地	年份	等级	评判向量			
			b_1	b_2	b_3	b_4
小界乡	2019	2	0.221 9	0.529 6	0.248 3	0
	2020	2	0.294 3	0.477 7	0.222 5	5.446×10^{-3}
罗岭乡	2019	2	0.301 8	0.499 4	0.193 5	5.448×10^{-3}
	2020	2	0.260 9	0.478 0	0.244 7	1.634×10^{-3}
东宋乡	2019	3	0.191 4	0.392 3	0.445 7	6.624×10^{-3}
	2020	3	0.190 5	0.385 2	0.397 9	1.634×10^{-3}

思考题

1. 何谓营养施肥模型？构建营养施肥模型的目的意义是什么？
2. 常见的营养施肥模型有哪几种？各有什么特点？
3. 根据什么选配营养施肥模型？测验营养施肥模型是否适宜？有哪些方法？
4. 建立肥料多点动态聚类方法的依据是什么？它有哪些优缺点？
5. 举例说明怎样进行施肥决策和土壤肥力判别。

第十一章

烟叶烘烤研究

烟叶烘烤的根本目的是将烟叶在田间农艺过程形成的品质充分显露出来，成为卷烟工业的原料。简言之，即烤黄、烤干、烤香。烟草烘烤的核心是碳素和氮素代谢的程度及其与水分动态的协调性，必须向着有利于烟叶品质的方向发展。其间，烟叶要在人为控制的条件下由绿色变为黄色，并固定下来，这个过程的实质是烟叶内部发生各种生理生化变化与脱水干燥的物理过程的协调统一。

第一节 烟叶烘烤研究基础

一、烟叶烘烤的干燥原理

烟叶干燥是烘烤的目的之一，而水分则是酶的活化剂。烘烤过程中烟叶水分的动态控制与烟叶的形态变化、内含物的分解转化直接相关，其间发生的生理变化受烟叶在烘烤过程中水分动态的控制，影响甚至决定着烤后的品质，是烘烤中各项操作的核心，也是烘烤成败的关键。

（一）烟叶水分存在状态

植物组织中的水分以自由水和束缚水两种不同的状态存在。自由水和束缚水含量的高低与植物的生长及抗性有密切关系。自由水与束缚水比值高时，植物组织或器官的代谢活动旺盛，抗逆性较弱；反之，则代谢活动较低，但抗性较强。因此自由水和束缚水的相对含量可以作为植物组织代谢活动及抗逆性强弱的重要指标。自由水是位置上远离非水组分，以水-水氢键存在的那部分水，可自由移动，易丧失。结合水是存在于溶质或其他非水组分附近的那部分水，包括化合水、邻近水和几乎全部多层水，不易自由移动，不易丧失。烟叶中的自由水主要是毛细管凝结水，是凝结在毛细管和大孔隙中的水。烟叶中的自由水随温度升高而减少，随湿度增大而增多。烟叶中的结合水是在烟叶中与蛋白质、纤维素、果胶质等成分通过氢键结合的水分。烟叶中的结合水主要包括胶体渗透作用和晶体潮解作用结合的水。

烟叶是具有毛细管的多孔隙体，可以通过表面张力使水分凝结在毛细管内，这种水属于自由水，随空气湿度增大而增多，随温度升高而减少。毛细管越细，水分越要在其中凝结。当空气相对湿度接近饱和或烟叶和水分直接接触时，烟叶中的淀粉、蛋白质、果胶等胶体表面形成溶液层，水分在烟叶内外形成浓度差，就会发生渗透作用。渗透作用随空气湿度增大而加强，随温度升高而加强，这种方式增加的水主要是结合水。当空气相对湿度接近饱和或烟叶和水分直接接触时，烟叶中的水溶性糖、多酚、无机盐等晶体物质会发生潮解作用，产生水化物，增加烟叶水分。晶体潮解作用随空气相对湿度增大而加强，随温度升高而加强。

结合水或固定水是存在于溶质及其他非水组分邻近的那一部分水，与同一体系的游离水相比，它们呈现出低的流动性和其他显著不同的性质，这些水在-40 ℃不会结冰，不能作为溶剂，在质子核磁共振试验中使氢的谱线变宽。在复杂体系中存在着不同结合程度的水。结合程度最强的水已成为非水物质的整体部分，这部分水被看作化合水或者称为组成水，它在高水分含量食品中只占很小比例。应该注意的是，结合水不是完全静止不动的，它们同邻近水分子之间的位置交换作用会随着水结合程度的增加而降低，但是它们之间的交换速度不会为零。游离水或体相水就是指没有与非水成分结合的水，它又可分为3类：不移动水或滞化水、毛细管水和自由流动水。

（二）烟叶水分转移

烟叶含水量是指在一定温度、湿度等环境条件下烟叶的平衡水分含量。所以如果环境条件发生变化，烟叶的水分含量也就发生变化。

1. 烟叶水分转移方式　烟叶水分转移有两种类型，一是水分在同一片叶不同部位或在不同叶片之间发生位转移，导致了原来水分的分布状况改变；二是发生水分的相转移，特别是气相和液相水的互相转移，导致了含水量的降低或增加。

水分的位转移是由于温度或水分活度不同导致水的化学势不同，水分依着化学势降低的趋势发生变化、运动转移。从理论上讲，水分的转移必须进行至各部位水的化学势完全相等才能停止，即最后达到热力学平衡。由于温度差引起的水分转移，水分将从高温区域进入低温区域，这个过程较为缓慢。而由于水分活度不同引起的水分转移，水分从高活度区域向低活度区域转移，这个过程较为快速。

烟叶中水分相转移的主要形式为水分蒸发和蒸汽凝结。烟叶中的水分由液相转变为气相而散失的现象称为烟叶的水分蒸发，它对烟叶品质有重要的影响作用。利用水分的蒸发进行烟叶的干燥，可得到低水分活度的干燥烟叶。

水分的蒸发主要与环境（空气）的湿度及饱和湿度差有关。饱和湿度差是指空气的饱和湿度与同一温度下空气中的绝对湿度之差。饱和湿度差越大，则空气达到饱和状态所能再容纳的水蒸气量就越多，反之亦然。因此饱和湿度差是决定烟叶水分蒸发量的一个极为重要的因素。饱和湿度差大时，烟叶水分的蒸发量大；反之，烟叶水分的蒸发量就小。

影响饱和湿度差的因素主要有空气的温度、绝对湿度、流速等。空气的饱和湿度随着温度的变化而改变。随着温度的升高，空气的饱和湿度也升高。在相对湿度一定时，温度升高就导致饱和湿度差变大，因此烟叶水分的蒸发量增大。在绝对湿度一定时，若温度升高，饱和湿度随之增大，所以饱和湿度差也加大，相对湿度降低，同样导致烟叶水分的蒸发量加大。如果温度不变，绝对湿度增大时，相对湿度增大，饱和湿度差减小，烟叶的水分蒸发量减少。空气的流动可以从烟叶周围的环境中带走较多的水蒸气，即降低了这部分空气的水蒸气压，加大了饱和湿度差，因而能加快烟叶水分的蒸发，使烟叶的表面干燥，影响烟叶的物理品质。

从热力学角度来看，水分的蒸发过程是水溶液形成的水蒸气和空气中的水蒸气发生转移到平衡过程。由于烟叶温度与环境的温度、烟叶内水蒸气压与环境的水蒸气压均不一定相同，因此形成两相间水分的化学势差异，导致烟叶水分渗透移动和转移。

2. 烟叶水分转移途径　烘烤过程中叶片脱水一般认为存在气孔蒸腾和叶面蒸发两种方式。随着烘烤过程的进行，烟叶的栅栏组织、海绵组织逐渐收缩变薄，而上表皮和下表皮厚度变化细微，维管束的结构变化较为迟缓。变黄期至定色前期，是烟叶解剖结构变化的主要时期，但不同品种敏感期不同。至干筋期，栅栏组织、海绵组织、上表皮和下表皮的细胞均已破裂瓦解，内部结构混为一体。烘烤过程中叶片厚度变化主要取决于海绵组织和栅栏组织的变化。烟叶厚度及解剖结构的变化与烘烤过程中的定色速度有关。烘烤过程中烟叶变黄中后期呈现一个时间长、速率高的呼吸旺盛期，定色前期呈现第二个较弱的呼吸旺盛期，定色中期是第一次由弱变强的叶肉细胞脱水过程，定色后期出现第二次强度较大的维管束脱水过程。

脱水速率和蒸腾速率在时间上很不同步，在烘烤的前48 h蒸腾速率变化不大，而脱水速率变化很大，在60 h左右蒸腾很弱的情况下出现了最大的脱水速率。另外，烤房内无光线，细胞相对缺水会造成气孔开度很小，气孔面积又只占叶面积的1%左右，因此气孔蒸腾脱水的数量不可能很多。有研究证明，叶面水分蒸发速度明显大于叶背，但叶背面的单位面积平均气孔数比叶面多3倍左右，说明烟叶干燥时水分排除不可能是以气孔排除为主，而主要是通过叶表面的蒸发作用进行的。烟叶水分传送路线，最初是以液体状态从栅栏组织和海绵组织细胞转移到表皮细胞，然后通过表皮进行扩散。而叶面和叶背在细胞组织结构上的差异又导致了表皮细胞与内部细胞之间渗透压差的不同的，可能叶面的内外细胞间的渗透压差要比叶背的大些，由此造成叶面水分的蒸发速度比叶背大些。

叶脉水分在烘烤初期除了由其自身的表面蒸发外，主要是转移到叶片后经叶表面蒸发散失，当烟叶失水干燥到一定程度，支脉维管束各细胞开始发生皱缩，维管束结构逐渐被破坏，水分的输导组织机能减退，水分的转移逐渐停止。所以这时叶脉干燥就需要更高的温度。

（三）烟叶水分运动和湿热交换

烟叶烘烤是热力干燥过程。在这个过程中，空气作为工作介质，既是热量传递的载体，又是水分排除的载体。空气与烟叶之间，以及叶组织内部都发生热交换和质交换，热交换是热量由空气传递给烟叶，质交换是水分由烟叶传递给空气，这个过程称为湿热交换。烟叶烘烤过程中的湿热交换有两种形式，一种是烟叶与周围空气之间的湿热交换，另一种是烤房内外的湿热交换。烟叶蒸发出的水分，由流动的载湿体（空气）通过烤房内外存在的温度差和湿度差作为动力，从排气口排出烤房外。

干燥过程中的湿热交换的动力以空气介质的温度梯度为基础。由于烟叶表面先受热，温度比内部更高，热量由表及里传递。烟叶从周围热空气中获得热能，部分热能用来提高烟叶温度，由表及里逐步加温；部分热能使烟叶水分汽化蒸发，叶表面形成一个蒸发层，并随着叶温的逐渐升高，叶内细胞间的自由水分别以液体状态和蒸汽状态向叶表面蒸发层迁移。另一方面，由于烟叶表里存在着温度差而形成容湿量差，以及表里细胞液浓度差造成渗透压差，烟叶内的结合水就由内部细胞逐层向外部细胞迁移。若没有空气流动或空气运动速度缓慢，叶表面环境将形成水汽饱和层（图11-1）。要使烟叶水分不断散失，则必须有空

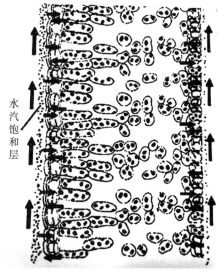

图11-1 烟叶在烘烤干燥过程中的湿热交换
（纵向箭头表示空气流动方向，横向箭头表示水分移动方向）

气流动(即通风交换),空气流动越充分烟叶干燥越快。

(四)烘烤过程的适宜脱水速度

研究表明,烟叶在烘烤过程中呈现前期失水少、失水速度慢,中期失水多、失水速度快,后期失水少、失水速度又慢的S形变化规律。不同烘烤温湿度下烟叶失水快慢有差异,失水速度最快时的温度和时间也不相同,由此影响烟叶烘烤效果。根据烟叶正常变黄和定色要求,失水最快的时间较晚、温度段较长时,更有利于烟叶品质的形成和固定。因此以较低的温度变黄结合较慢的速度升温定色是理想的。

有研究表明,在烘烤过程中烟叶的失水速度均呈现变黄期小、定色期大、干筋期又小的规律性,而且自由水的散失快于结合水。在不同变黄和定色条件下烟叶的失水特性具有不同的变化趋势、影响叶内物质的转化和烟叶形态的变化。其中以低温慢烤烟叶的失水过程与叶内的生理生化变化过程最为协调,烤后烟叶的经济性状最好。高温下变黄,烟叶失水率高,变黄持续时间短,失水速度快;低温下变黄,烟叶失水率低,变黄时间长,失水速度慢。定色期烟叶失水速度随升温快慢的变化比较显著,在快烤条件下失水速度快,在慢烤条件下失水速度慢。有研究认为,烟叶着生部位自下而上,总水分含量和自由水含量渐次降低,而束缚水含量渐次升高;烟叶成熟度自欠熟至过熟,总水分含量、自由水含量、束缚水含量渐次降低。

烟叶在密集烘烤条件下由于叶间隙风速增大,内部水分加速外移,但叶片互相重叠,叶表面水分不能及时蒸发,使烟叶外表面形成干燥薄层(图11-2),阻抑内部水分向外扩散。后期升温排湿,在烟叶上留下痕迹。烟叶表面汽化加快,内部扩散不一致,外表面可能已干燥,内部水分还没有排出,表面形成干燥薄层。湿度低时,烟叶失水加快,表面蒸发速度大于内部扩散速度,叶表面层在烟叶中心干燥前已干硬,此后叶片内部干燥和收缩时就会脱离干燥膜而出现内裂、孔隙,而烟叶表面则出现凹凸不平。内部水分来不及转移到烟叶表面,使表面迅速形成一层干燥薄膜,它的渗透性极低,将大部分残留水分保留在烟叶内,使失水速率急剧下降,内部转化停滞。

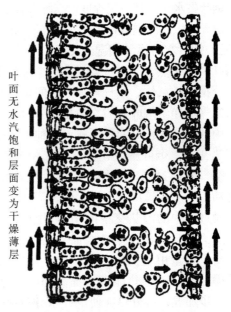

图11-2 风速过大叶表面形成干燥薄层
(纵向箭头表示空气流动方向,横向箭头表示水分移动方向)

(五)烟叶干燥程度的表象

烤烟烘烤过程掌握烟叶的干燥程度,要根据其外形的变化判定。根据烘烤关键温度和湿度要求,有以下6个档次特别重要。

1. 叶片变软 叶片变软指烟叶主脉两侧的叶肉包括支脉均已变软,但主脉仍相对膨硬。这时烟叶的失水量相当于烤前含水量的20%左右。

2. 主脉变软 主脉变软时,烟叶充分凋萎,并向正面收拢(收身),手摸叶片具有丝绸般柔感，烟叶主脉因变软变韧而较难折断。这时烟叶失水量相当于烤前含水量的30%左右。

3. 尖卷边 尖卷边是指烟叶的叶尖和叶缘出现一条干燥带，叶尖明显上勾，叶缘自然朝正面卷起。生产中多称为软打筒、软卷筒或鱼钩期。这时烟叶失水量为原含水量的40%左右。

4. 小打筒 烟叶约有一半以上面积达到干燥发硬，两侧叶片进一步向正面卷曲时，俗称小打筒或半打筒。这时烟叶失水总量为原含水量的50%~60%。

5. 大打筒 有的人称大打筒为大卷筒或叶片干燥。此时烟叶几乎全干，更加卷缩，仅余主脉中部和基部未干燥。这时烟叶的失水总量相当烤前含水量的70%~80%。

6. 干筋 干筋时烟叶主脉全干，折断时声音清脆。此时烟叶叶片的含水量为5%~6%，叶脉含水量为7%~8%。

（六）烟叶干燥的影响因素

1. 环境温度 环境温度越高，说明干燥介质（空气）向烟叶传递的热量越多，越有利于烟叶的水分蒸发。随着温度的增高，空气含湿量（即携带水分能力）增大。通常每升温15℃，空气的饱和含水量就能增大1倍左右。例如，1 m³空气的饱和含水量，在30℃时为30.35 g，在45℃时达到65.60 g，在60℃时达到130.50 g，所以温度越高对叶内水分蒸发散失越有利。

2. 相对湿度和湿球温度 在温度恒定条件下，相对湿度越低，烟叶水分越容易蒸发；相对湿度越高，空气的饱和差越小，水分的蒸发就越困难；而当相对湿度达饱和状态时，水分将停止蒸发。烟叶实际烘烤中，通常用湿球温度与干球温度的比较衡量烟叶的环境湿度。湿球温度与干球温度之间的差（干湿差）越大，蒸发作用越强烈，反之亦然。

3. 通风 通风是干燥的条件和手段。通风形式、通风速度、通风量对烟叶的干燥和品质形成有重要作用。空气流速越大，饱和水汽越易被带走，烟叶得到的热量就越多，所以烟叶的水分蒸发散失就越快。在烟叶烘烤过程中，强调烟叶内部转化要与水分动态平衡，强调烟叶水分汽化要与通风排湿同步。实际中可能出现3种情况，一是升温快，烟叶水分汽化速度快，烟叶表面水汽饱和层变为过饱和状态，而通风速度没有发生变化，会导致烟叶形成褐色或挂灰；二是升温过于迟缓，通风速度过小，烟叶变化时间拉长，烟叶颜色变暗，身份减小；三是通风速度过快，通风量过大，烟叶干燥过快，烟叶品质降低，同时热耗多，造成浪费。烟叶烘烤操作中要求供热和通风协调一致，共同实现烘烤各阶段烟叶变化需要的温度和湿度。譬如大排湿时，要开大排湿设备，大通风，加大供热量；小排湿时，就要关小排湿设备，小通风，减小供热量。

二、燃料与燃烧

我国以煤为烤烟的主要能源。对煤燃烧过程的控制程度直接影响烟叶烘烤过程实现得顺利与否。

（一）固体燃料

1. 固体燃料的类型 固体燃料包括木柴、植物茎秆（秸秆）和皮壳、煤等。煤又可根据炭化程度高低分为泥煤、褐煤、烟煤、无烟煤等类型。近年研发的将植物茎秆（秸秆）或皮壳挤压成型的生物质能燃料，属可再生能源，有广阔的应用前景。

木柴的有机质成分和可燃成分变化范围很小，一般热值很接近$Q_{n,ar}=18\ 400\ \text{kJ/kg}$。木柴容易着火，燃烧稳定，挥发物很高，灰分少（平均不足1%），不易烧结。而各类煤的组成差异很大，其着火点、热值、挥发物差异也很大。

在隔绝空气条件下给煤加热时，煤中的水分会首先蒸发逸出，然后其中的有机物质开始分解和挥发，析出各种气态和蒸气态产物，这些析出的气态产物称为挥发物，剩余的不挥发的固体残余部分被称为焦炭（固定碳和灰分）。固定碳和挥发物是煤中最基本的可燃物质，称为燃料的可燃质。固定碳的数量取决于非挥发性碳和灰分。挥发物析出的数量和质量与煤的炭化程度有关（表11-1）；还与加热时的温度和持续时间有关，加热温度越高，持续时间越长，挥发逸出量就越多。挥发物终止析出的温度不低于1 100 ℃。如果挥发物逸出的数量多，并且其中可燃气体含量高（即质量好），燃料容易着火，燃烧情况也好。挥发逸出超过30%的煤，称为高挥发物煤，例如泥煤、褐煤和部分烟煤。

表11-1 固体燃料的挥发物特性

燃料名称	开始析出挥发物的温度（℃）	干燥无烟基挥发物含量（%）	焦炭物理性状
木柴	160	85	黏附、松散
泥煤	100～110	70	粉状
褐煤	130～170	>37	粉状
长焰烟煤	170	>37	粉状或黏结
肥烟煤	260	26～37	粉状或黏结
贫烟煤	390	10～20	粉状
无烟煤	380～400	≤10	粉状

2. 固体燃料的化学组成 固体燃料（煤、柴等）是由有机可燃质和无机不可燃质（矿物质）与水组成的复杂混合物。可燃质是多种复杂的有机化合物的混合物。根据燃料元素分析，这些可燃物是由碳（C）、氢（H）、氧（O）、氮（N）、硫（S）等元素组成的。燃料元素的组成不能用来判断燃烧特性，但各组成元素的性质及含量与燃料燃烧性密切相关。不可燃质是燃料中不能燃烧的矿物质，称为灰分。

（1）碳 固体燃料发出的热量主要来自碳。煤的碳含量一般都在40%以上，而无烟煤的碳含量高达80%左右，1 kg纯碳在氧气供给充分条件下可以完全燃烧后生成二氧化碳，能放出约32 670 kJ的热量；若氧气供给不够充分，碳则不完全燃烧时生成一氧化碳（CO），发热量大大降低，放出的热量可低至9 214 kJ，而且烟叶烘烤环境如有过量的一氧化碳，将造成烟叶中毒伤害。如果火炉炉膛内氧气充裕，或者能够实现二次进风，一氧化碳则继续燃烧变为二氧化碳（CO_2）并释放热量。碳的燃点较高，不易着火，燃烧缓慢，火焰短，且需要在较高的温度下才能燃烧。所以煤的含碳量越高，其着火和燃烧也就越困难。

（2）氢 氢是燃料中最容易燃烧的，且燃烧时放出大量的热量。但在固体燃料中氢的含量很低，而且碳含量越高时氢含量减低，例如褐煤中氢含量为5%～6%，烟煤中氢含量为4%～5%，无烟煤中氢含量为1%～3%。虽然1 kg纯氢燃烧后能释放142 250 kJ热量，约相当于碳发热量的4倍，同时，氢在燃烧时生成水，水吸收热量蒸发为水蒸气，1 kg氢在燃烧后，实际能利用的热量约为119 776 kJ。氢在煤的发热量中不占重要地位。

（3）硫 硫是燃烧中有害的元素，尽管它在燃烧时也放出少量的热量（它燃烧的发热量约为碳的1/3）。我国煤的含硫量一般在0.5%～3.0%范围内，少数煤中超过3%。燃料中硫的有害性，主要是它在燃烧时生成的 SO_2 和 SO_3 气体能与烟气中的水汽结合，形成亚硫酸或硫酸蒸气，一方面直接严重腐蚀燃烧设备的金属表面；另一方面，SO_2 和 SO_3 随烟气排入大气中，污染大气环境。

（4）氧和氮　氮实际上是燃料可燃质中的杂质，本身不能燃烧，却相对降低了可燃元素的含量，降低了燃料发热量。氧在燃料中呈化合态存在，它与一部分可燃元素氢和碳结合形成化合物，束缚了这部分可燃成分的正常燃烧。氮既不能燃烧，也不能助燃，在燃烧时一般不参加反应而进入烟气中去，但在温度高和含氮量高时，产生氧化氮等物质，排入大气造成环境污染。氧和氮在固体燃料中的含量一般不高。

（5）灰分　灰分实际上是固体燃料的外部杂质，灰分越多，燃料的发热值越低，燃煤中的灰分含量较多，差异范围也很大，为 5%～15%。我国原煤灰分含量，无烟煤为 6%～16%，烟煤为 7%～29%，褐煤为 11%～31%。灰分的存在相对减少了燃料中可燃成分的含量，降低发热量。并且灰分在熔融和分解过程中，要消耗一些热量；同时灼热的炉渣清除时，也要带走一部分热量，使热效率降低。特别是灰分尘埃污染大气。总之，煤中的灰分是有害无益的。灰分的含量是衡量煤的经济价值的一个很重要的指标。

（6）水分　水分是燃料的外部杂质，它的存在不仅减少了可燃元素的含量，降低燃料的发热量，而且给燃料燃烧造成一定困难，使燃料不容易着火、结渣等。煤中水分含量较高，而且变动范围较大，炭化程度越高的煤，水分含量越低，同时原煤经风干后水分减少。一般泥煤水分含量为 60%～90%，褐煤水分含量为 30%～60%，烟煤水分含量为 4%～15%，无烟煤水分含量为 2%～4%，无烟煤风干后的水分含量为 1%～2%。

（二）固体燃料的燃烧过程

1. 挥发物与焦炭的燃烧过程　固体燃料在燃烧时，首先是燃料被加热和干燥，然后挥发物开始析出。如果炉内的温度足够高，且有氧气存在时，挥发物着火燃烧，形成光亮的火焰。这时氧气消耗于挥发物的燃烧，焦炭表面缺氧，因此焦炭还是呈阴暗的颜色，焦炭中心的温度不过 600～700 ℃。燃烧初期挥发物阻碍了焦炭燃烧。另一方面，挥发物在煤粒附近燃烧，又加热了焦炭，当挥发物燃尽后，焦炭即开始剧烈燃烧。因此挥发物能促进焦炭的后期燃烧。从燃烧时间看，挥发物从点燃到基本燃烧完毕，所需的时间很短，只占燃料燃烧所需时间的 1/10。当挥发物基本分解完毕后，焦炭表面局部开始燃烧、发亮，然后逐渐扩展到整个表面，焦炭的温度也逐渐上升，此后，温度几乎保持不变。在焦炭燃烧阶段，仍可能有部分挥发物产生，但对燃烧过程起主要作用的是焦炭。焦炭燃烧时间占全部燃烧时间的 9/10。

2. 固定床层状燃烧过程　层状燃烧是最简单的燃烧方式。煤在层燃床上的燃烧，可见的变化过程如图 11-3 所示。图 11-4 示出了固定床燃烧层结构和燃烧情况。新燃料加入炉内后，自上而下依次经历预热、干燥、还原、氧化和灰渣阶段，完成整个燃烧过程。

由图 11-3 和图 11-4 可以看出，固定床层状燃烧的过程可分为以下 4 个阶段。

（1）预热干燥阶段　由炉门投加的新煤，直接铺在正燃烧着的炽热焦炭层上，因此它除了受炉膛内高温火焰辐射和炉墙的反射辐射外，还受下面燃烧焦炭层的加热，温度很快上升，释放水分，进行干燥，同时逸出挥发物。

（2）挥发物燃烧阶段　挥发物燃烧阶段又称为点火阶段或干馏成焦阶段，在正在燃烧的固定床燃烧炉中，新投的煤上下受热，双面很快达到着火温度，点燃逸出的挥发物。在挥发

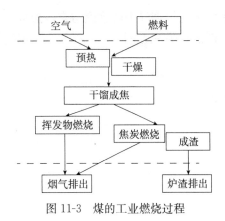

图 11-3　煤的工业燃烧过程

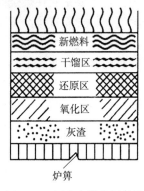

图 11-4　固定床燃烧层结构

物的燃烧过程中，进行着燃煤的干馏和成焦。由于正在燃烧的固定层状燃烧炉着火条件优越，即使添加含水分多、挥发物少的较难点火的煤种，也能迅速顺利着火，进入下一个燃烧阶段。

（3）焦炭燃烧阶段　随着挥发物的燃烧，煤层很快完成干馏成焦，上下受热使焦炭燃烧，燃烧放热量逐渐达到最大值。在焦炭燃烧阶段，随着时期的推移，焦炭层成为主要的燃烧放热区域，在这个区域中温度最高。燃烧需要的空气，由炉箅下自下而上进入煤层，通过炉箅及灰渣层时，冷却了炉箅，自身得到了预热。当它上升和炽热的焦炭相遇时，焦炭发生燃烧，产生二氧化碳（CO_2）和一氧化碳（CO），并放出热量，这个区域就是氧化区。在氧化区中，空气中的氧几乎消耗完毕，已产生的二氧化碳继续上升，与上面的炽热焦炭相遇而被还原成一氧化碳，所以这个区域称为还原区。还原反应是吸热反应，故还原区中煤层温度有所降低。再向上，还原区反应逐渐减弱，最终终止。燃烧生成的一氧化碳与煤层中析出的挥发物一起上升到炉膛中进行燃烧。

普通固定床层状燃烧中，绝大部分挥发物和可燃气体在煤层上方的炉膛空间燃烧，只有焦炭留在炉箅上燃烧。为使挥发物和可燃气体在炉膛内充分燃烧，必须有一定的炉膛高度来保证它们有足够的空间和时间；有恰当的二次进风，能够有效地加强炉膛内空气与未完全燃烧产物的混合，使之继续燃烧，减少不完全燃烧损失。加快进风速度可增高焦炭的燃烧速度，提高炉箅单位面积单位时间内燃烧的煤量，这就是将火炉的自然通风改为强制通风能提高燃烧炉火力的原因。

（4）结渣阶段　焦炭层的燃烧放热，随氧化过程的进行，燃烧强度逐步变弱，在此期间，形成的熔灰渣自上而下流动，并与自下而上进入的冷空气相遇被逐渐冷却，达到炉箅时已结成灰渣，最后被排除掉。如果靠近炉箅的灰渣层积储到一定厚度，可起隔热作用，既保护了炉排，又能减少高温燃炉层向下的热辐射散失。但是灰渣层过厚又会阻碍燃烧需要的空气进入。

固定床燃烧是一个连续的过程，以上 4 个阶段是人为划分的。实际上，预热干燥时间很短，与挥发物的燃烧几乎是同时进行的，而挥发物与焦炭层的燃烧也是相互交错进行的。即在挥发物燃烧阶段有焦炭层的燃烧，在焦炭燃烧阶段又有挥发物的燃烧，只是燃烧的各个层面燃烧的主体不同。因而保持燃烧的层面，提供适宜的燃烧供氧量是促进燃料完全燃烧的必要条件，也是烘烤供热和烘烤节能的重要措施。若燃烧室里的过剩空气量少，或者与供风混合得不好，就会形成不完全燃烧，造成不完全燃烧损失，同时污染大气。

所以对火炉实行二次进风，给炉膛内提供足够的助燃空气，能够使火炉燃烧产生的可燃挥发气体（CO、CH_4、H_2等）在炉膛上方燃烧。即在炉膛的中上部开设二次进风进口（图 11-5），由管道引到炉膛四周的下部（或灰坑），使空气能够进入炉膛燃烧室，实现燃料充分燃烧。在炉膛燃料燃烧过程中，二次进风不仅补充燃料燃烧所需的空气量，而且同时加强物料的返混，适当调整炉内温度场的分布，使烟气温度分布更均匀。二次进风的作用，一是搅拌炉内的气体使之混合均匀，降低不完全燃烧造成的热损失；二是利用烟气旋涡的离心作用，减少飞灰量；三是帮助煤层着火和防止炉内局部区域结渣；四是补充炉膛内悬浮可燃物燃烧所需的空气。

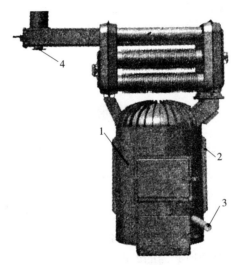

图 11-5　火炉的进风通道
1. 炉膛　2. 二次进风通道　3. 正压助燃风口　4. 负压助燃风口

（三）固体燃料的燃烧和供热特点

1. 燃烧的周期性　固定层燃床燃烧过程具有间歇性，即必须间歇加煤、间歇卸渣，因此燃烧过程及热量释放具有周期性。燃料刚投入阶段，燃料层通风阻力最大，吸入炉膛内的空气量最小。这是因为固定床燃烧一般都靠烟囱的自然抽力通风，进入炉内的空气量是由燃烧层厚度决定的。此时燃炉中的挥发物却迅速逸出，要燃烧这部分挥发物需要及时供应大量空气，而实际这时进入的空气量却最少，故出现空气供给不足，产生了不完全燃烧，增加了燃烧损失。表现为投煤后不久，烟囱中冒出一股浓浓的黑烟。这时，热量释放量、烤房供热量最低。其后，挥发物迅速燃尽，燃烧对空气的需要量相对减少，且燃烧层正在燃烧，厚度逐渐变薄，阻力减小，焦炭层的氧化作用强烈，大量放热，供热量由低到高，达到峰值。随着燃料燃烧成灰渣，煤层下层减薄，通过煤层进入炉膛的空气量增多，这时又会出现空气过剩的现象，从而增加了排热损失，这时供热量不足，需要加新煤。解决此不良现象的有效方法，首先是要正确把握加煤时机，缩短加煤周期，保持煤层厚度无大变化，从而使燃料得以完全燃烧，减少排烟损失；二是增设二次进风；三是烟囱设置控制抽风量装置。

2. 发热量　燃料发热量是衡量其燃烧价值的一个十分重要的指标。它是指单位质量或单位体积的燃料完全燃烧时所能放出的最大热量。燃料发热量分为高位发热量和低位发热量，高位发热量是燃料实际最大发热量，其中包括了燃烧时生成水分形成的水蒸气被凝结为水而放出的汽化潜热，而这部分水气状态的水分汽化潜热是无法获得利用的，燃料的实际效热减少。从燃料高位发热量中扣除这部分汽热后所净得的发热量，就是低位发热量。二者的换算关系是

$$Q_{gr,ar}=Q_{net,ar}+25(9H_{ar}+M_{ar})$$

式中，$Q_{gr,ar}$ 为燃料的高位发热量（kJ/kg），$Q_{net,ar}$ 为燃料的低位发热量（kJ/kg），H_{ar} 为燃料收到基含氢量（kJ/kg），M_{ar} 为燃料收到基外在水分（kJ/kg）。

在实际应用中，燃料发热量多用低位发热量。各种燃料的发热量差异很大，即使同一品种燃料，其发热量也会因水分和灰分含量不同而异。因此为了便于比较不同燃料或不同燃烧设备的工作状况和燃料消耗量，就引用了标准煤的概念。所谓标准煤，就是一种假想燃料，人为地规定它的低位发热量为 29 260 kJ/kg，这样可以把各种情况下的实际燃料消耗量折算为标准煤消耗量。其计算方法为

$$G_{bm}=G_p\frac{Q_{net,ar}}{29\ 260}$$

式中，G_{bm} 为标准煤量（g），G_p 为实际燃料消耗量（kg），$Q_{net,ar}$ 为实际燃料收到基低位发热量（kJ/kg）。

（四）固体燃料固定层燃烧床的控制

1. 控制原理 燃料燃烧过程产生热量最基本的表达式为 $C+O_2 \Longrightarrow CO_2+$热量。所以根据固体燃料（特别是煤）的燃烧条件和供热特点，实现对煤燃烧产生热量控制的基本思路和设计可能途径是：①基于火炉燃烧强度和基本状况，提供和控制适宜的燃料即时供给量（图 11-6）；②基于对燃料燃烧理论空气量的估算，一般要使炉膛内保持平衡通风（微负压送风），需要提供和控制燃料燃烧所必需的助燃空气量；③基于对燃料燃烧理论烟气量估算，调控排烟口大小实现对排出烟气的量的控制。

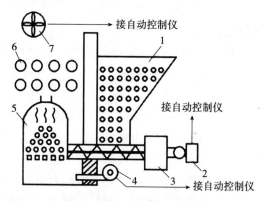

图 11-6 煤燃烧供热自动控制
1. 煤仓 2. 加煤电机 3. 煤推进器 4. 助燃鼓风机 5. 炉膛 6. 换热器 7. 循环风机

2. 燃烧助燃方式分析 烟叶烘烤期间，火炉在正常运行时，必须连续不断地将燃料燃烧所需的空气送入炉膛，并将燃烧生成的烟气和飞灰排走，这种连续通风和排除燃烧产物的过程即为火炉通风过程，通常通过配备正压助燃风机或者负压助燃风机实现。

（1）正压燃烧 采用正压助燃风机通风时，火炉和烟气通道通常处于正压通风或者平衡通风（微负压送风）状态最安全和节能。炉膛在保持微负压时，既能有效地满足燃料燃烧的

氧气需要，又使得操作人员的安全及卫生条件得到保障。正压供氧控制燃烧和装置见图 11-7。

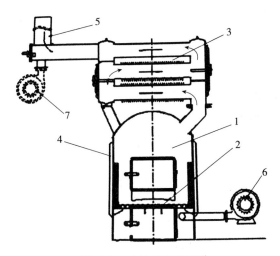

图 11-7　火炉的进风通道
1. 炉膛　2. 炉栅　3. 换热器　4. 二次进风通道
5. 烟囱　6. 正压助燃风机　7. 负压助燃风机

目前烤房多为正压助燃控制，助燃风机通风时容易发生燃烧中诸多不良现象。普遍存在的是在烟叶烘烤需热量最多时（定色和干筋阶段及阴雨天气下），为了追求快速升高温度，盲目增大鼓风，增加煤层厚度，超负荷燃烧，使炉子正压燃烧。其主要危害是对加热器安全运行不利，同时造成燃料浪费。具体表现在下述几个方面。

①炉膛热强度显著增加，易造成炉顶、高温区换热管结焦、堵灰，影响传热效果和烟叶正常烘烤过程。同时也会造成炉栅上大量结焦，严重时，焦块会将炉栅卡住。另外，炉膛温度过高时，炉栅也易严重变形，甚至烧损脱落、垮塌，造成事故，尤其在烘烤关键时期，造成较严重的损失。

②由于结焦、堵灰的影响，炉膛烟温会进一步升高，形成恶性循环，导致烧坏炉顶、炉壁或使炉壁产生裂缝，同时火苗和高温烟气会从炉门喷出，使炉门过烧变形。

③加剧对流受热面的磨损。正压燃烧使烟气流速增加，烟气含尘量增加。一般情况下烟气流速对磨损的影响与速度的三次方成正比关系，因飞灰中含有大量的炭黑粒子，因而加剧了对流管壁的磨损，其磨损量比正常运行状况下要大几十倍，时间一长，必然造成管壁磨损变薄，加上高温腐蚀，发生加热管破裂，泄露烟气，直接损伤烟叶。

④由于鼓风量过大势必造成燃料中的挥发物和可燃气体来不及完全燃烧就排出炉外，使不完全燃烧损失上升，同时使排烟温度大大升高，排烟量和排烟热损失增大，而且相应增大了鼓风机的电耗。

⑤换热器换热管温度过高，工作条件恶化。正压燃烧时，火焰分布及炉膛充满程度不均匀性增大，炉膛内热负荷偏差性也增大，造成炉栅偏温，导致热应力增大。

（2）负压燃烧　炉膛出口烟气静压小于大气压力的燃烧方式称为负压燃烧。炉膛负压是反映燃烧工况稳定与否的重要参数，也是影响炉膛燃烧状况的重要参数之一。大多数火炉采用平衡通风方式，炉膛内烟气压力最高的部位是炉膛顶部。当炉膛负压过大时，漏风量增大，助燃风机电耗增加，燃料不完全燃烧的热损失和排烟热损失均增大，甚至使燃烧不稳定甚至灭火，故应保持炉膛负压在正常范围内。

采用负压助燃风机通风时，火炉和烟气通道一般能够处于平衡通风（微负压送风）或者负压送风状态，保持火炉燃烧强度、烟气量和供热相对稳定，因此相对有利于自动控制。试验表明，负压助燃情况下烤房温度控制精度会更高，而且能够减少换热器内积灰。但是若负压助燃风机选型不当，功率过大，或者长期处于过大负压状态，使得烟气量增多，烟气热量损失过大，降低了换热器效率，也是不经济的。

3. 控制难度 烟叶烘烤过程供热和温度控制受煤自身的燃烧和烤烟过程需要两个方面的因素所制约，实现供热和温度的精准控制难度大。近年的生产实际证明，烘烤全过程控制精度能够达到±1 ℃已经很好。

首先，煤燃烧供热具有明显的滞后性，而且煤燃烧供热的制约因素很多，譬如实际使用的煤质（发热值）、煤形、煤块大小、即时煤层厚度等不同，燃烧供热的数学模型就各不相同。其次，烤烟是非恒温供热过程，烤房温度由30 ℃左右逐渐升高到将近70 ℃，火炉炉膛的即时燃烧强度和供热能力也必须不断提高。即使在一个稳定的温度下，燃料燃烧过程中炉膛负压波动也会随着燃烧工况的变化而变化。在助燃风机保持不变的情况下，由于燃烧工况总有小的变化，导致炉膛负压波动。当燃烧不稳定时，炉膛负压波动更为剧烈。在正常运行中，烟道各点负压与负荷保持一定的变化规律，当某段受热面发生结渣、积灰和局部堵灰时，由于烟气流通断面减小，烟气流速升高，阻力增大，于是其出入口的压差及出口负压值相应增大。

不同即时温度（例如40 ℃和50 ℃比较）下，不同煤质和煤层厚度燃烧持续时间不同，如果在炉膛燃烧床上添加很多燃料，燃烧的即时数学模型差异将更大，要建立精准的数学模型很不容易。所以比较之下，煤质相对稳定、型煤（例如蜂窝煤）条件下，实现供热和温度的精准控制要容易一些。此外，由于密集烤房热源与烟叶所处环境有一定距离，鼓风机供风冲刷换热器将热量送入烟叶环境。换热器材料不同，其蓄热量差异也很大，影响烟叶烘烤环境的温度稳定性。非金属材料比金属材料热容量更大，温度稳定性更好，而金属材料传热性比非金属材料更好，对充分换热是有积极意义的。但是材料过薄时，热容量更小，更不利于烟叶环境温度稳定，同时还有锈蚀问题。

4. 控制的实现 烧火方面，尽量使用型煤，包括煤粒下大上小相对均匀的块煤、煤饼、蜂窝煤，松散均匀分布在炉排上，使炉排上煤层通风阻力减小，增加通风量，提高炉温，改善燃烧条件。同时在操作上要分层加煤，分层卸渣，不打乱煤层。

选用性能适当的鼓风机，保持燃烧室平衡通风（微负压送风）。正压助燃一般使用额定电压为220 V、负载电流不大于0.75 A、额定功率为150 W的鼓风机，风量不低于150 m^3/h。负压助燃一般使用额定电压为220 V、额定功率为370 W的鼓风机，负载电流为1.7 A，风压不低于1 600 Pa，风量不低于600 m^3/h。

三、烘烤能力设计计算

烤房烘烤能力（容量）是指正常生产条件下烤房适宜的装烟量，常以标准烟杆数量计算，标准烟杆长度为1.5 m。其装烟容量按下面方法进行设计计算。目前，在规范化栽培下，烟叶种植密度普遍在15 000～16 500株/hm^2。烟叶成熟集中时按每次每株采收2～3片计算，1 hm² 烟田每次采收叶片数量=15 000~16 500 株×3 片/次=45 000~49 500 片。密集烤房实行强制通风，用烟杆编烟时，每束可编 2~3 片，平均每杆编烟叶 40~50 束，计 120~140 片，8~10 kg。生产上，1 hm² 烟田每次采收烟叶 370~375 杆。

密集烤房宽度一般为 280 cm，用标准烟杆每层装两杆烟。根据研究结果和对生产实际的调查，按装烟室空间计，密集烤房装烟密度为 60~70 kg/m³，为普通烤房的 2~4 倍，一般装烟杆距 8~12 cm。装烟室长度为 800 cm，宽为 280 cm，装烟时两个烟杆之间的中心距离按 10 cm 计算，3 层的密集烤房装烟数量=（800 cm/10 cm）×2× 3=480 杆，合 3 840~4 800 kg。

需要说明的是，上述计算没有考虑烟叶的田间损失，而实际上田间损失有时相当大。若把田间损失考虑进去，则这几种规格的密集烤房的烘烤能力要比理论值高 15%~20%。因此装烟室长为 800 cm、宽为 280 cm、装烟 3 层的密集烤房，烘烤能力为 1.20~1.33 hm²。用烟夹夹烟装烟时，相邻两个烟夹之间近距离较小，烘烤能力将有所增加。

第二节 烘烤供热衡算和通风衡算

一、加热设备供热衡算

烟叶烘烤过程是一个非恒温的加热干燥过程。其间热量主要来自燃料燃烧放热（或其他热源，例如电加热），此外还有烟叶自身呼吸放热等。密集烤房工作过程中，部分热量能够通过热风循环系统得到重复利用。密集烤房的加热设备是密集烤房的核心设备，包括火炉、换热器和烟囱 3 部分。其性能优劣关系到密集烤房的实用性、耐用性和经济性。

（一）烟叶在烘烤过程中的耗热分析

1. 烟叶烘烤的耗热项目 烟叶烘烤过程中的热力消耗至少包括以下内容。

（1）烟叶在烘烤过程中水分汽化耗热 这部分耗热是烘烤过程所必需的，属有效耗热。烟叶脱水干燥过程中水分蒸发需要一定热量，且不同温度下水分的汽化热不同，它随着蒸发温度的升高而减少。一定温度下水分汽化需要的热量是恒定的，因此烘烤全过程排除单位质量水分有一个平均需热量，称为排水理论需热量。它是进行烘烤热学计算的重要参数。

国外对烟叶烘烤的排水理论需热量的研究结果各不相同。排除 1 kg 水分所需热量，日本的研究结果为 2 368.5 kJ，美国的研究结果为 2 445.9~2 499.5 kJ，苏联的研究结果为 2 466.0~2 478.6 kJ。我国烟叶烘烤排水需热的理论值一般用排湿含热法、热量正平衡法和热量反平衡法 3 种方法确定。

排湿含热测定法，即在测定烘烤全过程的各阶段由天窗口每排除 1 kg 水所需要干空气量的基础上，按下式进行计算。

$$Q=1.93G_k\Delta d\Delta t+Q_s+Q_q$$

式中，G_k 为排除单位水分需要空气的量（kg/kg），Δd 为进气口与排气口的含湿量差（g/kg），Δt 为进气口与排气口空气的温度差（℃），Q_s 为烘烤全过程随温度升高至烟叶水分在汽化前的平均吸热量（kJ/kg）；Q_q 为单位水汽化热平均值（kJ/kg）。经计算结果为 $Q=2\ 605.4$ kJ/kg。

热量正平衡法是在测定烟叶烘烤各阶段失水速度和失水量的基础上，用下式计算。

$$Q=\Sigma Q_s+\Sigma Q_y+\Sigma Q_z+\Sigma Q_q$$

式中，Q_s 为烟叶水分蒸发前吸热量，由公式 $Q_s = c\Delta t$ 求出（其中，c 为比热容）；Q_y 为烘烤全过程烟叶升温耗热（kJ/kg）；Q_z 为水蒸气升温耗热（kJ/kg）；Q_q 为烘烤全过程水分平均汽化热（kJ/kg）。经计算，$Q = 2\,576.1$ kJ/kg。

热量反平衡法是在测定烘烤设备包括火炉等各项热损失，得出热量有效利用率的基础上，进行计算，得 $Q = 2\,603.8$ kJ/kg。

3 种方法的测算结果，烘烤中每排除 1 kg 烟叶水分的平均理论需热量差异不大，是在一定范围内相对稳定的一个常数。不过，不同生态条件和不同质量烟叶间，这个数值有差异。我国烟叶排水需热常数为 $2\,576.1 \sim 2\,605.4$ kJ/kg，平均为 $2\,590$ kJ/kg。

生产实际中，可根据热能消耗量、烟叶水分排除量及排水理论需热量评价烤房的烤房综合热效率。

（2）从排气口排出的耗热　冷空气作为介质通过进风门进入烤房，经加热后携带烟叶汽化后的水分变为湿热空气从排气口排出的耗热也是有效耗热。但若进入冷空气量过多，超出携带烟叶汽化水分必需的空气量，则造成热量浪费。所以必须根据烟叶烘烤过程最大排湿时需要的冷空气量设计进风门大小。

（3）烟囱排烟的物理热和化学热　烟囱排烟的物理热和化学热包括排烟带出物理热、燃料不完全燃烧造成的热损失、机械不完全燃烧热损失和炉渣带出物理热等在内，占耗热损失的 15% 左右。

（4）烤房围护结构的漏失热　烤房散热损失随建筑材料和结构（包括墙壁、房顶、门窗和地面）而变化，差异很大。一般砖混结构密集烤房的漏失热、蓄热和其他热损失等占耗热损失的 20% 左右。

（5）编（夹）烟工具和烟架的耗热　这部分耗热量很小。

2. 烤房最大供热量　烤房最大供热量是供热设备（包括火炉、换热器等）设计的基础。

（1）烟叶烘烤过程排除水分的最大需热量　烘烤过程最大耗热量发生在烟叶水分汽化蒸发和排除最大的定色阶段，以 50 ℃ 前后最高。每小时烟叶水分蒸发最大带走热量（Q_{gr}）可按下式确定。

$$Q_{gr} = G_{gk} \Delta i$$

式中，G_{gk} 为单位时间供给烤房干空气的量（kg/h）；Δi 为进入烤房冷空气加热到最大排湿时的焓值增加值（kJ/kg），其中

$$\Delta i = i_p - i_k$$

式中，i_p 为排出湿热空气的焓（kJ/kg），烤房最大排湿时期发生在 $50 \sim 55$ ℃，排出湿气的温度按 50 ℃，一般情况此时的湿球温度为 $38 \sim 39$ ℃，查表得相对湿度为 55%，由湿空气 $i\text{-}d$ 图查得 $i_p = 159.2$ kJ/kg；i_k 为由进风口进入烤房的冷空气的焓（kJ/kg），进入烤房冷空气温度按烟叶烘烤季节环境温度 $27 \sim 32$ ℃，取 30 ℃，冷空气相对湿度取 $\varphi = 90\%$，查湿空气 $i\text{-}d$ 图得 $i_k = 80.3$ kJ/kg。

（2）烤房最大供热量　烤房最大耗热量与烟叶烘烤过程排除水分的最大需热量及各种热损失的总和是处于热平衡状态的，因此烤房最大供热量（Q_{LZ}）为

$$Q_{LZ} = Q_{gr}/\eta$$

式中，η 为烤房系统综合热效率。供热系统设计合理、围护结构保温性好的密集烤房，热效率可达到 $60\% \sim 65\%$。将 Q_{gr} 的值代入后，得

$$Q_{LZ}=\left(\frac{i_p-i_k}{d_p-d_k}G_qW_qW_s\right)/\eta$$

式中，G_q 为烤房的鲜烟装载量（kg），已知；W_q 为鲜烟水分含量（%），按 90% 设计；W_s 为烘烤过程中烟叶最大失水速度，通常以鲜烟叶质量为基础，按 1.0%~1.5%/h 计算；i_p 和 i_k 分别为排出和进入烤房空气的焓（kJ/kg）；d_p 和 d_k 分别为排出和进入烤房空气的含湿量（kg/kg，以干空气计），可以由 i-d 图查出。

不同部位和含水率的烟叶，以及烘烤中干燥速度、烘烤时间的差异，导致烘烤热量消耗不同，而且烘烤过程的不同阶段和温度，热量消耗也不相同，表 11-2 是对正常烟叶烘烤耗热量的检测结果。

表 11-2　不同部位烟叶烘烤耗热量

部位	干燥率（%）	鲜烟所耗热量（kJ/kg）	干烟所需热量（kJ/kg）	一般时间（h）
下部叶	8.5~9.5	2 650~2 850	24 500~26 500	100~120
中部叶	12.5~15.5	2 550~2 750	25 500~27 500	120~140
上部叶	13.5~15.5	2 650~2 750	26 500~27 500	140~160

表 11-3 列出了目前生产中常见的密集烤房供热量参考值，这是烤房火炉、换热器等设计的基本依据。

表 11-3　烤房供热量参考表

烤房容量（kg）	供热量（kJ/h）
3 000~3 500	280 000~320 000
3 500~4 000	320 000~360 000
4 000~4 500	360 000~390 000
4 500~5 000	390 000~420 000

（二）供热设备主要技术参数的计算

1. 火炉的最大耗煤量　根据设计烤房的烘烤能力（鲜烟叶装载量），首先计算单位时间的最大需热量（即烤房最大供热量），然后计算烤房单位时间的最大耗煤量（G_{pm}），即

$$G_{pm}=\frac{Q_{LZ}}{Q_{n,ar}}$$

式中，Q_{LZ} 为火炉（烤房）最大供热量（kJ/h），$Q_{n,ar}$（F_{Jt}）为燃料的低位发热量（kJ/kg）。

2. 炉箅面积　固定层床燃烧炉的炉箅面积常根据炉箅的可见发热强度（R_{Jt}）计算。炉箅可见发热强度即单位时间内在单位炉箅面积上燃料燃烧能够产生的热量。炉箅可见发热强度与炉箅有效面积比例（%）、炉箅的形式、炉箅空隙、使用方法等有关。炉箅可见发热强度（R_{Jt}）水平炉箅为 $3.5×10^5$~$5.0×10^5$ kJ/（m²·h），立式火炉和阶梯炉排为 $6.0×10^5$~$8.5×10^5$ kJ/（m²·h）。自然供风条件下炉排的可见发热强度较小，使用机械鼓风情况下较大，$R_{Jt}=7.0×10^5$~$8.5×10^5$ kJ/（m²·h）。炉箅面积（F_{Jt}）为：$F_{Jt}=Q_{LZ}/R_{jt}$。

3. 炉膛容积和高度 炉膛容积因烤房需热量的大小、火炉和燃烧形式、使用燃料类型和质量等不同而异。烤房装烟量越多需热量越多，炉膛要越大。炉膛容积计算式为

$$V_L = \frac{Q_{LZ}}{R_{Lt}}$$

式中，V_L 为炉膛容积（m²）；Q_{LZ} 为烤房最大供热量（kJ/h）；R_{Lt} 为炉膛燃烧室强度，即可见容积热负荷，可取 $1.046 \times 10^6 \sim 1.363 \times 10^6$ kJ/（m²·h）。这样，炉膛高度（H_L）即可根据下式计算。

$$H_L = \frac{Q_{LZ}}{R_{Lt} F_{Jt}}$$

烧散煤的密集烤房火炉炉膛高度一般设计为 75～90 cm，略高有利于燃烧且能够有效减少换热器积灰，也便于给炉膛内添加更多的燃料。另外，炉膛高度达到 80 cm 以上且采用二次进风设计，能够实现燃料可燃挥发分的充分燃烧，并减少换热器内的积灰。

4. 换热器面积 烤房总换热面积（F_g）常用下式计算。

$$F_g = \frac{Q_{LZ}}{k_{gt}}$$

式中，k_{gt} 为换热器传热系数，经试验测得。一般铁质材料的传热系数（k_{gt}）为 41.9 kJ/（m·℃），水泥、陶瓦和陶瓷换热器的传热系数为 23.0 kJ/（m·℃）。

据国内外有关资料及试验结果，金属材料换热器的总换热面积（包括炉顶、火箱、换热管等）可以按装烟室平面面积计算。装烟 3 层的密集烤房每平方米装烟室有 0.37～0.47 m² 的换热面积就能够满足各地烘烤需要。

近年来，生产中成功试验示范的耐火材料管、新型特制材料管换热器，耐锈蚀，但其传热性能低于金属换热器。在设计和实际修建过程中，必须考虑 3 个方面因素：①尽可能减小火管厚度；②增加强度和密度；③增加换热器面积（增加火管长度或截面积）。一般火管厚度控制在 10～20 mm，截面圆形的直径（内径）为 180～250 mm，截面方形的规格为 200 mm×200 mm～250 mm×250 mm。换热器面积要适当增大 20%～30%，通常横向分 3 层排列，否则将会造成供热不足。同时，非金属材料换热器的体积明显比金属材料增大，空气阻力更大，所以还必须考虑增加风机的功率、风量、风压。

（三）烤房的综合热效率

烤房系统的实际热效率是衡量烤房整套设备设计建造及烘烤的各项操作是否有利于热能利用的一项重要指标，常用 η 表示。

$$\eta = \frac{Q_{yx}}{Q_{gg}} \times 100\%$$

式中，Q_{yx} 为有效能量（kJ）；Q_{gg} 为供给能量（kJ），由 $Q_{gg} = G_{pm} Q_{n,ar}$ 求出。Q_{yx} 以进入到排出烤房空气介质焓的变化为有效热计算的依据，按焓湿差法进行计算，有

$$Q_{yx} = \frac{i_p - i_k}{d_p - d_k} G_g$$

式中，i_p 和 i_k 分别为排出和进入烤房空气的焓（kJ/kg），d_p 和 d_k 分别为排出和进入烤房空气的含湿量（kg/kg，以干空气计），G_g 为烟叶经烘烤过程的总脱水量（kg）。

近似地也可按排除烟叶 1 kg 水理论耗热量为 2 590 kJ 计算，则有

$$\eta = \frac{2\,590\,G_g}{G_{pm}Q_{n,\,ar}} \times 100\%$$

式中，G_{pm} 为实际耗煤量（kg），$Q_{n,ar}$ 为实际燃煤的低位发热量（kJ/kg），G_g 为烘烤过程烟叶总脱水量（kg）。

二、通风衡算

空气是烟叶烘烤过程携带水分的介质，即进入烤房含湿量较低的冷空气，经加热后携带烟叶水分汽化形成的水汽变为湿热空气排出烤房。进入冷空气过量会造成热量浪费，反之则影响烟叶水分的正常排除，由此影响到烟叶烘烤质量。

（一）进风和排湿的衡算

对烤房排湿量衡算是通风设备的设计基础，同时也是供热设备的设计基础，需要理论计算的同时进行反复试验、实测、验证。

1. 烟叶湿分最大排除量（最大失水量）的计算　烤房通风排湿量计算要以烟叶在烘烤过程最大失水速度为基础，鲜烟叶含有的全部水分，要在烘烤中依靠烤房内外空气介质的对流和交换排出90%以上。我国烤烟烟叶在正常的烘烤条件下，以定色阶段失水速度最快，（通常为0.9%~1.2%/h），失水量最大（通常为40%~55%）。烟叶在烘烤过程中过程单位时间内最大失水量（W_z）等于水分最大汽化蒸发量，可以用下式表示。

$$W_z = S_p = G_q \cdot W_q \cdot W_s$$

式中，W_z 为烘烤中大量排湿时的烟叶水分汽化蒸发速度（kg/h）；S_p 为烟叶水分最大蒸发量（kg/h）；G_q 为烤房内装鲜烟叶的数量（kg）；W_q 为鲜烟叶含水量，按90%计算（即按含水量最大的烟叶计算）；W_s 为烘烤过程中大量排湿时烟叶水分汽化蒸发速度，根据烟叶密集烘烤工艺要求和实测结果，可按0.9%~1.5%/h计算。

2. 烤房空气进排量　烟叶烘烤过程中，进入烤房空气的量必须满足烟叶水分汽化蒸发最快时候能够完全被携带排出，使烤房系统的环境处于动态平衡下，才能保证烟叶烘烤质量，否则烘烤过程将是不正常的。因此有

$$S_p = G_{gk}(d_p - d_k)$$

即

$$G_{gk} = \frac{S_p}{(d_p - d_k)}$$

式中，G_{gk} 为进出烤房干空气的量，即蒸发和排除烟叶水分所需要的干空气的量（kg/h）；d_p 为由排湿口排出的废气的含湿量（kg/kg，以干空气计），根据生产实际中的测试结果，50℃前后为最大排湿时期，排出的湿热空气的温度为50℃左右，平均相对湿度为55%左右，由 i-d 图可以查得 $d_p = 0.043$~0.046 kg/kg（以干空气计）；d_k 为由进风洞进入烤房的冷空气的含湿量（kg/kg，以干空气计），根据各地常年烟叶烘烤季节环境温度 $t_k = 27$~32℃，相对湿度90%条件，由 i-d 图可以查得 $d_k = 0.021$~0.029 kg/kg（以干空气计）。

当进入烤房的冷空气含湿量（d_k）增大时，蒸发和排除烟叶水分必然需要较多的干空气；进入烤房的冷空气含湿量减小时，排除烟叶水分需要干空气的量就要减小。因此在设计和建造烤房进排气设备面积大小时，应按照烘烤季节气候条件比较恶劣，即含湿量（d_k）较大计算。同样，在实施烘烤工艺时，气温的高低也是进气口和排气口开启大小的重要

依据。

3. 烤房进排空气的体积   在生产实践中，通常以体积测定和表示空气的量，同时，单位时间内烤房中烟叶水分蒸发需要干空气的体积是随着介质容重和比容的变化而变化。所以进入和排出烤房空气的量要改写成下面的形式。

$$G_{gk} = \frac{S_p}{(d_p - d_k)} = \frac{V_p}{v_p} = \frac{V_k}{v_k}$$

即

$$V_p = G_{gk} \, v_p$$
$$V_k = G_{gk} \, v_k$$

或

$$V_p = \frac{S_p}{(d_p - d_k)} G_q \cdot W_q \cdot W_s$$
$$V_k = \frac{S_p}{(d_p - d_k)} G_q \cdot W_q \cdot W_s$$

式中，V_p 为单位时间内排出烤房空气的体积（m^3/h），V_k 为单位时间内进入烤房的空气的体积（m^3/h），v_p 为排出烤房的空气的比容（m^3/kg），v_k 为进入烤房的空气的比容（m^3/kg）。根据烘烤中的一般参数，$v_p = 0.937 \text{ m}^3/\text{kg}$，$v_k = 0.876 \text{ m}^3/\text{kg}$。

（二）进气口和排气口的面积

密集烤房进气口和排气口的规格必须满足定色阶段最大排湿能力的要求。密集烤房冷风进气口和排气口的面积，可以根据一般定义计算，即

$$F_j = V_k / (3\,600 W_j)$$
$$F_p = V_p / (3\,600 W_p)$$

式中，F_j 和 F_p 分别为进气口和排气口的面积（m^2）；W_j 和 W_p 分别为进气口和排气口的风速（m/s），它们与开启大小差异很大。据实测结果，密集烤房冷风进气口的进风速度（W_j）通常为 $6.0 \sim 7.0 \text{ m/s}$，排气口的排气速度（W_p）为 $4.5 \sim 5.0 \text{ m/s}$。

实例：装烟室大小为 $8 \text{ m} \times 2.7 \text{ m}$，装烟 3 层的密集烤房，最大的装烟能力的理论值约为 4 800 kg，若假设鲜烟叶的含水率 87%，其定色阶段的瞬间最大排湿量 S_p 为 $75 \sim 100 \text{ kg/h}$。

按 $S_p = 90 \text{ kg/h}$ 计算，即有

$$\Delta d = d_k - d_p = 0.020 \text{ kg/kg}$$

蒸发和排除烟叶水分所需要的干空气的量（G_{gk}）、排出烤房空气的体积（V_p）和进入烤房空气的体积（V_k）分别为

$$G_{gk} = S_p / \Delta d = 4\,500 \text{ kg}$$
$$V_p = G_{gk} \, v_p = 4\,216.5 \text{ m}^3$$
$$V_k = G_{gk} \, v_k = 3\,942 \text{ m}^3$$

式中，$v_p = 0.937 \text{ m}^3/\text{kg}$，$v_k = 0.876 \text{ m}^3/\text{kg}$。
计算得 $F_j = 0.195 \text{ m}^2$，$F_p = 0.243 \text{ m}^2$。

三、$i\text{-}d$ 在烟叶干燥技术中的应用

密集烤房的通风及热交换过程，是在烤房内部的湿热空气与外界冷空气的混合加热循环

过程中完成的。$i\text{-}d$ 图主要描述湿空气的状态，即通过确定湿空气的各个参数来表征湿空气的状态。这里通过 $i\text{-}d$ 图应用介绍几种典型的湿空气状态变化过程。

（一）通过空气状态变化的过程分析和确定空气处理方案

在 $i\text{-}d$ 图上可以用一个点（A 点）来表示空气的某一状态。当空气由这个状态经过各种处理方法逐渐变化到其他状态时，就可以用许多状态点连成的直线来表示这种状态变化的过程。这种在 $i\text{-}d$ 图显示的状态变化过程，如图 11-8 所示，$\varphi=1$ 线为饱和曲线（临界线），线上的点为饱和湿空气。临界线上方区域的点，表示湿空气中的水汽处于过热状态，是未饱和湿空气。为了说明空气状态变化的方向和特征，常用空气状态变化前后的焓差（Δi）和含湿量差（Δd）的比值来表征，称为热湿比（ε）。

由图 11-8 可以看出，空气状态变化过程线在区域 I 内为增 i 增 d 过程，即 $\Delta i>0$、$\Delta d>0$，ε 为正值，从 $0 \rightarrow +\infty$。区域 II 为增 i 减 d 过程，即 $\Delta i>0$、$\Delta d<0$，ε 为正值，从 $+\infty \rightarrow 0$。区域 III 为减 i 减 d 过程，即 $\Delta i<0$、$\Delta d<0$，ε 为负值，从 $0 \rightarrow -\infty$。在区域 IV 内为减 i 增 d 过程，即 $\Delta i<0$、$\Delta d>0$，ε 为负值，从 $-\infty \rightarrow 0$。

下面根据上述在 $i\text{-}d$ 图上分析的几个湿空气典型状态变化过程，结合自然通风式烤房设备讨论其在 $i\text{-}d$ 图上的操作过程线。

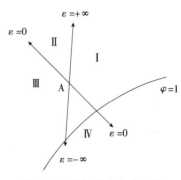

图 11-8 空气状态变化过程

在图 11-9 所示的烘烤过程中，室外冷空气从烤房下部进风口进入后，经火管加热成热空气，含热量增加，温度相应升高；然后向上流经烟层，吸收由烟叶蒸发出来的水分，含湿量增加，温度下降，若设由室外进入的冷空气的状态点为 A（t_A, i_A, d_A）（t_A 为 A 点的温度，i_A 为 A 点的焓，d_A 为 A 点的湿度），经加成热空气时成为状态点 C（$t_C, i_C, d_C = d_A$）；吸收烟叶蒸发出来的水分后，变为状态点 D（t_D, i_D, d_D），排出烤房的空气为 D 状态。可以看出，由 A 到 C 是等湿加热过程，$\Delta i>0$，$\Delta d=0$，角系数 $\varepsilon = +\infty$；从 C 到 D 是增湿减热过程，$\Delta d>0$，$\Delta i<0$，角系数 $\varepsilon<0$，在 $-\infty$ 到 0 的区域 IV。图 11-9 是用 $i\text{-}d$ 图表示的自然通风烤房的操作过程线。

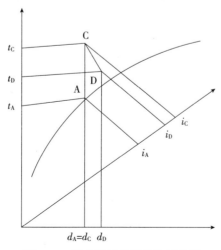

图 11-9 烤房通风排湿操作过程线

(二) 等热加湿和等热减湿过程

等热加湿过程是在空气的含热量保持不变的条件下进行加湿的过程，又称为绝热加湿过程。设空气在加湿前的状态为点 1 (t_1, i_1, d_1)，由于加湿过程中空气的含热量不变，处理过程将由点 1 沿等 i 线向左上角移动到点 2 (t_2, $i_2 = i_1$, d_2)，加湿后含湿量和相对湿度增大，温度降低，这是等热加湿降温过程。因此加湿过程的特征是：$\Delta i = 0$，$\Delta t < 0$，$\Delta d > 0$。等热减湿过程与等热加湿过程正好相反，如图 11-10 所示。

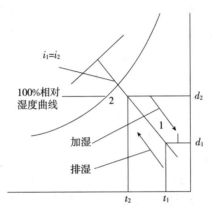

图 11-10　空气的绝热加湿和排湿

(三) 加热加湿和冷却减湿过程

如图 11-11 所示，空气由状态点 1 经加热加湿后，状态变化到点 2，这时 $\Delta i > 0$，$\Delta t > 0$，$\Delta d > 0$。相反，空气的状态点 2 经冷却减湿后，状态变化至点 1 时 $\Delta i < 0$，$\Delta t < 0$，$\Delta d < 0$。

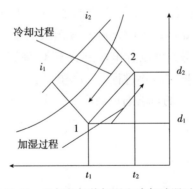

图 11-11　空气的加热加湿和冷却减湿过程

(四) 湿空气的混合

在图 11-11 中，设有状态 1 的空气 (t_1, i_1, d_1) 以 G 的比例和状态 2 的空气 (t_2, i_2, d_2) 以 ($1-G$) 的比例相混合，形成状态 3 (t_3, i_3, d_3)。状态点 3 就是把连接点 1、2 的直线按比例分开。也可以通过计算求得。

根据热平衡和湿平衡的原则可得：$t_3 \approx Gt_1 + (1-G) t_2$，$i_3 \approx Gi_1 + (1-G) i_2$，$d_3 \approx Gd_1 + (1-G) d_2$。由此可见，状态点 3 的位置因状态点 1 空气和状态点 2 空气的比分（或数量比值）而异。因此只要在图上把参与相互混合的两种空气点连成直线，再根据其比分成反比例的关系，分割该直线，就可以找到混合后的状态。反之，也可以由已知两种混合前的状态和预定的混合后的状态，来确定混合时所需保持的两种空气的比值 $(1-G)/G$。

（五）密集烤房完全内循环阶段的通风及热交换方式

在烘烤过程的变黄前中期或干筋后期，排湿后冷风门处于关闭状态下的某个阶段，密集烤房处于密闭状态下，既无新鲜冷空气进入也不排气。这种状态与一种称为多级加热干燥设备相类似（图11-12）。设被加热的烟叶所能容许的温度为 t_h，室外冷空气为状态 A (t_0, d_0)，经密集烤房加热室第一次加热后，成为状态 B (t_h, d_0)，若不考虑烤房维护结构和漏气造成的热损失，状态 B 的热空气进至装烟室内就可看成绝热过程。当它通过烟层时，吸收了由烟叶蒸发出来的水分而含湿量增加，温度降低，变为状态 C (t_1, d_1)。状态 C 的空气完全内循环流经密集烤房加热室相当于多级加热干燥设备的第二级加热后，成为状态 D (t_h, d_1) 后流经装烟室的烟层又一次吸收了由烟叶蒸发出来的水分而成为状态 E (t_2, d_2)。如此往复循环，直至达到所要求的状态点 G (t_n, d_n) 为止，如果为了保持这种状态，就可以不再加热，或者供应的热量仅仅用补偿维护结构或漏气等造成的热损失。

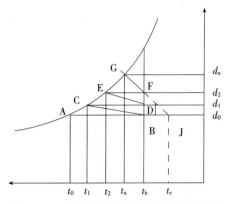

图11-12 密集烤房完全内循环的操作过程

这种热风循环或者多级加热器进行的操作过程，可以保证加热的最高温度控制在 t_h，而含湿量则可由 d_0 增加到 d_n。如果采用单向送风的自然通风烤房时，为了使 d_0 增加到 d_n，由于只进行一次加热，就要将室外冷空气状态一次加热到状态 J，这就使 t_x 超过了烟叶所能允许的温度。

简而言之，在完全内循环阶段，湿热空气的变化状态主要以两种方式交替进行：①湿热空气由回风口吸入加热室后，在流经加热室被加热器加热的过程中温度不断升高，但是空气中的绝对含湿量不变，遵循空气呈等湿加热过程的变化规律；②湿热空气经加热器加热后温度升高，绝对含湿量保持不变，但相对湿度下降，吸收水分的能力增强，这样当湿热空气由加热室的送风口送入装烟室的过程中，势必吸收由烟叶蒸发出来的水分而使其含湿量增加，温度下降，如不考虑维护结构的热量消耗，则可以近似地看成空气的等热加湿降温过程。

（六）密集烤房排湿阶段的通风及热交换方式

密集烤房在烤烟运行过程中，多数时间内既有外界冷空气进入和部分湿热空气从烤房排出的外循环，也有湿热空气在烤房内部的内循环（图11-13）。冷空气由冷风口进入后，首先与装烟室循环出来的湿热空气混合，然后经加热器加热，再流经烟层释放热量并携带烟叶水分，含湿量增加，温度下降，部分湿热空气由排湿口排出，另一部分又被吸入加热室再与冷空气混合。如此往复循环，逐步把烟叶中的水分排除。

烘烤过程的变黄后期、定色期和干筋前期，或是冷风门处于某个开启阶段，密集烤房处于半开放和排湿状态。循环空气经过烟层后一部分进行内循环，另一部分则排出烤房，同时进入等量的室外新鲜冷空气。如图11-14所示，设室外冷空气的状态为 A (t_A, d_A)，经过烟层后的循环空气的状态为 D (t_D, d_D)，A 与 D 以 $(1-G)/G$ 的比例混合形成状态 B (t_B, d_B)，状态 B 的空气经加热室加热至状态 C (t_C, $d_C=d_B$)，然后流经装烟室，吸收了

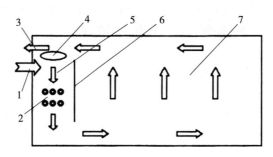

图 11-13　密集烤房排湿阶段通风及热交换

1. 冷空气　2. 加热器　3. 排出废气　4. 循环风机　5. 循环热空气　6. 隔板　7. 装烟室

从烟叶蒸发出来的水分后又形成状态 D。把密集烤房热风循环操作过程与单向送风自然通风烘烤操作过程相比较可以看出，单向送风的普通烤房每次都要将室外冷空气状态 A 加热至状态 C，而热风循环的每次只需由状态 B 加热至状态 C，因而每次加热所需热量较少。这是具有热风功能的循环密集烤房热能得以循环利用的理论基础。

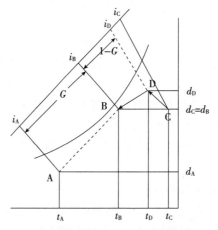

图 11-14　密集烤房在排湿阶段的操作过程

思考题

1. 简述烟叶干燥过程中的水分转移规律。
2. 说明烟叶在烘烤过程中不同干燥程度的一般表现。
3. 试说明 $i\text{-}d$ 图在烟叶烘烤设备设计和调制过程中的实际意义。
4. 试分析固体燃料固定床燃烧的一般过程和规律。
5. 试分析烟叶在烘烤过程中的热量平衡和节能技术措施。

第十二章

卷烟原料配方设计

卷烟原料配方是指根据各种烟叶的主要化学成分、物理特性、吸味特点等品质因素,把各种不同类型、不同香型、不同产地、不同等级的烟叶或配方单元、烟梗及再造烟叶,按照卷烟产品的类型、香型、等级、风格等品质要求,按一定比例加以混合,形成具有特殊吸味风格和品质要求的卷烟产品的工艺技术。在整个配方设计工作中,配方师需要运用有关烟叶原料、感官评吸、香料、香精以及卷烟工艺的各方面专业知识和技能,以自己熟练的配方技艺,结合长期的实践经验,完成符合设计目标的配方方案。

第一节 卷烟原料配方的任务、原理和依据

一、卷烟原料配方的意义

抽烟是一种嗜好或习惯。人们之所以抽烟,是因为卷烟能产生优美浓郁的香气,并能给吸烟者带来生理上的满足,例如产生提神、兴奋作用。卷烟对人体的生理作用是由烟叶中的尼古丁产生的,其量的多少较易控制;而卷烟香气的获得则需要通过烟叶的仔细搭配来获得,即要进行烟叶配方。

早期使用烟叶是不经过配方的,随着消费者吸烟口味的提高和对烟草经济价值的充分利用而逐渐产生了配方技术。单纯的烤烟太辣,叙利亚烟叶刺激性太大,香料烟太甜、香气太浓,而将叙利亚烟叶、香料烟和烤烟按照 1∶1∶2 进行混合后,则其烟味醇和、香气饱满,若再加上一些晾烟,则有利于调节香气浓度和劲头。由此可知,没有一种烟叶是十全十美的,也没有一种烟叶是一无是处的。对不同的烟叶进行巧妙组合,可以达到取长补短、优势互补的目的,取得最佳的综合效果。卷烟原料配方的意义可以概括为以下几方面。

1. 可以提高产品品质 烟叶作为一种农作物产品,受其自身的遗传特性、栽培措施、土壤条件、气候因素、调制方法等多种因素的影响,所形成的品质风格各不相同,不同品种、不同地区甚至同一烟株上不同部位的烟叶其品质风格也存在较大差异。因此烟叶的各种理想的品质因素,很难从同一种烟叶中获得,有些品质因素甚至是相互矛盾的,单独使用单一品种或单一等级的烟叶所制成的卷烟,会存在无法克服的品质缺陷,即使使用较高等级的烟叶,也难以取得令人满意的效果。充分利用各种烟叶的不同品质特性,选择最佳配方组合,使参与配方的各种烟叶能扬长避短,互相补充,并协调一致地发挥各自的作用,可生产出消费者满意、能给企业带来大的经济效益的产品。

2. 有利于产品品质的稳定 通过多地区、多类型、多等级烟叶(或配方单元)配方,

每种烟叶对品质的作用相对减小，可以避免个别烟叶年份间的品质变化导致卷烟烟气品质产生较大波动，有利于保持现有产品所形成的烟气品质相对稳定，以增强和稳定消费群体的购买信心。

3. 可以形成多种多样的产品风格　　将不同吸食特点的烟叶合理混配，可以形成不同风格的卷烟产品，满足不同吸食习惯消费者的需求，使市场占有率尽可能最大化。

4. 有利于合理利用烟叶原料、降低成本　　通过合理搭配，可以弥补一些品质不高的烟叶存在的质量缺陷，进而提高原料的利用率，有利于降低卷烟生产成本。

二、卷烟原料配方的任务

卷烟原料配方的基本要求：保证现有产品烟气品质稳定、成本稳定；通过合理、适宜的调配来不断提高产品品质；在确保产品品质稳定的前提下，努力降低配方成本。并根据市场需求不断开发新的品牌，同时经常研究市场同类产品的发展状况，采取相应对策，提高产品的市场竞争力。

（一）按市场需求开发新产品

由于卷烟设计内容的复杂性，新产品的开发常需要汇集多方面专家协同设计，由香气形成和烟气分析的基础研究者、卷烟纸和滤嘴的选择以及工艺条件适应性研究的专家、卷烟配方专家协同，把烟叶的各种品质因素巧妙组合，使特定产品达到设计目标和吸食品质要求；由产品开发专家对已获得资料和材料进行综合，开发出新型卷烟商品。其中卷烟原料配方设计是卷烟产品内在品质的关键，就其本质而言，是通过这种技术处理，巧妙组合烟草来取得理想的吸味。要使配方工作达到较佳的效果，作为一个配方师应具备以下基本条件并做好相关基础工作。

1. 熟练掌握感官鉴定品质的方法　　目前国内外对卷烟品质的评定，还没有一个全面的、准确的衡量标准，虽说也掌握了一些烟叶理化特性与内在品质的某些联系，但也只是在一定程度上作为配方依据和参考，还不能完全反映一个产品的全面品质状况，卷烟品质最终还要靠人的感官来判断其优劣。因此配方人员除了要有丰富的实践经验和知识外，还必须具备较高水平的评吸能力。只有这样才能对烟叶和卷烟的各品质因素进行定性、定量判断，为配方提供准确、可靠的依据。

2. 准确把握质和量的概念尺度　　一个卷烟原料配方设计的成功与否，主要取决于配方人员对烟叶品质的了解和掌握程度，这就要求配方人员既要熟悉各种烟叶的类型、香型、部位、等级等相关品质及可用性特征，以及各种烟叶之间的配伍特性；又要了解不同种类烟叶的化学成分与烟叶品质的关系，即要具备一定的烟草化学知识；还要了解烟叶品质和卷烟品质的关系，并熟练运用于卷烟品质的仿制和创造过程。

3. 了解加香、加料品种和技术　　配方人员应熟悉常用的香料、香精，一方面要了解和掌握它们的理化特征和作用原理，例如用量、溶解度、沸点和施加效果等；另一方面要了解香料的施加技术和工艺技术条件，否则就会影响卷烟原料配方的品质水平。

4. 了解卷烟工艺，掌握原辅料应用技术　　卷烟原料配方设计要考虑工艺条件的适应性以及膨胀叶丝、梗丝和再造烟叶的添加等技术应用，同时还要综合考虑应用通风、过滤、稀释技术与加香、加料技术及新的卷烟辅助材料，这些技术在很大程度上对改变卷烟配方的品质指标有很大影响。

(二) 保持烟气特征和商品品质的稳定性

烟气特征包括卷烟吸食品质和风格，卷烟原料配方一经确定，应尽可能不再变动，始终保持它的烟气特征相对稳定。如果因原料供应困难、原料品质波动、工艺技术条件变化、市场消费等方面发生变化需要调整时，为保证烟气特征的一致性，应尽量维持原料主干配方的稳定不变，只进行其他少量等级的微调。

(三) 维持产品风格稳定

产品风格一般包括两个方面：生理强度风格和加香加料风格（包括香型风格）。一般而言，加料、加香风格较易控制，正常情况下变化不会太大，关键是生理强度风格。因为产品风格在某种程度上代表了该产品的品牌特征，卷烟这种特殊商品，消费者首先感受也最容易感受的就是劲头，同时劲头也是消费者能否接受该产品的主要指标之一。若消费者感到劲头有所变化，很自然会对该品牌品质产生疑问，进而影响其消费欲望。国外企业为了使其产品在消费者心中建立永久信念，可保持该产品烟碱含量几十年大致不变，保持风格稳定，进而也保持品质稳定。

产品风格稳定实际上是指在卷烟原料配方过程中，当烟叶由于气候和栽培条件的变化而导致烟碱含量及品质发生年际变化，或一批烟叶发生品质变化时，应相应调整卷烟原料配方，以保持产品的风格稳定。国外卷烟的风格稳定除了企业重视之外，烟叶品质水平比较稳定也是原因之一。企业为了适应市场需求而改变其风格时，常采用再创品牌的方法，以保持其老产品的风格不变。

(四) 保持配方成本稳定

在确保产品品质稳定的前提下，努力降低配方成本，使企业经济效益最大化，是配方工作的一个重要任务。同时保持成本的相对稳定对产品品质的稳定影响较大，成本忽高忽低，将会导致品质上的波动，所以说成本稳定也是保证品质稳定的一个重要因素。在配方工作中，要避免成本大幅度波动，应严禁在产品销售形势好时降低成本、不好销时提高成本的错误做法，以免给产品品质、企业信誉、企业效益等带来损害。

(五) 市场竞争产品的监控

要对市场上的同类产品进行经常性研究、分析，与自己的产品对比，查找不足，研究对策，不断改进，使自己的产品始终保持良好的市场竞争力。

给予配方师的任务应明确、具体，并包括以下内容：①可采用的烟叶类型，例如烤烟、白肋烟、香料烟或其他晾晒烟等；②可采用的烟叶等级范围；③主要的配方设计参照产品；④计划所要达到的产量、主要销区；⑤烟气递送量指标，例如浓味型或淡味型等；⑥烟气感官特性要求，例如香气、杂气、刺激性、余味、劲头、卷烟风格等；⑦配方成本控制范围；⑧烟气焦油、烟碱量指标；⑨卷烟物理指标，例如烟支长度、圆周、单支质量等。有了这些限制性条件，配方师就能够以此为依据，进行配方工作。

三、卷烟原料配方的原理

烟草制品是种特殊消费品，在形成产品的一系列生产加工过程中，最为关键的技术之一就是把各种烟叶和加工烟草（膨胀烟草和再造烟叶）有机地组合在一起，进行科学配制，实现以合理的烟叶投入获得较多、较高品质产品产出的目的。卷烟原料配方只有建立在科学原理基础之上才能获得高品质和高效益的产品，因此了解一些原料配方的基本原理，对于提高配方的目的性、准确性和科学拟定配方具有重要意义。配方的基本原理有以下几个方面。

(一) 不同类型烟叶之间的配伍特性

烟叶由于种质不同，形成了风格各异的类型，不同类型的烟叶有各自独特的香吃味特点、外观品质、加工特性及烟气成分。例如烤烟的清甜香、白肋烟的坚果香、香料烟的树脂香、马里兰烟的椴木香等，这些不同香气特征的烟叶配伍在一起可以产生一种浓郁的混合香气，混合型卷烟的生产即依此原理而成（表12-1）。目前该类型卷烟，占有国际市场最大份额，长盛不衰。

表 12-1 典型美式混合型卷烟的组成

烟草	配方比例（%）	烟草	配方比例（%）
烤烟	20~35	烟梗丝	3~10
白肋烟	25~35	再造烟叶	10~25
香料烟	3~15		

同一类型的烟叶，由于地域、气候条件的原因，也会形成不同香型，例如我国的烤烟依据产区特点可以分成清香型、浓香型和中间香型，中式烤烟型卷烟常使用3种香型的巧妙搭配来取得满意的吸味。

(二) 不同地域烟叶之间的配伍特性

我国烟叶产区地域分布广，不同的生态条件下形成的烟叶香味、风格有较大差异。不同产区的烟叶都有各自独特的优点，同时也有不同程度的缺点，把这些不同地区的烟叶科学地配合起来，可使它们相互取长补短。从生物学角度来讲，地域辽阔，烟叶种质资源丰富，可选择的内容多，再经过优化组合，往往起到事半功倍的功效。所以国内外许多名牌产品的配方结构中，常采用多地区的烟叶配方，甚至有些采用全国所有产区的烟叶用于同一配方中，达到令人满意的效果。地域间配合是各个企业在原料配方中比较重视的，也是一项不可缺少的内容之一。

(三) 不同部位烟叶之间的配伍特性

烟株上不同部位的烟叶，其化学成分（表12-2）、吸食品质和工艺特性有较大差异。例如烤烟（同一地区、同一品种）下部叶，香气、杂气较少，烟味平淡，填充性、燃烧性较好，焦油较低；中部叶，香气较足，刺激性较轻，劲头适中，杂气较少，吃味醇和，填充性较差，燃烧性中等，焦油较高；上部叶，香气足，烟味浓，劲头大，刺激性强，有杂气，填充性中等。在卷烟原料配方过程中，只有充分利用部位之间的差异互补特点，才能取得良好的配方效果。特别是近年来全社会关注吸烟与健康的问题、极限焦油卷烟的发展，部位的品质概念也在发生变革，其结果是越来越重视配方中部位间使用比重的搭配。现在卷烟工业出于降低卷烟焦油的考虑，同时考虑到经济效益，在保证产品品质相对稳定的基础上，也在高档卷烟中增加一些上部烟叶和下部烟叶的使用比例，这也成为目前卷烟发展的一种趋势。

表 12-2 烤烟不同部位烟叶的化学成分和 pH

采收次数	总氮含量（%）	氨基酸含量（%）	烟碱含量（%）	还原糖含量（%）	pH
7	2.31	0.262	3.89	9.8	5.07
6	2.21	0.168	3.35	15.5	5.10

(续)

采收次数	总氮含量(%)	氨基酸含量(%)	烟碱含量(%)	还原糖含量(%)	pH
5	1.78	0.102	2.47	20.3	5.16
4	1.55	0.084	1.82	22.7	5.22
3	1.48	0.092	1.53	20.6	5.30
2	1.69	0.134	1.40	16.3	5.35
1	1.77	0.184	1.28	10.6	5.52
加权平均	1.77	0.124	2.15	18.3	5.25

(四) 不同等级烟叶之间的配伍特性

烟叶品质被认为是合意性和可用性,它由许多主要的化学特性和物理特性构成,这些特性的外观依据是尺寸、均匀性、完整性、颜色、组织(颗粒性、柔软性)、身份(厚度、密度)、成熟度、残伤等。按照这些依据分出了烟叶不同级别,形成烟叶等级。也正是由于烟叶等级的划分,使原料配方的可操作性更强,也给配方人员提供了一个可以充分发挥艺术想象力和创造力的广阔天地。在配方中,往往采用几个等级或十几个等级的烟叶相互混合,使产品迎合一定时间和地点的特定消费者的爱好。

烟叶等级与烟叶内在品质有密切的关系,由于在生产和调制过程中,特定的环境条件和人为因素的影响,烟叶的各种品质因素不可能在同一等级中获得。而且有些品质因素往往是相互矛盾的,例如某等级烟叶香气较充足,但吃味粗糙,杂气较重;某等级烟叶香气较差,浓度较淡,但刺激性小,填充性好等。不同等级烟叶相互配合,其目的在于利用一些好的品质因素来弥补、抵消或减少较差品质因素的影响,使较好品质因素得到充分发挥,成为等级间谐调的混合物。

等级间配合在很大程度上决定了卷烟原料配方的成本。在配方中使用较低等级的烟叶,互补性差,不可能生产出令人满意的产品。要想取得好的产品品质,必须提高烟叶使用等级,这势必导致配方成本增加。而采用多等级配方,在其他品质因素协调的情况下,不但能够获得品质优良的产品,而且也使烟叶配方成本降低,同时也可节约高等级原料。

烟叶各品质因素的综合协调是卷烟产品取得成功的关键,因此卷烟原料配方需综合考虑烟叶类型、地域、部位、等级等因素,使它们有机地协调起来,才能生产出特定消费者认可的产品。

(五) 烟叶化学成分之间的配伍特性

不同类型烟叶之间化学成分差别很大。同一类型、同一等级、同一部位之间也有很大差异。化学成分含量对烟叶品质影响很大,对原料配方的品质同样也有很大的影响。原料配方中各品质因素协调,在某种意义上讲,也是配方中各烟叶化学成分的协调。

烟叶化学成分有数千种,在配方中较常用也便于利用的仍为一些常规成分,例如糖、总氮、烟碱及一些无机元素等。这些成分的含量及其协调平衡关系,在一定程度上反映了烟叶的吸食品质,因此常把烟叶化学成分含量作为卷烟原料配方的依据。化学成分之间的协调平衡关系主要有以下几种。

1. 糖类和含氮化合物含量的平衡 碳和氮之间的平衡不仅影响着烟草的生长发育、单片烟叶的质量,而且对配方中所使用的全部烟叶之间的配伍品质也有很大影响,在配方中采用不同类型、不同地区、不同部位、不同等级的烟叶配伍使用,其目的之一也是在寻求化学成分间的平衡协调,而碳和氮之间的平衡正是为了实现产品香吃味品质。碳和氮含量的平衡在调制后的叶子中常以可溶性糖含量与总烟碱含量的比例来表示,这个比例被用作对烟气强度和柔和性评价的基础(表12-3),为了实现配方中烟叶的可溶性糖与总烟碱的平衡,在选用烟叶时则应根据可溶性糖和烟碱含量高低,进行适宜搭配,使产品的劲头和吃味品质达到最佳。

表 12-3 可溶糖和烟碱的比例与感官评吸特点的关系

可溶性糖含量(%)	烟碱含量(%)	可溶性糖含量/烟碱含量	感官评吸特点
25.2	1.57	16.1	柔和,香味不足,中度刺激
21.3	2.07	10.3	柔和至中柔,尚和顺,低度刺激
15.6	2.94	5.3	粗糙,有劲头,有香味,高度刺激
19.5	3.60	5.4	粗糙,劲头足,强烈苦性香味,高度刺激

2. 总氮含量和烟碱含量之间的平衡 总氮含量与烟碱含量的平衡可以反映烟叶香气品质的优劣,一般在1左右比较合适;在配方中如果该比值太高,达到2以上时香气不足。因该比值高时,烟碱含量太低,影响烟叶香气。配方中,在其他化学成分协调的情况下,为了提高香气品质,选用烟叶时则应考虑总氮含量与烟碱含量的平衡。

3. 矿质元素之间的平衡 烟叶中的矿质元素对卷烟的燃烧性及烟气成分有较大的影响,这些元素当中,钾与氯的绝对量及其比值,对燃烧性影响最大。通常钾含量高于氯含量,对燃烧性是有利的,因此钾与氯的比例大一点为好,一般认为较好的比例为4:1。在配方中所使用的烟叶,要考虑钾与氯之间的平衡,只有这样,才能通过烟叶配方良好的燃烧特性,使烟气特征得以充分体现。

(六)施加化学物质与原料配方的协调

烟叶中添加化学物质的方法主要是加料加香。加料加香的主要作用是掩盖一些卷烟烟气的劣质特征,美化香吃味和部分改善烟叶物理特性。加料加香对改进卷烟产品的吸食品质功不可没,但重要的是,无论什么样的加料加香物质,卷烟烟气的基本特征仍然来自烟草,利用加香加料并不能产生真正的烟气香气。最忌讳的是所添加物质的香气过于突出而遮盖烟叶本身的香气。

因此烟叶的加料加香,并非简单地同烟草混合,至关重要的是这些添加成分与烟草的匹配,使它们之间产生一种微妙的平衡。这种平衡以烟草所供给的感觉为特征。所以在加料加香时最讲究其针对性、匹配性。

四、卷烟原料配方设计依据

卷烟原料配方设计依据,是配方设计获得成功的前提条件,是原料配方设计工作的基础,其主要包括产品设计目标、烟叶品质、卷烟品质标准和烟叶使用的要求等,综合起来,包括以下两方面。

(一)卷烟产品设计目标

任何一个产品的设计都应有一个明确的目标,卷烟产品的开发也应依据市场要求和发展趋势来确定它的品质风格目标。卷烟产品设计成功与否,其出发点和归宿点均在市场上体现。对于市场而言,卷烟产品设计的目的可以概括为3种类型:维持市场占有率、扩大市场占有率和创造新的市场机会,最终是适应消费者需求。

1. 我国卷烟市场消费状况 就卷烟消费市场而言,消费人口众多,全世界约有 15 亿多人吸烟。从我国消费市场来看,我国拥有世界最大卷烟市场,年消费量为 3 500 万箱左右,吸烟人口在 3 亿以上,分布在我国城乡各地,决定了市场规模、容量和消费空间很大,且消费市场稳定,卷烟实物消费量和货币消费量在一定程度上呈稳定性。

但消费者吸食习惯各异,各地消费者习惯、爱好、抽吸方法等差异较大。目前全国范围内基本形成了西南、东南、东北、中部、沿海等消费区域,在这些地区消费者的吸食口味具有明显的地域特点。再者,我国是发展中国家,购买力水平较低。这也决定了我国目前卷烟产品结构的现状。通过市场分析研究,了解市场的需求动态,从而为拟定卷烟产品的设计目标提供决策依据,用来指导卷烟原料配方的设计。

2. 卷烟产品发展趋势 研究、了解卷烟发展方向,对实现产品开发的近期目标和技术储备,具有指导性意义。《中国卷烟科技发展纲要》指出,中国卷烟发展的方向和目标是:以市场为导向,保持和发展中国卷烟的特色,大力发展中式卷烟,巩固发展国内市场,积极开拓国际市场,提高中国卷烟产品市场竞争力和中国烟草核心竞争力。

中式卷烟是指能够满足中国广大消费者需求,具有独特香气风格和口味特征,拥有自主核心技术的卷烟。中式卷烟包括中式烤烟型卷烟和中式混合型卷烟。目前我国卷烟发展方向有以下几个方面。

①强化以中式烤烟型卷烟为主的发展方向,巩固和发展中式烤烟型卷烟在国内市场的主导地位。以市场为导向,扬长避短,发挥特色;在提高产品品质和技术水平上下功夫,开拓创新,完善和提高中式卷烟的品质,巩固国内市场,开拓国际市场。

②积极研究并稳步发展中式混合型卷烟,充分发挥中式混合型卷烟在国内市场的补充作用,积极应对国外混合型卷烟的冲击。与国际接轨,依托现有强势品牌,挖掘潜力,提升技术,培育国内市场,竞争国际市场;提高烟叶综合利用率。

③实施积极而稳妥的降焦策略,尤其是中式烤烟型卷烟要在保持和发扬固有风格特征的基础上实现降焦减害。发展中式烤烟型卷烟要注意把握"高香气、低焦油、低危害"的产品开发原则。

④卷烟产品以舒适、实用为主,要把握卷烟消费市场主流,保证香味纯正悠长、口感纯净舒适、浓度适中、烟气流畅的特色。外观装潢要个性明显、主题突出、色彩简洁、实用环保。

⑤发展大品牌、大市场,以品牌扩张为工业企业发展的主要动力来提升国际市场的抗衡力。

(二)卷烟类型及烟气品质特征

市场要求和卷烟发展趋势的研究为产品设计明确了目标,卷烟原料配方设计的目的是实现卷烟产品的品质风格目标,目前市场上的卷烟产品种类和类型繁多,每个类型的卷烟都有不同的品质和风格要求,这些要求是规范配方设计的主要依据。

1. 卷烟类型 卷烟类型是根据香气特征和吸味风格来划分的。不同类型卷烟由于配方结构中烟叶类型的差异和添加的香精香料不同,香气和吸味也风格各异。目前的卷烟产品主要有 5 大类型:烤烟型、混合型、外香型、雪茄型和新混合型;而香料型、深色型,在我国除了给外商加工这些类型产品外,一般市场上没有销售。

(1) 烤烟型卷烟　烤烟型卷烟已有上百年的历史，其配方特点是全部或大部分为烤烟烟叶，也可少量使用类似烤烟香气的晒烟和芳香型香料烟。该类型具有明显的烤烟香味，香味清雅或浓郁，吸味醇和，烟碱含量适中，由于烟气偏酸而劲头较低。烟丝颜色以橘黄色和金黄色为主。

(2) 混合型卷烟　混合型卷烟自推出以来，因其产品香气浓郁、吸味醇厚、风格独特而深受消费者的喜爱，又因其经济性、安全性而广为流行，目前是国际市场份额最大的主导产品。

混合型卷烟的配方特点是：使用优质的烤烟、品质上乘的白肋烟、3个品种的优质香料烟和美国特有的马里兰烟叶作原料。烟丝颜色以棕褐色和棕红色为主。

混合型卷烟的烟气特征具有烤烟、晾烟和晒烟混合协调的香味，香气浓郁、细腻，吸味醇厚、饱满，余味纯净、舒适，劲头适中至较强。

混合型卷烟按配方结构和香味特征可分为美式混合型、欧式混合型和中式混合型3大类型。美式混合型卷烟和欧式混合型卷烟的区别主要在于白肋烟和香料烟的用叶比例，欧式混合型卷烟的白肋烟用量小于美式混合型，而香料烟的用量较多。

中式混合型卷烟是吸取混合型卷烟配方的精髓，结合我国的消费习惯和吸食口味，利用我国丰富而独特的晾烟和晒烟资源独创的、具有自己风格、适合中国消费市场的混合型产品。其配方结构使用烤烟、白肋烟、香料烟和地方性晾晒烟。

(3) 外香型卷烟　外香型卷烟的烟气特征，以卷烟本身的香气为主，同时赋予卷烟独特新颖的外加香味，能满足部分消费者需要，例如国际上著名的"丁香烟""薄荷烟"、我国的"凤凰烟""人参烟"等。外香型卷烟以外加香味为主，基本不显示出烟香，因此选烟叶时主要选烟叶浓度劲头适合即可，对烟香要求不严，仅要求与外加香协调一致即可。原料配方用烤烟型卷烟和混合型卷烟的配方均可，所用烟叶等级较低。

(4) 雪茄型卷烟　雪茄型卷烟的突出特点是燃吸时具有类似檀木香的雪茄烟香气，香味浓郁、细腻，劲头较强。其配方主要来源于雪茄型烟、亚雪茄型烟及其他晾烟和晒烟，或少量掺用烤烟上部叶。其制造方法按一般的卷烟规格卷制和接装滤嘴，卷纸多用棕色纸。

(5) 新混合型卷烟　新混合型卷烟是我国于20世纪50—60年代独创的卷烟类型，过去被称为疗效烟或药物烟，也有人建议称为加药烟。其主要特点是加入一定的中草药，使其有效的中草药成分随主流烟气进入呼吸系统，以抵抗烟气中有害成分的危害，且对某些疾病具有缓解症状、辅助治疗和预防作用。使用中草药有一定香味和药味。

新混合型卷烟的原料配方常用混合型卷烟和烤烟型卷烟配方结构，但以混合型卷烟配方的结构为好，这样可以有利于控制烟气焦油含量，提高安全性。同时颜色要求不太严格，也容易向配方中施加药液和草药。

该类型卷烟吸食特点为烟香充足，烟香和药香协调，无明显草药气息，吸味醇和，劲头适中。我国该类型卷烟在技术上的发展和产量的增加主要在20世纪80年代，为我国出口产品的大宗之一。

(6) 香料型卷烟　香料型卷烟又称为东方型卷烟，主要流行于东欧、希腊、土耳其等地，其特点是大量或全部使用香料烟或具有香料烟香气的晒烟和晾烟，也有少量加烤烟，其烟丝色泽与混合型卷烟近似，但其烟气具有突出的香料烟特征香气，香气芬芳浓郁，飘香显著，吸味柔和、优美。

（7）深色型卷烟　深色型卷烟源于法国，其特点是原料配方中全部或接近全部使用经过特殊发酵处理的深色晒烟，以及部分香料烟、白肋烟和烤烟，烟丝色泽为深褐色、褐黑色。其烟气以晒烟香气为主，香味浓烈，刺激性、劲头较大。

各类型卷烟由于各自具有独特的原料配方结构模式和香气特征，所以在设计配方时，要先确定类型，才能正确选用不同类型的烟叶原料。

2. 卷烟烟气品质特征

（1）香味特征　卷烟产品的香味，是吸食者的感官对卷烟香气和吃味的综合生理感受。正是卷烟的香味激发和鼓舞人吸烟。香味可能作为一种在抽吸以后短期内吸烟者感觉效果的直接信号，例如松弛、降低焦虑，并因此为产品的正向特征提供了重要线索。香味是吸烟立即获得满足适意感的主要因素。所以要求设计的卷烟的香气必须丰满、厚实、和谐而又具有特定的风格；吃味也应醇和舒适。

卷烟在燃吸时，吸烟者感受到的具有烟草特征、令人愉快的气息称为香气。香气包括香气质和香气量两个方面的内容。

吃味是气溶胶中各种成分作用的结果，令人愉快的味道使吸烟者得到满足。

香味还包括协调性，一是配方中各种烟叶的香气协调性，二是加料加香及与烟叶香气的协调性。

杂气是卷烟燃吸时吸烟者所感受到的令人不愉快或厌恶的气息。与香味为产品正向特征相反，杂气则提供了负向特征线索，包括烟叶本身固有的杂气和加料加香、加工工艺不当而造成的外加杂气。

（2）刺激性和余味

①刺激性：卷烟产品的刺激性是指烟气对吸烟者上腭、喉腔和鼻腔的刺激反射状态，刺激性大时引起呛喉、辛辣、尖刺等令人不愉快的感觉。刺激性主要由于烟叶品质、原料配方结构不当以及不适宜的加料加香引起的。

烟气中起刺激作用的主要是一些碱性物质，特别是一些含氮化合物经高温裂解的产物，其中氨类及其衍生物影响较大，烟气中此类物质多就会产生强烈刺激。这类物质呈碱性反应，因此烟气碱性越强，其刺激性越强。

烟碱也是产生刺激性的成分，烟碱以游离态和结合态两种形式存在于烟叶，这两种形式的烟碱燃烧后均可在烟气中出现，但这两种形式对人体的生理作用不同，游离态烟碱的碱性强于结合态烟碱，故刺激性强，并且随着烟气碱性的增强，结合态烟碱逐渐分解为游离态烟碱，从而增加游离烟碱的比例，刺激性更强。

苏联学者曾以烟草中总烟碱含量除以游离态烟碱含量的商值称为尼古丁值，该值有规律地表现烟气的苦辣味。该值小时，游离态烟碱多，刺激性强；相反尼古丁值大时，结合态烟碱多，辛辣轻微。尼古丁值随等级降低而降低，卷烟产品等级与尼古丁的关系见表12-4。

表12-4　卷烟产品等级与尼古丁值的关系

产品等级	烟叶总烟碱含量（%）	游离态烟碱含量（%）	尼古丁值
甲	1.21	0.10	12.10
乙	1.40	0.14	10.00

（续）

产品等级	烟叶总烟碱含量（%）	游离态烟碱含量（%）	尼古丁值
丙	1.29	0.16	8.06
丁	1.14	0.20	5.70

木质素和纤维素燃烧后会引起呛喉，该类物质含量高时刺激强。

挥发酸类适当的含量对吃味有改进，若含量过高也会产生辛辣灼烧感。

与香味有关的酚类中，如果挥发性酚类含量高，也会增强刺激性。

影响刺激性的主要因素除了化学成分外，还有烟叶发酵质量、叶着生部位、配方结构、加料加香种类和比例、工艺过程中的温度和湿度控制、梗丝掺兑比例和均匀性、成品的水分含量和产地自然气候、卷纸特性和烟支规格等。

②余味：余味是烟气吐出后的口腔遗留物的干净程度。余味越纯净，舒适越好。而滞舌、涩口则反映卷烟燃吸品质较差。滞舌、涩口是指吸烟过程中烟气吐出后舌面上沉淀物的多少、口腔内和舌头感觉到的发涩程度。

（3）劲头感　卷烟产品的劲头感是指吸烟入口时在喉后部一种冲刺的感觉。这种感觉与刺激性相比，刺喉持续时间较短。劲头感的大小，是根据卷烟产品的风格来确定的。而一个产品的劲头风格代表了该产品的品牌特征，是消费者能否接受该产品的主要指标之一。产品风格关系到市场占有率。由于消费者因抽吸习惯、吸烟年龄、每天吸烟支数、性别等而爱好不同，在产品风格设计时，要充分考虑该产品所销售区域的消费者的习惯和爱好。因此产品风格是卷烟原料配方设计中用叶类型、等级、部位比重的重要依据。

在配方设计时，关键在于寻求香味、刺激性和劲头感的平衡。因此这些烟气特征是卷烟设计的主要依据。

3. 卷叶产品等级和价格　卷烟产品的等级和价格一般是成正相关的，在同一类型、同一规格的卷烟产品中，一般规律是，产品等级越高，价格越高。在设计原料配方时，考虑产品等级、价格的目的是选用符合产品等级品质要求的烟叶原料。烟叶的上、中、下等级与产品的高、中、低档次具有对应关系，因此产品的等级和价格是原料配方中选择烟叶的又一个重要依据。

产品等级一旦确定，产品价格就随之确定。烟叶是卷烟的主要原料，在产品成本中，占有很大比重。目前，滤嘴卷烟的原料价格占总成本的 $40\% \sim 60\%$。烟叶成本增加时，卷烟成本随之提高，利润降低。因此在研究配方时，必须核算烟叶配方价格、计划成本。

烟叶成本是由配方单价构成的，配方单价包括配方中使用烟叶的平均价格和单箱耗叶量，另外还要考虑到同一类型、同一等级的不同地区差价、片叶与把叶的价格区别，以及用料水分含量高低、整碎度、填充力、加工难易程度等。这些因素与单箱耗叶量及产品成本有直接关系。

配方成本的高低，不能全部说明配方品质的高低，这与配方人员技术水平和管理水平高低关系密切。作为配方人员，首先要在保证品质的前提下，努力降低成本，增加企业效益。实际上，片面追求利润而不顾品质，或单求品质而不计成本和货源都是不合适的。因此各等级产品成本应控制在一定范围内，不能大幅波动，但允许在平衡产供销的前提条件下，稍有浮动。

4. 卷烟原料的配方的类型及卷烟原料的品质特点　一个成功的卷烟配方应具备使消费者达到满意的一致性。

(1) 卷烟原料的配方的类型　卷烟原料配方是由多种类型的烟草混配而成的。依据在配方中的地位，所有烟草可分为以下 4 类。

①主体烟叶：主体烟叶在配方中提供基础的香味，使用比例较大，在高档卷烟中一般多为一些中部烟叶和少量上中部烟叶，低档卷烟中一般为等级较低的中部烟叶或上部烟叶，而低焦油卷烟中的烟叶多为上部烟。

②协调香味烟叶：协调香味烟叶在配方中起协调、美化香味的作用，一般使用比例较小，多为与主体烟叶不同香型或不同类型的烟叶，从部位上讲，根据产品的风格特点可以是上部烟叶也可以是中部烟叶。

③协调劲头和浓度烟叶：协调劲头和浓度烟叶在配方中起调节劲头和烟味浓度的作用。例如主体烟叶劲头不足、烟味浓度偏淡时要配用一些烟碱含量高的上部烤烟或晒烟、晾烟。

④填充烟叶：填充烟叶一般为烟碱含量较低、色泽、填充性较好的下部烟叶，有时也包括膨胀烟叶和再造烟叶。填充烟叶主要起填充作用，并能起到柔和烟味的效果，还有降低成本的作用。

所有烟草均归属上述 4 个类型之内，但值得注意的是，每个等级的烟叶在不同的卷烟配方中所占的地位并不相同。配方人员不仅要熟悉、掌握这些烟草的品质特征，更重要的是对烟草的品质特点及相互作用有很好掌握程度及运作技能。因此熟练地掌握各种类型、香型、产地、部位、等级烟叶的烟质特征，是原料配方设计的首要工作，也是配方设计人员必须具备的技能之一。

(2) 卷烟原料的品质特点

①烤烟的品质特点：烤烟是我国最主要的卷烟原料。我国幅员辽阔，各地气候及土壤条件不同，生产出的烤烟原料在烟质特性上差异较大，为了配方上的方便，在 20 世纪 50 年代，根据烤烟燃吸时的香气特点，分为 3 种类型：a. 浓香型，其代表产地有河南和湖南。这种类型的烟叶有突出的浓香，烟味浓厚，吃味舒适，地方性杂气很轻至较重，劲头适中。b. 清香型，其代表产地有云南和福建。这种类型的烟叶具有突出的清香，吃味舒适，烟味浓度较淡，地方性杂气比较轻，劲头柔软至适中。c. 中间香型，其代表产地有贵州、山东和东北。这种类型的烟叶是介于清香和浓香之间的一种特征香气类型，吃味干净，烟味浓度较淡至较浓，地方性杂气较重，劲头柔软至较大。这 3 种香型的划分，对卷烟香味的调配、风格的确定均起到了一定作用，目前在我国烤烟型卷烟配方设计中，仍具有一定实际意义。

在配方中烤烟的应用最为关注的是烟叶部位。烤烟植株分 5 个部位：脚叶、中下部叶（下二棚）、中部叶（腰叶）、上中部叶（上二棚）和顶叶。

脚叶和中下部叶能提供的香味最少，烟碱量也较低，不过通常具有很高的填充能力。中下部叶最重要的特点是不会对香味产生不利作用。由于它们的烟碱量较低，配方师能取用好的填充料来维持最终配方的烟碱量，而不致产生异味。

中部叶通常具有良好的香味特征，在烤烟型卷烟中，优质中部叶常被用作主体烟叶，也可作为调味烟叶或同时作为调味烟叶和填充烟叶使用。中部叶往往能有效地吸收加入的加料加香物质。它们的烟碱量常在最终产品所需的范围内，但有时会高一些。中部叶对于其他部位烟叶组分具有独特的、非常良好的配伍特性。每种烟草类型的中部叶均具备其固有的特性，通常它们不会像中下部叶和脚叶那样易于破碎，因此可以获得较高的烟叶成丝率。优质中部叶的获得取决于栽培措施和成熟度。

烟株上中部是最大的提供香味的部位，由这个部位产生的烟叶是混合型卷烟烟味的基础。对烤烟而言，上中部叶的烟碱量比中部叶高 $0.50\%\sim0.65\%$，比下部叶高 1.00%，而比顶叶低 $0.20\%\sim0.50\%$。上中部叶的刺激性较高，但烟叶的成熟度调节着与刺激性相关的香味量。上中部在加工中具有好的出丝率。

顶叶对香味的提供也起正面作用，而顶叶的成熟度调节着刺激性和香味量。

出于降低配方成本和维持配方烟碱量的考虑，烤烟叶梗同样有重要性。质量好的烤烟叶梗中烟碱含量为 $0.35\%\sim0.70\%$。与同部位的烟叶相比，叶梗中糖分较低，而含氮量在适合的范围内。烤烟叶梗可以 $2\%\sim10\%$ 的比例掺入产品中，而不会对烟味产生影响。它们可以用各种膨胀方法来提高填充值，与整个配方结合，降低配方成本。

②白肋烟的品质特点：典型的白肋烟具有巧克力香、坚果香或花生壳香，还有少量的木香和鱼腥味，烟味浓厚，劲头较大。烟叶一般叶片大，呈红棕色和浅红棕色，也有部分红黄色，叶片结构疏松，吸料性强。

白肋烟是混合型卷烟配方中的基本组成部分，为混合型卷烟增添了烟气的劲头和特色。像烤烟一样，白肋烟也可分成4个部位，每个部位都能对烟气发挥其固有的作用。

A. 底叶：这个最低部位的烟叶一般只能用作填充料。它具有高的填充能力、良好的燃烧性。但由于可能存在的刺激性和硝酸盐含量比较高，应十分注意调控。

B. 中部叶：该部位烟叶在配方中怎样使用，在于配方人员希望获得怎样的吸味特征。白肋烟中部叶是用作填充料还是调味料，取决于它的成熟度、焦油含量和脆性大小。叶面光滑而暗淡的烟叶会对烟气起不利影响。该部位烟叶的理想特征应是具有油润的光泽和一种丝绸感。这个部位白肋烟叶的吸味特点因其产地不同而不同，这是因为栽培措施和气候的影响大于它遗传性的影响。

C. 上中部叶：这个部位的烟叶是混合型卷烟劲头和香味的基础。上中部叶的烟碱含量是各部位烟叶中最高的。白肋烟上中部叶呈深红褐色而富油润，没有暗淡或"骨头色"的表现。与其他的烟草类型相比，气候条件和调制对该部位烟叶的化学成分和烟气特征的决定作用更大。

D. 顶叶：这个部位的烟叶同样能提供充足的劲头和香味，它的烟碱含量通常比上中部叶略低。经挑选的顶叶，特别是带有油润光泽的红色型，具有突出优美的香味。这类烟叶也可从上中部位中取得。

E. 烟梗：由于白肋烟梗的吸味特点，不能像烤烟那样在配方中使用。如果要用，它们必须经萃取后或者用在再造烟叶中。

③香料烟的品质特点：香料烟具有特定的性状，其叶片中含有的油质和树脂能提供显著的吸味和香气，尤其在支流烟气中更突出，主要品质因素有长度、光泽、油分等，其中长度是关键因素，一般叶片长度不超过 20 cm，好的香料烟的叶片长度一般不超过 10 cm，这决定着香料烟的香型风格，叶片过长则烟质较差。根据卷烟吸味要求的不同，香料烟烟叶在混合型卷烟中使用的比例为 $3\%\sim15\%$。

香料烟烟叶大多产于近东和东欧，土耳其和希腊的香料烟被认为是优质香料烟的标准，由于气候和土壤条件的限制，其他国家生产的只是一种可接受的香料烟，只有很少几个国家能够生产出符合国际品质的香料烟。我国云南等地也已开发出符合或接近国际品质的香料烟。

土耳其生产的香料烟主要类型有"依兹密尔"和"沙姆逊"，而希腊生产的香料烟是"巴斯马""爱拉莎那""卡特利尼"和"库巴-库拉克"。保加利亚和塞尔维亚都有其独特吸味和香气的专用香料烟类型。每个香料烟类型都有它自己的吸味及香气特色。配方师要依据卷烟市场的需求，选择不同的香料烟和半香料烟来满足特定的需要。

以上是卷烟中应用最广泛的3大类型烟草，另外还有以下3种类型。

④雪茄烟的品质特点：雪茄烟具有雪茄烟的特征香气，吃味醇厚，甘爽微苦，余味隽永。雪茄烟大多数属深色晾烟，色泽棕褐，劲头大，仅用于雪茄烟或雪茄型卷烟，不适于其他类型卷烟。

⑤其他晾晒烟的品质特点：我国由于气候和土壤条件的差异，形成了具有各自独特吸味和香气特色的晾晒烟类型，这些晾晒烟类型还具有明显的地域特点，而且种类繁多，根据烟气特征划分，除上述几种类型外，还可分以下几种类型：a. 半香料型，具有类似香料型烟叶的特征香气，但香气量少且不太突出；b. 近白肋型，具有类似白肋烟香气；c. 亚雪茄型，具有类似雪茄烟香气；d. 马合烟香型，此为黄花种，一般烟味浓，劲头大，具有浓烈的竹叶青香味；e. 似烤烟型，具有类似于烤烟香气的晒黄烟。

⑥烟梗的利用：烤烟烟梗约占烟叶总质量的1/4，不论是从品质角度还是成本角度，烟梗的使用价值都应予以充分重视。

烟梗的主要成分是纤维和木质素，烟梗中的烟碱含量比烟叶要低得多，蛋白质氮、总氮、石油醚抽提物和总糖含量都较低，Cl^-、K^+ 和总酸含量较高，主脉产生的焦油量要比烟叶少得多。烟梗与烟叶的理化特性和评吸品质各异，因此在卷烟中的作用及加工工艺也不同。梗丝卷制的卷烟，香气轻淡，劲头小，木质气突出，刺激性较强。但经过膨胀处理后，对卷烟的物理性质明显改善，再经加料处理，品质缺陷可基本得到解决，在卷烟中起填充作用，可使卷制过程或抽吸过程中保持一定的硬度，特别对于降低卷烟焦油含量有明显作用。

白肋烟烟梗使用也要像烟叶那样进行特殊处理后才能使用；香料烟烟梗细小，可直接用于配方。

第二节　卷烟原料配方设计

卷烟原料配方设计是依据产品的类型、风格，结合可用卷烟原料的品种、等级、品质特点，以感官评定为主，依靠经验，并配合其他有效手段，经过反复试验确定的。由于产品品质风格各异，所用各种卷烟原料品质特征不同，卷烟原料配方具体设计工作，不可能有一个统一模式，尽管如此，卷烟原料配方设计工作，仍可归纳出某些共性的东西，例如工作程序、工作原则等。

一、卷烟原料配方设计工作程序

卷烟原料配方设计工作，首先是要确定所设计产品的类型、等级及品质风格，在确定了产品设计目标之后则可按以下程序进行工作。

（一）确定产品类型和风格

开发一个新产品，首先应根据市场需求，确定产品的类型、档次和风格，这不仅关系到市场的占有率，而且也关系到烟叶类型、地区、部位的选择以及膨胀烟草、再造烟叶的用量比例。

卷烟产品风格和档次的确定，一是要适应卷烟发展方向，进行科技创新，并以新品牌来引导消费；二是要跟踪分析国内外畅销品牌的品质特点，研究销售区域的市场特点，了解当地消费者的吸食口味及心理变化趋势；三是要了解竞争产品的市场占有率、整体品质状况及发展趋势。然后，根据原料可供性，开发适应市场的产品。

（二）烟叶的选用

由于受原料供应的限制，在烟叶原料选择时要以有供应保证并能稳定获得足够商品量的烟叶为主体。根据设计目标，首先收集烟叶样品，样品的来源主要是本厂烟叶仓库以及可以保证供应的烟叶，以能够获得稳定商品量的烟叶原料为主体。另外，可根据对国内外烟叶的品质状况的了解程度，在样品缺乏时，到其他厂或烟草公司选择，收集样品。收集样品要有一定范围，各品种、各等级样品要有代表性。

（三）烟叶品质特征的鉴定

对收集来的烟叶样品首先进行影响烟叶品质的主要因素的鉴定。

1. 化学成分分析鉴定 烟叶中的化学成分是形成烟叶品质的基本因素，决定烟叶的吸食品质、外观性状、物理性状、经济性、安全性等各个要素。虽然目前还无法全面阐明化学成分与烟叶吸食品质的关系，但是根据目前了解到的化学成分指标与吸食品质一定的相关性，特别是利用一些化学指标来作为衡量烟叶品质的限制性因素，仍对烟叶品质鉴定有一定的参考价值，并对加料起指导作用。

因此对收集来的样品要在配方之前对化学成分进行检测，例如分析烟叶的总糖含量、总氮含量、烟碱含量等化学成分指标，对燃烧性的检测，可结合分析钾、氯等元素含量，将所测得数据列表对比，并根据目标要求对照分析结果进行筛选。选取那些烟碱含量、糖含量、氮含量等化学成分指标在适宜范围内的烟叶。

2. 烟叶外观性状评价 烟叶外观性状是烟叶品质在人们视觉和触觉上的反映。虽说购入烟厂的烟叶已有了商品等级。但由于分级标准和执行过程中的局限性，特别是片烟，等级标准很难准确界定，因此对烟叶外观性状进行选择、评价就显得更加重要。经过化学成分分析后选留的烟叶，进行外观性状评价时，仍依照产品品质风格的要求进行，评价的主要内容是判断烟叶的成熟度、油分、光泽及香气是否符合要求，并淘汰那些不合乎要求的烟叶。另外，在外观评价时，还可以进行经济性状的分析，例如填充性、机械加工性能检测等，为配方成本控制提供依据。

3. 评吸鉴定 经过二次选择，认为基本符合设计目标的烟叶，对其吸食性状再进行逐一评吸鉴定，掌握烟叶的内在品质，这是使得配方得以实现的基础，是配方工作最为关键的一步。

单料烟评吸将关系到所选烟叶在配方中使用的种类和配比，影响卷烟的吸食品质和风格。因此评吸鉴定环节必须仔细、认真，按照单料烟评吸评价指标逐项评吸，比较筛选。在评吸时，着重对烟叶的香气特征进行鉴定。因为烟叶香气优劣决定了卷烟香气特征，而且和其他品质指标相比，烟叶固有香气不能通过制造工艺进行根本的改变。通过对每种烟叶的吸食品质做出评价，最后决定取舍，并初定可用烟叶用量比重的范围。

4. 烟叶安全性分析　出于对卷烟安全性考虑，在选叶时，要充分考虑烟叶焦油释放量的因素，尽量选择可接受程度好且燃烧性强、焦油释放量低的烟叶，以避免由于烟叶本身有害成分释放量较多，被迫采取加大过滤和通气，导致卷烟接受性降低。

（四）膨胀烟草和再造烟叶的选用

随着卷烟生产的革命性变化，研制开发低焦油卷烟成为世界卷烟生产的一个共同技术课题。在全球范围内，卷烟的焦油量逐年降低，现在已有焦油量接近于零的"极限"产品问世，并已在市场上有售。与此同时，对卷烟品质的评价也发生了观念上的彻底改变。现在评价卷烟产品优劣的首要标准是焦油量的高低。开发低焦油卷烟，从技术层面上讲，对配方结构进行调整，加入膨胀烟草和再造烟叶，从而减少烟叶用量来降低焦油释放量，是常采用的技术措施。因此在配方中要考虑膨胀烟草和再造烟叶应用。根据产品目标要求，筛选适当的用量比例。

（五）拟定配方

经过以上工作对所用卷烟原料品质特征特性及使用比重已了然在胸，接下来就可进行配方的拟定工作。根据产品品质风格要求，参照初定的用量比例进行配比试验，一般是做出几个配比小样，经过不断评吸鉴定调整配方比例，最后选出 2~3 个小样进行初试，并进行成本核算，直到确定配方。

以上是卷烟原料配方设计的一般程序，化学成分分析鉴定和感官鉴定工作可互换也可并行，还可参照技术档案（该档案内容为经常对各种烟叶评吸及化学成分分析的结果），其中的关键是确定烟叶品质的评价标准、评吸的可靠程度（即本人评吸水平的高低）等，这些虽然有一定的理论依据可供借鉴，但更多方面，要靠实践摸索和经验的积累。

二、烟叶配方单元的应用

目前，在卷烟产品的原料配方设计时，为了协调烟叶等级间和不同年份之间的品质变化，同时也为了充分利用烟叶资源，稳定卷烟产品的品质，国际上常常采用二次配方技术方法。

二次配方技术和传统配方技术相比，不仅把各个等级的烟叶按一定的比例混配，而且在叶组配方之初，将部分或全部烟叶采用配方单元（子配方）的形式进行配比。在打叶复烤时按一定的原则将品质特征相近的烟叶按一定的比例混合打叶形成一个子配方，将形成的子配方作为一个配方单元，最后由多个子配方以配方单元的形式直接进入烟叶配方。

一个配方单元通常包含 3~5 个级别的烟叶；产品的最终配方是围绕着产品的设计目标，根据各配方单元的理化特点和感官品质确定在配方的使用比例。通常一个卷烟产品包含 10 个左右的配方单元，最多可达 50 多个级别的烟叶。

（一）配方单元设计原则

1. 烟叶的混配　同产区（可以是相近生态区）、同品种、同部位、不同等级的烟叶可以进行混配，形成配方单元；同产区、不同品种、同部位，其适配性较强的烟叶原则上可以混配，形成配方单元；使用进口的烤烟或白肋烟组成配方单元时，以国家为地域进行混配；不同类型的烟叶不能混配。

2. 单等级烟叶的比例　任何一个配方单元单一等级的烟叶用量不超过 50%（香料烟除

外）。

3. 不同年份烟叶的混配 在上述原则的基础上，配方单元可以使用不同年份的烟叶进行混配，以缩小年份间的品质差异，但应掌握陈烟与原烟的比例一般控制在6∶4。

4. 使用单等级烟叶数量 每个配方单元中含有的单等级烟叶不得少于两个。在配方单元调整时，首先调整原烟。

5. 配方单元化学成分和烟气特征要求 配方单元的总糖含量、烟碱含量、烟气特征（刺激性、劲头、香味）必须符合设计目标要求。

另外，混打后的配方单元烟叶必须在一定时间内用完，生产过程中不能临时使用替代烟叶。

(二) 烟叶的配伍性

在配方单元的设计过程中，必须按照烟叶的配伍性、类型、地域、部位依次优先考虑，使配方单元的烟气特征有最佳的品质表现。

配方单元设计中，烟叶的混配方式多种多样，它是在充分认识了烟叶的多变因素及控制烟叶品质对产品品质的重要性，对烟叶的叶片结构、化学成分、烟气特性、混合均匀性、抗破碎性、填充能力等品质因素的深层次研究，重视烟叶成熟度和化学成分协调，关键是强调烟叶之间配伍性的基础上进行的。不同的混配方式可以采用，但是混配结果必须符合设计目标要求。因此在混配之前对烟叶进行必要的组合试验是非常必要的。例如某两种烟叶混配时可能比单独使用其中任何一种的效果都好得多，也可能两种烟叶混配时比其中任何一种单独应用的效果都差，这就是烟叶的配伍性，亦是配方单元设计的基础工作之一。

1. 烟叶的组合试验 在获取了单料卷烟的吸味信息之后，为使被组合的烟叶之间达到相互配合、互为衬托、相辅相成的目的，必须进行配方单元中各组分烟叶的相互组合试验。一般来讲，具有适配性的组分烟叶遵从 β 法则，如图 12-1 所示。图 12-1 中，OA 为配方单元中烟叶 A 的香气量（杂气）；OB 为配方单元中烟叶 B 的香气量（杂气）；夹角 β 为烟叶 A 与烟叶 B 在香气质（杂气）的差异度。

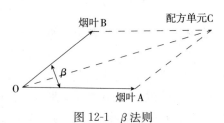

图 12-1 β 法则

如果要求配方单元有较足香气，那么根据上述法则，就要求组分之间其香气质应趋于一致（即夹角 β 越小越好），这样才能使配方单元的香气量就有明显增强。同样，如果要求配方单元杂气度最小，就要求组分之间其杂气的差异度（即夹角 β 越大越好），这样其杂气强弱程度就相应降低。例如 A 地主体烟叶的香气量中等，青杂气较重，但它与 B 地的调香味烟叶组合时，其香气量可以明显增强，青杂气亦会明显降低；同样，B 地主体烟叶具有较重的枯焦气和较足的香气量，如果与 A 地调香味烟叶组合时，其枯焦气亦会明显下降，香气质会明显提高。通过不同的烟叶组合，并记录其组合后的效果，可以积累烟叶配伍性的一些经验，为设计配方单元及卷烟配方打下坚实基础。

2. 烟叶品种、产区影响烟叶配伍性 烟叶是否具有较好的配伍性，是由烟叶的品种和烟叶产地决定的。一般来说，烟叶品种直接决定烟叶的配伍性，因此在进行配方单元设计时，在同一产区必须以品种作为第一要素。再者，种植烟叶的地域由于气候、土壤条件不同，对烟叶品质特征有较大影响，这样也会引起烟叶适配性降低。另外，由于年份间烟叶品质的可变性大，为了协调年份间的品质差异，进行适当的配伍可以提高配方单元的稳定性。因此全方位了解烟叶品种、种植地域的气候、土壤状况及年份间烟叶品质的变化，是提高配方单元成功率的基本要求。

配方单元（子配方）的应用，不仅解决了原料配方中多类型、多品种、多产地、多等级的问题，有利于充分利用烟叶资源，有效降低卷烟成本，且有利于打叶复烤加工和烟叶的储存管理，更重要的是有利于稳定卷烟品质并使卷烟具有丰富多样的香气。另外，子配方技术对合理地搭配各类型烟叶及协调各种烟叶之间的化学成分也是十分重要的。

三、原料配方中膨胀烟草的利用

在原料配方中选择恰当的烟叶进行膨胀处理制成膨胀烟草，对于卷烟配方设计有重要的意义。加入膨胀叶丝，因填充能力提高，减少了卷烟的单箱耗丝量，可以节约原料，同时还可改善烟丝燃烧状况，使焦油产生量降低。因此采用烟草膨胀技术，既可降低吸烟对健康的危害，提高社会效益，又可提高工厂的经济效益。

（一）膨胀叶丝

选择恰当的烟叶进行膨胀处理制成膨胀叶丝，对于卷烟配方设计有重要的意义。

1. 膨胀叶丝化学成分和吸味效果的变化 一般情况下所有的烟丝经过膨胀处理后体积肯定大幅度增加，膨胀后烟丝的化学成分和吃味品质也发生了较大变化（表12-5）。

在膨胀后，烟叶的氯离子含量基本不发生变化，总氮含量、总烟碱含量、总糖含量和还原糖含量下降，各变化率基本在5%左右。吸食品质较差的烟叶经膨胀处理后杂气减轻，吃味变好，利用价值提高。另外，膨胀烟草的线性静燃速率较高，质量静燃速率差别不大，因此烟气量反而更大。所以使用膨胀叶丝降焦对配方来说技术跨度不太大，在降低焦油的同时，烟叶配方仍可保持不变。

2. 膨胀叶丝烟气成分的变化 膨胀叶丝比用烟叶切成的烟丝填充值增加，填充密度降低，结果是，全部用膨胀烟草制成的卷烟质量大为减小，空气流通性增强，烟支燃烧速度加快，抽吸口数减少，烟气焦油含量相应降低，而压降有所增高。表12-6比较了3种膨胀工艺的烟草与以同品种烟草切丝制成卷烟的差别。按烟草质量统一折算，相对于大多数烟气组分来说，膨胀烟草卷烟焦油和烟碱的产生量比不经膨胀处理烟草的那些卷烟都略有减少，若以每支烟计算，膨胀烟草的产生量则要低得多。每支膨胀烟草卷烟的焦油产生量比对照减少32%～42%，烟碱减少53%～59%。

表12-5 部分烤烟膨胀前后主要化学成分的比较

烟叶种类	膨胀前后	糖含量（%）	总氮含量（%）	烟碱含量（%）
云南 C3F	前	16.53	1.84	1.64
	后	15.16	1.55	1.48

(续)

烟叶种类	膨胀前后	糖含量（%）	总氮含量（%）	烟碱含量（%）
云南 C4L	前	16.25	1.62	1.58
	后	15.63	1.50	1.50
云南 B3F	前	15.89	1.95	2.16
	后	14.98	1.76	1.90
云南 B4F	前	14.65	2.01	2.05
	后	14.00	1.75	1.86
河南 B2F	前	11.54	2.45	2.49
	后	10.06	2.23	2.14
河南 B4F	前	10.66	2.06	2.32
	后	9.34	1.85	1.97

表 12-6　用烟丝和 3 种膨胀烟草制成卷烟的特性和烟气产生量

项目	标准实验配方（SEBⅡ）	RJR 膨胀法	PM 膨胀法	冷冻干燥法
单支烟质量（平均）（g）	1.160	0.804	0.768	0.874
压降（Pa）	77.6	183.9	127.1	78.5
质量静燃速率（mg/min）	68	63	57	81
抽吸口数（GTC）	11.5	11.4	12.1	10.4
最高温度（平均）（℃）	821	806	822	816
粒相物质				
干焦油含量（mg/GTC）	32.0	26.7	32.7	25.8
烟碱含量（mg/GTC）	2.1	1.3	1.3	1.3
酚类含量（μg/GTC）	157	135	128	74
气相物质				
乙醛含量（mg/GTC）	1.16	1.39	1.28	1.50
丙烯醛含量（μg/GTC）	120	179	156	144
甲醛含量（μg/GTC）	37.0	35.3	38.7	52.5
氢氰酸含量（μg/GTC）	418	339	523	371
氮氧化合物含量（μg/GTC）	455	417	521	368
CO 含量（mL/GTC）	18.7	15.8	21	19.3
CO_2 含量（mL/GTC）	35.9	31.1	37.8	33.8
CO_2/CO	1.92	1.97	1.80	1.75
异戊间二烯（相对量）	1.19	1.26	1.28	1.25
冷凝物				
苯并（a）芘含量（μg/g）	0.71	0.76	0.45	0.57
苯并（a）蒽含量（μg/g）	0.93	0.88	0.65	0.94
pH	5.15	5.09	6.26	4.87

注：GTC 为燃烧 1 g 烟草。

3. 膨胀烟草的选择　选择恰当的烟叶进行膨胀处理制成膨胀叶丝，对于卷烟原料配方设计有重要的意义。选择什么样的烟叶来进行膨胀，应从吸食效果和经济性状两个方面考虑，从产品开发来说，人们追求的是膨胀叶丝的吸味效果。因此膨胀叶丝必须来自配方本身，但是从配方中选择烟叶膨胀，不应将吸食品质较好的烟叶进行膨胀处理，因为这类烟叶为配方提供主要的香气特征，膨胀后虽说膨胀率很大，但卷烟香气有较大损失，在卷烟品质和经济上均不适宜。所以膨胀烟草可在配方中选择那些等级比较低、香气较差、有刺激气味、需要在加料加香中予以改善的烟叶进行膨胀处理，例如将上部叶进行膨胀处理，不但能改善它的燃烧性，而且"刺、辣、呛"的味道也得到了改善。

再者烟丝膨胀追求的是最大的膨胀率，最小的造碎率。从配方的角度考虑，最好将上部烟叶作为膨胀材料，因为上部烟"刺、辣、呛"。从生物学的角度来说，上部烟发育不完全，细胞基本上没有完全成熟，细胞膜较脆、易碎。而下部烟叶发育比较完全，不容易破碎。从膨胀效果来说，下部烟叶比上部烟叶膨胀率大，下部烟叶比上部烟叶造碎率小。一般情况下所有的烟丝经过膨胀处理后体积均大幅度增加，高填充值的烟丝膨胀后仍然比低填充值的烟丝膨胀后有更高的填充值。实践中选择哪种烟草膨胀，需要由具体操作的配方师进行权衡。

还有一种是通用的膨胀叶丝，它缺少自己的个性，各种牌号都可以用，是一种中性填充料而风格吸味由烟草本身定格，或者是用加香加料对它予以补充。

4. 膨胀叶丝的用量　根据配方实践，膨胀叶丝的在配方中使用比例以 5%～25%（加上膨胀梗丝可达 30%）为宜，这是从卷烟配方的整体协调性来考虑的。掺用过多膨胀叶丝的不利因素是会导致烟支燃烧稳定性降低，烟支持灰力下降，抽吸口数减少过多，而且由于膨胀叶丝与普通非膨胀叶丝在物理性能上有较大差别，会使烟丝合格率下降，烟支硬度降低（表 12-7）。

表 12-7　配方中掺兑膨胀叶丝比例对卷烟的影响

掺兑膨胀叶丝比例	单支烟质量（g）	烟支吸阻（mmH$_2$O）	单支抽吸口数	单支焦油量（mg）
5%	0.96	101	10.8	18.56
10%	0.94	100	10.5	18.33
15%	0.92	98	10.2	17.79
对照样	1.02	103	11.1	18.76

注：1 mmH$_2$O=133.322 Pa。

（二）膨胀梗丝

卷烟原料配方中掺兑使用膨胀梗丝的主要作用，在于提高卷原料配方填充值指标，至少应不低于 5.0 cm^3/g。膨胀梗丝在任何一种卷烟中都只作为填充料使用。化学成分上膨胀梗丝与烟丝有很大的差别（表 12-8），吃味上有较多的木质杂气和尖刺气息，因此选择膨胀梗丝的依据并不是化学分析结果，而是反映梗丝膨化程度的填充值指标。膨胀很好的梗丝由于燃烧性好，木质气和刺激性要比膨化不好的梗丝要低，更加适合于低焦油卷烟配方。对膨胀梗丝的吃味缺陷进行改进的另一种方法是有针对性地对梗丝进行香味定制。

表 12-8　烤烟膨胀梗丝与烟丝化学成分和填充值的比较

指标	膨胀梗丝	烟丝
填充值（cm^3/g）	5.6	4.8

(续)

指标	膨胀梗丝	烟丝
单支烟质量（g）	0.88	0.96
总糖含量（%）	19.31	21.87
总烟碱含量（%）	0.38	1.92
总氮含量（%）	1.35	2.21
烟碱氮含量（%）	0.066	0.332
蛋白质含量（%）	8.02	11.74
总挥发碱含量（%）	0.210	0.399
施木克值	2.41	1.86
氯含量（%）	0.58	0.24
糖碱比值	50.82	11.39

四、原料配方中再造烟叶的利用

卷烟原料配方中的另一个组成是再造烟叶。卷烟原料配方中使用再造烟叶作为一种控制烟气焦油量、提高烟草利用率的手段已成为一种共识。目前应用于卷烟的再造烟叶的生产方法主要有3类：辊压法、稠浆法和造纸法。制造再造烟叶的工艺会造成烟草天然成分的明显损失，由于在制造再造烟叶过程中材料处理的方法不同，造纸法的损失要比稠浆法大得多。然而，无论哪种工艺，再造烟叶的化学成分都不同于起始烟草原料。全部用再造烟叶制成的卷烟，与用同类烟草烟丝制成的卷烟相比，其烟气产生量是不同的，例如表12-9所示的两种方法制造的再造烟叶制成的卷烟与用于制造再造烟叶的烟草制造的卷烟相比，每克烟草的烟气产生量是有差别的，且再造烟叶的静燃速率大于烟叶。造纸法再造烟叶的填充密度低于烟叶，而稠浆法再造烟叶高于烟叶，这就导致了烟支质量和压降的差异。在卷烟设计中，再造烟叶在配方中的含量可高达20%左右，因而会使每支卷烟的烟气产生量稍有下降。

表12-9 用叶丝和两种再造烟叶制成卷烟的特性和烟气产生量

项目	标准实验配方（SEB）	造纸法再造烟叶	稠浆法再造烟叶
卷烟质量（平均）(g)	1.226	1.150	1.399
压降（Pa）	96	79	54
静燃速率（mg/min）	60.6	86.6	75.7
抽吸口数（GTC）	12.6	9.1	10.7
最高燃烧温度（平均）(℃)	831	834	829
粒相物质			
干焦油含量（mg/GTC）	29.7	18.5	30.5
植物碱含量（以烟碱计）(mg/GTC)	1.9	1.1	2.0
气相物质			
乙醛含量（mg/GTC）	1.22	1.15	1.17

(续)

项目	标准实验配方（SEB）	造纸法再造烟叶	稠浆法再造烟叶
丙烯醛含量（μg/GTC）	124	125	87
甲醛含量（μg/GTC）	40.9	56.8	40.5
氢氰酸含量（μg/GTC）	229	121	190
氮氧化合物含量（μg/GTC）	424	487	594
CO 含量（mL/GTC）	18.6	17.3	22.5
CO_2 含量（mL/GTC）	36.0	29.5	38.0
CO_2/CO	1.94	1.71	1.69
冷凝物			
苯酚含量（mg/g）	6.55	5.44	6.60
苯并（a）芘含量（μg/g）	0.72	0.52	0.85
苯并（a）蒽含量（μg/g）	1.20	1.02	1.50

注：GTC 代表燃烧 1 g 烟草。

第三节 烤烟型卷烟和混合型卷烟原料配方设计

一、烤烟型卷烟原料配方设计

烤烟型卷烟的配方特点是全部或绝大部分使用烤烟，呈金黄色或橘黄色，香味特征以烤烟香气为主。该类型卷烟的配方设计时，应根据不同档次卷烟的品质要求，选择相应等级的烟叶和其他卷烟原料进行配方。另外，我国传统烤烟型卷烟对烟丝颜色也有较高的要求，而近年来我国烤烟烟叶成熟度逐步提高，配方的烟丝因烟叶颜色的加深而加深，因此在烤烟型卷烟配方设计过程中，要考虑到吸烟消费者对烟丝颜色与内在品质关系认识的滞后性，配方选料时应考虑烟叶颜色和光泽的选择。

（一）烤烟型卷烟原料配方结构

原料配方结构是指卷烟原料配方的总体框架，它反映该卷烟产品的风格特点。配方结构的核心为使用多地区、多品种、多等级、多年份烟叶，选用烟叶时应尽可能扩大使用范围，以增强产品风格的独特性和品质稳定性。其特点是增加大地区（省份）数量，在使用一个省份内的烟叶时，再划分其内不同生态区进行搭配使用，使地区范围进一步扩大，香吃味等品质因素更加丰富。

制定配方结构时通常需要从以下方面来考虑。

1. 根据配方目标确定不同烟叶在配方中的用途 即确定配方中主体烟叶、协调香味烟叶、协调劲头和浓度烟叶、填充烟叶的筛选范围。其关键是使用烟叶部位层次化，即改变过去生产高档卷烟少用上部烟，不用下部叶的做法，在一个产品中通过上部烟叶、中部烟叶、下部烟叶协调使用，形成不同用途配方单元，适当扩大上部烟叶比例，增加使用一些下部烟叶，使品质、价格双受益。

2. 考虑烟叶的等级划分 烟叶等级是根据统一的标准对烟叶的外观品质和内在品质做出的评价，具有一定的普遍意义，但是这种评价不是由配方师本人做出的。在配方过程中，要突破等级的限制，使烟叶等级扩大化，突破烟叶使用规定的限制，拉大级差，从烟叶的实际品质和产品设计的实际需要出发，强调各等级烟叶的合理配比和互补性，合理利用烟叶资源，使产品品质更加完善。

3. 考虑烟叶的风格类型 这是一个不能完全由烤烟的品质来衡量的因素，但与卷烟的香气风格和产品风格直接有关。在配方设计中，合理调配清香型、浓香型、中间香型的烟叶的比例来满足配方目标的需求是一个核心工作。有时候甚至可以通过烟叶类型的多样化来实现这个目标，例如在烤烟型配方中，使用一些其他类型的晾晒烟，以弥补产品在香味和浓度方面的不足，丰富产品的香吃味。

4. 考虑烟叶原料的主要化学指标状况 通过对原料主要化学成分和烟气成分的分析，可以为原料配方、加料加香提供一系列相关信息，同时有利于预测卷烟产品的品质。

5. 考虑原料的有效供应能力和配方成本 制定配方结构时一定要考虑原料的有效供应能力，同时，现代卷烟配方技术中对原料的利用率和安全性的要求进一步提高，烟叶用量进一步淡化，在配方中增加膨胀烟草和再造烟叶的用量。

典型的烤烟型卷烟原料配方结构中，各类型烟叶的使用比例，主体烟叶为25%～35%，协调型烟叶为20%～30%，填充烟叶为10%～20%，烟梗丝及再造烟叶为10%～25%，膨胀叶丝为0%～15%。

（二）烤烟型卷烟原料配方操作原理

现阶段原料配方操作在烟叶的使用上依然遵循优质优用的原则。高档卷烟由于设计定价、利润较高的原因，原料配方的侧重点在于获得尽可能理想的内在品质，原料配方上可以适当放宽对高等级烟叶的使用。中档卷烟则要兼顾利润和内在品质，原料配方上应围绕设计定价控制成本，若过多地在配方中使用高等级烟叶或下等级烟叶，均不利于达成经济效益和内在品质之间的平衡。低档卷烟原料配方的侧重点则在于尽可能控制原料配方成本以获取利润，一般不使用高等级烟叶，即使中等烟叶的用量也应严格控制，在能够完成配方任务要求的前提下，尽可能采用低档烟叶、烟梗丝和再造烟叶进行配方设计。

配方人员在设计卷烟配方时容易进入两个误区，一是为追求理想的内在品质而过多地使用上等烟叶，忽视了控制成本和各等级烟叶之间的协调关系；二是为降低成本而人为地将配方烟叶等级拉长，实际上这样做反而无助于烟叶原料资源的充分利用。

正确的做法应该是强调烟叶原料的可用性，根据实际的烟叶情况，实事求是地设计卷烟的原料配方，从全方位的角度来考虑配方的设计。原料配方设计的整个过程中，需要利用感官评吸技术和实践经验，而不是单纯依靠化学分析，这是国际上各国卷烟配方设计者的共识。从这个意义上讲，原料配方工作更接近于一种技巧。目前烟草化学所达到的水平只能为配方设计工作提供参考依据，而不能取代传统的配方手段，这种状况还将维持很长的一段时间。

（三）烤烟型卷烟原料配方的主要模式

中式烤烟型卷烟原料配方的发展方向逐渐呈现为多产地、多品种、多等级、低比例的趋势。该配方模式强调以烟叶的可用性特点为依据进行合理组合，而不完全局限于产地、等级、烟叶类型的影响，能够较充分地发挥各种烤烟原料各自的优势，互相弥补不足，有利于减少地方性杂气，改善烟香的单调感等，提高香气的丰富度和综合协调性，同时有利于形成卷烟的风格。

采用这种配方模式的另一优点是有利于生产过程中保持卷烟风格和内在品质的稳定，同时也对配方技术和生产组织提出了更高的要求。由于配方结构中所采用的烟叶产地、等级、类型增多，各种烟叶在配方中所占比例较小，即使在生产中某种烟叶原料出现短缺，也较容易找到恰当的替代烟叶。

需要强调的是，配方的多等级性与配方的优质优用原则并不矛盾，优质优用是卷烟配方设计总的指导思想，并在宏观上把握配方烟叶的使用方向；而配方的多等级性则是在优质优用原则指导下，在具体配方时为使配方结构更为符合客观情况而必须具有灵活性。

目前烟叶配方的主要模式可以分为单产区烟叶的卷烟配方设计、多产区烟叶的卷烟配方设计和依据产品档次进行的卷烟配方设计。

1. 单产区烟叶的卷烟配方设计　单产区烟叶的卷烟配方设计，主要是指以某省份烟叶为主进行卷烟原料配方设计。由于同一省份内地理条件、气候环境、栽培技术、品种的相对一致性，使得同一省份烤烟烟叶的香气特征、吸味特点往往有近似之处，这就给配方工作带来很多困难。一个不完善的单产区烟叶卷烟配方，通常存在香气特征单调、地方性杂气明显等问题。

单产区烟叶的卷烟配方设计概念的提出是源于我国烟叶产区之间地方封锁、烤烟购销政策的不合理性等非正常因素影响下，不得已而为之的相应措施。对于卷烟的内在品质，无论如何，配方烟叶选料范围的缩小都是不利的，但却有可能对企业组织生产实施带来极大的方便。

以某个省份内烟叶原料设计卷烟配方的要点有两个方面。一是充分调查该省份内主产区烟叶的香气类型特点和内在品质，对该省份内烟叶之间的配方互补性进行研究，对单纯以该省份内烟叶为主进行配方设计的可行性加以论证。二是在区域内实现多产地、多品种、多等级、低比例的配方设计，例如湖南产区湘南和湘西的烟叶风格就有一定差异，即使在浏阳地区，"G80"和"K326"这两个品种的烟叶品质风格也存在差异，通过这种全方位的配方，一定程度上可以减轻配方香气特征的单调感和地方性杂气的干扰。

应该强调的是，并非所有省份均能够以其一个省份的烟叶设计卷烟配方，各省份适于单产区烟叶卷烟配方设计的能力有很大的差别。只有像云南这样烤烟生产整体水平较高、烟叶品质较好、自然地理条件和气候条件十分复杂、烤烟品种资源丰富的产区，在原料紧张时期可以采用该配方模式。现阶段单产区烟叶的卷烟配方设计模式已经很少使用，该理念主要用来指导配方单元的设计，以提高原料的利用率。

2. 多产区烟叶的卷烟配方设计　该模式是目前卷烟原料配方设计的主要模式，其烟叶原料的选料范围较宽，有利于加大配方工作的灵活性和配方设计的合理性，并为企业的卷烟产品实现风格的多样化带来极广泛的可能性。

配方烟叶原料可选择范围的扩大，使配方师能够更加充分地利用不同产地、不同品种烟叶各自所具有的特点，使之相互间取长补短，并达成原料配方的香气平衡和吃味品质的平衡，从而获得理想的配方效果。同时，配方中不同香气类型烤烟的应用，增加了配方叶组的香气丰富度和协调性，有利于克服香气单调缺陷，并能有效地抑制和掩盖地方性杂气。但是配方选料范围的扩大，也对配方设计者的原料认识水平和配方工作的经验积累提出了更高的要求。

3. 依据产品档次进行的卷烟配方设计　该模式主要是提前确定产品的品质档次，依据设计档次目标进行原料的筛选，通常在新产品的开发和目标竞争产品的模仿时使用。不同烤烟产区烟叶特点不同，结合化学分析和感官评吸可以看出经简单的非等量组合之后，主要内在品质和化学指标均发生了较大变化，内在品质得到了明显的改良。

（四）烤烟型卷烟原料配方示例

烤烟型卷烟原料配方成功与否，关键在于各种烟叶之间的配伍性，一个高内在品质的原料配方，应是各种烟叶配比恰当，取长补短，互为补充。烤烟型卷烟是同一类型烟叶之间的搭配，主要是清香型、中间香型和浓香型3种香味风格烟叶间的合理搭配，因此不同产地烟叶使用的比重显得格外重要。一般高档烤烟型卷烟应含有不少于4个产区的烟叶，用同一类型、不同香型或不同品质特性的烟叶来相互弥补配方中的不足或缺陷。

在进行原料配方时，要根据卷烟品质风格要求，结合烟叶可供情况首先选定主体烟叶，如果设计香气风格浓郁的可以多选用河南、湖南和山东烟叶，清雅风格则宜选云南、福建烟叶。主体烟叶选定之后，调香味烟叶宜选用多种不同香型、不同地区品种来配伍，以丰富、协调香吃味，例如劲头浓度不足时可选些烟碱含量较高、劲头较大的上部叶或少量晒烟。最后选用适当数量成熟度较好的下部烟叶和经济性状好的烟叶作为填充料，以改善其物理性能并降低配方成本。

下面举例说明以多产区烟叶的卷烟配方设计模式设计烤烟型卷烟原料配方。

首先对所选用的单料烟进行化学成分分析（表12-10）和感官品质鉴定（表12-11）。结果表明，不同产地、不同等级的烟叶其内在品质和化学成分之间有显著的差别，在配方选择烟叶时，首先要考虑烟叶各项品质性状，同时也要考虑烟叶价格，控制成本。

表12-10　化学成分分析结果

烟叶品种	总糖含量（%）	总氮含量（%）	烟碱含量（%）	总糖/烟碱
云南 C2F	25.30	2.01	2.40	10.54
云南 C2L	26.10	1.97	2.10	12.43
云南 C3F	24.40	1.77	2.31	10.56
福建 C3F	24.10	1.87	2.31	10.43
河南 C3F	20.10	2.07	2.36	8.52
河南 C3L	22.73	2.02	2.18	10.43
河南 B1F	18.40	3.35	3.39	5.43
河南 B1L	20.68	2.97	2.84	7.28
贵州 C2F	24.20	2.28	2.31	10.48
山东 C3F	21.60	2.06	2.45	8.82
东北 C2L	26.60	1.55	1.85	14.38

表12-11　单料烟感官品质鉴定结果

烟叶品种	油分	香型	香气	刺激	杂气	余味	燃烧性	灰色	劲头
云南 C2F	多	清	充足	微有	木质气	微滞舌	强	白	适中
云南 C2L	较多	清	尚充足	有	木质气	微滞舌	强	白	适中

(续)

烟叶品种	油分	香型	香气	刺激	杂气	余味	燃烧性	灰色	劲头
云南 C3F	较多	清	尚充足	微有	木质气重	滞舌	较强	白	适中
福建 C3F	多	清	充足	微有	微有	微滞舌	强	白	适中
河南 C3F	较多	浓	尚充足	微有	微有	微滞舌	强	灰白	适中
河南 C3L	较多	浓	尚充足	有	微	滞舌	强	灰白	柔软
河南 B1F	多	浓	尚充足	有	有	涩口	较强	灰白	较强
河南 B1L	较多	浓	尚充足	微有	微有	涩口	较强	灰白	适中
贵州 C2F	较多	中间	尚充足	有	略重	微苦	强	灰白	适中
山东 C3F	较多	中间	尚充足	微有	微有	微苦	强	灰白	适中
东北 C2L	稍有	中间	稍有	微有	微有	微苦	强	白	柔软

根据卷烟产品品质目标，欲配制高档烤烟型、以清香型风格为主的卷烟。综合上述分析结果，原料配方的主体烟叶应选择云南和福建烟叶为主。云南和福建的 C3F 油分较多，刺激性较弱，化学成分协调，用量为 15%～20%，且成本较低。云南 C2L，总糖含量较高，烟碱适中可以用于调和劲头，但其木质气稍重、滞舌，拟用量为 10% 左右。云南 C2F 显著的特点是香气充足、清雅，可作为主香烟叶，其缺点是价格较贵，可适量使用，拟配 5% 左右。

河南烟叶属浓香型风格，在原料配方中起到一种美化、协调香味的作用，同时可调整烟气烟味和劲头。河南 B1F 颜色略深，油分较多，香气充足，劲头较强，可以适当多用，拟用 10%～15%，但其杂气略重余味微苦，配方时可再用一两种上部叶进行配比，以减轻因一种上部叶用量过高而带来的地方性杂气和刺激性及吃味不足。河南 C3F、河南 C3L 化学成分和感官鉴定结果均适合，可以使用 5%～10%。

贵州 C2F、山东 C3F 两种烟叶香型属于中间香型，尤其贵州 C2F 颜色橘黄，油分多，香味足，糖碱比合适，可用来调配色泽，增浓香气，并使得清香与浓香更好地协调，可以使用 10% 左右。山东 C3F 理化指标及感官品质鉴定均欠协调，故少量使用。东北 C2L 香气量稍显不足，但吃味品质和经济性状较好，并能起柔和烟味、降低成本的作用。由以上分析并经过多次配比修改，确定表 12-12 所示配方结构。

表 12-12　配方示例 1

烟叶品种	配比（%）	小计（%）
云南 C2F	5	
云南 C3F	15	
云南 C2L	10	
福建 C3F	15	45
河南 B1F	10	
河南 B1L	5	
河南 C3F	15	30

（续）

烟叶品种	配比（%）	小计（%）
贵州 C2F	10	10
山东 C3F	5	5
东北 C2L	10	10
合计	100	100

上述原料配方的特点是，使用了45%的清香型风格、30%的河南浓香型风格为主的烤烟以及15%的中间型特点烟叶和10%的填充烟叶，3种香型烟叶的香味协调一致，香型风格接近清香型。同时，各种烟叶化学成分之间得到了平衡，经检测配方烟丝的糖碱比为11.5，烟碱含量为2.45%，若再加入一些膨胀烟草和再造烟叶，烟碱含量则也在适当范围。感官品质鉴定结果为光泽油润，刺激性轻，似有杂气，余味较舒适，香味清雅、协调，劲头适中，灰色白，燃烧性好。从原料配伍效果看，混合后的烟丝比单料烟有明显改进，存在的轻微不足可通过加料加香解决。

为了降低卷烟的焦油量和提高烟叶利用率，根据卷烟原料配方发展趋势，可以在配方中加入一部分膨胀烟丝、膨胀梗丝和再造烟叶（表12-13）。

表12-13 配方示例2

烟叶品种	配方比例（%）
云南 C2F	5
云南 C3F	10
福建 C2F	10
云南 X1F	7
河南 B3F	5
河南 C3F	7
湖南 B2F	7
贵州 C3F	5
山东 B1F	4
津巴布韦 LB4	5
膨胀烟丝 B3F	15
膨胀梗丝 C2L 梗	12
再造烟叶（造纸法）	8

配方中烟气、化学成分指标的实测值，总糖含量为18%，烟碱含量为2.1%，总氮含量为2.21%。烟气烟碱含量为1.1 mg/支，烟气焦油含量为11 mg/支。该配方感官品质鉴定结果为光泽油润、香气充足、协调，烟气丰满度中等，刺激性较轻，余味较舒适，有杂气，劲头适中，灰色白，燃烧性好。存在的不足仍可通过加料加香解决。

其他等级的烤烟型卷烟原料配方和其他各类型卷烟原料配方均可参照此方法进行。

二、混合型卷烟原料配方设计

混合型卷烟原料配方的特点是采用烤烟、白肋烟、香料烟和其他晾晒烟以恰当的比例配制，各类烟草的使用比例影响产品的品质和风格。混合型卷烟原料配方设计时，应注意几种不同类型烟叶之间的合理搭配，使得各种烟叶所发出的香气互相协调，浑然一体。若某种烟叶的香气过分突出，将会破坏整个卷烟香气的协调性，因此香气的协调性对混合型卷烟显得尤其重要。混合型卷烟能综合利用各类型烟草，这显示了其经济性；而且配方中的晾晒烟所生成的焦油量比烤烟少，这又显示了其安全性。

（一）混合型卷烟原料配方选料及其方法

1. 烤烟 混合型卷烟因其产品品质特点不同于烤烟型卷烟，对烤烟烟叶原料的品质要求也不同，主要表现在以下几个方面：①对成熟度的要求更高，以利于和其他类型的烟叶之间达到香气平衡和吃味品质的协调；②在混合型卷烟的原料配方设计中，浓香型烤烟比清香型烤烟更易于与其他类型烟叶达成香气平衡，这是由混合型卷烟的香气特点所决定的；③原料部位倾向于选用上中部位的烟叶，因为上中部位的烟叶比下部位的烟叶具有较强的香气和吃味强度，与晒晾烟的香气和吃味强度间易达成平衡；④相对于烤烟型卷烟，混合型卷烟配方对于烤烟烟叶等级的约束要稍低，尤其是对烟叶颜色的要求更低，但强调了对烤烟成熟度的要求。

2. 白肋烟 白肋烟是构成混合型卷烟配方的基本原料，混合型卷烟的风格在很大程度上取决于白肋烟与烤烟在配方中的比例关系和相应的加料加香设计。混合型卷烟配方中对白肋烟的品质要求主要表现在以下几个方面：①要选择完全成熟的白肋烟叶，这样的白肋烟叶一般不含可溶性糖或只含有极低的天然可溶性糖；②要选择经过陈化一定时间之后的白肋烟叶，新调制的白肋烟叶因固有的杂气、烟气刺激性和可能带有的苦味而不适合于制作混合型卷烟；③要选择经过处理后的白肋烟来设计混合型卷烟配方，未经处理的白肋烟烟气中氮氧化物的含量远高于烤烟，烟气中含有大量的氨（NH_3），烟气 pH 呈轻微碱性，可能带来强烈的劲头和烟气刺激性；④加料量小时倾向于选用较下部位的白肋烟叶，加料量大时可充分利用各部位的烟叶来组成白肋烟子配方；⑤遵循优质优用的原则，根据混合型卷烟的设计等级和要求，选择可用性与之相吻合的白肋烟叶进行原料配方设计。

3. 香料烟 香料烟在混合型卷烟配方中起到平衡白肋烟香味和烤烟香味的特殊作用，使整个原料配方的香味和谐一致。通常是选择两种以上类型的香料烟先组成香料烟子配方，一般是将香料型香料烟和吃味型香料烟按一定的比例组合，然后再将其视为一个整体参与原料配方。因为单一的香料烟往往在香气和吃味品质方面存在局限性，或者是香气特征的过分突出而不利于与烤烟和白肋烟之间的香气平衡。

4. 其他晾晒烟

（1）马里兰烟　美国混合型卷烟配方中通常会使用较小比例的马里兰晾烟。马里兰烟燃吸时产生的香气和吃味，对混合型卷烟风格有利，同时还能使卷烟的燃烧性得到改善。我国也有少量的马里兰烟生产，但从目前的品质水平看，与美国产马里兰烟有较大差距，可用性尚差。

（2）地方性晾晒烟　在混合型卷烟配方中选用地方性晾晒烟时要经过仔细分析，并进行配方试验。通常选用晒黄香型晒黄烟、似烤烟香型晒黄烟、调味型晒红烟、似白肋香型晒红烟、半香料香型晒黄烟。雪茄型和亚雪茄型的地方晒红烟或晾烟，虽然香气浓郁、浑厚、劲头充足，但其香气特点不太容易与烤烟、白肋烟、香料烟达成香气平衡，影响整个配方的香气协调，在配方中一般不使用。地方性晾晒烟在混合型卷烟配方中的使用价值主要体现在两个方面：①当原料配方香气量和劲头略显不足时，选用地方性晾晒烟以增强劲头和烟香；②当混合型卷烟配方在香气协调性方面有缺陷时，恰当选用相应的地方性晾晒烟，以使整个原料配方获得较佳的香气平衡，使烟香显得既有丰富的内涵，而又和谐一致。

地方性晾晒烟的使用，以较小比例为宜，选料上应选择品质较佳、等级较高的烟叶类型。如果单独使用某种地方性晾晒烟达不到配方要求，则可以将2~3个地方性晾晒烟按其品质特点，组合成地方性晾晒烟子配方，作为一个整体参与混合型卷烟配方，但这样做会使配方工作变得略复杂。

（二）混合型卷烟原料配方操作的顺序

由于混合型卷烟原料配方设计中使用了不同类型的烟叶，原料之间的品质特性存在较大差异，直接进行配方整体设计将有可能使情况复杂并陷入混乱，因此要遵循一定的配方操作方法使各类型烟叶之间的配方关系变得较为清晰，以利于配方整体结构的确定。通常是根据各类型烟叶原料的具体情况，分别建立各类型烟叶单独的子配方，每个子配方由同一类型、多种品质情况的烟叶构成，在整个混合型卷烟的配方结构中，作为某类型烟叶的一个模块使用。采用这种方法的优点是易于确定不同类型烟叶之间的配比关系，然后再通过一般的配方方法进行调整，以找出比较理想的配方组合。

（三）混合型卷烟原料配方示例

国际上混合型卷烟的主要风格类型分为美式混合型卷烟和欧式混合型卷烟。典型混合型卷烟的原料配方组成，烤烟占32%，白肋烟占20%，马里兰烟占2%，香料烟占10%，梗丝占6%，再造烟叶占22%，香料或保润剂占8%。

1. 国外混合型卷烟原料配方设计示例

（1）美式混合型卷烟　传统美式混合型卷烟原料配方特点是白肋烟使用比例较大，其配方结构大致组成，烤烟占30%~55%，白肋烟占20%~45%，香料烟占5%~20%，马里兰烟占1%~5%。

各部位烟叶在配方中的使用情况如下。

①烤烟：配方1中，下二棚占50%，腰叶占10%，上二棚占35%，脚叶占5%。在配方2中，下二棚占52%，腰叶占40%，脚叶占8%。在配方3中，下二棚和下二棚（薄叶）各占30%，腰叶占10%，顶叶占30%。

②白肋烟：在配方1中，上部叶占25%，顶叶占50%，下部叶占25%。在配方2中，上部叶占35%，顶叶占5%，下部叶占60%。在配方3中，上部叶和顶叶各占50%。

③香料烟：使用3个地区的顶叶和上部叶，香气充足；中下部叶的香气少，多用作填充料。典型美式混合型原料配方结构，白肋烟占30.5%，烤烟占16.5%，香料烟占20.0%，再造烟叶占21.0%，膨胀梗丝占3.0%，膨胀烤烟丝占9.0%。该混合型卷烟香气浓郁，白肋烟的烟香特征显露，烟味丰富度高，烟气入喉有冲击性，吃味微苦，冲击强度大。

（2）欧式混合型卷烟　欧式混合型卷烟原料配方设计与美式相比，欧式混合型卷烟原料结构中白肋烟用量较少，香料烟用量大，其中烤烟叶占50%~70%，白肋烟叶占15%~25%，香料烟叶占10%~20%。欧式混合型卷烟同样具有优美香气，白肋烟的烟香不如美式混合型卷烟那么突出，香料烟香气较重，劲头强度较弱，近年由于大量使用膨胀叶丝、再造烟叶，香味浓度和劲头均有下降。

2. 中式混合型卷烟原料配方结构示例　中式混合型卷烟正处在发展时期，只有部分消费者可以接受美式混合型卷烟，认为美式混合型卷烟劲头太大，烟味太浓。另外，鉴于我国混合型烟叶原料在数量和品质上还需要有一个逐步发展的过程，因此中式混合型卷烟的烟气特征目前还不宜定型，为了适应广大消费者的爱好，目前正处在一个逐步渐变的消费过程，目前的混合型卷烟可分为浓味和淡味两种。浓味型中，烤烟占50%～70%，白肋烟和晾晒烟占25%～35%，香料烟占5%～15%。在淡味型中，烤烟占70%～80%，白肋烟和晾晒烟占15%～25%，香料烟占0%～10%。

混合型卷烟原料配方结构示例：云南的B1R、B2R和B3R各占4%，福建C3F占8%，河南B1R占5%，湖南的B2R和C3F分别占10%和5%，东北B1K占8%，津巴布韦SD10占10%，香料（二级）占7%，黄冈（二级）占10%，广连（二级）占5%，凤凰（晒甲）占5%，白肋（中一）占15%。

第四节　计算机在卷烟研制中的应用

随着信息科学技术的快速发展，计算机在许多工程设计领域中得到了应用，在卷烟设计方面的应用虽尚处于早期阶段，但是随着烟草化学研究的不断深入和计算机技术的不断推广应用，计算机科学技术在卷烟设计中必将占据更加重要的地位。

一、计算机辅助原料配方设计

传统的卷烟原料配方设计是根据各级卷烟烟质的不同要求，对不同地区、不同等级的烟叶做适应的配方组合，以发扬优点，弥补不足。这种卷烟原料配方设计主要是依靠经验，手段之一就是感官评吸鉴定，但由于存在着一定的主客观因素，因而有局限性。随着科学技术的不断发展、各种现代化仪器的出现，化学成分对烟草品质的影响有了较为明确的阐明，将各种化学成分之间的比例作为参数来衡量烟叶品质的方法被相继提出，例如施木克值、糖碱比、焦油尼古丁比等。这些研究成果要应用于生产实践还需做更多的工作，但已开辟出利用烟草化学来指导卷烟产品设计的新思路。计算机辅助原料配方设计就是基于最新的烟草化学的研究理论，利用计算机技术进行卷烟产品设计的一种新方法。

（一）最优化设计方法

最优化设计是在现代计算机广泛应用的基础上发展起来的一项新技术。它是根据最优化原理和方法综合各方面的因素，以人机配合的方式或用"自动探索"的方式，在计算机上进行的半自动或全自动设计，以选出在现有工程条件下为最好的设计方案的一种现代设计方法。其设计原则是最优设计，设计手段是电子计算机及程序，设计方法是采用最优化数学方法。

优化设计求优方法的理论基础是数学规划方法，主要包括线性规划和非线性规划两部分内容。此外，还有动态规划、几何规划、随机规划等。在数学规划方法的基础上发展起来的最优化设计，是应用计算机进行辅助设计后形成的一种有效的设计方法。利用这种方法，不仅使设计周期大大缩短，计算精度显著提高，而且可以解决传统设计方法所不能解决的比较复杂的最优化设计问题。一般说来,对于工程设计问题,所涉及的因素愈多,问题愈复杂,则最优化设计结果所取得的效益就愈大。

任何一个最优化问题均可归结为:在满足给定的约束条件下,选取适当的设计变量,使其目标函数达到最优值,即寻求一组设计变量

$$X^* = \begin{bmatrix} x_1 & x_2 & \cdots & x_n \end{bmatrix}^T$$

建立约束方程,即

$$\begin{cases} h_v(X) = 0 & (v = 1, 2, \cdots, p) \\ g_u(X) \leqslant 0 & (u = 1, 2, \cdots, m) \end{cases}$$

在设计变量满足约束方程的条件下,使目标函数值最小,即

$$f(X) \rightarrow \min f(X) = f(X^*)$$

这样求得的最优点 X^*,称为约束最优点。

在最优化设计的数学模型中,若 $h_v(X)$、$g_u(X)$ 和 $f(X)$ 都是设计变量的线性函数,则这种最优化问题属于数学规划方法中的线性规划问题;若它们不全是 X 的线性函数,则属于数学规划方法中的非线性规划问题。

概括起来,最优化设计工作包括以下两部分内容:①将设计问题的物理模型转变为数学模型,建立数学模型时要选取设计变量、列出目标函数、给出约束条件;②采用适当的最优化方法,求解数学模型。

(二) 原料配方的最优化设计数学模型

原料配方的计算机最优化设计,就是在满足一定的化学、地区、部位等约束条件下,实现最低的原料配方成本。

约束条件为

$$A_i \leqslant \sum_{i=1}^{n} a_{ij} x_j \leqslant B_i \qquad (x_j \geqslant 0)$$

式中,$i=1、2、\cdots、m$;$j=1、2、\cdots、n$。m 为约束的个数,n 为原料配方中所用单料烟的种类数量。

在满足约束条件的情况下,实现目标函数最小值,即

$$S^* = \sum_{i=1}^{n} C_j x_j \rightarrow \min S(x_j)$$

(三) 示例

下面以某卷烟配方 A 为例来建立最优化设计数学模型。

通过对原料配方中拟用的各地区、各部位、各等级烟叶进行系统的感官评吸鉴定和化学成分分析,综合各方面的设计因素,确定基本的原料配方结构以及各种约束条件的目标约束值。其数学模型见表 12-14。

本例中采用 15 种单料烟,x_j ($j=1、2、\cdots、15$) 为设计变量,表示第 j 种单料烟在原料配方中所占的百分比。另外,目标函数式在确定时考虑到了烟叶在加工过程中的损失,于是问题就变成了一个有约束非线性最优化问题。

编程采用复合形法的最优化设计算法,对该数学模型在计算机上进行优化设计,所达到的目标情况见表 12-15。如果对运算结果不满意,可采用调整约束条件的方式来修正数学模型,重新计算,直到满意为止。

第十二章 卷烟原料配方设计

表 12-14 原料配方的最优化设计数学模型

约束内容		数学表达式	决策要求
化学约束	总糖含量（%）	$a_{1\text{-}1}x_1+a_{1\text{-}2}x_2+\cdots+a_{1\text{-}15}x_{15}$	18%~22%
	总氮含量（%）	$a_{2\text{-}1}x_1+a_{2\text{-}2}x_2+\cdots+a_{2\text{-}15}x_{15}$	1.9%~2.0%
	尼古丁含量（%）	$a_{3\text{-}1}x_1+a_{3\text{-}2}x_2+\cdots+a_{3\text{-}15}x_{15}$	2.0%~2.2%
	蛋白质含量（%）	$a_{4\text{-}1}x_1+a_{4\text{-}2}x_2+\cdots+a_{4\text{-}15}x_{15}$	3.0%~8.0%
地区约束（香气约束）	A含量（%）	$x_1+x_2+x_3+x_4+x_5$	20%~35%
	B含量（%）	$x_6+x_7+x_8+x_9+x_{10}$	30%~50%
	C含量（%）	$x_{11}+x_{12}+x_{13}$	20%~25%
	D含量（%）	x_{14}	≤15%
	E含量（%）	x_{15}	≤15%
	上部烟叶含量（%）	$x_1+x_6+x_7+x_{11}$	35%
目标	每千克成本（元）	$S=\dfrac{c_1\cdot x_1+c_2\cdot x_2+\cdots+c_{15}\cdot x_{15}}{50[1.2(x_{11}+x_{12}+x_{13})+1.2(x_1+x_2+x_3+x_4+x_5+x_{14}+x_{15})+1.5(x_6+x_7+x_8+x_9+x_{10})]}$	越低越好

表 12-15 原料配方的最优化设计计算结果

项目	要求	计算结果	是否满足要求
总糖含量（%）	18~22	20.98	满足
总氮含量（%）	1.9~2.0	2.00	满足
尼古丁含量（%）	2.0~2.2	2.10	满足
蛋白质含量（%）	3.0~8.0	7.02	满足
A含量（%）	20~35	25	满足
B含量（%）	30~50	44	满足
C含量（%）	20~25	17	满足
D含量（%）	≤15	7	满足
E含量（%）	≤15	7	满足
上部烟叶含量（%）	35	35	满足

(续)

项目	要求	计算结果	是否满足要求
每千克成本（元）	越低越好	2.71	—
施木克值	—	2.99	—
总糖/尼古丁	—	10.00	—
尼古丁/总氮	—	0.95	—

二、近红外分析和计算机辅助配方设计

近红外分析（NIRA）是通过分光光度法得到样品的反射系数，从而确定其化学成分含量以及样品的物理性质和感官特性。从近红外分析使用范围内得到的各种情况表明，其数据包含一些微妙的间接关系。近红外分析的数据以不明确的方式，对测试样品提供了一个较好的特征。而且，改进后的近红外分析可以给出明显影响最终产品用途的特性。本节中我们提出一个烟叶配方的近红外分析谱图，由其组成烟叶的光谱的叠加。尽管理论上不容易阐明，但在实际应用上，叠加光谱图的正确性已得到证实。一个烟叶配方的近红外分析图谱是组成配方的烟叶图谱的线性组合这一事实，为通过一个烟叶配方而不需原配方实现再创原配方的图谱提供了一个有意义的方法。除了一些常识的限制之外，这套方法还保证了用于配方烟叶的近红外分析叠加图谱，或多或少地接近原配方的图谱（图12-2）。

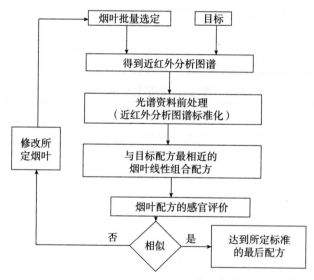

图 12-2 烟叶配方的近红外分析

每种烟叶或每个烟叶配方用 n 维近红外分析空间上的一个点来代表（n 是用来测定光谱的波长数，就我们的研究来说 n 为 19）。我们设计的基本思想就是目标配方和模拟配方的代表点间的欧氏距离，在一定程度上体现了它们之间的特性差异，包括感官特征。因而库存的每种烟叶及模拟的目标配方可用近红外分析空间上与之对应的点来代表。通过数学计算便可以得到更接近目标配方的原料配方。适当标准化的线性组合系数，可以代表模拟配方中每种

烟叶的比例。这就是再创目标配方的"起点"配方,任何更进一步的方法主要还得依靠设计者的能力和训练有素的评吸人员的反应。

初览一下整个设计过程,如果不用近红外分析的资料,好像与常规化学的及物理方法基本一样。但是利用近红外分析分析方法,就可以在很短的时间内得到图谱,以代替费时费力的常规化学分析。

三、计算机辅助低焦油卷烟设计

20世纪70年代以来,卷烟的焦油递送量明显下降。这种众所周知的市场趋势迫使卷烟设计者应用越来越复杂的设计成分进行低焦油卷烟产品的设计。"越来越复杂"有两层意思,一是新材料带来的新意识;二是新设计参数之间的相互交叉影响,新设计参数的增多及复杂性加大,提高了设计低焦油卷烟的难度。利用计算机进行低焦油卷烟设计,能较好地解决这个难题。

计算机辅助低焦油卷烟设计是指通过改变设计参数,调整卷烟烟气中某些成分的递送量的模拟模型。也就是说借助计算机,通过选择不同特性的卷烟纸、滤嘴卷纸、接装纸、丝束、滤嘴,以及采用不同的打孔方式等,设计出所期望的烟气释放量。不需要做许多试验,就可以找到许多不同的满足于某产品的目标值的设计方案。

应用这种模型可以降低产品设计的成本,缩短设计时间。英美烟草公司(汉堡)研究与发展中心已开发出多功能计算机低焦油卷烟设计模型。Reemtsma烟草公司也开发出较简单的模型,并在进一步进行扩展。雷诺士烟草公司(科隆)研究与发展中心正在搜集与计算机卷烟设计有关的资料,准备在这方面进行开发。下面以英美烟草公司(汉堡)研究与发展中心开发的计算机低焦油卷烟设计模型为例做一个介绍。

英美烟草公司的计算机低焦油卷烟设计是一种半经验式模拟模型,该模型包括:描述燃烧锥中不同烟气成分产生量的方程式、描述卷烟抽吸和阴燃行为的方程式、描述滤嘴过滤效率的方程式、描述烟支内部气体流动的方程式。

(一) 模型结构

计算机低焦油卷烟设计模型由3个模式组成(用Ⅰ、Ⅱ、Ⅲ表示),其结构见图12-3。

(二) 输入和输出变量

1. 输入变量 输入变量包括①无滤嘴烟的烟气分析数据:焦油、尼古丁、一氧化碳、抽吸口数;②标准设计的无滤嘴烟的物理特性:烟丝品质、压降、卷烟纸透气度、烟支长度、烟支半径。

2. 输出或输入变量 输出或输入变量包括①物理特性:烟丝质量(非标准烟丝柱)、烟支长度(非标准烟丝柱)、烟支半径(非标准烟丝柱)、卷烟纸透气度(非标准烟丝柱)、滤嘴的长度、滤嘴的半径、滤嘴的压降、滤嘴材料的总特(tex)数、滤嘴材料的单丝特数、滤嘴的过滤效率、滤嘴的质量(总质量、纸质量、增塑剂量)、通气类型、打孔位置、通气度、接装纸透气度、滤嘴卷纸透气度;②烟气递送量:滤嘴的焦油、滤嘴的尼古丁、滤嘴的一氧化碳、滤嘴的抽吸口数。

(三) 工作过程

首先,由计算机低焦油卷烟设计模型查询获得一套设计变量和标准卷烟的烟气分析结果。这些数据存储于中央计算机,通过联机把这些数据调入个人计算机。这些设计参数是:

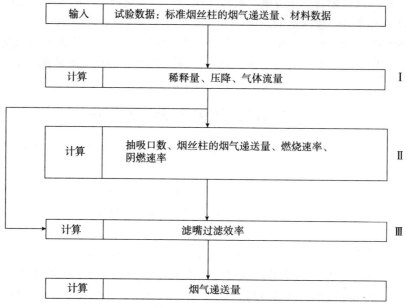

图 12-3 计算机低焦油卷烟设计模型

卷烟长度、卷烟直径、烟蒂长度、滤嘴长度、滤嘴压降、烟丝柱压降、卷烟纸透气度、滤嘴通气度、抽吸口数、打孔区离口接触端距离、烟丝质量、烟丝中尼古丁含量、接装纸透气度、滤棒卷纸透气度、打孔区宽度。

然后，模型再询问一套与卷烟燃烧行为和烟气成分形成过程有关的混合参数，这些参数存储于个人计算机的特别档案中。

有了上述两种参数后，就可通过改变设计变量，计算出烟气中不同成分的递送量，并和目标值相比较，直到满足拟设计的产品目标值。

思考题

1. 卷烟原料配方的意义及任务各是什么？
2. 卷烟原料配方的原理是什么？
3. 卷烟原料设计工作程序及应注意的问题各有哪些？
4. 烟叶配方中膨胀烟草的掺入对卷烟原料配方设计有哪些影响？
5. 烤烟型卷烟与混合型卷烟原料配方设计有哪些异同？
6. 简述卷烟原料配方的结构及其作用。

主要参考文献
REFERENCES

陈捷, 2007. 现代植物病理学研究方法 [M]. 北京: 中国农业出版社.

陈瑞泰, 朱贤朝, 王智发, 等, 1997. 全国16个主产烟省（区）烟草侵染性病害调研报告 [J]. 中国烟草科学 (4): 3-9.

段正卫, 李世江, 2019. 烟草主要病虫害综合防治试验 [J]. 现代农业科技 (4): 99-100.

范濂, 胡廷积, 1984. 小麦试验研究方法 [M]. 郑州: 河南科学技术出版社.

方中达, 2007. 植病研究方法 [M]. 北京: 中国农业出版社.

盖钧镒, 2013. 试验统计方法 [M]. 北京: 中国农业出版社.

宫长荣, 2010. 密集烤房 [M]. 北京: 中国科学出版社.

宫长荣, 2011. 烟草调制学 [M]. 北京: 中国农业出版社.

何通海, 1999. 烟用香精香料研究进展 [M]. 北京: 中国轻工业出版社.

胡良孔, 1999. 文献检索与科学研究方法 [M]. 长沙: 中南工业大学出版社.

蒋士君, 2003. 烟草病理学 [M]. 北京: 中国农业出版社.

李孟楼, 2009. 科学研究方法 [M]. 北京: 中国农业出版社.

李胜国, 刘玉乐, 朱锋, 等, 1995. 基因工程雄性不育烟草的获得 [J]. 植物学报 (8): 659-660.

李醒民, 2006. 科学的规范 [M]. 北京: 商务印书馆.

林作新, 2009. 研究方法 [M]. 北京: 中国林业出版社.

刘国顺, 2003. 烟草栽培学 [M]. 北京: 中国农业出版社.

罗鹏涛, 2006. 农业科学研究方法学 [M]. 昆明: 云南科技出版社.

罗昭锋, 韩敏义, 2007. 文献管理与文献信息分析. http://biotech.ustc.edu.cn/upimg/endnote/infomanual.pdf.

毛达如, 2005. 植物营养研究方法 [M]. 北京: 中国农业大学出版社.

毛多斌, 2001. 卷烟配方和香精香料 [M]. 北京: 化学工业出版社.

梅志亮, 1999. 卷烟辅助材料研究进展 [M]. 北京: 中国轻工业出版社.

牛俊义, 杨祁峰, 1998. 作物栽培学研究方法 [M]. 兰州: 甘肃民族出版社.

蒲春生, 2018. 科学精神与科学研究方法 [M]. 东营: 中国石油大学出版社.

祁适雨, 1977. 大田作物田间试验方法 [M]. 哈尔滨: 黑龙江人民出版社.

任学良, 2011. 烟草种质资源及其创新技术研究 [M]. 北京: 科学出版社.

荣泰生, 2012. SPSS与研究方法 [M]. 大连: 东北财经大学出版社.

王晖, 2009. 科学研究方法论 [M]. 上海: 上海财经大学出版社.

王继华, 安永福, 张伟峰, 等, 2009. 动物科学研究方法 [M]. 北京: 中国农业大学出版社.

王晶晶, 2000. 卷烟配方与烟支设计 [M]. 北京: 科学出版社.

王淑秋, 2006. 医学科学研究方法 [M]. 长春: 吉林科学技术出版社.

吴智慧, 2012. 科学研究方法 [M]. 北京: 中国林业出版社.

徐信国, 1998. 低焦油卷烟研制的理论与技术 [M]. 北京: 中国轻工业出版社.

闫志平, 李树人, 1994. 科学研究方法导论 [M]. 郑州: 河南科学技术出版社.

杨建军, 2006. 科学研究方法概论 [M]. 北京: 国防工业出版社.

杨铁钊, 2010. 烟草育种学 [M]. 北京: 中国农业出版社.

姚二民，储国海，2005. 卷烟机械［M］. 北京：中国轻工业出版社.

于建军，2015. 卷烟工艺学［M］. 北京：中国农业出版社.

袁萍，1993. 抗TMV和CMV双价转基因烟草纯合系进入大田试验［J］. 生命科学（2）：30-31.

张博文，2017. 植物根系研究方法及趋势［J］. 农业科学与技术（英文版）（12）：2295-2298.

张勘，沈福来，2018. 科学研究的逻辑：思考、判断胜于一切［M］. 北京：科学出版社.

张宪政，1992. 作物生理研究法［M］. 北京：农业出版社.

CHRIS BARNARD，FRANCIS GILBERT，PETER MCGREGOR，2017. Asking questions in biology［M］. London：Pearson Education Limited.

TIEN-CHIOH TSO，1990. Production，physiology and biochemistry of tobacco plant［M］. Beltsville：Ideals Inc.